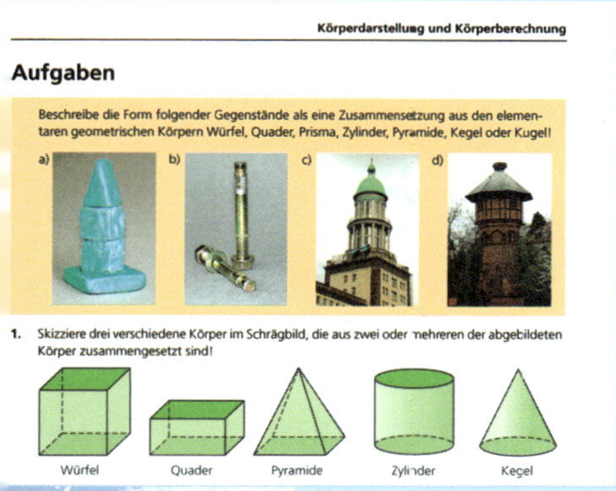

Körperdarstellung und Körperberechnung

Aufgaben

Beschreibe die Form folgender Gegenstände als eine Zusammensetzung aus den elementaren geometrischen Körpern Würfel, Quader, Prisma, Zylinder, Pyramide, Kegel oder Kugel!

a) b) c) d)

1. Skizziere drei verschiedene Körper im Schrägbild, die aus zwei oder mehreren der abgebildeten Körper zusammengesetzt sind!

Würfel Quader Pyramide Zylinder Kegel

Aufgabenteile enthalten vielfältige und gemischte Aufgaben zum Wiederholen, Üben und Knobeln. Aufgaben mit höherem Niveau sind mit einem Sternchen gekennzeichnet.

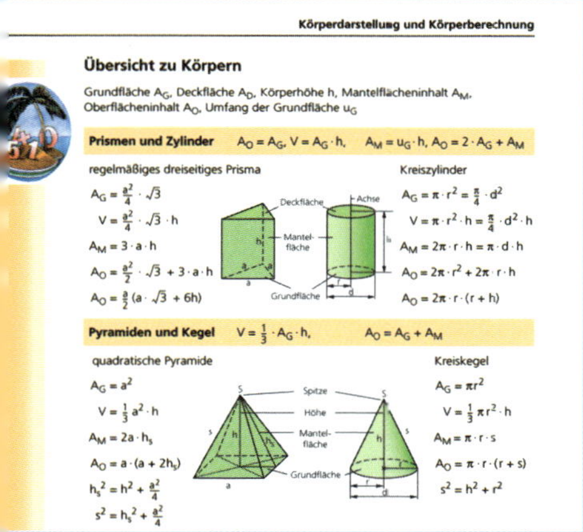

Körperdarstellung und Körperberechnung

Übersicht zu Körpern

Grundfläche A_G, Deckfläche A_D, Körperhöhe h, Mantelflächeninhalt A_M, Oberflächeninhalt A_O, Umfang der Grundfläche u_G

Prismen und Zylinder $A_O = A_G$, $V = A_G \cdot h$, $A_M = u_G \cdot h$, $A_O = 2 \cdot A_G + A_M$

regelmäßiges dreiseitiges Prisma: $A_G = \frac{a^2}{4} \cdot \sqrt{3}$; $V = \frac{a^2}{4} \cdot \sqrt{3} \cdot h$; $A_M = 3 \cdot a \cdot h$; $A_O = \frac{a^2}{2} \cdot \sqrt{3} + 3 \cdot a \cdot h$; $A_O = \frac{a}{2}(a \cdot \sqrt{3} + 6h)$

Kreiszylinder: $A_G = \pi \cdot r^2 = \frac{\pi}{4} \cdot d^2$; $V = \pi \cdot r^2 \cdot h = \frac{\pi}{4} \cdot d^2 \cdot h$; $A_M = 2\pi \cdot r \cdot h = \pi \cdot d \cdot h$; $A_O = 2\pi \cdot r^2 + 2\pi \cdot r \cdot h$; $A_O = 2\pi \cdot r \cdot (r + h)$

Pyramiden und Kegel $V = \frac{1}{3} \cdot A_G \cdot h$, $A_O = A_G + A_M$

quadratische Pyramide: $A_G = a^2$; $V = \frac{1}{3} a^2 \cdot h$; $A_M = 2a \cdot h_s$; $A_O = a \cdot (a + 2h_s)$; $h_s^2 = h^2 + \frac{a^2}{4}$; $s^2 = h_s^2 + \frac{a^2}{4}$

Kreiskegel: $A_G = \pi r^2$; $V = \frac{1}{3} \pi r^2 \cdot h$; $A_M = \pi \cdot r \cdot s$; $A_O = \pi \cdot r \cdot (r + s)$; $s^2 = h^2 + r^2$

Zusammenfassungen enthalten eine komprimierte Darstellung von Begriffen, Sätzen, Regeln und Lösungsverfahren des Kapitels.

ojekt

xperimente zu exponentiellen Vorgängen

Abnahme der Temperatur:
a) Entnimm der Wasserleitung oder einer Thermoskanne ungefähr 200 ml heißes Wasser! Miss nach 10 s; 20 s; 30 s und 60 s und dann nach jeder Minute die Temperatur des Wassers! (Rühre dabei ab und zu um!) Trage die Messwertpaare in ein Diagramm ein!
b) Hülle den Wasserbehälter in wärmedämmende Stoffe wie Styropor, Dämmwolle, Wolle o. ä. und führe den Versuch erneut durch! Trage die Meßwertpaare andersfarbig in dasselbe Diagramm ein!
c) Untersuche, ob es sich bei der Abkühlung um eine lineare oder eine exponentielle Abnahme handelt!
d) Zusätzlich kannst du den Versuch mit wärmeleitenden Behältern (z. B. aus Metall) durchführen!

Schwingung einer Feder:
Ein Wägestück, das an einer Feder hängt, wird durch einen einmaligen Zug nach unten zum Schwingen gebracht. Die maximale Auslenkung wird bei jeder Schwingung etwas kleiner. Untersuche, ob es sich um eine exponentielle Abnahme handelt!
Hinweis: Probiere verschiedene Wägestücke an einer Feder, bis eine schöne Schwingung erreicht wird! Miss die jeweilige maximale Auslenkung stets bis zur Gleichgewichtslage. Markiere dafür die Gleichgewichtslage durch eine Klammer am Lineal!

Wachstumsprozesse in der Biologie:
Lege in einer Petrischale eine Bakterien- oder Pilzkultur an! Beobachte täglich das Wachstum der Kultur bei optimalen Bedingungen! Kläre vorher, ob der Radius, die Fläche oder das Volumen ein Maßstab für die Größe der Kultur ist! Der Tag der Anlage ist die Zeit t = 0.
Untersuche das Wachstum der Bakterien- oder Pilzkultur unter verschiedenen Bedingungen (z. B. Temperatur, Nährstoffe …)!

Die Periodendauer T eines Fadenpendels ist die Zeit, die das Pendel für eine volle Periode benötigt. Zur Ermittlung misst man die Zeit, die das Pendel für ein zehnmaliges Hin- und Herschwingen benötigt und dividiert diesen Wert dann durch 10. Untersuche, wie die Periodendauer eines Fadenpendels von seiner Länge abhängt! Bestimme dann rechnerisch die Länge eines Pendels für eine Periodendauer T = 1s bzw. für eine Periodendauer T = 2 s! Bei welchen Geräten treten solche Periodendauern auf?

Projekte enthalten interessante und praxisorientierte Themen mit Aufträgen zu selbstständiger Arbeit.

Inhaltsverzeichnis

1 Trigonometrische Berechnungen und Winkelfunktionen

Beim Orientierungslauf müssen die Teilnehmer in einem Gelände anhand einer Karte und nur mithilfe eines Kompasses mehrere Stationen möglichst schnell durchlaufen.

Zur Anfertigung der dabei verwendeten topografischen Karten sind sehr genaue Vermessungen des Geländes erforderlich. Grundlage der dazu notwendigen Berechnungen ist die **Trigonometrie** (Trigon – Dreieck). Das zu vermessende Gelände wird in Dreiecke eingeteilt. Von den 3 Seiten und 3 Winkeln eines Dreiecks brauchen nur eine Seite und zwei weitere Stücke (entsprechend den Kongruenzsätzen) gemessen zu werden, aus denen man die Größe der übrigen 3 Stücke berechnen kann.

1 Trigonometrische Berechnungen und Winkelfunktionen

Rückblick

Winkel und Winkelbeziehungen

Ein Winkel besteht aus zwei Strahlen **(Schenkel)** mit gemeinsamem Anfangspunkt **(Scheitelpunkt).**

Winkel können in **Grad** (abgekürzt: DEG; englisch degree) gemessen werden.

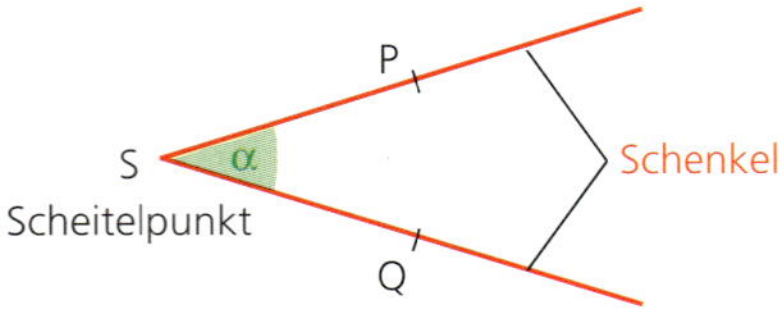

$\alpha = \sphericalangle PSQ = \sphericalangle QSP$

Ein Winkel α heißt:

- **Nullwinkel,** wenn $\alpha = 0°$
- **spitzer Winkel,** wenn $0 < \alpha < 90°$
- **rechter Winkel**, wenn $\alpha = 90°$
- **stumpfer Winkel,** wenn $90° < \alpha < 180°$
- **gestreckter Winkel,** wenn $\alpha = 180°$
- **überstumpfer Winkel,** wenn $180° < \alpha < 360°$
- **Vollwinkel,** wenn $\alpha = 360°$

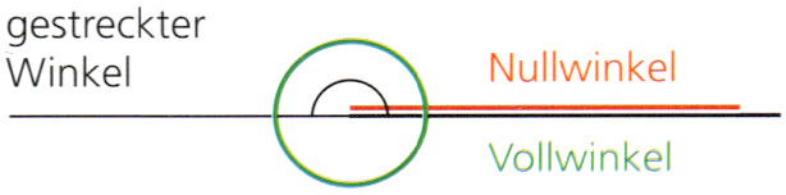

Ein Winkel *entsteht*, wenn ein Strahl um seinen Anfangspunkt gedreht wird.
Die Drehung kann **links herum** (entgegen dem Uhrzeigersinn) oder **rechts herum** (im Uhrzeigersinn) erfolgen.

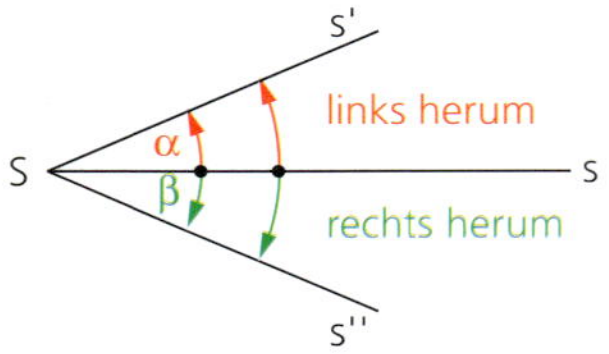

Scheitelwinkel sind gleich groß.

Nebenwinkel betragen zusammen 180°.

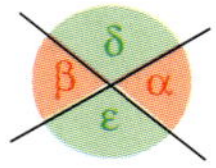

$\alpha = \beta \qquad \delta = \varepsilon$

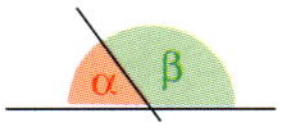

$\alpha + \beta = 180°$

Dreiecke

Jedes Dreieck hat 3 **Innenwinkel.**
Die Nebenwinkel von Innenwinkeln heißen **Außenwinkel** des Dreiecks.

In jedem Dreieck beträgt die Summe der Innenwinkel 180°.

Ein Außenwinkel ist so groß wie die Summe der nicht anliegenden Innenwinkel.

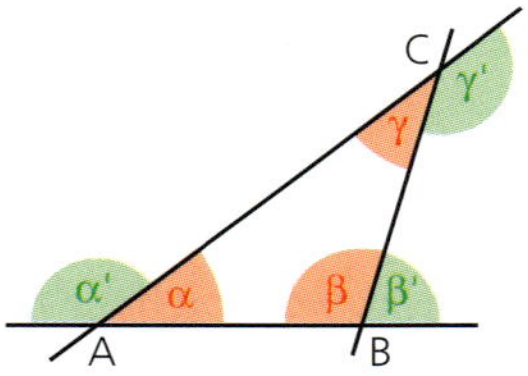

$\alpha + \beta + \gamma = 180°$

$\alpha' = \beta + \gamma$

$\alpha' + \alpha = 180°$

Der *Flächeninhalt* eines Dreiecks ist die Hälfte des Produktes aus einer Seite und der dazugehörigen Höhe.

Der *Umfang* eines Dreiecks ist die Summe der Länge seiner Seiten.

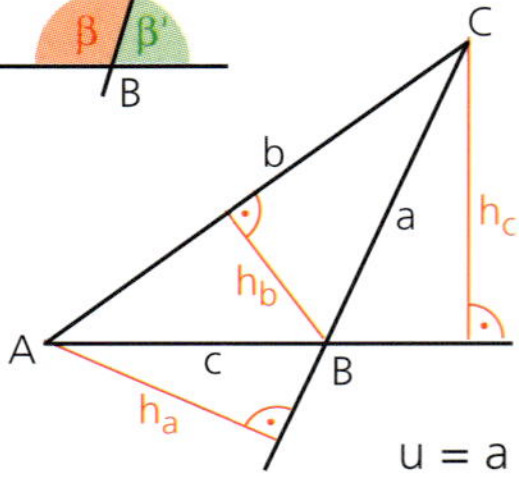

$u = a + b + c$

$A = \frac{1}{2} c \cdot h_c = \frac{1}{2} b \cdot h_b = \frac{1}{2} a \cdot h_a$

Dreiecksungleichung

In jedem Dreieck sind zwei Seiten zusammen immer länger als die dritte Seite.

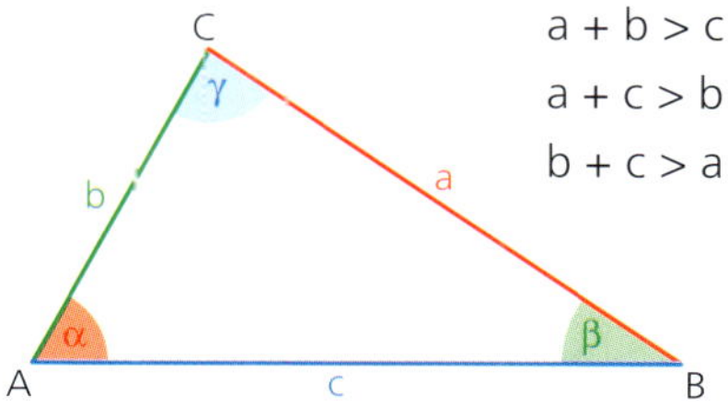

$a + b > c$

$a + c > b$

$b + c > a$

Seiten-Winkel-Beziehung

In jedem Dreieck liegt der größeren von zwei Seiten der größere Winkel gegenüber.

Wenn $c > a$, dann gilt auch $\gamma > \alpha$.

Wenn $\gamma > \alpha$, dann gilt auch $c > a$.

Beziehungen im rechtwinkligen Dreieck

Ein Dreieck heißt **rechtwinklig,** wenn es einen rechten Innenwinkel hat.

In einem Dreieck ABC mit $\gamma = 90°$ gilt:

$\alpha + \beta = 90°$

$A = \frac{1}{2}\, c \cdot h = \frac{1}{2}\, a \cdot b$

$a^2 + b^2 = c^2$ (Satz des PYTHAGORAS)

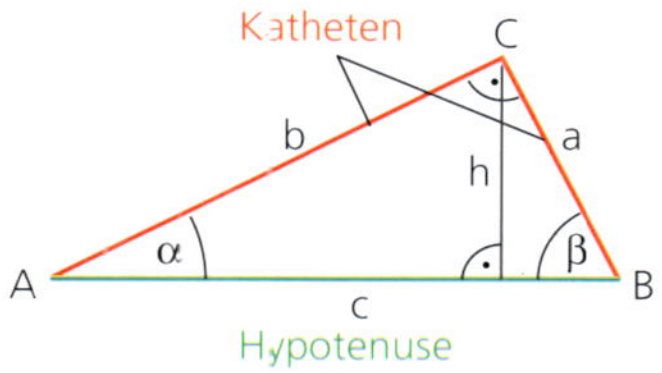

Kongruenzsätze für Dreiecke

Zwei Dreiecke sind zueinander **kongruent,** wenn sie übereinstimmen:

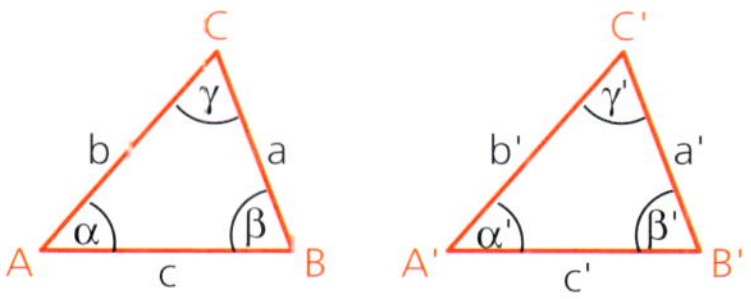

- in allen Seiten (sss) — z. B. $a = a'$; $b = b'$; $c = c'$
- in zwei Seiten und dem eingeschlossenen Winkel (sws) — z. B. $b = b'$; $c = c'$; $\alpha = \alpha'$
- in einer Seite und den anliegenden Winkeln (wsw) — z. B. $c = c'$; $\alpha = \alpha'$; $\beta = \beta'$
- in zwei Seiten und dem der größeren Seite gegenüberliegenden Winkel (SsW) — z. B. $b = b'$; $c = c'$; $\beta = \beta'$

Ähnlichkeitssätze für Dreiecke

Zwei Dreiecke sind zueinander **ähnlich,** wenn sie übereinstimmen:

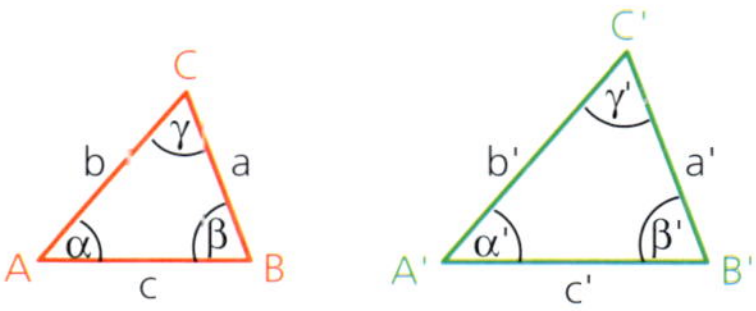

- in zwei Winkeln (Hauptähnlichkeitssatz) — z. B. $\alpha = \alpha'$; $\beta = \beta'$
- im Verhältnis aller Seiten — z. B. $c : c' = a : a' = b : b'$
- in einem Winkel und im Verhältnis der anliegenden Seiten — z. B. $\alpha = \alpha'$; $c : c' = b : b'$
- im Verhältnis zweier Seiten und dem Winkel, der der größeren Seite gegenüberliegt — z. B. $c : c' = b : b'$; $\beta = \beta'$

Aufgaben

1. Zeichne einen spitzen Winkel, einen stumpfen Winkel und einen überstumpfen Winkel! Miss die Größen der Winkel!

2. Gib in der nebenstehenden Figur zwei spitze, zwei rechte, zwei stumpfe, zwei gestreckte und zwei überstumpfe Winkel an!

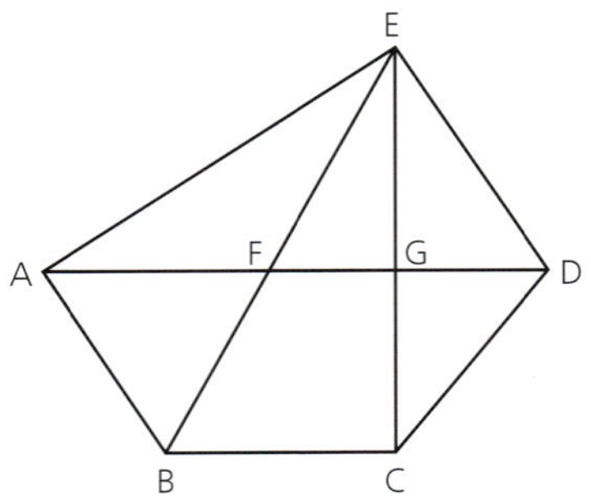

3. Vergleiche den in den folgenden Redewendungen bzw. Begriffen gemeinten Drehsinn mit dem Uhrzeigersinn!

a) nach links umdrehen
b) nach links fahren
c) Steuer nach links drehen
d) links vorbei fahren
e) Linkskurve
f) Linksgewinde

4. Berechne die fehlenden Innenwinkel aller in der nebenstehenden Figur enthaltenen Dreiecke!

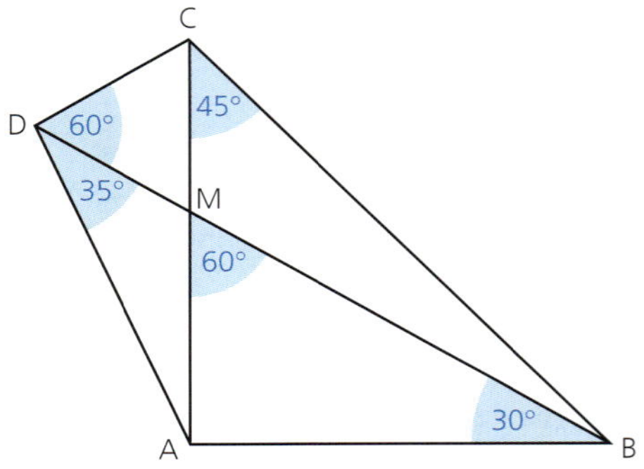

5. Konstruiere ein rechtwinkliges Dreieck ABC mit $\gamma = 90°$ aus folgenden Stücken!
Gib eine Planfigur und einen Lösungsplan an und führe dann die Konstruktion durch!

a) $a = 2{,}5$ cm; $c = 4{,}2$ cm
b) $\alpha = 68°$; $c = 5{,}4$ cm
c) $c = 6{,}3$ cm; $h_c = 2{,}5$ cm

6. Berechne alle blau gekennzeichneten Winkel in den folgenden Abbildungen und begründe die durchgeführten Rechnungen!

a)

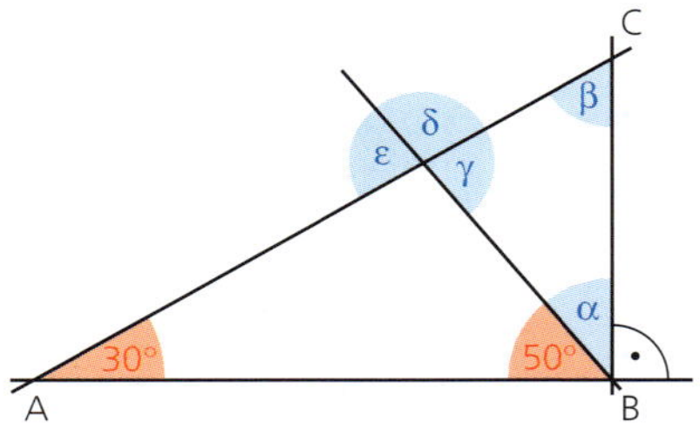

b)

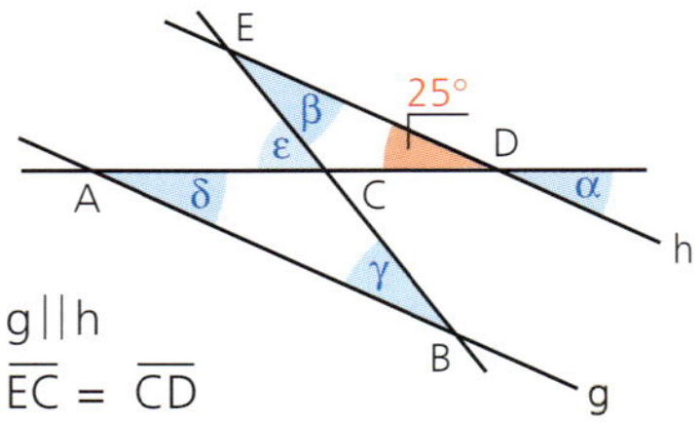

7. Vergleiche jeweils die Größe der den angegebenen Seiten gegenüberliegenden Innenwinkel eines Dreiecks ABC!

a) $a = 4$ cm, $b = 7$ cm
b) $a = 9$ cm, $c = 6$ cm
c) $b = 4{,}3$ cm, $c = 7{,}9$ cm
d) $a = 5{,}5$ cm, $b = 5{,}5$ cm
e) $b = 16{,}4$ cm, $c = 3{,}6$ cm

8. Gibt es Dreiecke ABC mit folgenden Seitenlängen? Begründe!

a) $a = 5$ cm, $b = 6$ cm, $c = 7$ cm
b) $a = 8$ cm, $b = 5$ cm, $c = 3$ cm
c) $a = 9{,}4$ cm, $b = 17{,}5$ cm
d) $a = 5{,}2$ cm, $b = 7{,}8$ cm, $c = 3{,}8$ cm
e) $a = 6{,}4$ cm, $b = 1{,}8$ cm, $c = 3{,}5$ cm

9. Vergleiche jeweils die Größe der den angegebenen Winkeln gegenüberliegenden Seiten eines Dreiecks! Kannst du etwas über die Größe der jeweils dritten Seite aussagen?
Welche Dreiecksart liegt jeweils vor?

a) $\alpha = 42°$, $\beta = 75°$ b) $\alpha = 30°$, $\gamma = 120°$ c) $\beta = 53°$, $\gamma = 21°$ d) $\alpha = 60°$, $\beta = 60°$ e) $\alpha = 55°$, $\gamma = 65°$ f) $\beta = 45°$, $\gamma = 90°$

10. Gib zwei Möglichkeiten für die Länge der dritten Seite eines Dreiecks ABC an!

a) a = 6,5 cm, b = 3,8 cm b) b = 10,2 cm, c = 3,7 cm c) a = b = 4,5 cm d) a = 8,4 cm, c = 16,0 cm e) b = 2,3 cm, c = 4,6 cm

11. Für die nebenstehende Zeichnung gilt:
$\overline{AC} = \overline{BD}$
Zeige, dass die beiden Dreiecke ABD und ABC zueinander kongruent sind!
Begründe!

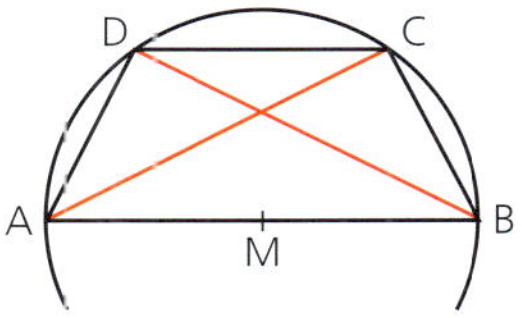

12. Beweise, dass die grün markierten Dreiecke zueinander kongruent sind!

a)

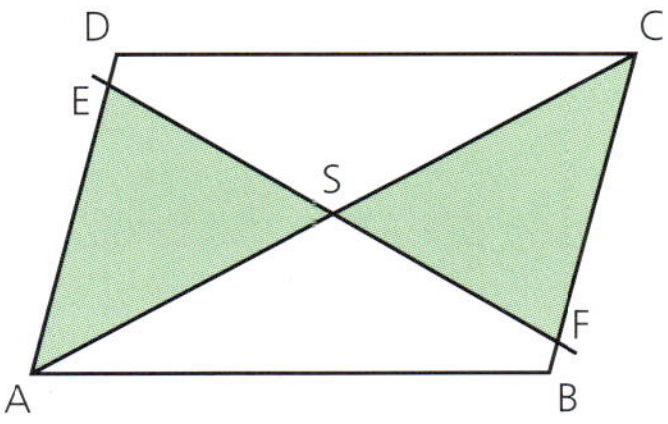

$\overline{AS} = \overline{SC}$
ABCD
Parallelogramm

b)

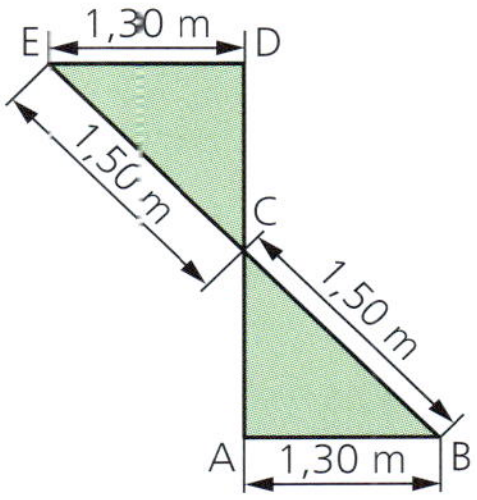

13. Untersuche die folgenden Figuren auf zueinander kongruente Dreiecke!
Begründe deine Entscheidungen und gib jeweils den entsprechenden Kongruenzsatz an!
Stücke, die mit gleicher Farbe gekennzeichnet sind, sollen gleich sein.

a)

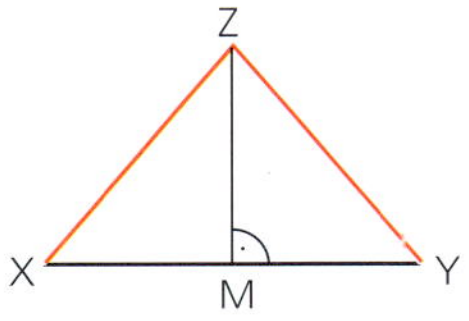

b)

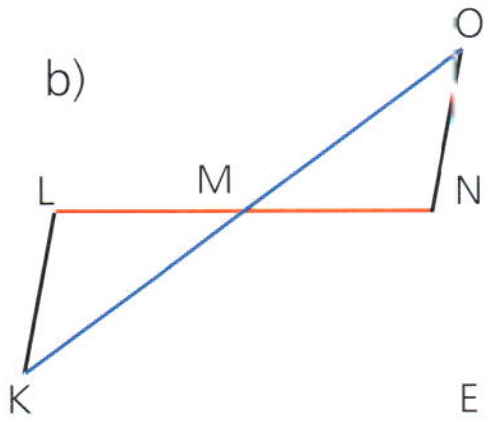

c)

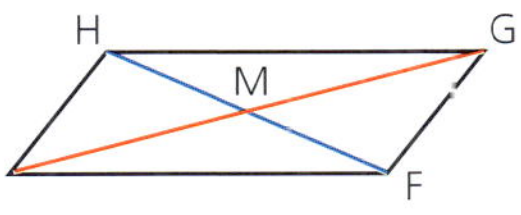

d)

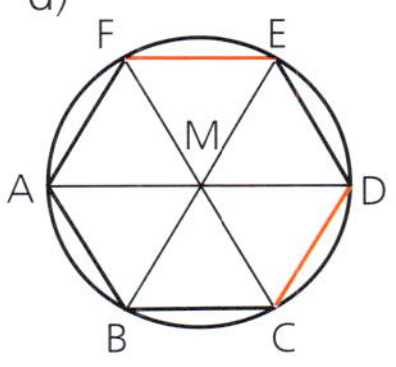

14. Berechne die Flächeninhalte der folgenden Dreiecke!
Entnimm die erforderlichen Maße der Zeichnung!

a)

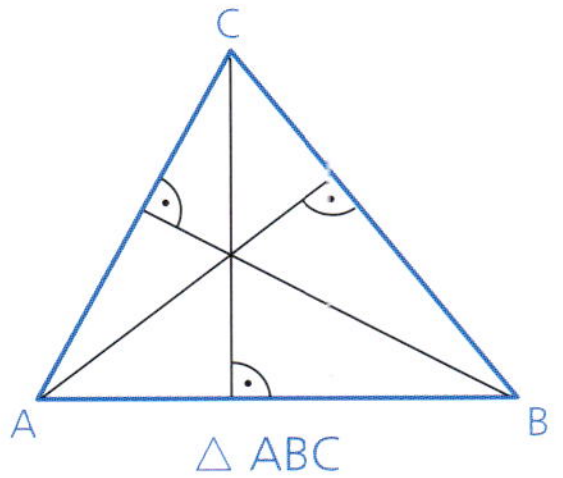

△ ABC

b)

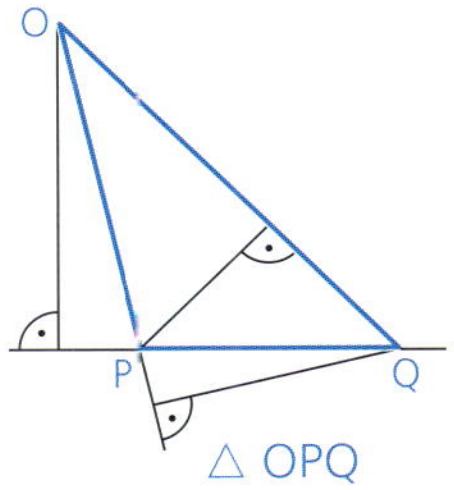

△ OPQ

c)

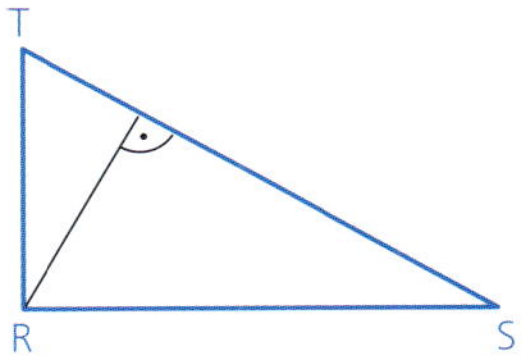

△ RST

15. Berechne jeweils Flächeninhalt und Umfang der Vierecke! Gib immer zuerst eine Formel an!

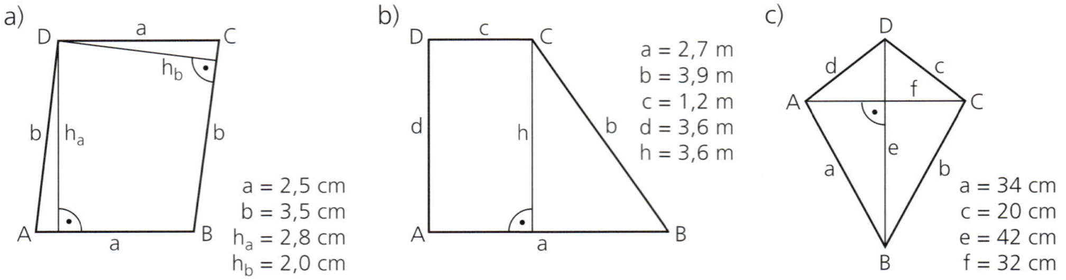

16. Berechne die Längen der rot markierten Strecken!

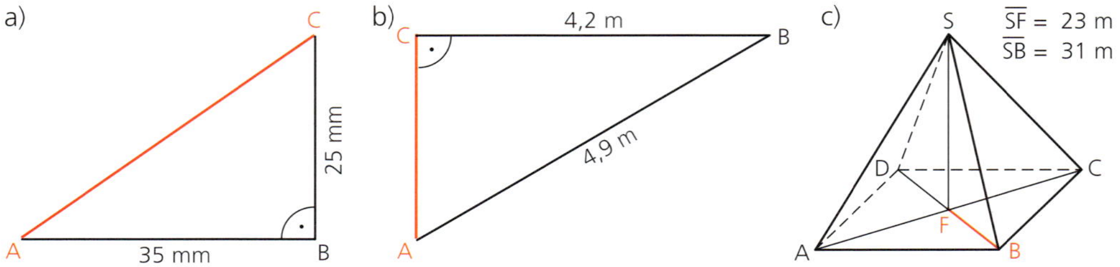

17. Die Punkte P_2 und P_3, die sich in den entsprechenden Kreisen der Karte auf Seite 7 befinden, haben eine horizontale Entfernung von 220 m. Der Höhenunterschied beträgt 17,5 m.

a) Berechne die wahre Entfernung $\overline{P_2P_3}$!

b) Der Abstand des Punktes P_7 zu den Punkten P_6 und P_8 beträgt jeweils 420 m. Berechne die Entfernung von P_6 zu P_8!

c) Jemand berechnet auch die Strecke $\overline{P_4P_6}$ mit dem Satz des PYTHAGORAS. Nimm Stellung!

18. Berechne im Kopf (Angaben in Zentimeter)! Gib die Länge von x an!

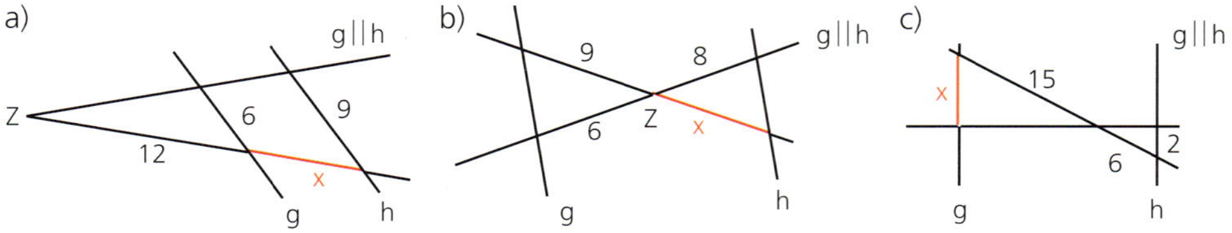

Skizzen nicht maßstäblich

19. Zeige mithilfe des Hauptähnlichkeitssatzes, dass die Dreiecke ABD und ACE zueinander ähnlich sind!

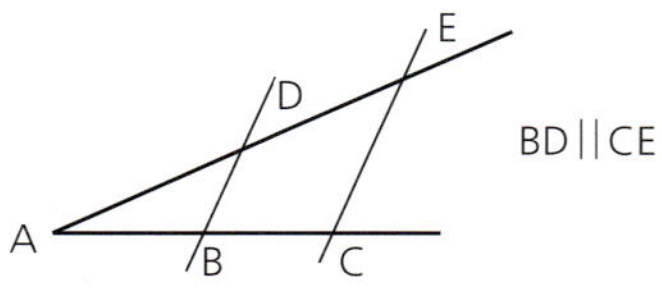

20. Der Flächeninalt eines Dreiecks D beträgt A = 12 cm^2.

a) Wie groß ist der Flächeninhalt A_1 des Dreiecks D_1, wenn bei ihm alle Seiten doppelt so lang sind wie beim Dreieck D?

b) Mit welchem Ähnlichkeitsfaktor k wurden die Seitenlängen des Dreiecks D multipliziert, wenn der Flächeninhalt des Dreiecks D_2 = 108 cm^2 beträgt?

c) Wie groß ist der Flächeninhalt des Dreiecks D_3, wenn seine Seiten nur halb so lang sind wie die Seiten des Dreiecks D?

1.1 Trigonometrische Berechnungen

Der Ausleger eines Autokrans kann auf verschiedene Längen ausgefahren und unter verschiedenen Winkeln aufgerichtet werden. Davon hängen die Hubhöhe, die Ausladung und die Tragkraft ab. Um in einem konkreten Einsatzfall aus der erforderlichen Hubhöhe oder Ausladung den Aufrichtwinkel oder die Ausfahrlänge vorher zu ermitteln, können Berechnungen mithilfe der so genannten trigonometrischen Funktionen Sinus, Kosinus und Tangens durchgeführt werden.

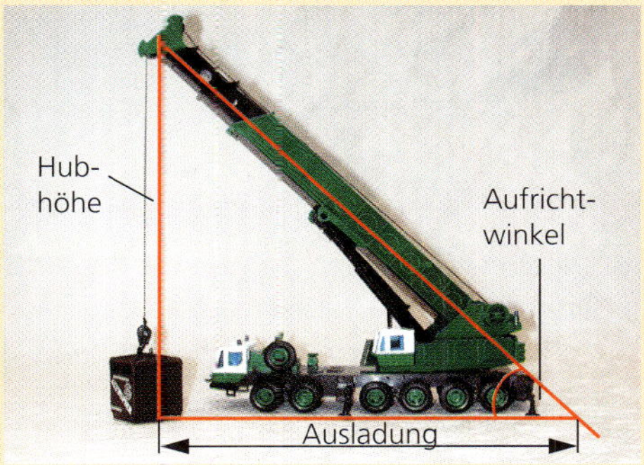

Der Sinus eines Winkels

Um in einem rechtwinkligen Dreieck die Lage der Katheten bezüglich der spitzen Innenwinkel unterscheiden zu können, nennt man die Kathete, die auf einem Schenkel des betreffenden Winkels liegt, **Ankathete** und die andere Kathete **Gegenkathete** des Winkels.

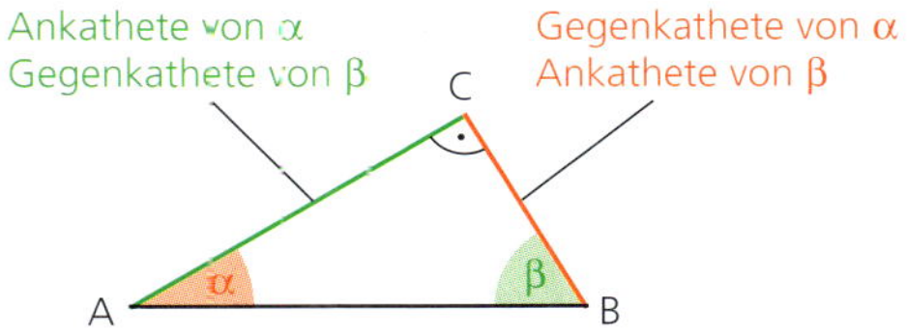

Nach dem Hauptähnlichkeitssatz (↗ 9) sind alle rechtwinkligen Dreiecke, die in einem der spitzen Innenwinkel übereinstimmen, zueinander ähnlich. Einander entsprechende Seiten stehen im gleichen Verhältnis. Für einen festen Winkel ist dieses Verhältnis immer gleich.

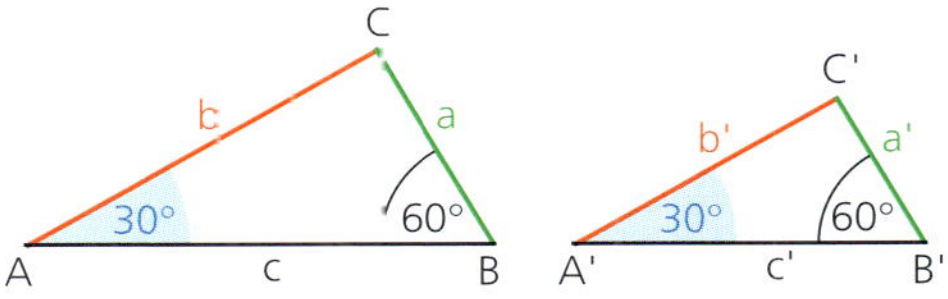

$\alpha = \alpha' = 30°$ $\quad \frac{a}{c} = \frac{a'}{c'} = \text{const.}$

In einem rechtwinkligen Dreieck heißt das Verhältnis der Länge der Gegenkathete eines Innenwinkels zur Länge der Hypotenuse des Dreiecks der **Sinus des Winkels.**

Bezeichnung: **sin α**

$$\sin \alpha = \frac{\text{Gegenkathete von } \alpha}{\text{Hypotenuse}}$$

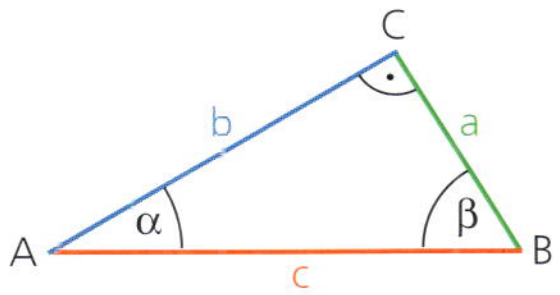

$\sin \alpha = \frac{a}{c} \qquad \sin \beta = \frac{b}{c}$

Da die Gegenkathete immer kleiner als die Hypotenuse ist, gilt:
$0 < \sin \alpha < 1$ für $0° < \alpha < 90°$

Da für kleine α die Sinuswerte immer dichter an 0 und für große α immer dichter an 1 liegen, wird festgelegt: $\sin 0° = 0$ und $\sin 90° = 1$

Durch die Definitionen des Sinus eines Winkels wird jedem Winkel von 0° bis 90° genau ein Wert zugeordnet. Diese eindeutige Zuordnung wird auch als **Sinusfunktion** bezeichnet.

Der Sinuswert eines Winkels α kann näherungsweise grafisch ermittelt werden, indem ein beliebiges rechtwinkliges Dreieck mit dem Winkel α gezeichnet wird und die Längen von Gegenkathete und Hypotenuse gemessen und ihr Quotient gebildet wird.

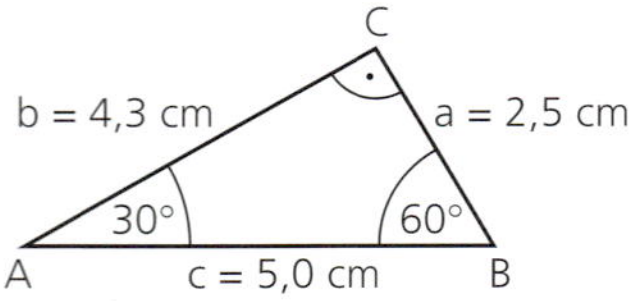

$\sin 30° = \frac{2{,}5}{5{,}0} = 0{,}50;\quad \sin 60° = \frac{4{,}3}{5{,}0} = 0{,}86$

Genauere Werte liefert der Taschenrechner nach Betätigen der Taste [sin].

TR: $\sin 30° = 0{,}5$ $\qquad \sin 60° = 0{,}866\,02$

Um umgekehrt zu einem Sinuswert den entsprechenden Winkel zu ermitteln, kann ein rechtwinkliges Dreieck gezeichnet werden, in dem eine Kathete und die Hypotenuse in dem entsprechenden Verhältnis stehen. Dann wird der Winkel gegenüber der Kathete gemessen.

Um den Winkel mit dem Taschenrechner zu ermitteln, muss die Taste [arcsin] (Arcussinus) oder [$\sin^{-1}$] verwendet werden, die meist als Zweitbelegung der Taste [sin] durch vorheriges Drücken der Taste [F], [SHIFT], [INV], [2nd] oder [2nd] erreichbar ist.

$\sin \alpha = 0{,}7$ Tastenfolge: [SHIFT] [$\sin^{-1}$] [0] [,] [7] Anzeige: 44,427004

Der Taschenrechner muss auf den Winkelmodus DEG (degree) eingestellt sein.

Mithilfe der Sinuswerte können Berechnungen in rechtwinkligen Dreiecken durchgeführt werden.

Für ein Dreieck ABC mit den Seitenlängen $a = 3{,}6$ cm, $b = 6$ cm und $c = 4{,}8$ cm sind die Innenwinkel auf eine Dezimalstelle genau zu bestimmen.

Skizze:

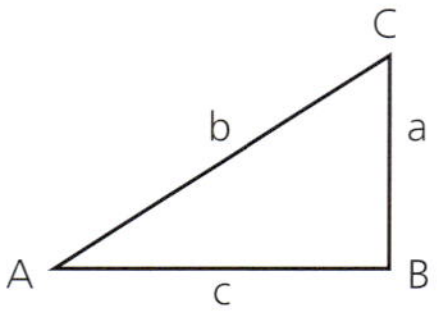

Lösungsideen, Lösungsplan:

Winkel können über ihre Sinuswerte bestimmt werden. Es muss überprüft werden, ob das Dreieck rechtwinklig ist. Wenn das der Fall ist, kann man die Sinuswerte als Verhältnisse von Seiten bestimmen. Die Summe der spitzen Winkel in einem rechtwinkligen Dreieck beträgt 90°.

Lösung:

$6^2 = 4{,}8^2 + 3{,}6^2$, also ist das Dreieck rechtwinklig mit der Hypotenuse b.

$\sin \alpha = \frac{a}{b} = 0{,}6 \qquad \alpha = 36{,}869\ldots°$

$\alpha \approx 36{,}9°$

$\alpha + \gamma = 90° \qquad \gamma = 90° - \alpha = 53{,}1°$

Kontrolle: Zur Kontrolle sollte das Dreieck konstruiert und die Winkel gemessen werden.

Wenn in einer formalen Aufgabe keine Forderung an die Genauigkeit des Ergebnisses enthalten ist, so ist es meist sinnvoll, Strecken und Winkel mit einer Dezimalstelle anzugeben.

Wird mit Näherungswerten gerechnet, so können die Regeln für das Multiplizieren bzw. Dividieren von Näherungswerten verwendet werden.

Schreibe Faktoren stets *vor* dem Term $\sin\alpha$, um Missverständnisse zu vermeiden.
Schreibe z. B. $2 \cdot \sin 30°$ und *nicht* $\sin 30° \cdot 2$.
Es ist $\sin(30° \cdot 2) = \sin 60° = 0{,}866$, aber $(\sin 30°) \cdot 2 = 0{,}5 \cdot 2 = 1$.

Der Kosinus und der Tangens eines Winkels

Die Innenwinkel eines rechtwinkliges Dreiecks werden durch ein gegebenes Verhältnis zweier Seiten festgelegt. Aus den drei Seiten können 6 verschiedene Streckenverhältnisse gebildet werden. Außer dem Verhältnis von Gegenkathete und Hypotenuse gibt es noch für weitere Verhältnisse spezielle Bezeichnungen.

In einem rechtwinkligen Dreieck heißt das Verhältnis der Länge der Ankathete eines Innenwinkels zur Länge der Hypotenuse des Dreiecks der **Kosinus des Winkels.** *Bezeichnung:* **cos** α

$$\cos\alpha = \frac{\text{Ankathete von } \alpha}{\text{Hypotenuse}}$$

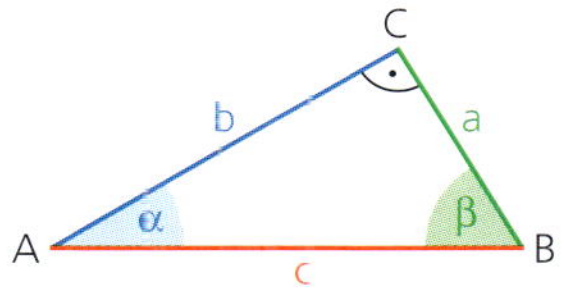

$\cos\alpha = \frac{b}{c}$

$\cos\beta = \frac{a}{c}$

Der Kosinus eines Winkels liegt wie der Sinus zwischen 0 und 1: $0 < \cos\alpha < 1$ für $0° < \alpha < 90°$

Es ist sinnvoll, analog zum Sinus für die Grenzwerte festzulegen: $\cos 0° = 1$ und $\cos 90° = 0$

Zwischen den Sinus- und Kosinuswerten eines Winkels besteht ein enger Zusammenhang:

In einem Dreieck ABC mit $\gamma = 90°$ gilt:

$\cos\alpha = \sin\beta$, d.h. $\cos\alpha = \sin(90° - \alpha)$

Die Winkel α und β heißen auch **Komplementwinkel** (complere (lat.), ergänzen), da sie sich zu 90° ergänzen.

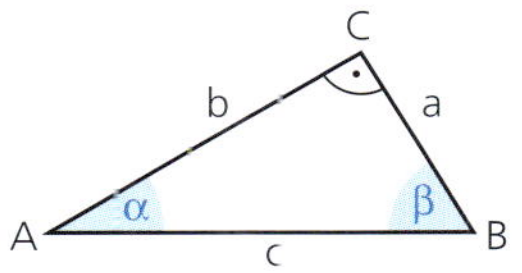

$\cos\alpha = \frac{b}{c}$

$\sin\beta = \frac{b}{c}$

$\alpha + \beta = 90°$

Der Kosinus eines Winkels ist also gleich dem Sinus seines Komplementwinkels. Daraus leitet sich auch die Bezeichnung „Kosinus" (Ko-Sinus) ab.

In einem rechtwinkligen Dreieck ABC mit $\gamma = 90°$ ist $a = c \cdot \sin\alpha$ und $b = c \cdot \cos\alpha$. Da nach dem Satz des Pythagoras $a^2 + b^2 = c^2$ gilt, ergibt sich folgender Satz:

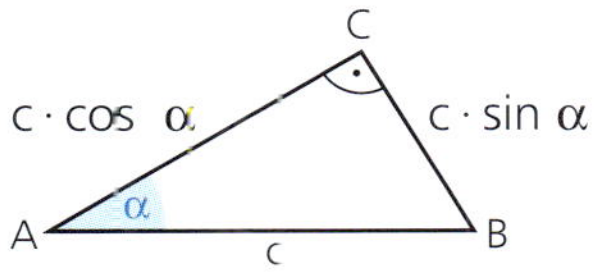

Für alle Winkel α mit $0° \leq \alpha \leq 90°$ gilt:
$(\sin\alpha)^2 + (\cos\alpha)^2 = \sin^2\alpha + \cos^2\alpha = 1$

In einem rechtwinkligen Dreieck heißt das Verhältnis der Länge der Gegenkathete eines Innenwinkels zur Länge der Ankathete des Winkels der **Tangens des Winkels.** Bezeichnung: **tan** α

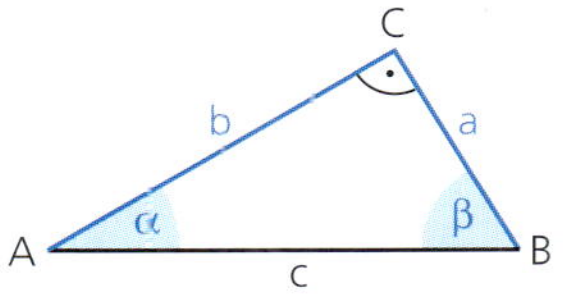

$\tan\alpha = \frac{a}{b}$

$\tan\beta = \frac{b}{a}$

$$\tan\alpha = \frac{\text{Gegenkathete von } \alpha}{\text{Ankathete von } \alpha}$$

Vergrößert man die Gegenkathete bei konstanter Ankathete, so erkennt man, dass der Tangens eines Winkels beliebig groß werden kann.

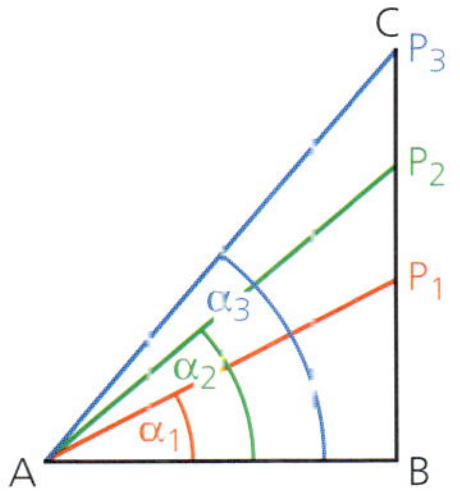

$\tan\alpha_3 = \frac{\overline{P_3B}}{\overline{AB}}$

$\tan\alpha_2 = \frac{\overline{P_2B}}{\overline{AB}}$

$\tan\alpha_1 = \frac{\overline{P_1B}}{\overline{AB}}$

Es gilt also: $0 < \tan\alpha < \infty$ für $0° < \alpha < 90°$

Es ist sinnvoll festzulegen, dass $\tan 0° = 0$ gilt.

Die Zuordnung der Kosinuswerte bzw. Tangenswerte zu den Winkeln von 0° bis 90° (außer 90° bei den Tangenswerten) wird als **Kosinusfunktion** bzw. **Tangensfunktion** bezeichnet. Wird mit Näherungswerten gerechnet, so können für alle Kosinuswerte und Tangenswerte von Winkeln bis etwa 80° die Regeln für das Rechnen mit Näherungswerten verwendet werden. Bei Tangenswerten von Winkeln, die nahe an 90° liegen, lässt sich eine sinnvolle Genauigkeit nur durch eine Rechnung mit Fehlerschranken ermitteln.

Trigonometrische Berechnungen in beliebigen Dreiecken

Nach den Kongruenzsätzen (↗ 9) kann ein Dreieck schon durch 3 Stücke eindeutig festgelegt werden. Die Maße der übrigen Stücke kann man durch eine Konstruktion ermitteln. Mithilfe der trigonometrischen Funktionen Sinus und Kosinus lassen sich diese Maße aber auch berechnen.

Der Sinussatz

Um auch in nichtrechtwinkligen Dreiecken trigonometrische Berechnungen durchzuführen, können durch das Einzeichnen einer Höhe rechtwinklige Dreiecke erzeugt werden. Dabei muss unterschieden werden, ob das Dreieck spitzwinklig oder stumpfwinklig ist.

1. Fall: Dreieck ABC ist spitzwinklig

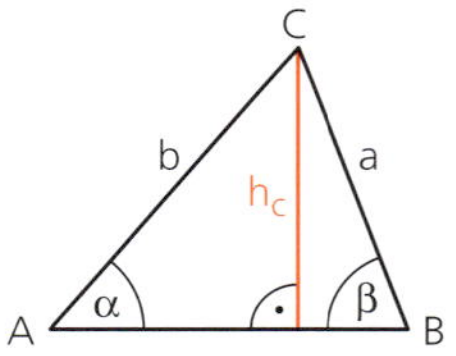

$\sin\alpha = \frac{h_c}{b}$ $\quad\sin\beta = \frac{h_c}{a}$

also: $\frac{\sin\alpha}{\sin\beta} = \frac{h_c}{b} : \frac{h_c}{a} = \frac{h_c}{b} \cdot \frac{a}{h_c} = \frac{a}{b}$

2. Fall: Dreieck ABC ist stumpfwinklig

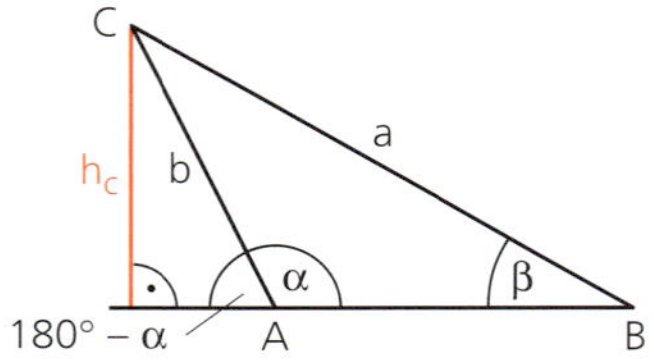

Da $\alpha > 90°$ ist, gilt: $180° - \alpha < 90°$

$\sin(180° - \alpha) = \frac{h_c}{b}$ $\quad\sin\beta = \frac{h_c}{a}$

also: $\frac{\sin(180° - \alpha)}{\sin\beta} = \frac{h_c}{b} : \frac{h_c}{a} = \frac{h_c}{b} \cdot \frac{a}{h_c} = \frac{a}{b}$

Damit in spitzwinkligen und stumpfwinkligen Dreiecken die gleiche Formel verwendet werden kann, wird für Sinuswerte von stumpfen Winkeln der folgende Zusammenhang festgelegt:

Für $90° \leq \alpha \leq 180°$ gilt:	$\sin\alpha = \sin(180° - \alpha)$

Der Sinuswert eines stumpfen Winkels ist also immer gleich dem Sinuswert seines spitzen Nebenwinkels. Zu einem Sinuswert (außer dem Wert 1) gibt es damit auch zwei Winkel, die diesen Sinuswert haben.

$\sin 150° = \sin(180° - 150°) = \sin 30° = 0{,}5$

Die Gleichung $\sin\alpha = 0{,}7$ hat zwei Lösungen: $\alpha_1 = 44{,}4°$ und $\alpha_2 = 180° - 44{,}4° = 135{,}6°$

Mit dieser Festlegung ergibt sich folgender allgemeiner Zusammenhang von Seiten und Gegenwinkeln in einem beliebigen Dreieck.

Sinussatz

In jedem Dreieck ist das Verhältnis zweier Seiten gleich dem Verhältnis der Sinuswerte der Gegenwinkel dieser Seiten.

Für ein Dreieck ABC gilt:

$\frac{a}{b} = \frac{\sin\alpha}{\sin\beta}$; $\frac{b}{c} = \frac{\sin\beta}{\sin\gamma}$; $\frac{a}{c} = \frac{\sin\alpha}{\sin\gamma}$

Für ein Dreieck ist das Verhältnis aus einer Seite und dem Sinuswert des Gegenwinkels konstant.

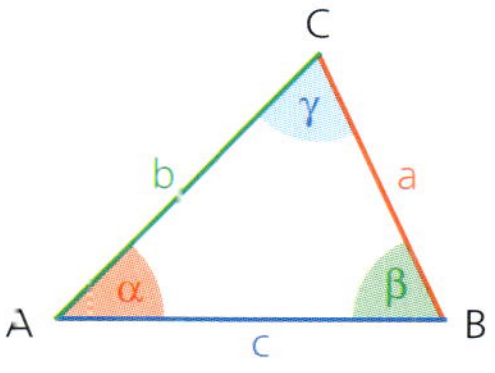

$$\frac{a}{\sin\alpha} = \frac{b}{\sin\beta} = \frac{c}{\sin\gamma}$$

Mit dem Sinussatz kann eine Seite bzw. ein Winkel berechnet werden, wenn eine Seite und zwei Winkel bzw. zwei Seiten und ein Gegenwinkel gegeben sind.

Gegeben: a = 6 cm; α = 30°; β = 130°

Gesucht: b

Skizze:

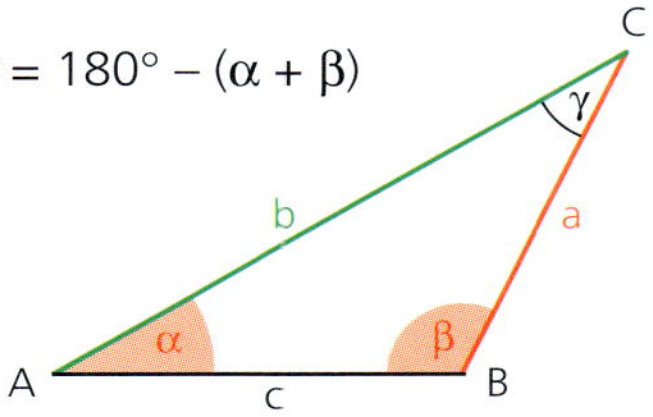

Lösungsidee, Lösungsplan:

α ist Gegenwinkel zur Seite a und Winkel β ist Gegenwinkel zur Seite b, also ist der Sinussatz anwendbar.

Ausführen des Planes:

$\frac{b}{a} = \frac{\sin\beta}{\sin\alpha}$ | · a

$b = \frac{a \cdot \sin\beta}{\sin\alpha} = \frac{6\text{ cm} \cdot \sin 130°}{\sin 30°}$

b = 9,2 cm

Kontrolle:

Nach dem Kongruenzsatz *wsw* sind alle Stücke des Dreieck eindeutig festgelegt. Das Dreieck kann konstruiert und die Seite b gemessen werden.

Gegeben: b = 6 cm; c = 8 cm; β = 40°

Gesucht: γ

Skizze:

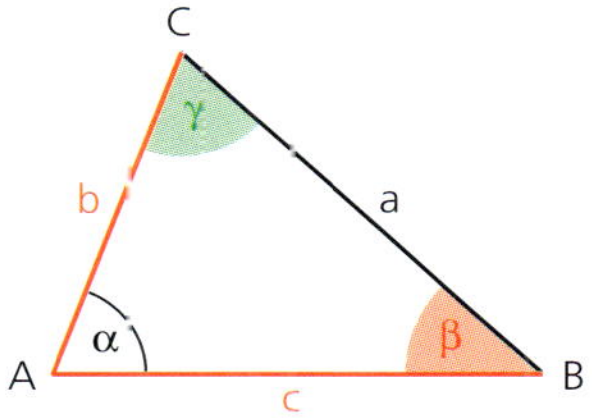

Lösungsidee, Lösungsplan:

β ist Gegenwinkel zur Seite b und Winkel γ ist Gegenwinkel zur Seite c, also ist der Sinussatz anwendbar.

Ausführen des Planes:

$\frac{\sin\gamma}{\sin\beta} = \frac{c}{b}$ | · sinβ

$\sin\gamma = \frac{c \cdot \sin\beta}{b} = \frac{8\text{ cm} \cdot \sin 40°}{6\text{ cm}} = 0{,}857$

$\gamma_1 = 59{,}0°$ und $\gamma_2 = 121{,}0°$

Kontrolle:

Das Dreieck ist nicht eindeutig festgelegt, da kein Kongruenzsatz anwendbar ist. Bei Konstruktion erhält man zwei Lösungen mit den Winkeln γ_1 und γ_2.

Markiere die gegebenen und gesuchten Stücke farbig!
Beginne eine Verhältnisgleichung immer mit der gesuchten Größe!

Der Kosinussatz

Wenn von einem Dreieck zwei Seiten und der eingeschlossene Winkel gegeben sind, so ist das Dreieck eindeutig festgelegt. Um auch in diesem Fall eine Berechnungsmethode für ein beliebiges Dreieck zu finden, müssen wieder spitzwinklige und stumpfwinklige Dreiecke unterschieden werden.

Die Lösungsidee besteht erneut darin, eine Höhe einzuzeichnen. Dabei ist es günstig eine Höhe zu wählen, die den Winkel nicht zerlegt.

1. Fall: Dreieck ABC ist spitzwinklig

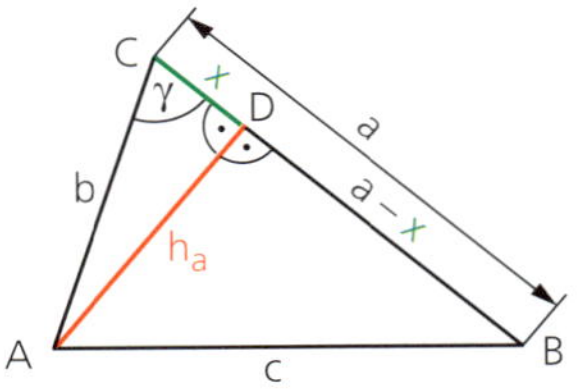

$\cos\gamma = \frac{x}{b}$, also $x = b \cdot \cos\gamma$

$c^2 = h_a^2 + (a-x)^2$ und $h_a^2 = b^2 - x^2$

also: $c^2 = b^2 - x^2 + a^2 - 2ax + x^2$

$c^2 = a^2 + b^2 - 2ax$

$c^2 = a^2 + b^2 - 2ab\cos\gamma$

2. Fall: Dreieck ABC ist stumpfwinklig

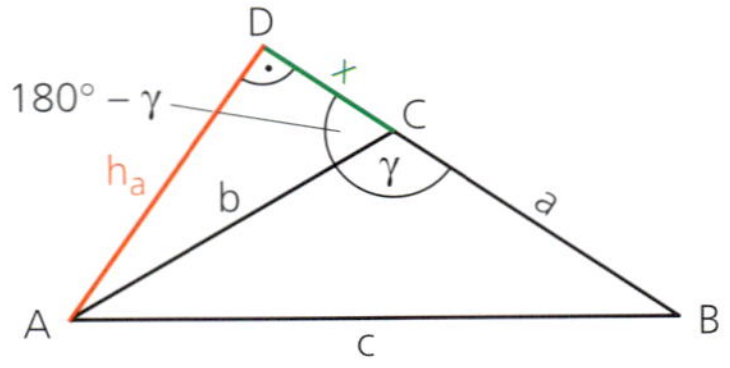

$\cos(180° - \gamma) = \frac{x}{b}$, also $x = b \cdot \cos(180° - \gamma)$

$c^2 = h_a^2 + (a+x)^2$ und $h_a^2 = b^2 - x^2$

also: $c^2 = b^2 - x^2 + a^2 + 2ax + x^2$

$c^2 = a^2 + b^2 + 2ax$

$c^2 = a^2 + b^2 + 2ab\cos(180° - \gamma)$

Damit in spitzwinkligen und stumpfwinkligen Dreiecken die gleiche Formel verwendet werden kann, wird für Kosinuswerte von stumpfen Winkeln festgesetzt:

Für $90° \le \alpha \le 180°$ gilt: $\cos\alpha = -\cos(180° - \alpha)$ bzw. $\cos(180° - \alpha) = -\cos\alpha$

Die Kosinuswerte stumpfer Winkel sind negativ. Sie sind das Entgegengesetzte des Kosinuswertes ihres Nebenwinkels. Im Intervall $0 \le \alpha \le 180°$ gibt es zu einem Kosinuswert nur einen Winkel.

$\cos 120° = -\cos(180° - 120°) = -\cos 60° = -0{,}5$

Die Gleichung $\cos\alpha = 0{,}3$ hat die Lösung $\alpha = 72{,}5°$

Die Gleichung $\cos\alpha = -0{,}3$ hat die Lösung $\alpha = 180° - 72{,}5° = 107{,}5°$

Mit dieser Festlegung ergibt sich folgender allgemeiner Zusammenhang zwischen den drei Seiten und einem Winkel in einem beliebigen Dreieck.

Kosinussatz

In jedem Dreieck ist das Quadrat einer Seite gleich der Summe der Quadrate der anderen Seiten vermindert um das Doppelte des Produkts aus diesen Seiten und dem Kosinus des von ihnen eingeschlossenen Winkels. Für ein Dreieck ABC gilt:

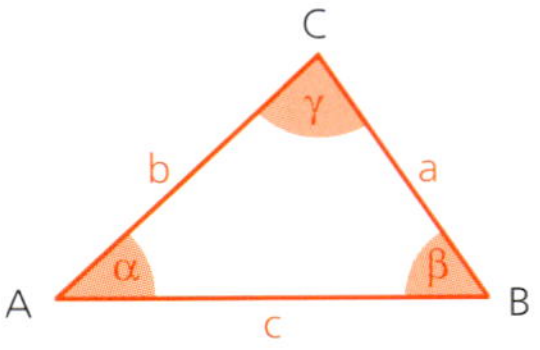

$a^2 = b^2 + c^2 - 2bc \cdot \cos\alpha$ $b^2 = a^2 + c^2 - 2ac \cdot \cos\beta$ $c^2 = a^2 + b^2 - 2ab \cdot \cos\gamma$

Mit dem Kosinussatz kann eine Seite eines Dreiecks berechnet werden, wenn zwei Seiten und der eingeschlossene Winkel gegeben sind.

Sind alle drei Seiten eines Dreiecks gegeben, so kann mit dem Kosinussatz ein beliebiger Winkel berechnet werden, indem die entsprechende Gleichung nach dem Kosinus des Winkels umgestellt wird:

$\cos\alpha = \frac{b^2 + c^2 - a^2}{2bc}$ $\cos\beta = \frac{a^2 + c^2 - b^2}{2ac}$ $\cos\gamma = \frac{a^2 + b^2 - c^2}{2ab}$

Flächeninhaltsberechnungen

Durch zwei Seiten und den jeweils eingeschlossenen Winkel sind nach dem Kongruenzsatz sws alle übrigen Stücke eindeutig festgelegt. Auch der Flächeninhalt des Dreiecks ist eindeutig bestimmt. Dies führt zu einer weiteren Flächeninhaltsformel für ein Dreieck.

Der Flächeninhalt eines Dreiecks ist das halbe Produkt aus zwei Seiten und dem Sinus des eingeschlossenen Winkels. Für ein Dreieck ABC gilt:

$A = \frac{1}{2}\, ab \cdot \sin\gamma = \frac{1}{2}\, bc \cdot \sin\alpha = \frac{1}{2}\, ac \cdot \sin\beta$

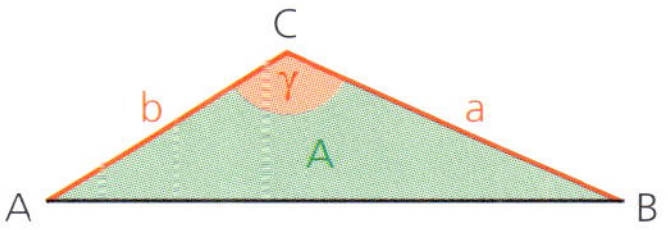

Mithilfe des Sinussatzes ergibt sich aus diesen Flächenformeln eine weitere Berechnungsmöglichkeit, die dem Kongruenzsatz wsw entspricht.

Für den Flächeninhalt A eines Dreiecks ABC gilt: $A = \frac{1}{2}\, c^2 \cdot \frac{\sin\alpha \cdot \sin\beta}{\sin\gamma}$

Hinweise zum Lösen komplexer Aufgaben

Bei Berechnungen in Dreiecken lässt sich häufig die gesuchte Größe nicht direkt aus den gegebenen Angaben ermitteln. Um einen Lösungsweg zu planen, beachte folgende Hinweise:

1. Fertige eine Skizze an, in der die gegebenen Größenverhältnisse möglichst gut berücksichtigt werden! Beachte insbesondere, ob das Dreieck spitz- oder stumpfwinklig ist!
2. Gehe immer von der gesuchten Größe aus und stelle dir zwei Fragen:
   - Woraus könnte ich die gesuchte Größe unmittelbar berechnen?
   - Kenne ich Gleichungen oder Formeln, in denen die gesuchte Größe vorkommt?
3. Entscheide dich für eine Möglichkeit zur Berechnung der gesuchten Größe und frage dich:
   - Welche Zwischengrößen brauche ich dafür?
   - Woraus könnte ich die Zwischengrößen unmittelbar berechnen?
   - Kenne ich Gleichungen oder Formeln, in denen die gesuchten Zwischengrößen vorkommen?
4. Stelle dir die Fragen unter 3. so lange, bis du bei den gegebenen Größen angelangt bist! Stelle zur Berechnung der Zwischengrößen nur solche Gleichungen auf, in denen keine der bis dahin gesuchten Größen auftreten!
5. Führe nach Möglichkeit zur Kontrolle eine Konstruktion durch und miss zum Vergleich die gesuchten Größen!

Es ist günstig, die Überlegungen in einem Lösungsgraphen festzuhalten.

Von einem Dreieck ABC ist bekannt: $a = 5{,}3$ cm, $b = 4{,}6$ cm, $\gamma = 105°$.

Gesucht ist die Höhe h_c.

Skizze:

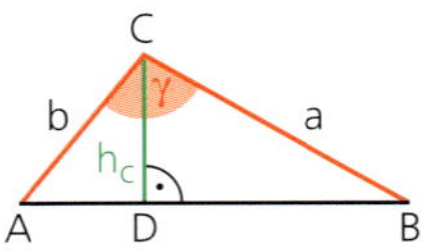

Lösungsüberlegungen:

Gleichungen bzw. Formeln für h_c:

Lösungsgraphen:

A: Satz des PYTHAGORAS: $h_c^2 + \overline{AD}^2 = b^2$

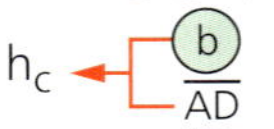

B: Sinus im rechtwinkligen Dreieck: $\sin\alpha = \frac{h_c}{b}$

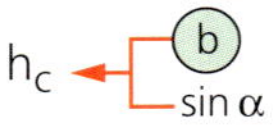

C: Flächeninhaltsformel: $A = \frac{1}{2} c \cdot h_c$

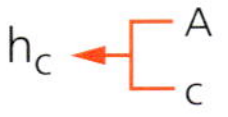

Entscheidung: Variante B; benötigt wird $\sin\alpha$ bzw. α

Gleichungen bzw. Formeln für α bzw. $\sin\alpha$:

Lösungsgraphen:

A: Sinussatz: $\frac{\sin\alpha}{\sin\gamma} = \frac{a}{c}$

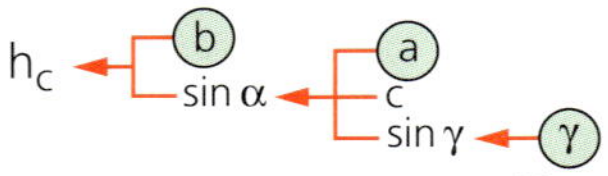

B: Kosinussatz: $a^2 = b^2 + c^2 - 2bc \cdot \cos\alpha$

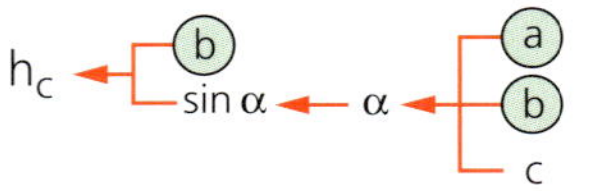

Entscheidung: Variante A; benötigt wird c

Gleichungen bzw. Formeln für c:

Kosinussatz: $c^2 = a^2 + b^2 - 2ab \cdot \cos\gamma$

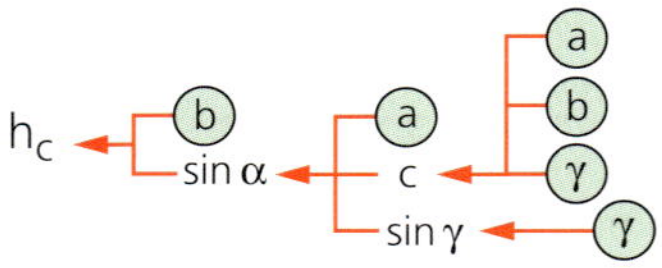

Ausführen des Planes:

1. Berechnen von c

$c^2 = a^2 + b^2 - 2ab \cdot \cos\gamma$

$c^2 = (5{,}3^2 + 4{,}6^2 - 2 \cdot 5{,}3 \cdot 4{,}6 \cdot \cos 105°)\,\text{cm}^2$

$c^2 = 61{,}87\ \text{cm}^2$

$c = 7{,}87$ cm

2. Berechnen von $\sin\alpha$

$\frac{\sin\alpha}{\sin\gamma} = \frac{a}{c}$

$\sin\alpha = \frac{a \cdot \sin\gamma}{c}$

$\sin\alpha = \frac{5{,}3 \cdot \sin 105°}{7{,}87}$

$\sin\alpha = 0{,}650$

3. Berechnen von h_c

$\sin\alpha = \frac{h_c}{b}$

$h_c = b \cdot \sin\alpha$

$h_c = 4{,}6\ \text{cm} \cdot 0{,}650$

$h_c = 2{,}99$ cm

$h_c \approx 3{,}0$ cm

Kontrolle:

Das Dreieck wird konstruiert und die Höhe zum Vergleich mit dem berechneten Wert gemessen.

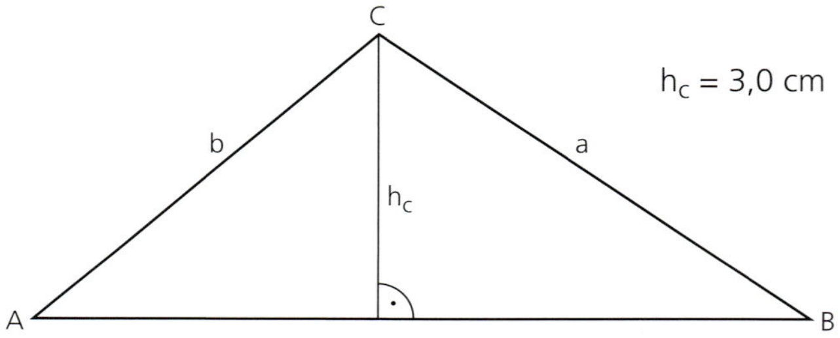

Sollen Seiten, Innenwinkel oder der Flächeninhalt von Vielecken mit trigonometrischen Hilfsmitteln berechnet werden, so muss das Vieleck in Dreiecke *zerlegt* oder durch Dreiecke zu einem Vieleck *ergänzt* werden, dessen Maße man berechnen kann. Dazu gibt es oft mehrere Möglichkeiten. Die Auswahl einer geeigneten Möglichkeit richtet sich nach den gegebenen Maßen.

Ausgangsfigur	Zerlegungsmöglichkeiten	Ergänzungsmöglichkeiten

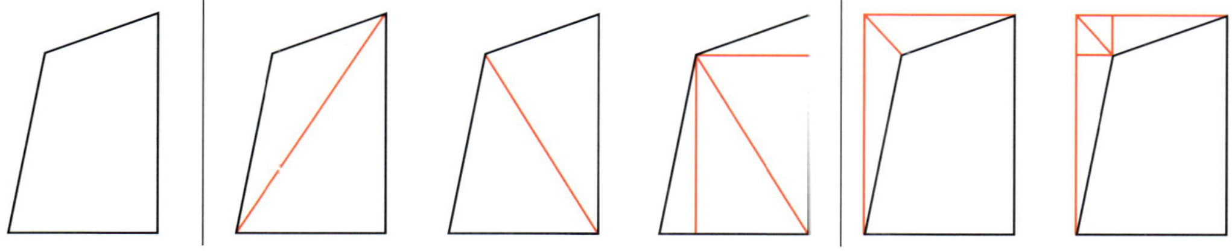

Aufgaben

Die Steigung einer Straße ist das Verhältnis des Höhenunterschieds zum Horizontalunterschied. Die Steigung wird in Prozent angegeben.

a) Erkläre möglichst einfach, was die Angaben 10 %, 20 %, 50 % bzw. 100 % Steigung bedeuten!

b) Wie kann aus der Steigung einer Straße ihr Steigungswinkel (Winkel zwischen der Straße und der Horizontalen) berechnet werden?

c) Suche nach Gemeinsamkeiten und Unterschieden zwischen der Steigung einer Straße und dem Anstieg einer linearen Funktion!

d) Suche nach Straßen in der Umgebung mit großer Steigung und berechne den Steigungswinkel! Vergleiche mit der steilsten Straße der Welt in Dunedin (Neuseeland), die eine Steigung von 126,6% hat und der steilsten Ortsstraße Deutschlands in Schönau, die ein Steigung von 27 % aufweist!

Der Sinus eines Winkels

1. Zeichne einen Viertelkreis mit r = 10 cm und bestimme damit die Sinuswerte folgender Winkel!
a) $\alpha = 10°$ b) $\beta = 20°$ c) $\gamma = 30°$ d) $\delta = 40°$ e) $\varepsilon = 60°$ f) $\varphi = 80°$

2. Zeichne einen Viertelkreis mit dem Radius 10 cm und bestimme damit die Winkel, die folgende Sinuswerte haben!
a) $\sin\alpha = 0{,}1$ b) $\sin\beta = 0{,}2$ c) $\sin\gamma = 0{,}3$ d) $\sin\delta = 0{,}4$ e) $\sin\varepsilon = 0{,}6$

3. Stelle die Gleichungen nach der angegebenen Variablen um!
a) $\sin\alpha = \frac{a}{c}$ (a) b) $\sin\beta = \frac{b}{c}$ (c) c) $\sin\gamma = \frac{c}{r}$ (r) d) $\sin\delta = \frac{d}{e}$ (e)

4. Berechne auf 4 Dezimalstellen genau!
a) $\sin 45{,}2°$ b) $\sin 0{,}5°$ c) $\sin 88{,}9°$ d) $\sin (2 \cdot 20°)$ e) $2 \cdot \sin 20°$

5. Berechne den Winkel auf eine Dezimalstelle genau!
a) $\sin \alpha = 0{,}31$ b) $\sin \beta = 0{,}01$ c) $\sin \gamma = 0{,}999$ d) $\sin 2\delta = 0{,}2$ e) $2 \cdot \sin \varepsilon = 0{,}2$

6. Ein rechtwinkliges Dreieck ABC hat die Kathetenlängen a = 6 cm und b = 2,5 cm.
Berechne c, α und β!

7. Gib jeweils ein Streckenverhältnis für die angegebenen Sinuswerte bzw. einen Sinuswert für die angegebenen Streckenverhältnisse an!

a)
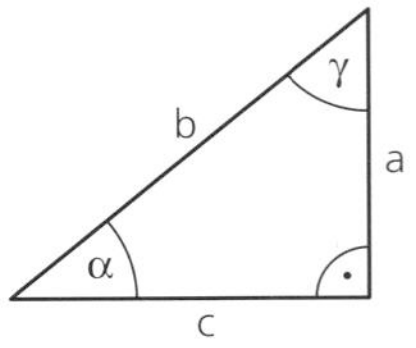

$\sin \alpha$

$\sin \gamma$

b)
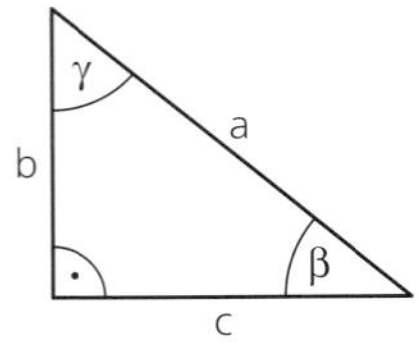

$\sin \beta$

$\sin \gamma$

c)
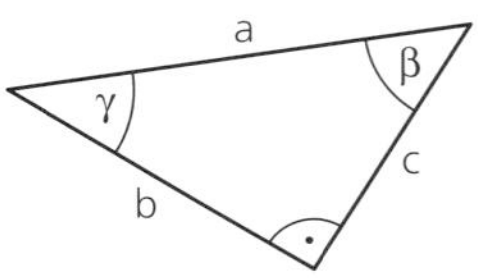

$\frac{b}{a}$

$\frac{c}{a}$

$\sin \beta + \sin \gamma$

d)
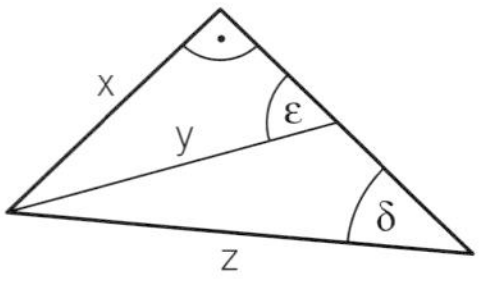

$\sin \varepsilon$

$\sin \delta$

e)
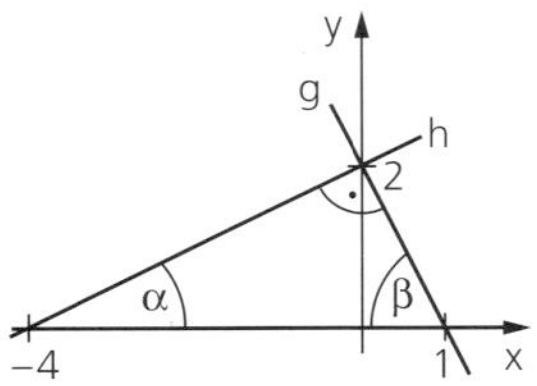

$\sin \alpha$

$\sin \beta$

f)
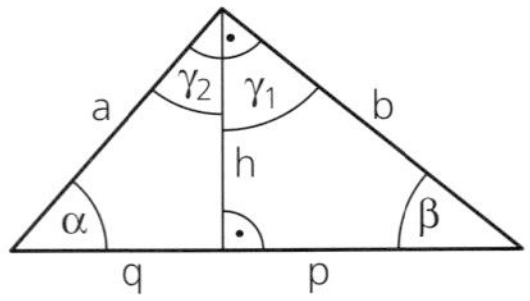

$\frac{h}{b}$

$\sin \beta$

$\sin \gamma_1$

g)
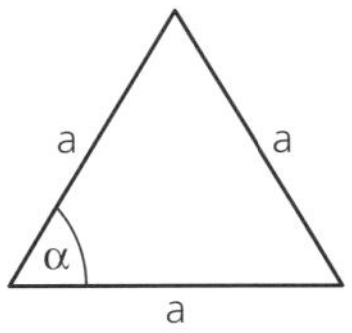

$\sin \alpha$

h)
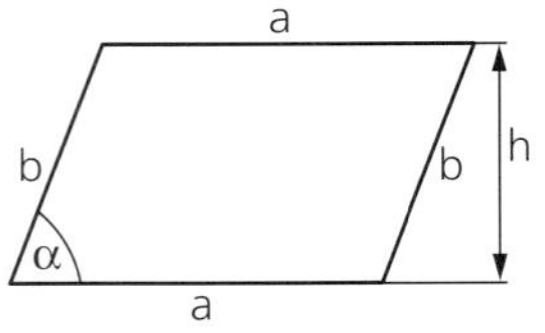

$\sin \alpha$

i)
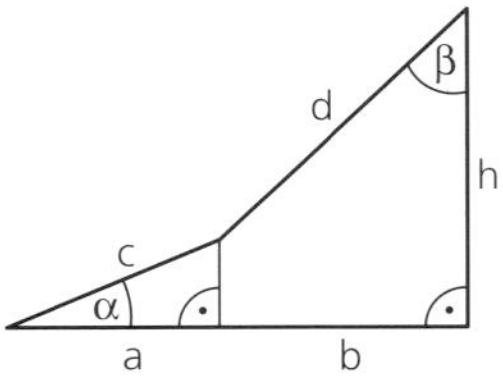

$\sin \beta$

$\frac{a}{c}$

j)
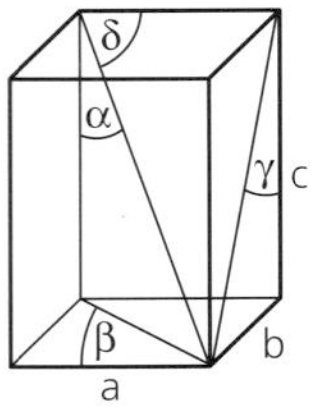

$\sin \alpha$

$\sin \beta$

$\sin \gamma$

$\sin \delta$

8. Ein Dreieck ABC habe die Seitenlängen a = 3,3 cm, b = 6,5 cm und c = 5,6 cm.
Berechne, wenn möglich, die Größen von α und γ und den Flächeninhalt A!

9. Für die Größen 30°, 45° und 60° kann man die Sinuswerte genau angeben. Begründe mithilfe der Darstellungen!

a) $\sin 30° = \frac{1}{2}$

b) $\sin 45° = \frac{1}{2}\sqrt{2}$

c) $\sin 60° = \frac{1}{2}\sqrt{3}$

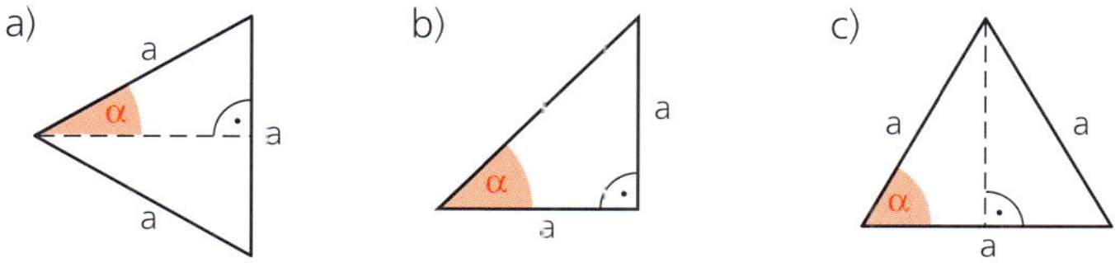

10. Im nebenstehenden Viereck ABCD seien a = 3 cm, α = 35° und δ = 30°.

a) Bestimme die Längen der Strecken c, b, d und e!

b) Gib den Umfang des Vierecks ABCD an!

c) Wie groß ist der Umfang des Dreiecks ABC?

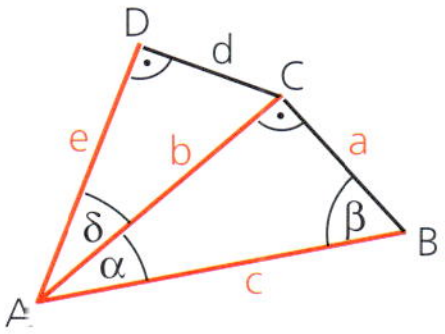

11. Übertrage die Tabelle in dein Heft! Berechne die fehlenden Angaben und fülle die Tabelle aus!

α	20°	30°	45°	60°	70°
$\overline{CB}$					
h_c					

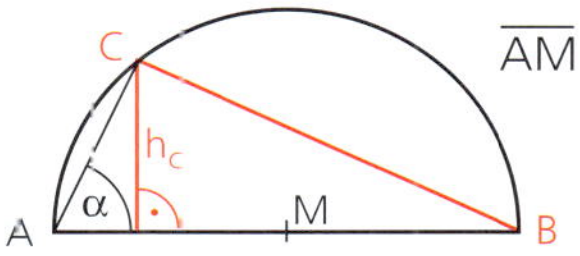

$\overline{AM} = 3$ cm

12. Ein gleichschenkliges Dreieck ABC sei gegeben durch a = b = 5 cm und $h_c = 4$ cm. Berechne die Basiswinkel!

13. A sei der Flächeninhalt des nebenstehenden Parallelogramms.
Zeige, dass für $0° \leq \alpha \leq 90°$ gilt:
$A = a \cdot b \cdot \sin \alpha$

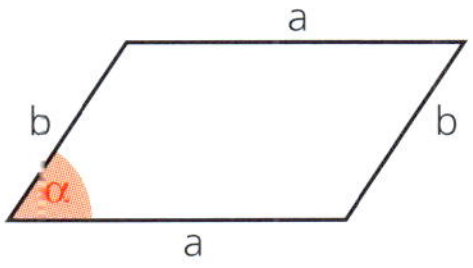

14. Die nebenstehende Abbildung zeigt einen Würfel mit $a = \overline{AB} = 14{,}5$ cm.
Berechne den Neigungswinkel α der Raumdiagonalen $\overline{HB}$ gegenüber der Seitenfläche ABCD!

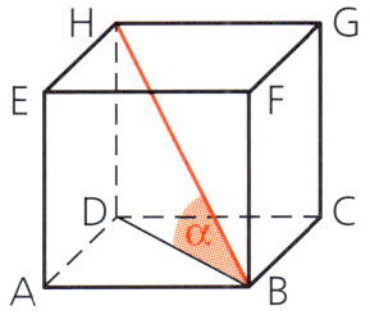

Der Kosinus und der Tangens eines Winkels

15. Zeichne einen Viertelkreis mit r = 10 cm und bestimme die Kosinuswerte folgender Winkel!

a) α = 10° b) β = 20° c) γ = 30° d) δ = 40° e) ε = 60° f) φ = 80°

16. Zeichne einen Viertelkreis mit dem Radius 10 cm und bestimme damit die Winkel, die folgende Kosinuswerte haben!

a) $\cos \alpha = 0{,}1$ b) $\cos \beta = 0{,}2$ c) $\cos \gamma = 0{,}3$

d) $\cos \delta = 0{,}4$ e) $\cos \varepsilon = 0{,}6$ f) $\cos \varphi = 0{,}8$

17. Berechne auf 4 Dezimalstellen genau!

a) cos 25,3° b) tan 0,2° c) cos 98,9° d) cos (3 · 15°) e) 3 · cos 15°

f) tan 77,7° g) tan 89,99° h) $\cos \left(\frac{3}{7}\right)°$ i) $\tan \left(\frac{1}{3}\right)°$ j) $(\cos 33°)^3$

18. In nebenstehender Zeichnung soll sich der Punkt P auf der Geraden g bewegen. Wähle $\overline{AB} = 5$ cm und bestimme die Tangenswerte folgender Winkel! Miss dazu $\overline{PB}$!

a) $\alpha = 10°$ b) $\alpha = 20°$ c) $\alpha = 40°$
d) $\alpha = 50°$ e) $\alpha = 60°$ f) $\alpha = 70°$

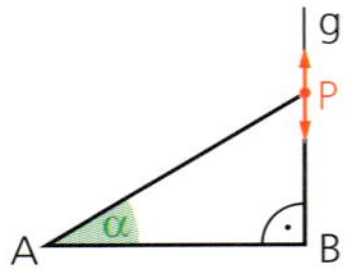

19. Berechne die Winkel auf eine Dezimalstelle genau!

a) $\cos\alpha = 0{,}31$ b) $\tan\beta = 10$ c) $\cos\gamma = 0{,}999$
d) $\cos 4\delta = 0{,}04$ e) $4 \cdot \tan\varepsilon = 400$ f) $\tan\gamma^2 = 400$

20. Zeige, dass für relativ kleine Winkelgrößen α die Werte $\sin\alpha$ und $\tan\alpha$ ungefähr gleich sind!

21. Gib jeweils den Kosinus und den Tangens möglichst genau an!

a) 0° b) 30° c) 45° d) 60° e) 90°

22. Gib Streckenverhältnisse für die Winkelfunktionen im nebenstehenden Sehnenviereck ADBC an!

a) $\cos\alpha$ b) $\tan\beta$
c) $\tan\gamma$ d) $\cos\delta$
e) $\sin\delta$ f) $\sin\gamma$

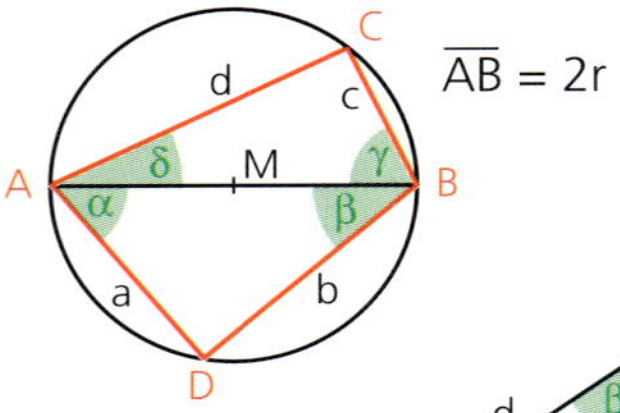

23. Gib Streckenverhältnisse für die Winkelfunktionen bzw. Winkelfunktionen für die Streckenverhältnisse in der nebenstehenden Strahlensatzfigur an!

a) $\tan\alpha$ b) $\tan\beta$
c) $\sin\alpha$ d) $\frac{a+b}{f}$
e) $\cos\alpha$ f) $\frac{f-e}{b}$

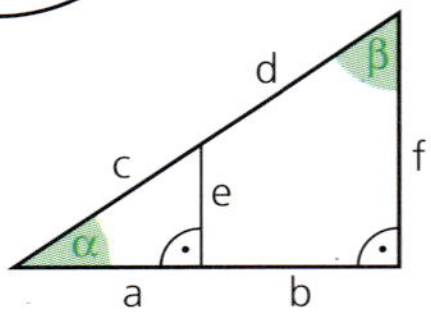

24. Gib Streckenverhältnisse für die Winkelfunktionen in der nebenstehenden Pyramide an!

a) $\sin\beta$
b) $\cos\alpha$
c) $\tan\beta$
d) $\tan\alpha$

gerade quadratische Pyramide

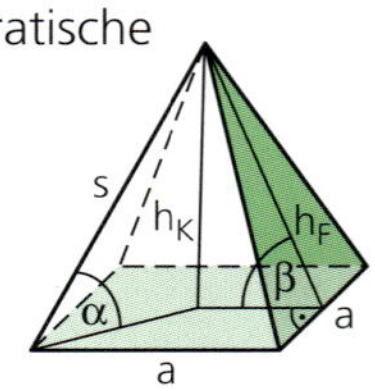

25. Suche Fehler!

a) $\tan\alpha = \frac{g}{a}$ b) $\cos\gamma = \frac{e}{d}$ c) $\sin\alpha = \frac{a}{f}$
d) $\cos\alpha = \frac{g}{f}$ e) $\frac{e}{f} = \frac{1}{\cos\beta}$ f) $\tan\beta = \frac{b \cdot \cos\alpha}{g}$

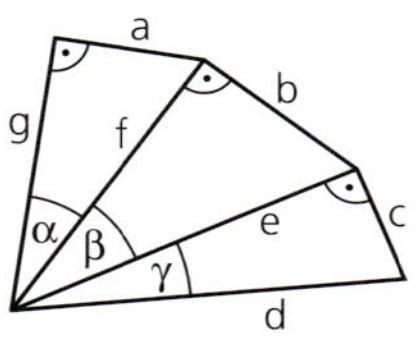

26. Begründe!
Für alle α mit $0° \leq \alpha < 90°$ gilt: $\tan\alpha = \frac{\sin\alpha}{\cos\alpha}$

27. Bestimme jeweils die Größe von α!

a)

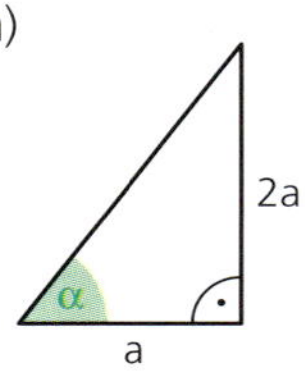

b)

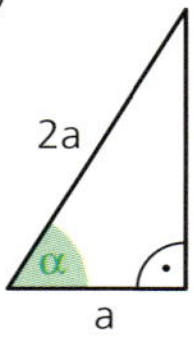

c)

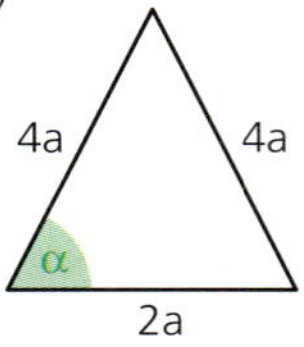

28. Ein rechtwinkliges Dreieck habe die Seitenlängen 5 cm, 12 cm und 13 cm. Berechne die Größen der spitzen Innenwinkel!

a) mittels Sinus b) mittels Kosinus c) mittels Tangens

29. In einem rechtwinkligen Dreieck ist die kürzere Kathete 10 cm lang. Ein Innenwinkel hat die Größe 48°. Berechne den Flächeninhalt des Dreiecks!

30. In einem rechtwinkligen Dreieck verhalten sich die Längen der Katheten wie 1 : 10. Berechne die spitzen Innenwinkel!

31. Berechne jeweils die fehlenden Seiten und die fehlenden Innenwinkel eines rechtwinkligen Dreiecks ABC mit dem rechten Winkel bei C, wenn folgende Stücke gegeben sind

a) $c = 8$ cm, $b = 5$ cm b) $a = 6$ cm, $c = 9$ cm c) $\alpha = 40,6°$, $b = 7$ cm d) $\beta = 12°$, $c = 11$ cm

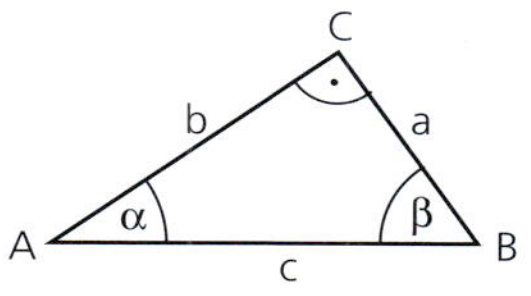

32. Berechne jeweils die Stücke x und y!

a)

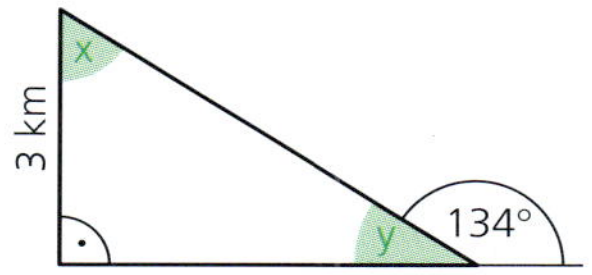

b)

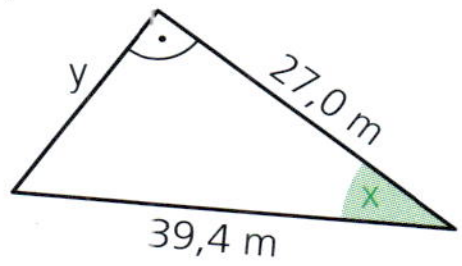

c)

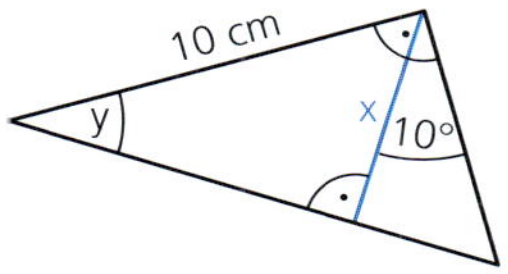

d)

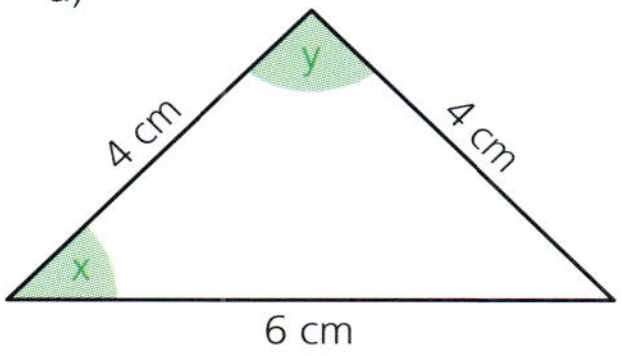

e)

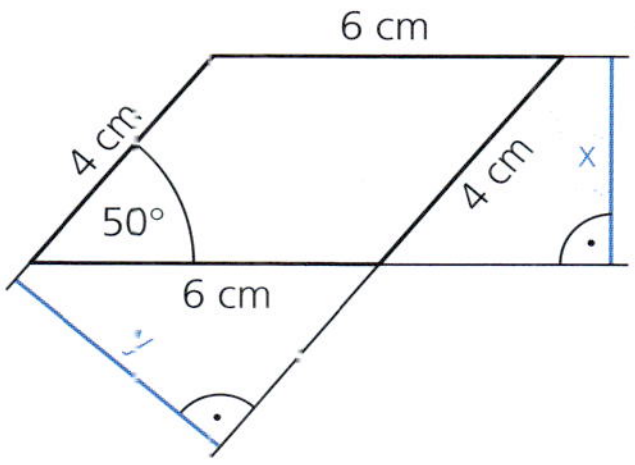

33. Im Koordinatensystem sei ein Dreieck ABC gegeben durch A(–1; 4), B(1; –2) und C(3; 0). Berechne die Innenwinkel des Dreiecks!

34. Bestimme sin 27°30'; cos 65°12'; tan 20°20'! (Hinweis: $1' = \frac{1°}{60}$ bzw. $1° = 60'$)

***35.** Es gibt im Intervall $0° < \varphi < 90°$ einen Wert von φ, für den gilt:
$\cos \varphi = \tan \varphi$
Bestimme einen Näherungswert für φ!

36. Berechne!

a) Unter welchem Winkel fallen Sonnenstrahlen auf die horizontale Erdoberfläche, wenn ein Stab von 1 m Länge, lotrecht aufgestellt, einen Schatten von 1,5 m wirft?

b) Wie hoch ist ein Mast, der zur gleichen Zeit am gleichen Ort wie bei Aufgabe a) einen Schatten der Länge 18 m wirft?

37. Der Flugpionier Otto Lilienthal (1848 bis 1896) brachte es bei einem Flugversuch aus ca. 25 m Höhe auf eine Gleitflugweite von ca. 200 m. Unter welchem Winkel traf er auf die Erde, unter der Annahme einer geraden Flugbahn?

38. Leitern sind sicher schräg angestellt, wenn der Anstellwinkel α ungefähr 70° beträgt.

a) Eine 5 m lange Leiter ist so angestellt, dass sie bis zu einer Höhe von 4,80 m reicht. Geht das in Ordnung?

b) Bis zu welchen Höhen reichen richtig angestellte Leitern mit einer Länge von 2 m, 3 m, 4 m, 5 m und 6 m?

c) Gib allgemein für richtig angestellte Leitern c an, wenn $c = \frac{h}{l}$ gilt!

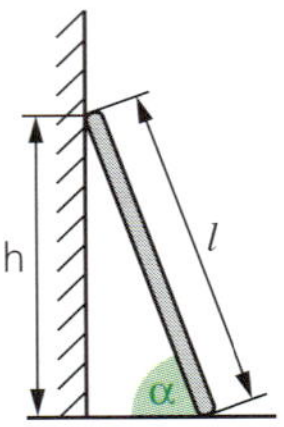

39. Eine Fähre erscheint vom Kreidefelsen Königsstuhl unter einem „Tiefenwinkel" von etwa 5°.

a) Wie weit ist das Schiff vom Ufer entfernt?

b) Unter welchem Tiefenwinkel erscheint ein Schiff, das doppelt so weit vom Ufer entfernt ist?

*c) Untersuche, ob für Tiefenwinkel kleiner als 5° die Entfernung indirekt proportional zum Tiefenwinkel ist!

40. Rostock liegt nahe dem 54. Breitengrad, München in der Nähe des 48. Breitengrades.
Hinweis: Rostock: $\varphi \approx 54°$ München: $\varphi \approx 48°$

a) Mit welcher Geschwindigkeit bewegen sich Rostocker bzw. Münchener um die Erdachse?

b) Am 21.06. fällt um 13.00 Uhr ein Sonnenstrahl unter $135° - \varphi$, am 22.12. um 12.00 Uhr unter $66{,}5° - \varphi$ ein. Bestimme für deinen Wohnort die maximale und die minimale Schattenlänge, die ein lotrecht stehender Stab mit einer Länge von 1 m liefert!

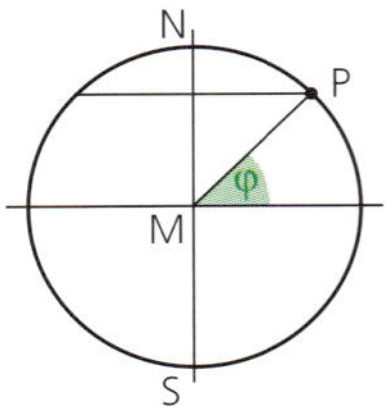

Trigonometrische Berechnungen in beliebigen Dreiecken

41. Bestimme alle Winkel aus dem Bereich $0° \le \alpha \le 180°$, für die folgende Bedingungen gelten!

a) $\sin \alpha = 0{,}67$ b) $\cos \alpha = 0{,}67$ c) $\sin \alpha = -0{,}67$

d) $\cos \alpha = -0{,}67$ e) $\sin \alpha = 0$ f) $\cos \alpha = 0$

g) $\sin \alpha = \frac{1}{2}\sqrt{2}$ h) $\cos \alpha = -\frac{1}{2}\sqrt{2}$ i) $\cos \alpha = \frac{1}{2}\sqrt{2}$

42. Ergänze unter Verwendung des Sinussatzes zu wahren Aussagen! (Abb. 1)

a) $x : z$ b) $\sin \beta : \sin \alpha$

c) $\frac{\sin \gamma}{x}$ d) $z : z$

e) $\sin \beta : \sin \gamma$ f) $\frac{y}{\sin \alpha}$

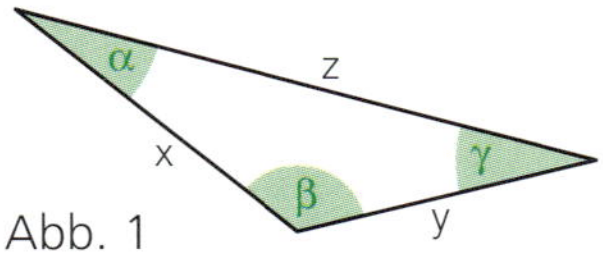

Abb. 1

43. Stelle unter Verwendung des Sinussatzes mehrere Verhältnisgleichungen auf! (Abb. 2)

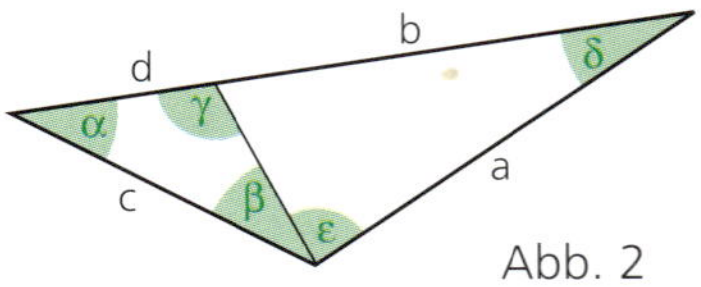

Abb. 2

44. Zeichne mit selbst gewählten Maßen! Miss dann jeweils alle Seiten und Innenwinkel! Bestimme für jedes Dreieck das Verhältnis der Seitenlängen zum Sinus der Gegenwinkel!

a) ein spitzwinkliges Dreieck b) ein rechtwinkliges Dreieck

c) ein stumpfwinkliges Dreieck d) ein stumpfwinklig-gleichschenkliges Dreieck

45. Zeige, dass der Sinussatz auch für rechtwinklige Dreiecke gilt!

46. Berechne von einem Viereck ABCD mit den folgenden Maßen die Längen der Seiten a; b; c und d!
Überprüfe dann durch Konstruieren!

$e = 5{,}0$ cm

$\beta_1 = 35°$; $\beta_2 = 40°$; $\delta_1 = 50°$; $\delta_2 = 100°$

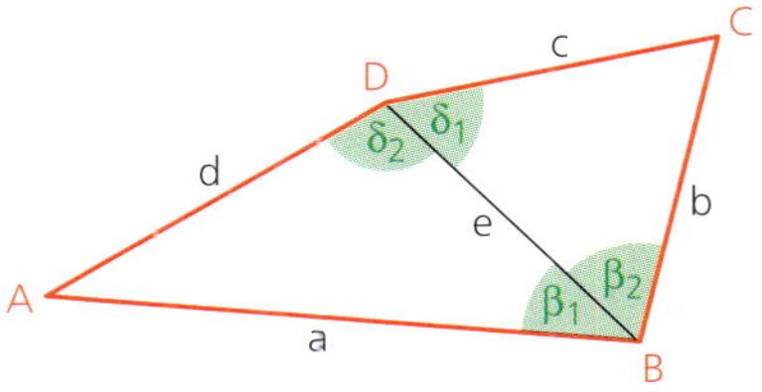

47. Gibt es Dreiecke, für die die Gleichung $\frac{a}{b} = \frac{\alpha}{\beta}$ gilt? Begründe!

48. Von einem Dreieck ABC sind jeweils drei Stücke gegeben. Berechne (wenn möglich) die fehlenden Seitenlängen und Innenwinkelgrößen mit dem Sinussatz!

a) $a = 4{,}2$ cm; $\alpha = 72°$; $\beta = 56°$
b) $c = 4{,}2$ cm; $\alpha = 56°$; $\beta = 72°$
c) $c = 4{,}2$ cm; $\alpha = 56°$; $\beta = 72°$
d) $c = 4{,}2$ cm; $\alpha = 26°$; $\beta = 100°$
e) $c = 4{,}2$ cm; $a = 6{,}0$ cm; $\alpha = 76°$
f) $c = 4{,}2$ cm; $a = 6{,}0$ cm; $\beta = 80°$

49. Welche Form hat der Kosinussatz für folgende Dreiecksarten?

a) rechtwinkliges Dreieck
b) gleichschenkliges Dreieck
c) gleichseitiges Dreieck

50. Vervollständige zu Formeln mithilfe des Kosinussatzes!

a)

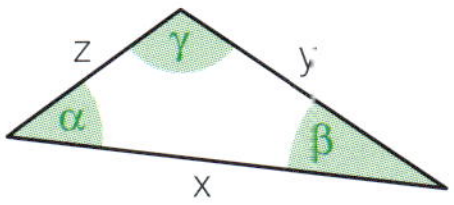

z^2

$2xz \cdot \cos\alpha$

$\cos\gamma$

b)

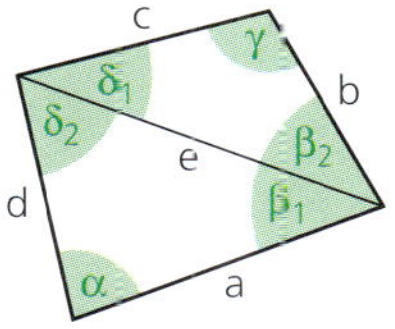

c^2

e^2

$\frac{c}{e}$

51. Berechne jeweils x!

a)

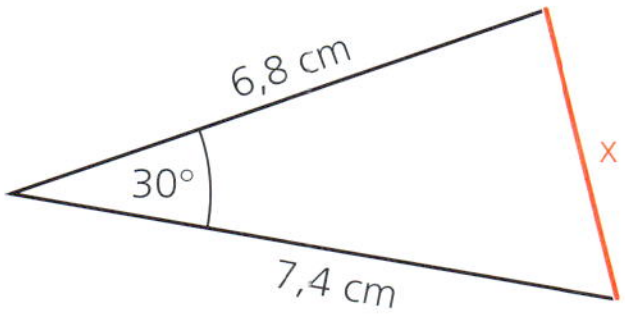

b)

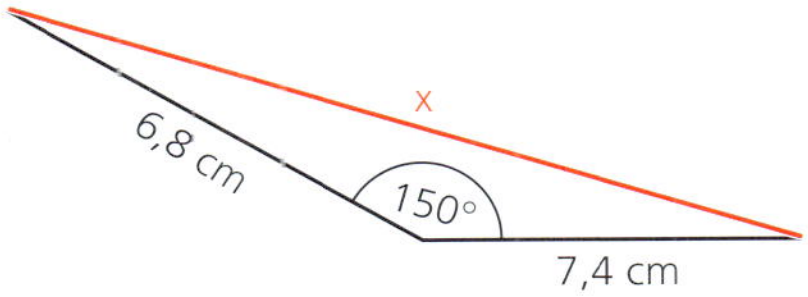

52. Berechne die Winkel α und γ!

a)

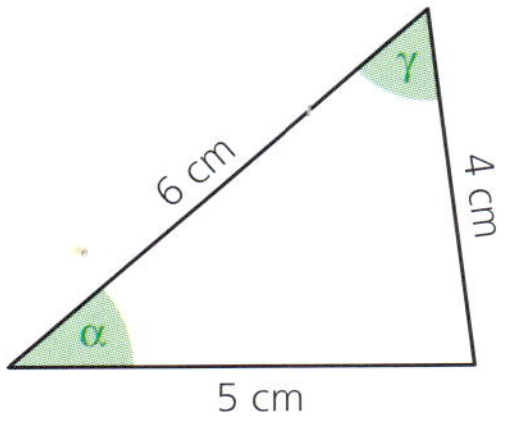

b)

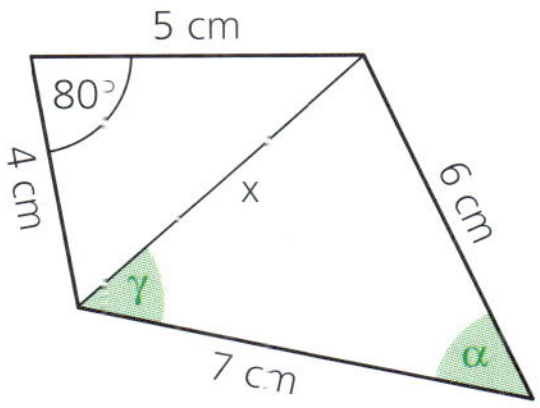

53. Von einem Dreieck ABC sind jeweils drei Stücke gegeben. Berechne ein weiteres Stück!

a) $c = 4{,}2$ cm; $a = 8{,}8$ cm; $\beta = 154°$
b) $a = 6{,}4$ cm; $b = 4{,}6$ cm; $c = 6{,}4$ cm
c) $a = 6{,}4$ cm; $b = 4{,}6$ cm; $c = 8{,}4$ cm
d) $b = 5{,}5$ cm; $c = 6{,}7$ cm; $\alpha = 99°$
e) $b = 5{,}5$ cm; $c = 6{,}7$ cm; $\gamma = 99°$
f) $a = 1200$ m; $b = 1300$ m; $\gamma = 80°$

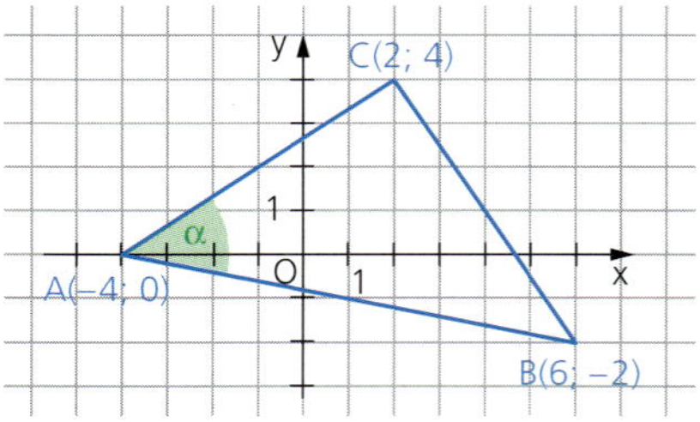

54. Berechne den Innenwinkel α von nebenstehendem Dreieck auf verschiedenen Wegen!

55. Von einem Parallelogramm ABCD seien gegeben:
$a = c = 8$ cm, $b = d = 4$ cm, $\alpha = \gamma = 40°$
Berechne die Längen der Diagonalen!

56. Von einem Dreieck ABC seien bekannt:
a; $b = 2a$; $\gamma = 85°$. Gesucht ist c.
Jemand berechnet c nach der Formel $c^2 = a^2 + b^2$. Gib den Fehler an!

57. Von Dreiecken ABC seien gegeben: $c = 6$ cm, $b = 8$ cm
Stelle die Abhängigkeit von a bzgl. α für den Bereich $0° < \alpha < 180°$ grafisch dar!
Ergänze die Darstellung sinnvoll für $\alpha = 0°$ und $\alpha = 180°$.
Was ändert sich am Graphen, wenn gilt: $c = b = 6$ cm?

58. Bestätige die Richtigkeit der Formel $A = \frac{1}{2}ab \cdot \sin\gamma$ für folgende Fälle!
a) $\gamma < 90°$ b) $\gamma = 90°$ c) $\gamma > 90°$

59. Begründe die Richtigkeit der Flächeninhaltsformel für ein Dreieck $A = \frac{1}{2}c^2 \cdot \frac{\sin\alpha \cdot \sin\beta}{\sin\gamma}$ für folgende Fälle! Gehe jeweils von der Gleichung $A = \frac{1}{2}bc \cdot \sin\alpha$ aus!
a) $\gamma < 90°$ b) $\gamma = 90°$ c) $\gamma > 90°$

60. Berechne den Flächeninhalt des Dreiecks ABC mit folgenden Maßen!
a) $a = 4{,}0$ cm; $b = 6{,}0$ cm; $\gamma = 110°$ b) $c = 6{,}0$ cm; $b = 4{,}0$ cm; $\alpha = 70°$
c) $a = 6{,}0$ cm; $c = 6{,}0$ cm; $\beta = 30°$ d) $c = 6{,}0$ cm; $\alpha = 50°$; $\gamma = 60°$

61. In einem Dreieck ABC sei $a = 6{,}0$ cm und $b = 3{,}0$ cm.
Stelle die Abhängigkeit des Flächeninhalts vom Winkel γ für $0° < \gamma < 180°$ grafisch dar!

62. Gegeben seien für zwei Dreiecke ABC die folgenden Stücke:
$b = 4$ cm, $c = 5$ cm, $A_1 = 8$ cm^2 und $b = 4$ cm, $c = 5$ cm, $A_2 = 12$ cm^2
Berechne, wenn möglich, jeweils α!

63. Stelle für die Dreiecke ABC jeweils einen Lösungsplan zur Berechnung der fehlenden drei Stücke auf! (Hinweis: die rot markierten Stücke seien gegeben.)

a)
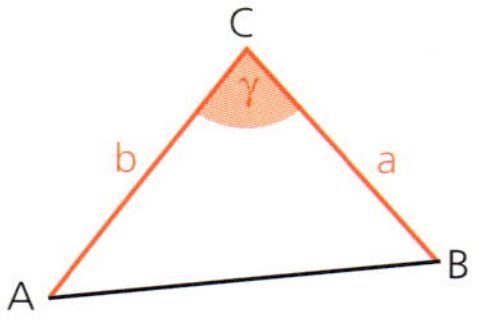

b)
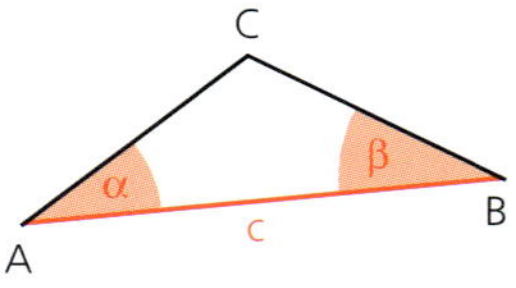

c)
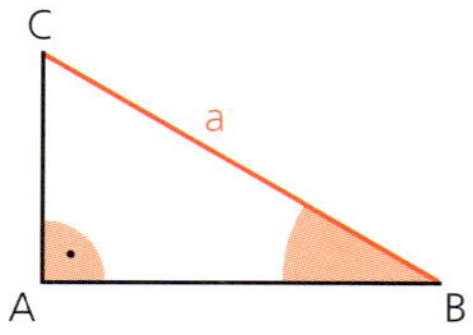

d)
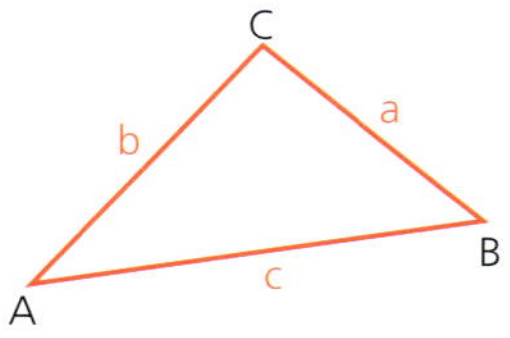

e)
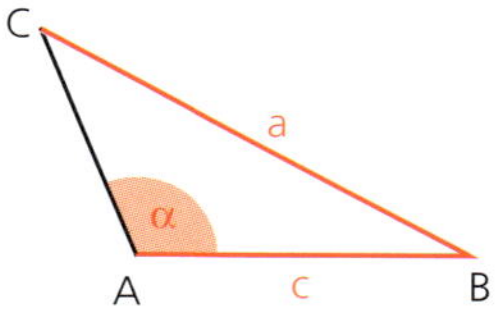

f)
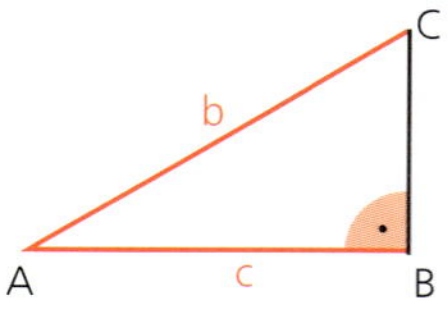

64. Die Diagonalen e und f eines Parallelogramms bilden den Winkel φ miteinander.
Zeige, dass für den Flächeninhalt des Parallelogramms die Gleichung $A = \frac{1}{2}ef \cdot \sin\varphi$ gilt!

65. Berechne, falls möglich, für die Dreiecke ABC jeweils die fehlenden Stücke und den Flächeninhalt, wenn folgende Stücke gegeben sind:

a) $a = 4$ cm; $b = 6$ cm; $\beta = 75°$
b) $b = 6$ cm; $c = 7$ cm; $a = 10$ cm
c) $b = 6$ cm; $c = 7$ cm; $\gamma = 35°$
d) $a = 4$ cm; $b = 3$ cm; $\gamma = 75°$
e) $a = 10$ cm; $\alpha = 75°$; $\gamma = 50°$
f) $a = 4$ cm; $b = 8$ cm; $\alpha = 35°$
g) $a = 4$ cm; $\beta = 120°$; $\gamma = 25°$
h) $a = 4$ cm; $b = 6$ cm; $c = 8$ cm

66. Berechne in nebenstehender Abbildung die Länge der Strecke $\overline{BD}$!
Das Dreieck ADC ist rechtwinklig.

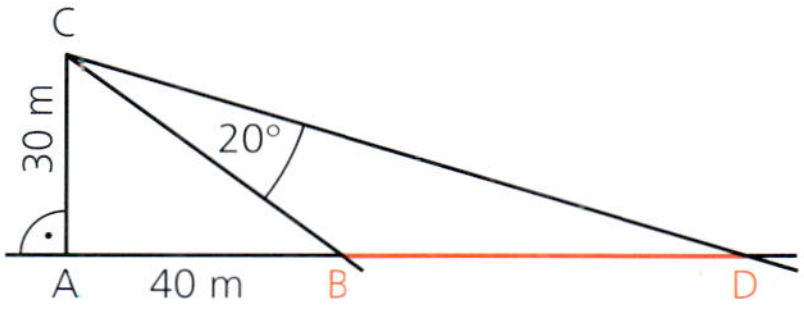

67. In nebenstehender Abbildung seien $c = 4$ cm, $\alpha = 30°$ und $b = 6$ cm.
Bestimme die Lagen von d und h bzw. die Größen von β' und β!
Das Dreieck ADC ist rechtwinklig.

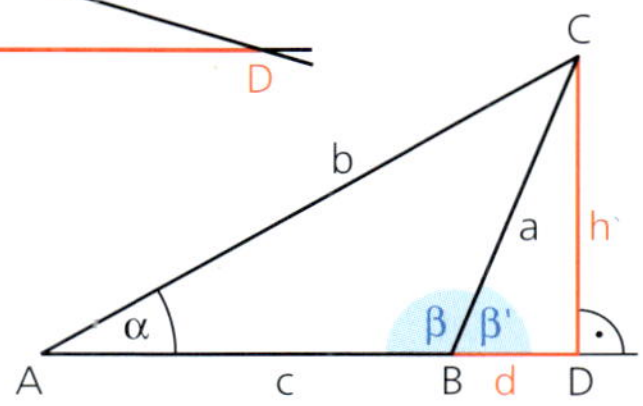

68. In einem Dreieck ABC seien $a = 9$ cm; $b = 5{,}5$ cm und $\alpha = 65°$. Berechne!
a) die Höhe h_a
b) die Winkelhalbierende w_α
c) die Seitenhalbierende s_b

69. In einem Dreieck ABC seien $a = 5$ cm; $b = 8$ cm und $\beta = 30°$. Berechne!
a) die Seitenhalbierende s_c
b) den Umfang u
c) den Flächeninhalt A

70. In einem Viereck ABCD seien $a = 10$ cm; $b = 8$ cm; $d = 5$ cm; $\alpha = 90°$ und $\beta = 130°$.
Berechne die Länge der Diagonalen und den Flächeninhalt des Vierecks ABCD!

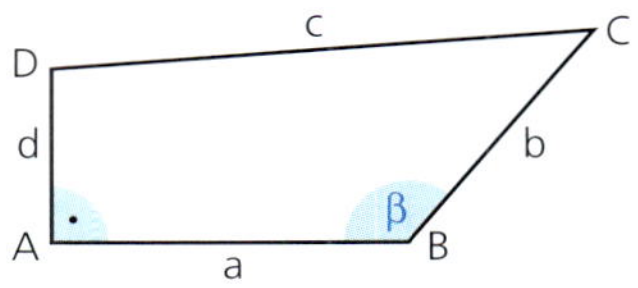

71. In einem Viereck seien ABCD seien $a = 6$ cm; $c = 10{,}5$ cm; $\alpha = 110°$; $\beta = 90°$ und $\delta = 35°$.
Berechne den Umfang und den Flächeninhalt des Vierecks ABCD!

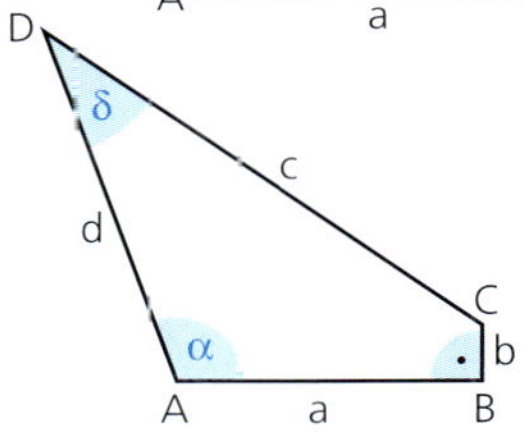

72. „Sägedächer" von Fabrikhallen seien durch $a : b \approx 2 : 1$ gekennzeichnet.
Welche Neigung α haben die Dachflächen ungefähr?

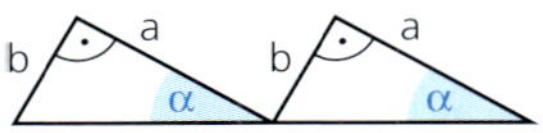

73. $\overline{A'B'}$ sei das Bild von $\overline{AB}$ bei senkrechter Projektion auf die Gerade g.
Berechne die Neigung von $\overline{AB}$ gegenüber g, wenn gilt: $\overline{AB} = 2 \cdot \overline{A'B'}$

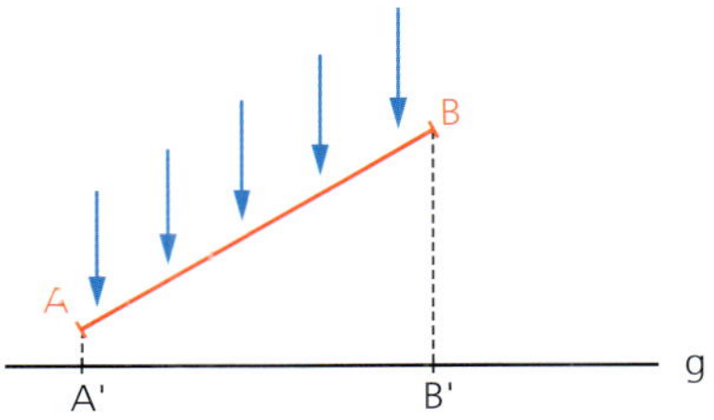

74. Etwa unter welchem Winkel erscheint einem Betrachter eine 1-Euro-Münze, wenn er sie in der Hand des ausgestreckten Armes hält?

75. Ein dreieckiger Segelkurs wird durch die Bojen A, B und C markiert. Welche Richtungsänderungen liegen in B und C vor? Gib die Winkel an!

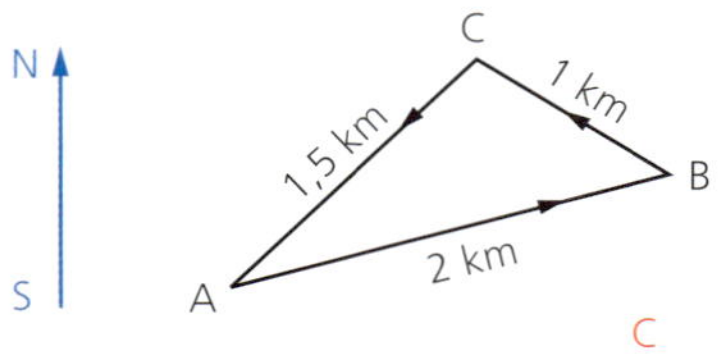

76. Von A nach C soll eine Leitung verlegt werden. Zwei Möglichkeiten bezüglich der Kosten sollen untersucht werden.
1. *Möglichkeit:* Direktverbindung durch das Gelände mit 20 € pro Meter
2. *Möglichkeit:* Entlang der existierenden Wege $\overline{AB}$ und $\overline{BC}$ mit 15 € pro Meter

Welche der beiden Möglichkeiten ist kostengünstiger?

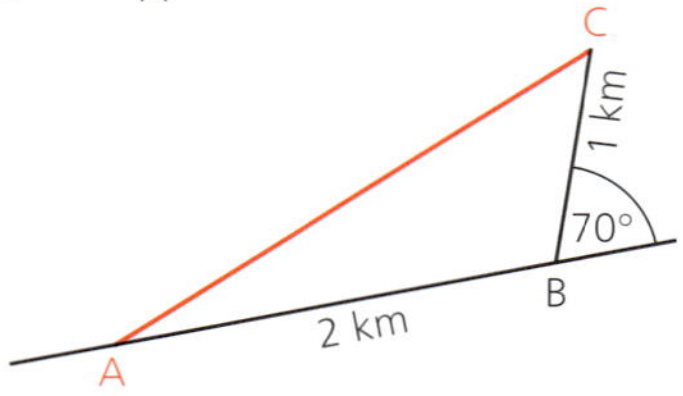

77. Eine dreieckige Stahlplatte ($\rho_{Stahl} = 7{,}8\ \frac{g}{cm^3}$) der Dicke 20 mm habe die Seitenmaße 2,00 m; 2,50 m und 3,50 m. Berechne die Masse der Platte!

78. Für ein Haus wird eine Giebelform konzipiert.
a) Berechne a für c = 10 m, $\alpha = \beta = 45°$!
b) Berechne a für c = 10 m, $\alpha = 50°$, b = 6 m!
c) Berechne a für c = 10 m, $\gamma = 130°$, b = 6 m!

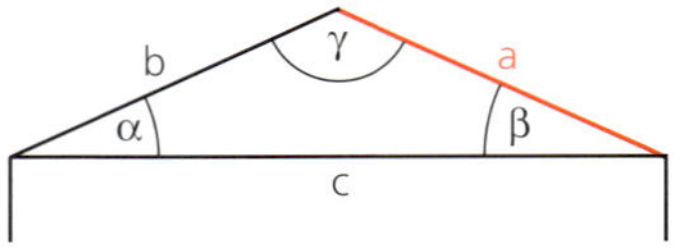

79. Zwei Wandergruppen starteten in A und wollten sich in C wieder treffen. Eine Gruppe ging von A nach C über B, die andere Gruppe ging von A über D nach C.
Welcher Weg war der kürzere Weg? Begründe!

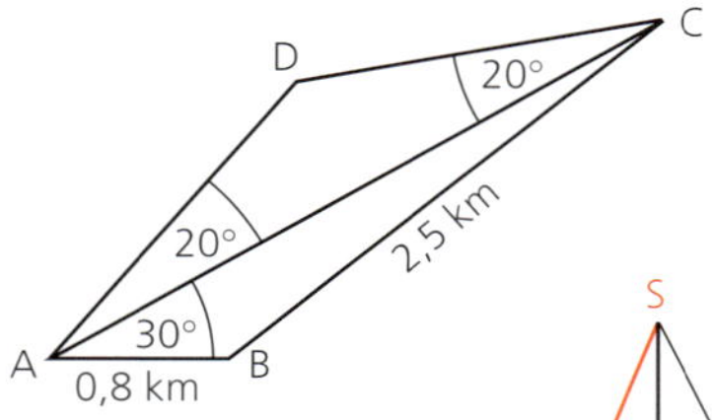

80. Ein Mast $\overline{SB}$ steht lotrecht auf einem Hang (s) und wird u.a. von zwei Seilen $\overline{AS}$ und $\overline{CS}$ gehalten. Der Hang hat die Neigung α.
Gegeben: $\overline{AB} = 4{,}5$ m; $\overline{SB} = 8$ m; $\alpha = 25°$
Gesucht: $\overline{AS}$ und $\sphericalangle BAS$

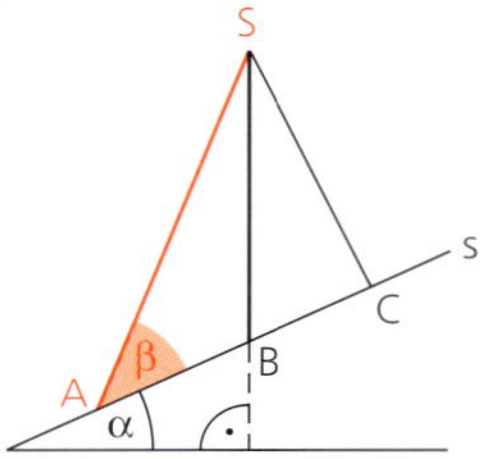

81. a) Drücke für die dargestellte Figur den Flächeninhalt A in Abhängigkeit von d; h und α aus!
b) Berechne A für d = 4 m, $\alpha = 65°$ und h = 2 m!

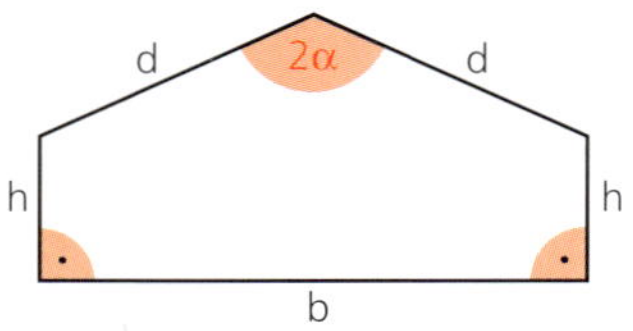

82. Dargestellt ist ein „Kran" mit seinem „Ausleger" $\overline{QR}$ mit fester Länge und dem beweglichen „Seilstück" $\overline{PR}$. Durch Verlängern bzw. Verkürzen des Seils $\overline{PR}$ bewegt sich der Ausleger nach unten bzw. nach oben. Der Punkt R soll sich zwischen 6 m und 12 m Höhe bewegen. Welches Intervall ergibt sich daraus für α?

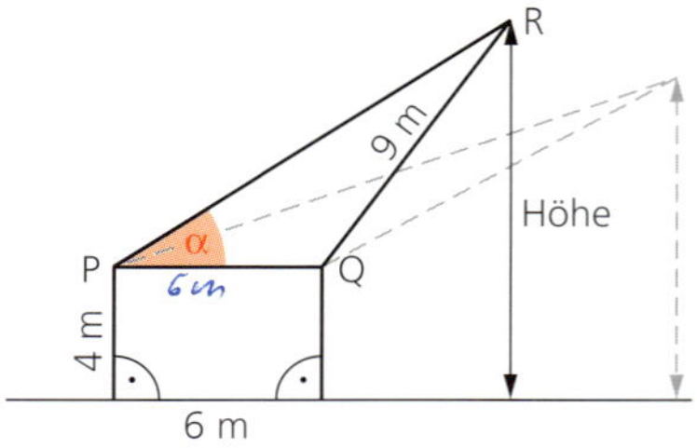

1.2 Winkelfunktionen

Bei vielen realen Zusammenhängen, die durch Funktionen beschrieben werden können, handelt es sich um die Abhängigkeit einer Größe von der Zeit. So hängt z. B. die Veränderung der Körpergröße oder der Anzahl der Haare eines Menschen von der Zeit ab.

Eine besondere Art von zeitlichen Vorgängen sind periodische Vorgänge, wie etwa der Herzschlag eines Menschen. Solche periodischen Vorgänge können oft modellhaft durch Winkelfunktionen beschrieben werden.

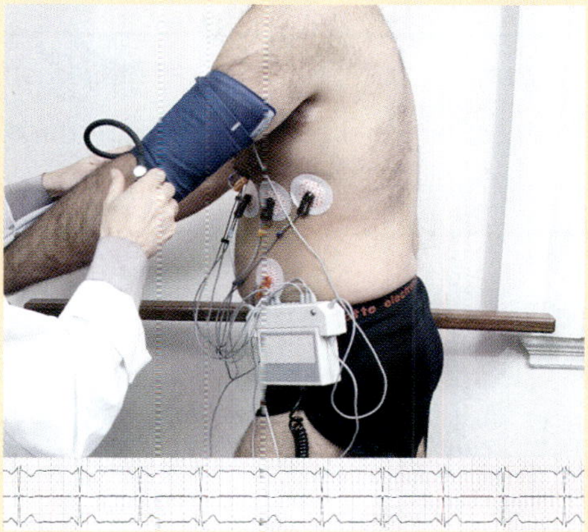

Periodische Funktionen

Eine Funktion f mit dem Definitionsbereich D heißt **periodisch mit der Periode p,** wenn es eine positive Zahl $p \in \mathbb{R}$ gibt, sodass für alle $x \in D$ auch $x + p \in D$ ist, und wenn stets gilt:

$$f(x) = f(x + p)$$

Die Funktionswerte einer periodischen Funktion wiederholen sich also periodisch im Abstand p.

Es sei r der Rest, den eine natürliche Zahl n bei der Division durch 3 lässt. Dann ist die folgende Funktion eine periodische Funktion mit der Periode 3:

$f(n) = n(\text{mod } 3) = r; \; n \in \mathbb{N}$

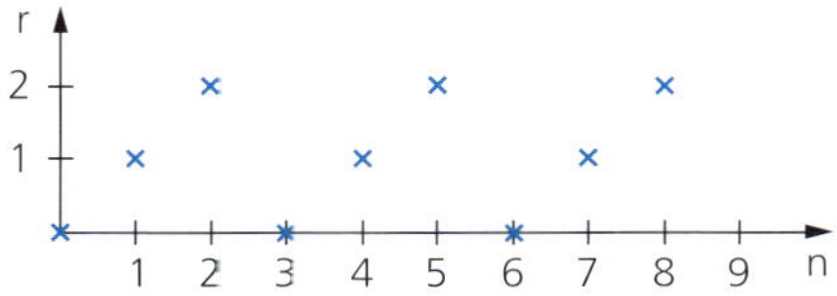

Die Tonhöhe der Sirene eines Kranken- oder Polizeifahrzeuges ändert sich periodisch. Der Tonhöhe entspricht die Frequenz des Signals.

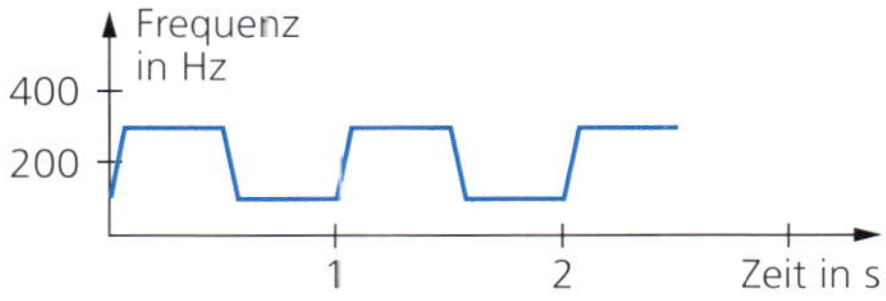

Bei Wechselstrom ändert sich periodisch die Stärke und die Richtung des Stroms. Der zeitliche Verlauf kann mit einem Oszillographen dargestellt werden.

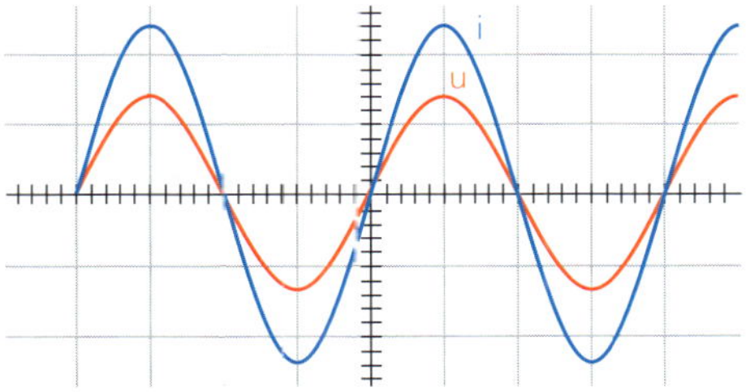

Um einen periodischen Vorgang mathematisch beschreiben zu können, ist es manchmal erforderlich, eine **Codierung** der verschiedenen Ausprägungen des sich ändernden Merkmals vorzunehmen. Durch eine Codierung wird jeder Ausprägung eine Zahl zugeordnet.

Vorgang:	*mögliche Codierung:*	
Stellung der Herzklappe	0 … Herzklappe geschlossen	1 … Herzklappe offen
Senden eines Radarimpulses	0 … kein Impuls	1 … Impuls wird gesendet

Die Sinusfunktion und die Kosinusfunktion für beliebige Winkel

Bisher wurden die Sinusfunktion und die Kosinusfunktion nur für Winkel von 0° bis 180° erklärt, da dies für trigonometrische Berechnungen völlig ausreichend ist. Um mit den Winkelfunktionen periodische Vorgänge beschreiben zu können, muss eine Erweiterung auf beliebige positive und negative Winkelmaße erfolgen. Dabei werden jetzt alle Winkel als **Drehwinkel** aufgefasst.

Wird ein Strahl s um seinen Anfangspunkt S links herum gedreht (entgegen dem Uhrzeigersinn), entsteht ein positiver Drehwinkel mit dem Scheitelpunkt S.

Wird der Strahl rechts herum gedreht (im Uhrzeigersinn), entsteht ein negativer Drehwinkel mit dem Scheitelpunkt S.

Einer vollen Linksdrehung entsprechen genau +360° und einer vollen Rechtsdrehung entsprechen genau −360°.

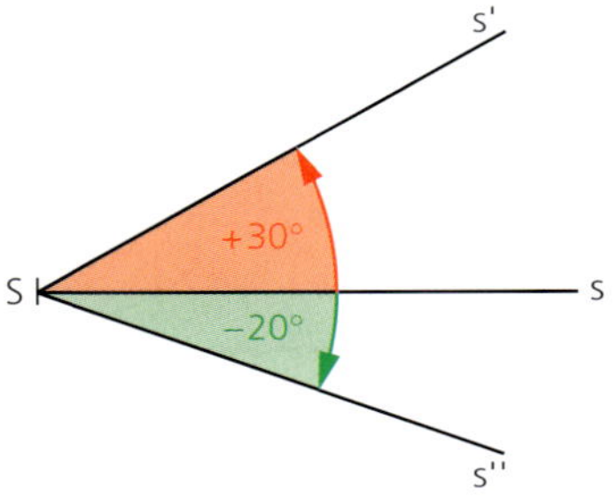

Das Vorzeichen eines Winkels ist geometrisch nur im Zusammenhang mit Drehungen um einen festen Punkt sinnvoll. Es gibt dann die Richtung der Drehung, d. h. den Drehsinn an. Betrachte Winkel in Dreiecken, Vielecken oder Körpern wie bisher als „elementare" Winkel ohne Vorzeichen. Drehwinkel können wie rationale Zahlen addiert oder subtrahiert werden.

Um mathematisch zu erfassen, dass ein Strahl mehrere Umdrehungen um seinen Anfangspunkt macht, werden auch Drehwinkel erklärt, deren Betrag größer als 360° ist.

Hat ein Strahl bereits mehrere volle Umdrehungen in positiver bzw. negativer Drehrichtung gemacht, dann werden zum Drehwinkel auch die entsprechenden Vielfache von + 360° bzw. − 360° addiert.

$+500° = 360° + 140°$	(eine volle Linksdrehung und dann eine Linksdrehung um 140°)
$-480° = -360° - 120°$	(eine volle Rechtsdrehung und dann eine Rechtsdrehung um 120°)

Nun können die Sinus- und Kosinusfunktion für beliebige Winkel erklärt werden.

In einem Koordinatensystem sei P ein Punkt eines Kreises mit dem Radius 1, dessen Mittelpunkt im Koordinatenursprung O liegt. Die Strecke $\overline{OP}$ wird um einen beliebigen Drehwinkel α um O gedreht, wobei die positive x-Achse die 0°-Linie des Drehwinkels ist. Dann gelten folgende Bezeichnungen:

Die y-Koordinate des Punktes P heißt **sin α.**

Die x-Koordinate des Punktes P heißt **cos α.**

Die Funktion $y = f(\alpha) = \sin \alpha$ heißt **Sinusfunktion.**

Die Funktion $y = f(\alpha) = \cos \alpha$ heißt **Kosinusfunktion.**

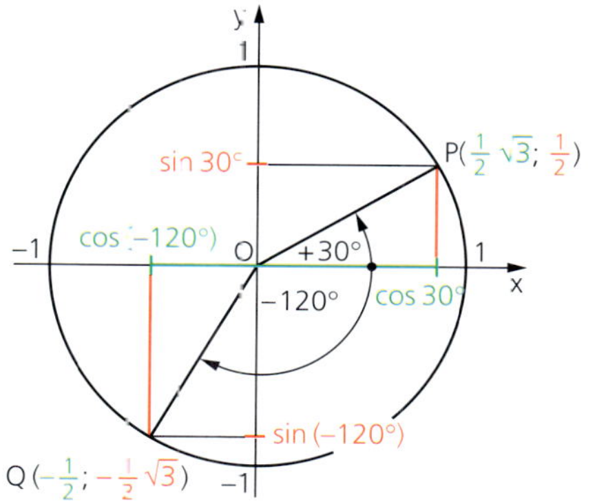

Mit dieser Definition ist jedem Drehwinkel α genau ein Sinus- bzw. Kosinuswert zugeordnet. Umgekehrt gibt es zu jedem Sinus- bzw. Kosinuswert unendlich viele Drehwinkel mit diesem Wert.

Wird die Zuordnung der y- bzw. x- Koordinaten des veränderlichen Punktes P zu den Drehwinkeln in einem neuen Koordinatensystem dargestellt, so erhält man die Graphen der Sinus- bzw. Kosinusfunktion. Die Graphen heißen **Sinuskurve** bzw. **Kosinuskurve.**
Die Kosinuskurve ergibt sich aus der Sinuskurve durch Verschieben um $\alpha = 90°$ nach links. Deshalb können beide Graphen mit der gleichen Kurvenschablone gezeichnet werden.

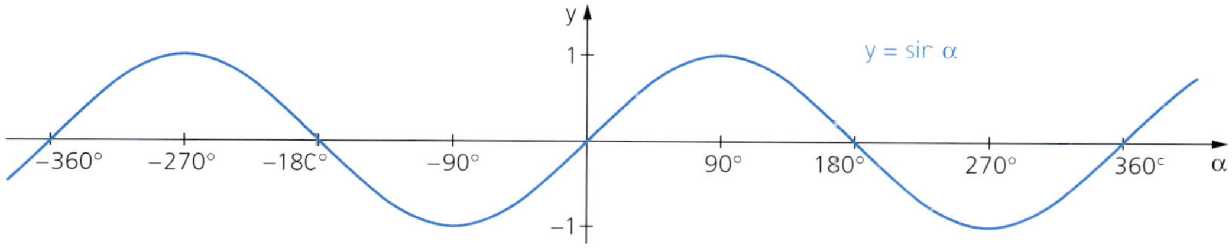

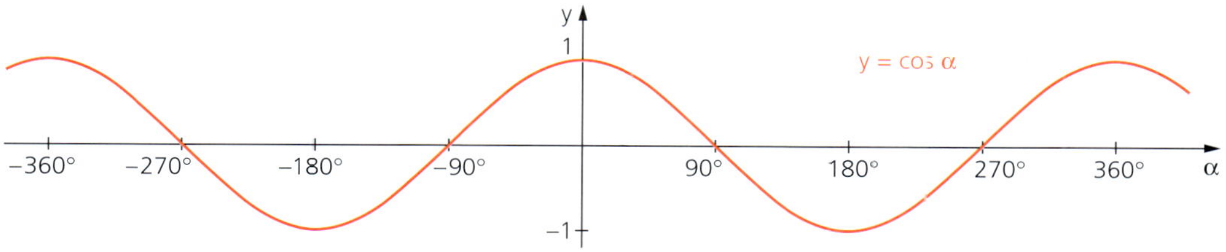

Die Eigenschaften der Funktionen können aus den Graphen abgelesen und mithilfe der Definition der Funktionen am Einheitskreis bewiesen werden.

Aus der Definition am Einheitskreis ergeben sich erneut folgende Beziehungen.

$\sin^2 \alpha + \cos^2 \alpha = 1$ $\sin \alpha = \cos (90° - \alpha)$

Definitions- und Wertebereich der Funktionen

Für beide Funktionen gilt: *Definitionsbereich:* $-\infty < \alpha < +\infty$ *Wertebereich:* $-1 \leq y \leq 1$

Symmetrieeigenschaften der Graphen

Für die Sinusfunktion gilt z.B.:

Symmetrieeigenschaft	Veranschaulichung	Beispiel	allgemeine Gleichung
Der Graph ist *axialsymmetrisch* zu einer Parallelen zur y-Achse durch $\alpha = 90°$.	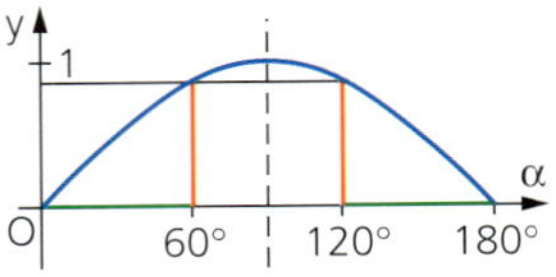	$\sin 60° = \sin 120°$ $\sin 60° = \frac{1}{2}\sqrt{3}$ $\sin 60° = 0{,}866$	$\sin \alpha = \sin(180° - \alpha)$
Der Graph ist *punktsymmetrisch* zum Koordinatenursprung.	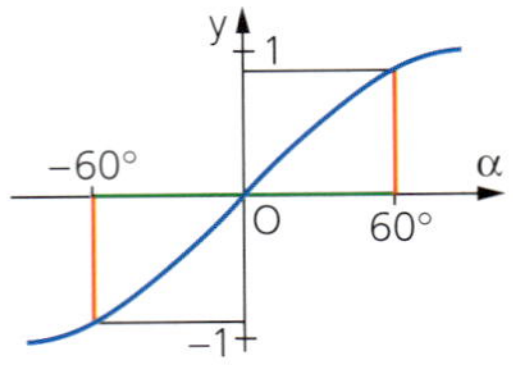	$\sin 60° = -\sin(-60°)$ $\sin 60° = \frac{1}{2}\sqrt{3}$	$\sin \alpha = -\sin(-\alpha)$

Für die Kosinusfunktion gilt z. B.:

Symmetrieeigenschaft	Veranschaulichung	Beispiel	allgemeine Gleichung
Der Graph ist *axialsymmetrisch* zu einer Parallelen zur y-Achse durch $\alpha = 180°$.	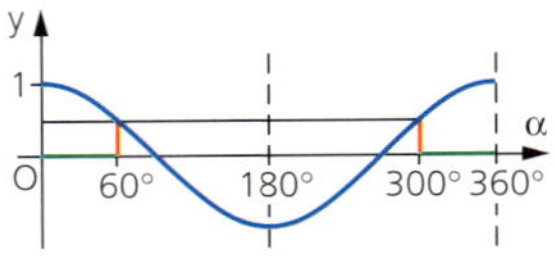	$\cos 60° = \cos 300°$ $\cos 60° = 0{,}5$	$\cos \alpha = \cos(360° - \alpha)$
Der Graph ist *axialsymmetrisch* zur y-Achse.	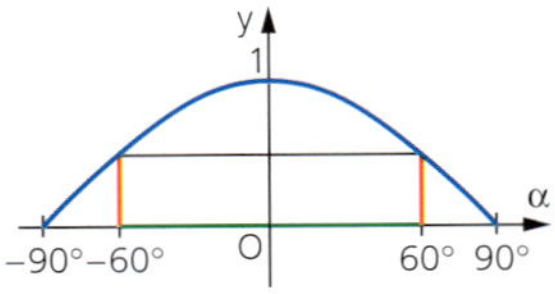	$\cos 60° = \cos(-60°)$ $\cos 60° = 0{,}5$	$\cos \alpha = \cos(-\alpha)$

Nullstellen

Die *Sinusfunktion* hat die Nullstellen: $\alpha = 0° + k \cdot 180°;\ k \in \mathbb{Z}$

Die *Kosinusfunktion* hat die Nullstellen: $\alpha = 90° + k \cdot 180°;\ k \in \mathbb{Z}$

Wachstumsverhalten (Im Intervall von 0° bis 90° gilt:)

Sinusfunktion: Die Funktion wächst im gesamten Intervall.
Etwa bis 30° ist der Zuwachs fast gleichmäßig, dann wird er immer geringer.

Kosinusfunktion: Die Funktion fällt im gesamten Intervall. Die Abnahme ist zunächst sehr gering und wird dann größer. Ab etwa 30° fällt die Funktion fast linear.

Periodizität

Die Sinus- und die Kosinusfunktion sind periodisch mit der Periode $\alpha = 360°$. Für alle α gilt:

$\sin \alpha = \sin(\alpha + 360°)$ und $\cos \alpha = \cos(\alpha + 360°)$

Sind alle Winkel in einem Bereich gesucht, die einen bestimmten Funktionswert haben, so kann mit dem Taschenrechner zunächst nur ein Winkel ermittelt werden. Es ist dann günstig:

- den Graphen für diesen Bereich zu skizzieren und den berechneten Winkel zu markieren,
- eine Parallele zur x-Achse etwa im Abstand des Funktionswertes zu zeichnen und dann
- die übrigen Lösungen durch Überlegungen zur Symmetrie und Periodizität anhand der Skizze zu bestimmen.

Bestimme alle Winkel α mit $\sin\alpha = -0{,}5$ im Intervall von $-180° \leq \alpha \leq 360°$!

$\alpha_1 = -30°$ (mit Taschenrechner)

$\alpha_2 = -180° + 30° \quad = -150°$

$\alpha_3 = 180° + 30° \quad = 210°$

$\alpha_4 = 360° - 30° \quad = 330°$

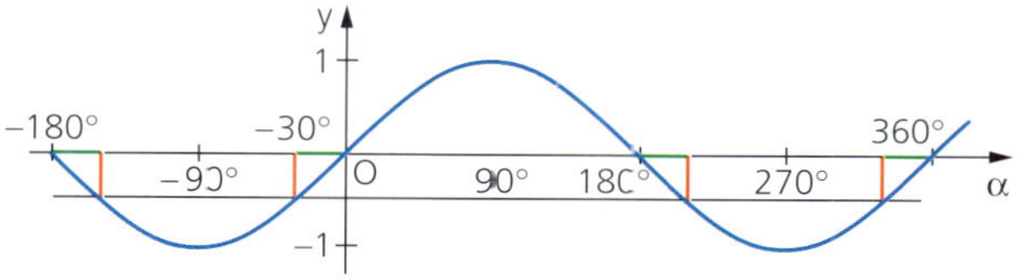

Taschenrechner geben in den meisten Fällen zu einem Funktionswert folgende Winkel an:

- für die *Sinusfunktion* einen Winkel zwischen –90° und + 90°
- für die *Kosinusfunktion* einen Winkel zwischen 0° und 180°

Die Tangensfunktion

Die Funktion $f(\alpha) = \frac{\sin\alpha}{\cos\alpha}$ heißt **Tangensfunktion.** Bezeichnung: **tan** α
Dabei ist α ein beliebiger Winkel mit $\alpha \neq 90° + k \cdot 180°;\ k \in \mathbb{Z}$.

Der Graph der Tangensfunktion besteht aus unendlich vielen Teilkurven.

Die Tangensfunktion ist für alle Drehwinkel α *definiert,* mit Ausnahme der Winkel $\alpha = 90° + k \cdot 180°;\ k \in \mathbb{Z}$.

Der *Wertebereich* der Tangensfunktion ist die Menge der reellen Zahlen.

Jede Teilkurve ist *punktsymmetrisch* zum Schnittpunkt mit der x-Achse.

Die *Nullstellen* sind: $\alpha = k \cdot 180°;\ k \in \mathbb{Z}$

Die Tangensfunktion ist im ganzen Definitionsbereich *monoton wachsend.*

Die Tangensfunktion ist *periodisch* mit der Periode $\alpha = 180°$.

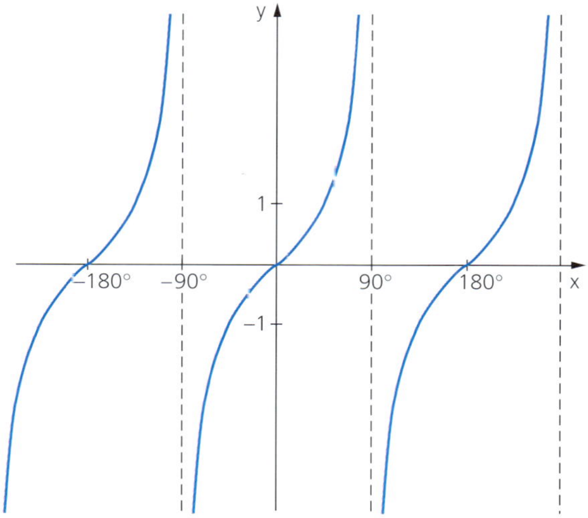

Zu einem gegebenen Tangenswert gibt ein Taschenrechner in der Regel einen Winkel zwischen –90° und + 90° an. Die übrigen Winkel, die ebenfalls diesen Tangenswert haben, können aufgrund der Periodizität durch Addition oder Subtraktion von Vielfachen von 180° ermittelt werden.

Quadrantenbeziehungen

Um rechnerisch alle Winkel zu finden, die einen betragsgleichen Funktionswert haben, können die folgenden **Quadrantenbeziehungen** genutzt werden. Sie ergeben sich aus den Graphen der Winkelfunktionen und können mit den Definitionen der Funktionen bewiesen werden.

Quadratenbeziehungen der Sinus- und Kosinusfunktion

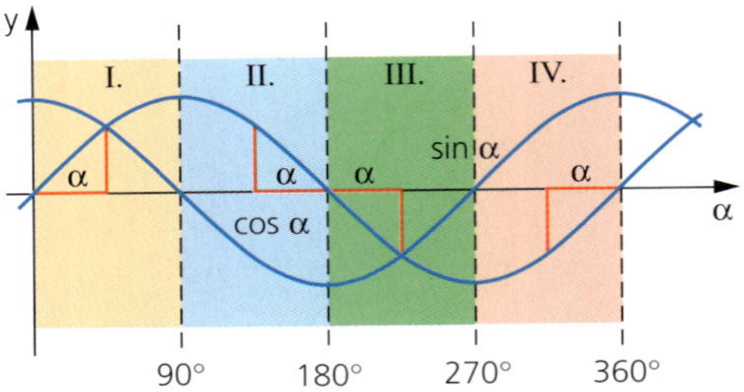

Für $0° \leq \alpha \leq 90°$ gilt:

$$\sin \alpha = \sin(180° - \alpha) = -\sin(180° + \alpha)$$
$$= -\sin(360° - \alpha)$$

$$\cos \alpha = -\cos(180° - \alpha) = -\cos(180 + \alpha)$$
$$= \cos(360° - \alpha)$$

Quadratenbeziehungen der Tangensfunktion

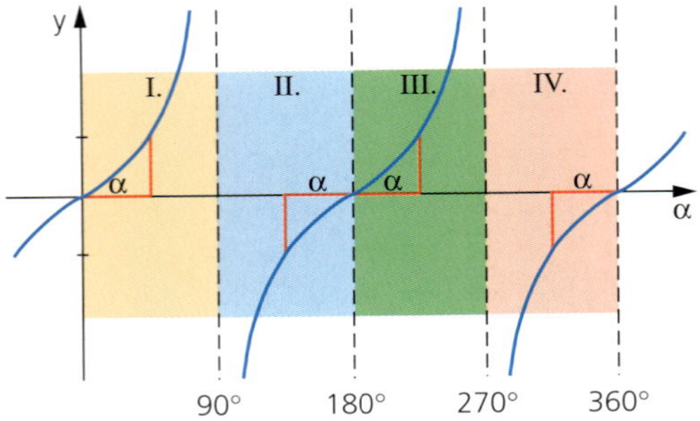

Für $0° \leq \alpha \leq 90°$ gilt:

$$\tan \alpha = -\tan(180° - \alpha) = \tan(180 + \alpha)$$
$$= -\tan(360° - \alpha)$$

Das Bogenmaß eines Winkels

Im Unterschied zu den bisher behandelten Funktionen sind bei Winkelfunktionen die Argumente keine reellen Zahlen, sondern Gradmaße von Winkeln. Damit auch bei den Winkelfunktionen die Definitionsbereiche Mengen reeller Zahlen sind, wurde ein weiteres Maß für Winkel eingeführt.

Es sei P ein Punkt eines Kreises mit dem Mittelpunkt M und dem Radius r. $\overline{MP'}$ sei das Bild der Strecke $\overline{MP}$ bei der Drehung um M mit einem Drehwinkel α. Jedem Drehwinkel lässt sich dann die Länge des Weges zuordnen, die der Punkt P bei der Drehung zurücklegt, wobei einem negativen Drehwinkel auch eine negative Streckenlänge zugeordnet wird.

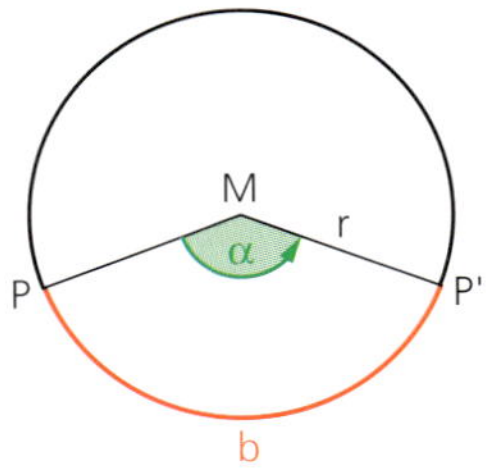

Für den Umfang u des Kreises gilt:
$u = 2\pi r$

Für die Länge b des zurückgelegten Weges von P gilt:

$$b = \frac{\alpha}{360°} \cdot u = \frac{\alpha}{360°} \cdot 2\pi r, \text{ also } \frac{b}{r} = \frac{\alpha}{180°} \cdot \pi$$

Die jedem Winkel α eindeutig zugeordnete reelle Zahl $\frac{\alpha}{180°} \cdot \pi$ heißt **Bogenmaß** des Winkels α.

Das Bogenmaß eines Winkels wird auch mit **arc** α bezeichnet (arcus, lat. Bogen).

Es ist also: $\text{arc}\,\alpha = \frac{\alpha}{180^\circ} \cdot \pi.$

Die Einheit eines Winkels im Bogenmaß heißt **Radiant,** Abkürzung **rad.**

$1\text{ rad} = \frac{180^\circ}{\pi} \approx 57^\circ$	$1^\circ = \frac{\pi}{180^\circ}\text{ rad} \approx 0{,}017\text{ rad}$

Es wird jedoch in der Regel bei der Verwendung des Bogenmaßes die Einheit rad nicht angegeben und nur der Zahlenwert genannt.

Um bei der Arbeit mit dem Taschenrechner die Winkeleinheit Radiant für das Bogenmaß zu verwenden, muss der Winkelmodus RAD eingestellt sein.

In der folgenden Tabelle sind die Zuordnungen von Gradmaß eines Winkels und Bogenmaß eines Winkels dargestellt. Bogenmaße können als Vielfache von π oder als Zahlenwerte dargestellt werden.

Winkel im Gradmaß		-90°	45°	90°	135°	180°	270°	360°	540°	720°
Winkel im Bogenmaß	als Vielfaches von π	$-\frac{\pi}{2}$	$\frac{\pi}{4}$	$\frac{\pi}{2}$	$\frac{3}{4}\pi$	π	$\frac{3}{2}\pi$	2π	3π	4π
	als Zahlenwert (gerundet)	−1,6	0,79	1,6	2,4	3,1	4,7	6,3	9,4	12,6

Wird der Winkel α im Bogenmaß angegeben, müssen einige Eigenschaften der Winkelfunktionen umformuliert werden. Für alle $k \in \mathbb{Z}$ gilt:

Funktion	Definitionsbereich	Wertebereich	Nullstellen	Periodenlängen	Symmetrieeigenschaften
$f(x) = \sin x$	$\mathbb{R}$	$-1 \leq y \leq 1$	$x = k\pi$	$2k\pi$	punktsymmetrisch zu $P(k\pi; 0)$ achsensymmetrisch, $x = \frac{\pi}{2} + k\pi$
$f(x) = \cos x$	$\mathbb{R}$	$-1 \leq y \leq 1$	$x = \frac{\pi}{2} + k\pi$	$2k\pi$	punktsymmetrisch zu $P(\frac{\pi}{2} + k\pi; 0)$ achsensymmetrisch, $x = k\pi$
$f(x) = \tan x$	$\mathbb{R};\ x \neq \frac{\pi}{2} + k\pi$	$-\infty \leq y \leq \infty$	$x = k\pi$	$k\pi$	punktsymmetrisch zu $P(k\pi; 0)$

Bei der grafischen Darstellung der Funktion $y = \sin x$, $x \in \mathbb{R}$, ist es üblich, zur Beschriftung der x-Achse Vielfache von π zu verwenden. Auf der y-Achse wird wie üblich die Einheit 1 cm verwendet.

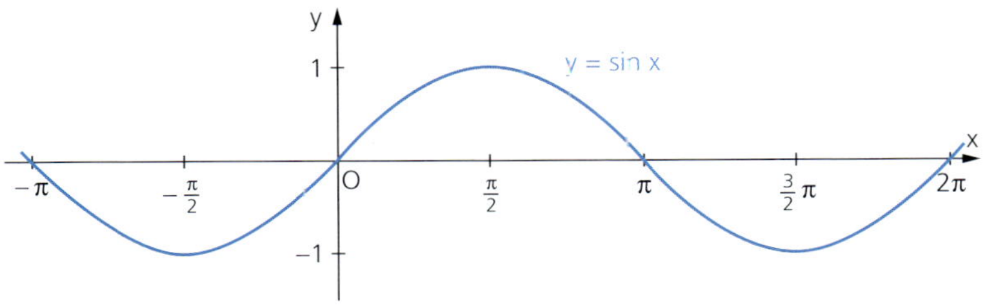

Die Funktion y = f(x) = a · sin bx + c

Zur Beschreibung realer periodischer Vorgänge können oft nicht die „reinen“ Winkelfunktionen verwendet werden, sondern z. B. Funktionen mit der Gleichung $y = a \cdot \sin bx$; $a, b, x \in \mathbb{R}$; $b > 0$.

Die aktuelle Auslenkung eines Fadenpendels aus seiner Ruhelage kann durch folgende Gleichung beschrieben werden, wenn der Luftwiderstand vernachlässigt wird:

$y = f(t) = y_{max} \cdot \sin \frac{2\pi}{T} t$

Dabei ist y_{max} die maximale Auslenkung des Pendels und T die Zeitdauer für eine vollständige Schwingung (Schwingungsdauer).

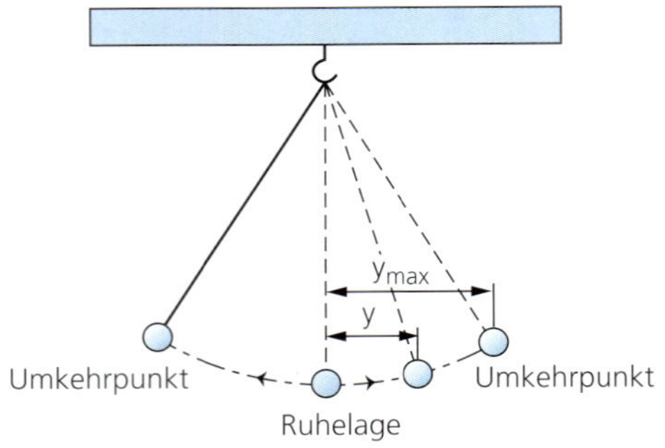

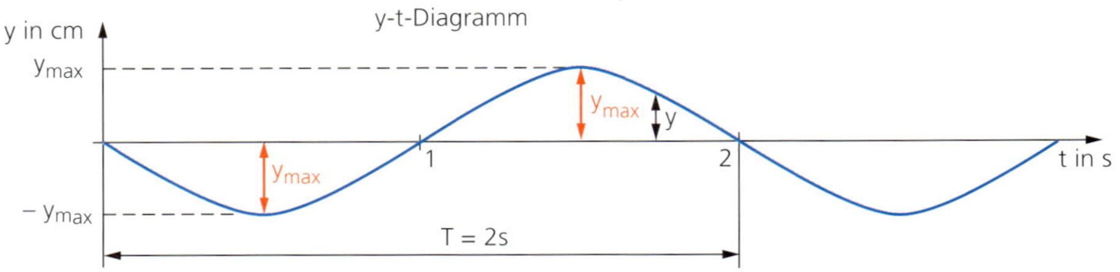

In der Funktionsgleichung $y = f(x) = a \cdot \sin bx$; $a, b, x \in \mathbb{R}$; $b > 0$, bewirkt der Parameter a eine Streckung oder Stauchung des Graphen in y-Richtung bzw. eine Spiegelung an der x-Achse. Dies entspricht dem Einfluss des Parameters a in den schon untersuchten Funktionsgleichungen $y = ax^2$ oder $y = a \cdot x^n$.

$f_1(x) = \sin x$,
$f_2(x) = 2 \cdot \sin x$ und
$f_3(x) = -\frac{1}{2} \cdot \sin x$

haben als wesentliche Gemeinsamkeiten die *gleiche Periodenlänge*, die *gleichen Nullstellen* und das *gleiche Symmetrieverhalten*.
Sie unterscheiden sich in ihrem Wachstumsverhalten und im Wertebereich.

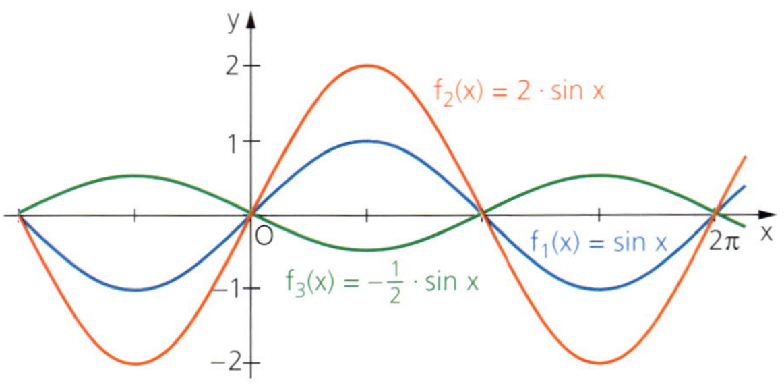

Für den Wertebereich der Funktion $y = f(x) = a \cdot \sin bx$ gilt: $-|a| \leq y \leq |a|$

Der Betrag von a gibt den maximalen Funktionswert der Funktion an. Er heißt auch **Amplitude** der Funktion.

Der Parameter b in der Funktionsgleichung $y = a \cdot \sin bx$; $a, b, x \in \mathbb{R}$; $b > 0$ bewirkt eine Streckung bzw. Stauchung des Graphen in x-Richtung.

Die Funktionen

$f_1(x) = \sin x$,

$f_2(x) = \sin 2x$ und

$f_3(x) = \sin \frac{1}{2}x$

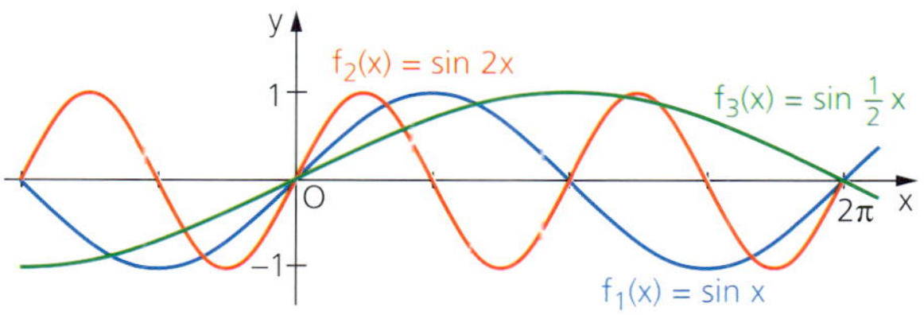

haben den *gleichen Wertebereich*. Die Unterschiede in der Lage der Nullstellen, sowie dem Wachstums- und Symmetrieverhalten ergeben sich insbesondere aus der unterschiedlichen Periodenlänge. Die Funktion $f_2(x) = \sin 2x$ hat die Periode π bzw. 180° und die Funktion $f_3(x) = \sin \frac{1}{2}x$ hat die Periode 4π bzw. 720°.

Die Funktion $y = f(x) = a \cdot \sin bx$; $a, b, x \in \mathbb{R}$; $b > 0$, hat die Periodenlänge $\frac{2\pi}{b}$ bzw. $\frac{360°}{b}$.

Der Parameter b gibt für $b \in \mathbb{N}$ die Anzahl der vollständigen Perioden von 0 bis 2π an und heißt auch **Frequenz** der Funktion.

Die Werte der Parameter a und b können aus dem Graphen der Funktion näherungsweise ermittelt werden. Dazu muss eine Periode der Funktion untersucht werden.

Der Parameter a ist der maximale bzw. minimale Funktionswert, der zuerst erreicht wird.

Dann kann die Länge p der Periode abgelesen werden.

Daraus ergibt sich: $b = \frac{2\pi}{p} = \frac{360°}{p}$

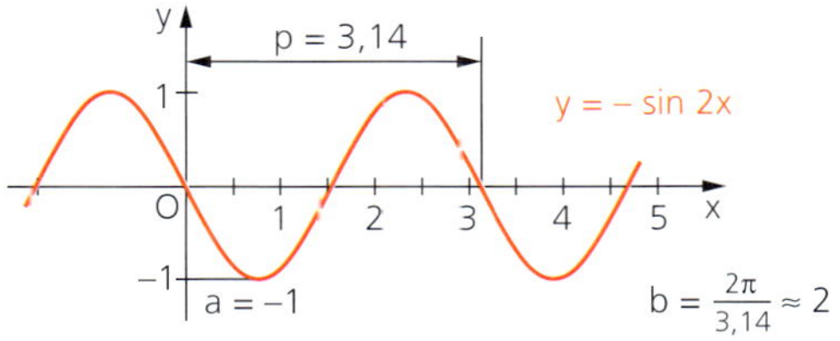

Der Parameter c in der Funktionsgleichung $y = a \cdot \sin bx + c$ bewirkt eine Verschiebung des Graphen in y-Richtung.

Die Funktionen

$f_1(x) = \sin x$,

$f_2(x) = \sin x + 1$ und

$f_3(x) = \sin x - 1$

haben den gleichen Definitionsbereich und die gleiche Periodenlänge aber einen unterschiedlichen Wertebereich.

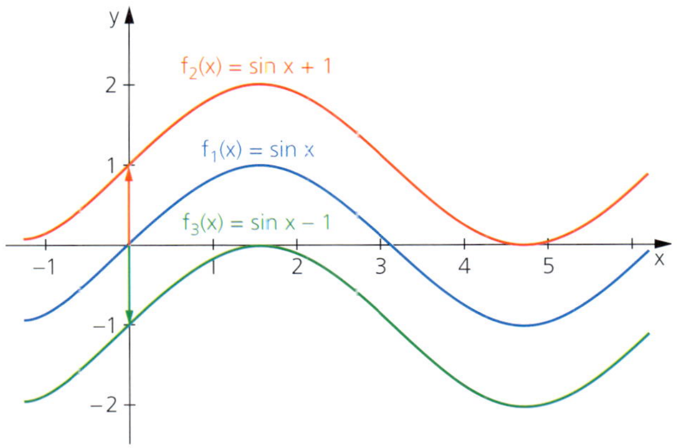

Es ist:

$W(f_1)$: $-1 \le y \le 1$

$W(f_2)$: $0 \le y \le 2$

$W(f_3)$: $-2 \le y \le 0$

Goniometrische Gleichungen

Gleichungen, in denen die Variable im Argument einer Winkelfunktion auftritt, heißen **goniometrische** oder **trigonometrische Gleichungen** (gonia, griech. Winkel). Sie können nur selten exakt, aber oft mithilfe eines Taschenrechners näherungsweise gelöst werden.

Taschenrechner geben meist nur ein Argument zu einem Funktionswert an. Bei Verwendung des Bogenmaßes ist es sinnvoll, die weiteren Lösungen durch Quadrantenbeziehungen und Periodizitätseigenschaften zu ermitteln. Verwende zur Kontrolle den Graphen der Funktion!

Hinweis:
Alle Taschenrechnerwerte werden mit 4 wesentlichen Ziffern und unter Verwendung des Gleichheitszeichens angegeben. Durch die verwendeten Näherungswerte unterscheiden sich bei der Probe die Werte beider Seiten der Gleichung meist geringfügig. Bei Tangenswerten in der Nähe von $\frac{\pi}{2} + k\pi$ sind allerdings größere Abweichungen möglich.

Sinus: $\sin x = \sin(\pi - x)$; *Periode:* $2k\pi,\ k \in \mathbb{Z}$; *TR-Wert:* $-\frac{\pi}{2} \leq x \leq \frac{\pi}{2}$

$\sin x = 0{,}7$ *TR-Anzeige:* 0,7754

$x_1 = 0{,}7754 + 2k\pi$ $\quad x_2 = \pi - x_1 + 2k\pi = 2{,}366 + 2k\pi$

Probe: $\sin 0{,}7754 = 0{,}7000$ $\quad \sin 2{,}366 = 0{,}7001$

Kosinus: $\cos x = \cos(2\pi - x)$; *Periode:* $2k\pi,\ k \in \mathbb{Z}$; *TR-Wert:* $0 \leq x \leq \pi$

$\cos x = 0{,}3$ *TR-Anzeige:* 1,266

$x_1 = 1{,}266 + 2k\pi$ $\quad x_2 = 2\pi - x_1 + 2k\pi = 5{,}017 + 2k\pi$

Probe: $\cos 1{,}266 = 0{,}3000$ $\quad \cos 5{,}017 = 0{,}2999$

Tangens: *Periode:* $k\pi,\ k \in \mathbb{Z}$; *TR-Wert:* $-\frac{\pi}{2} \leq x \leq \frac{\pi}{2}$

$\tan x = 90$ *TR-Anzeige:* 1,560

$x = 1{,}560 + k\pi$ *Probe:* $\tan 1{,}560 = 92{,}62$

Es gibt verschiedene Möglichkeiten zum Lösen goniometrischer Gleichungen.

1. Versuche, die Gleichung auf eine der elementaren Formen $\sin x = a$, $\cos x = b$ oder $\tan x = c$ zurückzuführen. Verwende bei Bedarf eine Hilfsvariable (Substitutionsmethode).

Löse die Gleichung $3 \cdot \sin(2x + 1{,}5) - 2{,}7 = 0;\ x \in \mathbb{R}$!

Auflösen nach sin (2x + 1,5):

$$3 \cdot \sin(2x + 1{,}5) - 2{,}7 = 0 \quad |+2{,}7$$
$$3 \cdot \sin(2x + 1{,}5) = 2{,}7 \quad |:3$$
$$\sin(2x + 1{,}5) = 0{,}9$$

Ersetzen (Substitution): $z = 2x + 1{,}5$; $\quad \sin z = 0{,}9$;

$z_1 = 1{,}120 + 2k\pi$; $\quad z_2 = 2{,}022 + 2k\pi$

Lösen der Substitutionsgleichung: $2x_1 + 1{,}5 = 1{,}120 + 2k\pi$; $\quad 2x_2 + 1{,}5 = 2{,}022 + 2k\pi$

$x_1 = -0{,}190 + k\pi$; $\quad x_2 = 0{,}261 + k\pi$

Probe: $3 \cdot \sin(2 \cdot (-0{,}190) + 1{,}5) - 2{,}7 = 0{,}0003$

$3 \cdot \sin(2 \cdot 0{,}261 + 1{,}5) - 2{,}7 = -0{,}0002$

2. Treten mehrere Winkelfunktionen mit dem gleichen Argument auf, so versuche durch Anwenden der Beziehungen $\sin^2 x + \cos^2 x = 1$ oder $\tan x = \frac{\sin x}{\cos x}$ die Gleichung so umzuformen, dass nur noch eine Winkelfunktion auftritt.

Löse die Gleichung $3 \cdot \sin x = 2 \cdot \cos x$, $x \in \mathbb{R}$!

Da $\sin x$ und $\cos x$ nicht zugleich 0 werden können, kann man $\cos x \neq 0$ annehmen und beide Seiten durch $\cos x$ dividieren: $3 \cdot \sin x = 2 \cdot \cos x \quad | : \cos x$

$3 \cdot \frac{\sin x}{\cos x} = 2 \qquad 3 \cdot \tan x = 2 \qquad \tan x = \frac{2}{3}$

$x = 0{,}5880 + k\pi$

Probe: $3 \cdot \sin 0{,}588 = 1{,}664 \qquad 2 \cdot \cos 0{,}5880 = 1{,}664$

Aufgaben

Umwickle eine Kerze mehrfach mit einem Blatt Papier und schneide sie dann schräg zur Achse der Kerze mit dem Papier durch. Wickle dann das Papier auseinander und beschreibe die entstandene Schnittkurve!

Überlege, wie sich die Kurve ändern würde, wenn man eine dickere Kerze wählen oder wenn man den Schnittwinkel ändern würde!

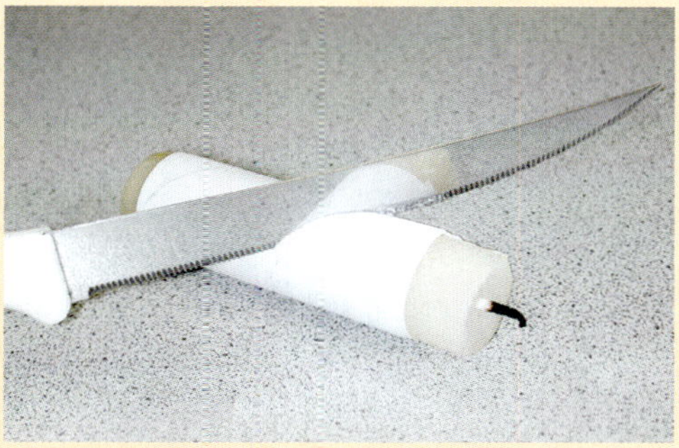

Periodische Funktionen

1. Untersuche, ob folgende Funktionen periodisch sind! Gib in diesem Fall die Periode an und zeichne einen Graphen für zwei Periodenlängen!

a) $f(n) = (-1)^n$; $n \in \mathbb{N}$ b) $f(n) = n(\text{mod } 4) = r$; $n \in \mathbb{N}$; (Rest bei der Division durch 4)

c) $f(x) = [x]$; $x \in \mathbb{R}$, $x \geq 0$ ([x]: ganzzahliger Anteil von x, z.B. $[3{,}7] = 3$)

d) $f(x) = x - [x]$; $x \in \mathbb{R}$, $x \geq 0$ e) $f(x) = (-1)^{[x]}$; $x \in \mathbb{R}$, $x \geq 0$

2. Der Graph zeigt die Änderung der Höhe h des Flügelendpunktes P einer Windkraftanlage bei einer gleichmäßigen Rotation.

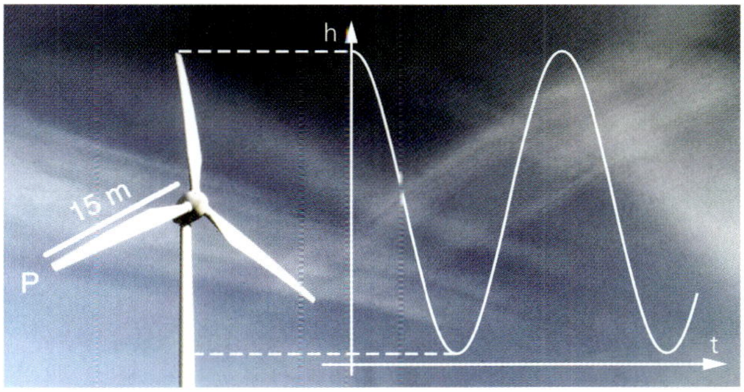

a) Beschreibe den Graphen mit Worten!

b) Wie müsste sich der Graph ändern, wenn sich der Flügel doppelt (halb) so schnell drehen würde?

3. Welche der folgenden Vorgänge können zumindest näherungsweise durch eine periodische Funktion beschrieben werden? Nenne jeweils Bedingungen, unter denen dies zutrifft!

a) Bewegung eines Uhrzeigers
b) Wasserstand an einem Nordseestrand
c) sichtbarer Teil des Mondes
d) Wachstum der Früchte eines Obstbaumes
e) Menstruationszyklen einer Frau
f) Erddrehung

4. In einer Telefonanlage gibt es folgende Ruftakte.
Stelle die Ruftakte mit einer geeigneten Codierung grafisch dar!

Art des Anrufs	Folgen von Tonrufen und Pausen
externer Anruf	1 s Ton; 3 s Pause; 1 s Ton; 3 s Pause; …
Rückruf	1 s Ton; 1 s Pause; 1 s Ton; 1 s Pause; …
interner Anruf	$\frac{1}{3}$ s Ton; $\frac{1}{3}$ s Pause; $\frac{1}{3}$ s Ton; $2\frac{2}{3}$ s Pause; $\frac{1}{3}$ s Ton; $\frac{1}{3}$ s Pause; …

5. Ein Punkt P bewege sich mit konstanter Geschwindigkeit v auf dem Rand eines gleichseitigen Dreiecks. Die folgende Abbildung zeigt den Vorgang und den zugehörigen Graphen.

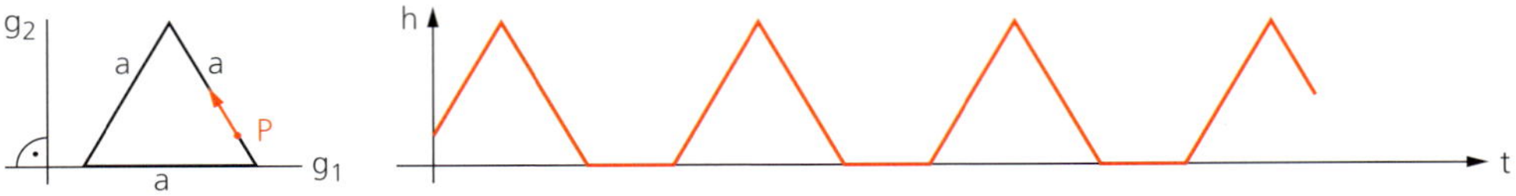

a) Wie würde sich eine Vergrößerung bzw. eine Verkleinerung der Umlaufgeschwindigkeit grafisch äußern?
b) Skizziere einen entsprechenden Graphen für ein zu umlaufendes Quadrat!
c) Stelle die zeitliche Änderung des Abstandes von P zu g_2 grafisch dar!
*d) Entwirf für weitere Figuren Graphen, die die zeitliche Änderung des Abstandes eines Randpunktes P von einer Geraden g veranschaulichen! Die Gerade g muss nicht unbedingt außerhalb der Figur liegen.

Sinus- und Kosinusfunktion für beliebige Winkel

6. Trage an eine 0°-Linie folgende Drehwinkel an!
a) +70° b) −70° c) +250° d) −270° e) +270° f) −250°

7. Die Größen der dargestellten Winkel α_1 bis α_5 sind +200°; −60°; +20°; +120°; −160°.
Ordne richtig zu!

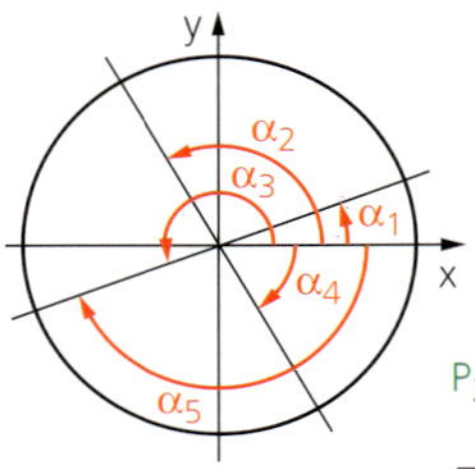

8. Die Lage der dargestellten (sieben) Punkte P_1 bis P_7 ist durch folgende Winkelgrößen festgelegt:
+720°; −390°; +510°; −315°;
+585°; +810°; −450°
Welcher Punkt gehört zu welchem Winkelmaß?
Gib für jeden Punkt ein weiteres Winkelmaß an!

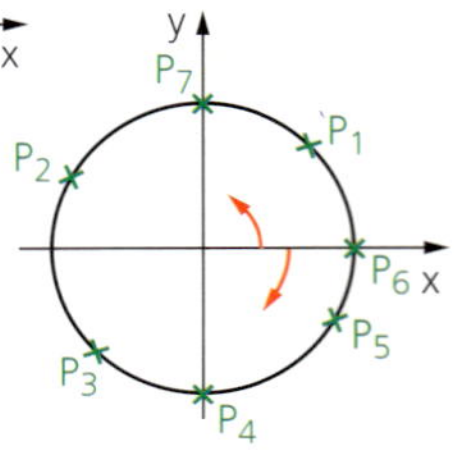

9. Stelle die Graphen der Sinus- und Kosinusfunktion *mithilfe einer Kurvenschablone* im Intervall $-360° \leq \alpha \leq 540°$ dar!

10. Stelle mithilfe des Taschenrechners für $-360° \leq \alpha \leq 540°$ bei einer Schrittweite von 15° eine Wertetabelle für die Sinusfunktion auf! Trage die Punkte dann in ein Koordinatensystem ein und verbinde diese! Verwende zum Zeichnen folgende Einteilungen!
$-1 \leq \sin \alpha \leq 1$ sollen 4 cm entsprechen und $0° \leq \alpha \leq 360°$ sollen 4,8 cm entsprechen.
Wie kann aus dieser Darstellung leicht die Kurve der Kosinusfunktion erzeugt werden?

11. Prüfe und veranschauliche die Richtigkeit der folgenden Gleichungen für folgende Winkel!
$\alpha_1 = 0°$; $\alpha_2 = 30°$; $\alpha_3 = 90°$; $\alpha_4 = -45°$; $\alpha_5 = 120°$

a) $\sin \alpha = \sin(180° - \alpha)$ b) $\sin(-\alpha) = -\sin \alpha$ c) $\cos(-\alpha) = \cos \alpha$
d) $\cos(90° - \alpha) = -\cos(90° + \alpha)$ e) $\cos(180° - \alpha) = -\cos \alpha$

12. Begründe, dass auch alle Vielfachen von 360° Perioden der Sinus- und der Kosinusfunktion sind!

13. Löse die folgenden Gleichungen in den angebenen Grundbereichen!

a) $\sin \alpha = -0{,}2$ für $-180° \leq \alpha \leq 270°$ b) $\sin \alpha = 0{,}8$ für $180° \leq \alpha \leq 360°$
c) $\sin \alpha = 0{,}4$ für $-90° \leq \alpha \leq 270°$ d) $\cos \alpha = -\frac{5}{4}$ für $-180° \leq \alpha \leq 540°$
e) $\cos \alpha = 0{,}6$ für $-180° \leq \alpha \leq 180°$ f) $|\sin \alpha| = 0{,}5$ für $-360° \leq \alpha \leq 540°$
g) $\cos \alpha = 0{,}5$ für $|\alpha| < 360°$ h) $|\cos \alpha| = 0{,}5$ für $-360° \leq \alpha \leq 540°$

14. Gib alle Winkelgrößen α aus dem Intervall $-180° \leq \alpha \leq 540°$ an, für die folgende Gleichungen gelten!

a) $\sin \alpha = -\frac{1}{2}\sqrt{2}$ b) $\sin \alpha = -1$ c) $\sin \alpha = \frac{1}{2}\sqrt{3}$ d) $\sin \alpha = 0{,}9$
e) $\cos \alpha = 0$ f) $\cos \alpha = 1$ g) $\cos \alpha = 0{,}5$ h) $\cos \alpha = -0{,}5$

15. Bestimme die Lösungsmengen der Gleichungen bzw. Ungleichungen für $0° \leq \alpha \leq 360°$!

a) $\sin \alpha = 0$ b) $\cos \alpha = -1$ c) $\cos \alpha = \frac{1}{2}\sqrt{2}$ d) $|\sin \alpha| = -0{,}5$
e) $|\cos \alpha| = 0{,}5$ f) $\sin \alpha > 0{,}5$ g) $\cos \alpha < 0{,}5$ h) $\sin \alpha = \frac{1}{2} \cdot \sqrt{2}$

Tangensfunktion

16. Wie kann die Tangensfunktion am Einheitskreis definiert werden?

17. Vergleiche folgende Werte miteinander!

a) tan 30° und tan 210° b) tan 30° und tan (−30°)
c) tan 0° und tan 1800° d) |tan 135°| und tan 45°

18. Ermittle mithilfe des Taschenrechners folgende Zahlen!

a) tan 88° b) tan 92° c) tan (− 89°) d) tan 269,5°

19. Zeichne den Graphen der Tangensfunktion für $-360° \leq \alpha \leq 540°$! Verwende entweder eine Wertetabelle oder eine Kurvenschablone!

20. Zu $\alpha = 45°$ gehört $\tan \alpha = 1$. Gib alle weiteren Winkelgrößen α aus dem Intervall $-360° \leq \alpha \leq 540°$ an, für die $\tan \alpha = 1$ gilt!

21. Bestimme die Lösungsmengen der Gleichungen bzw. Ungleichungen für $0° \leq \alpha \leq 360°$!

a) $\tan \alpha = 2$ b) $\tan \alpha = -2$ c) $\tan \alpha = -\sqrt{3}$ d) $\tan \alpha = 0{,}5$
e) $|\tan \alpha| = 1$ f) $\tan \alpha \geq 1$ g) $|\tan \alpha| = -1$ h) $\tan \alpha < 1$

22. Gib jeweils die Anzahl der Lösungen an, die die folgenden Gleichungen im Intervall $-360° \leq \alpha \leq 540°$ haben!

a) $\tan \alpha = 2$ b) $\tan \alpha = -2$ c) $\tan \alpha = 0{,}002$ d) $\tan \alpha = -10^4$

e) $\tan \alpha = 0$ f) $\tan \alpha = -1$ g) $\tan \alpha = 3{,}3$ h) $\tan \alpha = 10^4$

Bogenmaß

23. Miss die Strecke, die einem Winkel von 360° auf einer Schablone für die Sinuskurve entspricht und vergleiche mit dem Bogenmaß von 360°!

24. Bestimme für die folgenden Winkel deren Bogenmaße als Vielfache von π!

a) $\alpha_1 = 0°$ b) $\alpha_2 = 180°$ c) $\alpha_3 = 360°$ d) $\alpha_4 = 30°$

e) $\alpha_5 = 45°$ f) $\alpha_6 = 120°$ g) $\alpha_7 = 150°$ h) $\alpha_8 = 300°$

25. Bestimme für die folgenden Winkel deren Gradmaße! Es gilt: $\alpha_{\text{Gradmaß}} = \frac{360°}{2\pi} x$

a) $x = \frac{\pi}{2}$ b) $x = \frac{3}{4}\pi$ c) $x = -\pi$ d) $x = \frac{\pi}{3}$

e) $x = -\frac{\pi}{2}$ f) $x = \frac{\pi}{18}$ g) $x = -\frac{\pi}{18}$ h) $x = \pi$

26. Gib die zugehörigen Gradmaße α bzw. Bogenmaße x an!

a) $\alpha = -30°$ b) $\alpha = 1°$ c) $\alpha = 100°$ d) $\alpha = 720°$

e) $x = -3$ f) $x = -1$ g) $x = 10$ h) $x = -10$

i) $\alpha = 90°$ j) $x = 5$ k) $\alpha = 135°$ l) $x = -5$

27. Um wie viel Grad weichen zwei Winkel in ihrer Größe voneinander ab, wenn ihr Bogenmaß um $\frac{\pi}{9}$ differiert!

28. Bestimme einen Näherungswert im Gradmaß, der zu einem Winkel mit dem Bogenmaß 1 gehört!

29. Bestätige die Gültigkeit der folgenden Beziehungen für die x-Werte: 0; π; $\frac{\pi}{2}$; $-\frac{\pi}{2}$; 1 und $-2{,}5$!

a) $\sin x = \sin(\pi - x)$ b) $\sin(-x) = -\sin x$ c) $\cos(-x) = \cos x$ d) $\cos x = \cos(2\pi - x)$

30. Bestätige die Gültigkeit der folgenden Beziehungen für die x-Werte: 0; π; $\frac{\pi}{2}$; $-\frac{\pi}{2}$!

a) $\sin x = \cos(x - \frac{\pi}{2})$ b) $\cos x = \sin(x + \frac{\pi}{2})$

Die Funktion f(x) = a · sin bx + c

31. Zeichne die Graphen der folgenden Funktionen im Intervall $-\pi \leq x \leq 3\pi$ und gib jeweils den Wertebereich an! Gib jeweils zwei weitere Funktionen mit dem gleichen Wertebereich an!

a) $y = -2 \cdot \sin x$ b) $y = \frac{1}{2} \cdot \sin x$ c) $y = -\sin x$ d) $y = 4 \cdot \sin x + 1$

32. Gib Gleichungen der Form $y = a \cdot \sin x$ für die Graphen (1); (2) und (3) an!

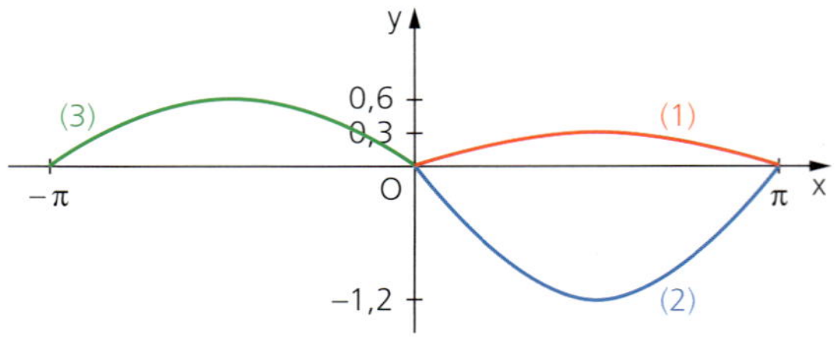

33. Der Graph von $y = \sin x$ wird an der x-Achse gespiegelt und der dadurch entstandene Graph mit dem Faktor $\sqrt{2}$ in x-Richtung gestreckt.
Gib Gleichungen für die entstandenen Graphen an!

34. Entscheide, ob folgende Aussage wahr ist! Begründe!
Den Graphen von $y = a \cdot \sin x$ für $a < 0$ kann man durch Stauchung bzw. Streckung und durch anschließende Spiegelung aus dem Graphen von $y = \sin x$ gewinnen.

35. Gib für $y = f(x) = 2 \cdot \sin x$ alle Stellen x aus dem Intervall $-\pi \leq x \leq 3\pi$ an, für die Folgendes gilt!
a) $f(x) = -2$ b) $f(x) = 1$

36. In den folgenden Diagrammen sind Graphen von Funktionen mit der Gleichung $y = f(x) = a \cdot \sin bx$ dargestellt. Bestimme jeweils die Parameter a und b!

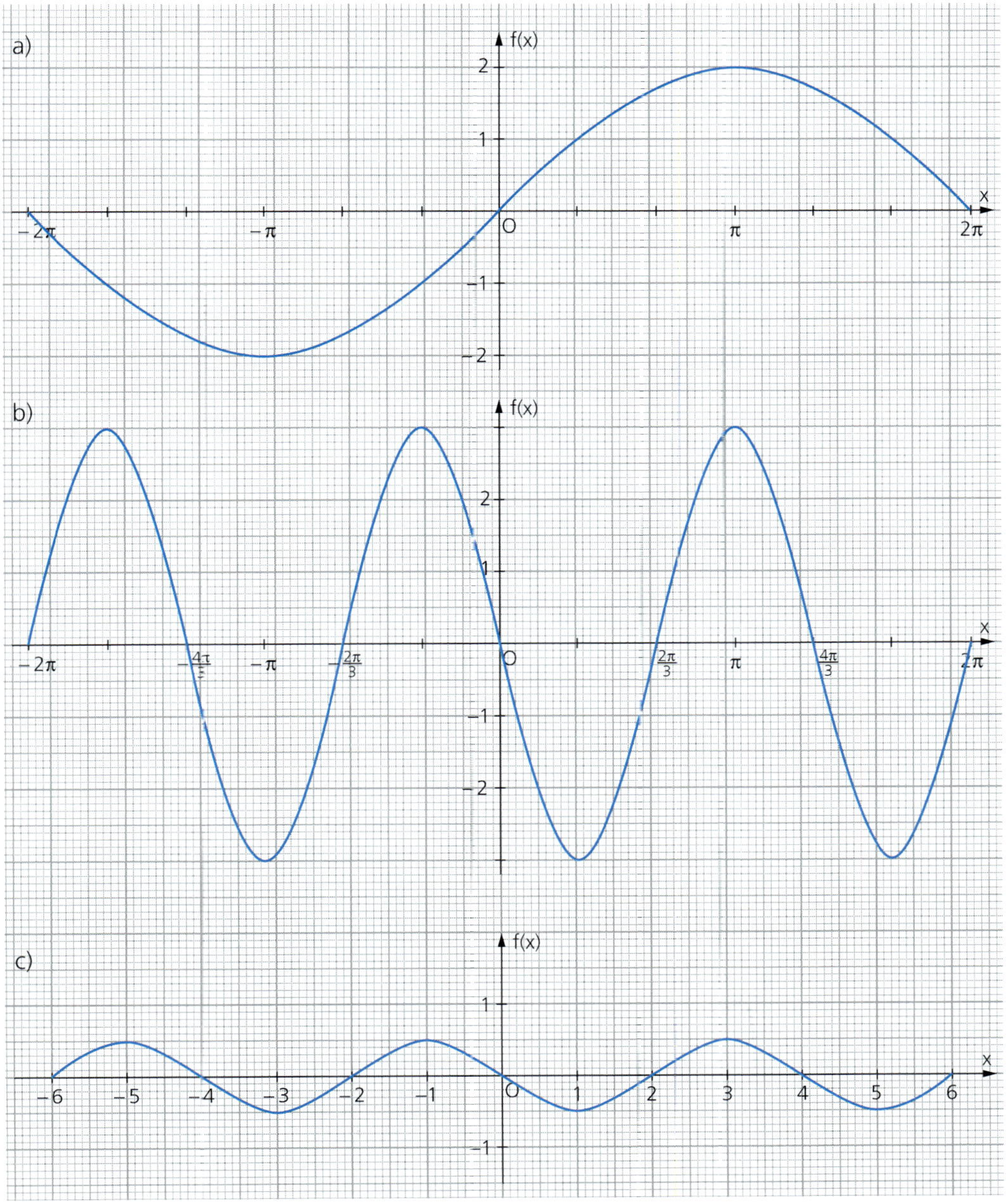

37. Bestimme für $y = f(x) = \sin bx$ die Periodenlänge p für folgende Werte!
a) $b = \frac{3}{2}$ b) $b = \pi$ c) $b = \frac{\pi}{2}$ d) $b = 0{,}1$

38. Bestimme für $y = f(x) = \sin bx$ den Wert b für folgende Periodenlängen!
a) $p = 2\pi$ b) $p = \frac{\pi}{2}$ c) $p = 2$ d) $p = \frac{1}{2}$

39. Bestimme die kleinste positive Nullstelle für $y = \sin \frac{x}{6}$!

40. Bestimme die Anzahl der Nullstellen im Intervall $0 \le x \le 2\pi$ für $y = f(x) = \sin bx$!
a) $b = 1$ b) $b = 3$ c) $b = \pi$ d) $b = 1{,}5\pi$

41. Stelle für die angegebenen Funktionen jeweils eine Wertetabelle für das Intervall $-\pi \le x \le 2\pi$ in Schritten von $\frac{\pi}{6}$ auf! Zeichne den Graphen in diesem Intervall im Koordinatensystem!
a) $f(x) = -\sin \frac{x}{2}$ b) $f(x) = 2 \cdot \sin \frac{x}{4}$ c) $f(x) = 1{,}5 \cdot \sin \frac{\pi}{2}x$ d) $f(x) = -3 \cdot \sin 2x - 1{,}5$

42. Welche Zusammenhänge gibt es zwischen den Parametern y_{max} und T in der Gleichung für die Bewegung eines Fadenpendels $y(t) = y_{max} \cdot \sin(\frac{2\pi}{T}t)$ und den Parametern a und b in der Funktionsgleichung $y = f(x) = a \cdot \sin bx$?

***43.** Zeichne die Graphen folgender Funktionen im Intervall $0 \le x \le 2\pi$!
a) $f(x) = 1 - \sin x$ b) $f(x) = \sin(x + \pi)$ c) $f(x) = |\sin x|$ d) $f(x) = -2 \cdot \cos x$
e) $f(x) = (\sin x)^2$ f) $f(x) = \sin(-x)$ g) $f(x) = |\sin(-x)|$ h) $f(x) = (\sin(-x))^2$
i) $f(x) = -|\sin x|$ j) $f(x) = (-\sin x)^2$ k) $f(x) = -(\sin x)^2$ l) $f(x) = (-|\sin x|)^2$

Goniometrische Gleichungen

44. Löse die Gleichungen im Grundbereich $\mathbb{R}$!
a) $\sin(2x) = 0{,}4$ b) $\cos(3x) = -0{,}63$ c) $3 \cdot \tan(4x) = -15$
d) $\sin(x + 2) = \frac{1}{2} \cdot \sqrt{2}$ e) $\cos \frac{x}{5} = 0{,}95$ f) $3 + \tan \frac{x+1}{2} = 0$

45. Finde alle Lösungen im Intervall $0 \le x \le \pi$!
a) $\sin x = 2 \tan x$ b) $1 - \sin x \cdot \cos x = 0$ c) $\sin(2x - 1) = \cos(2x - 1)$
d) $\sin x + \cos x = 0$ e) $\sin^2 x = 2 \cdot \cos^2 x$ f) $\cos x = \tan x$

1.3 Gemischte Aufgaben

Suche in einem Kalender die Zeiten für Sonnenaufgänge bzw. für Sonnenuntergänge!
Trage dann in ein Koordinatensystem die Sonnenaufgangs- und die Sonnenuntergangszeiten in Abhängigkeit vom Datum (wochenweise für ein Jahr) ein!
Beschreibe die im Koordinatensystem dargestellten Punktmengen mit Worten!
Lassen sich Gesetzmäßigkeiten erkennen?
Wenn ja, beschreibe sie!

Winkelfunktionen in der Mathematik

1. Übertrage die Zeichnungen in dein Heft und kennzeichne die Seiten der Dreiecke so, dass die angegebenen Gleichungen gelten!

a)

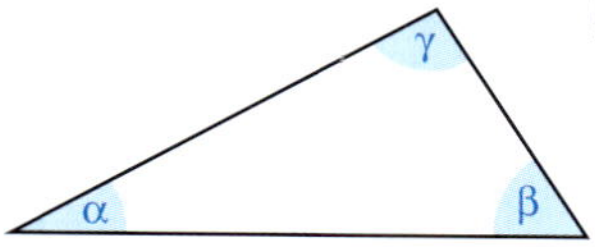

$\frac{\sin \alpha}{\sin \gamma} = \frac{a}{c}$

b)

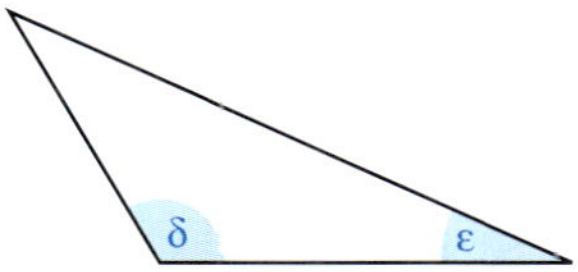

$\frac{\sin \delta}{r} = \frac{\sin \varepsilon}{v}$

c)

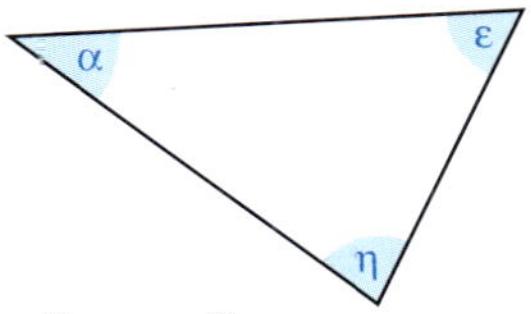

$\frac{n}{\sin \alpha} = \frac{m}{\sin \varepsilon}$

d)

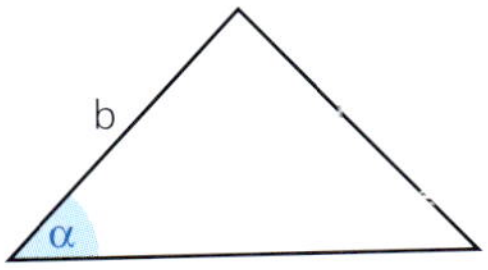

$a^2 = b^2 + c^2 - 2bc \cdot \cos \alpha$

e)

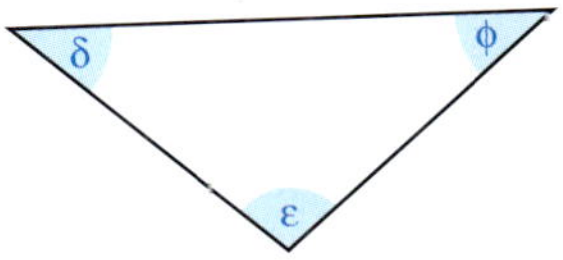

$\cos \delta = \frac{e^2 + f^2 - d^2}{2ef}$

f)

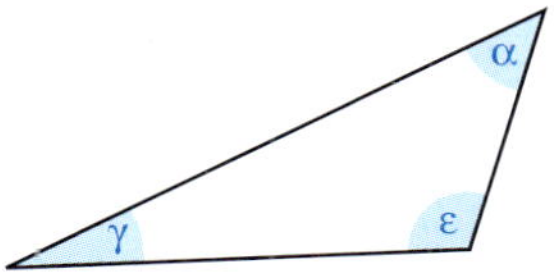

$r^2 = s^2 + t^2 - 2st \cdot \cos \alpha$

2. Berechne alle markierten Winkel! Stelle für jede Strecke jeweils drei Gleichungen auf! Verwende Winkelfunktionen, den Satz des Pythagoras bzw. einen Strahlensatz! Berechne die Strecken dann schrittweise!

a)

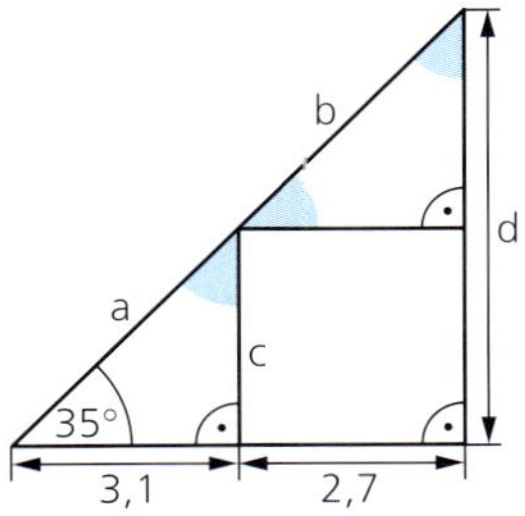

b)

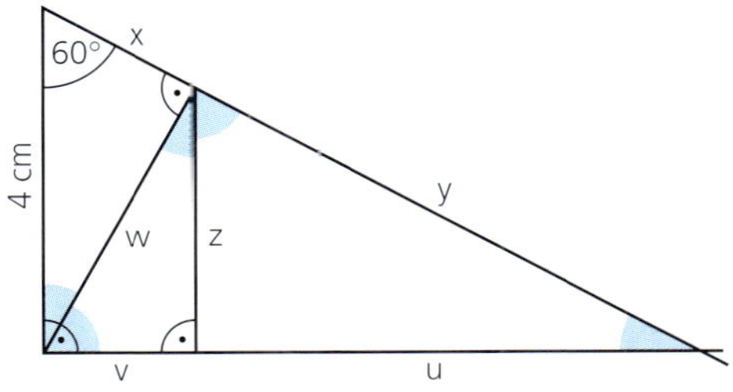

3. Stelle einen Lösungsplan zur Berechnung der Seitenlänge von c im nebenstehenden Viereck ABCD auf! Fertige dazu einen Lösungsgraphen an! Schreibe das Hilfsmittel jeweils auf den Pfeil!

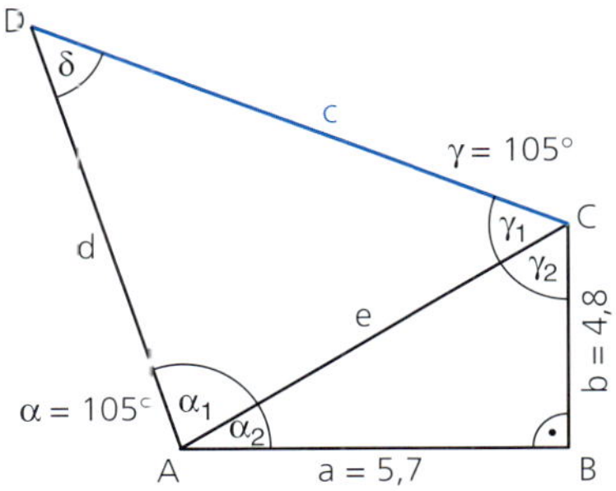

4. Berechne alle Seiten der folgenden beiden Dreiecke! Gib einen Lösungsplan an, indem du für alle gesuchten Größen eine Gleichung aufstellst! Begründe dabei alle Schritte! Die Zeichnungen sind nicht maßstäblich!

a)

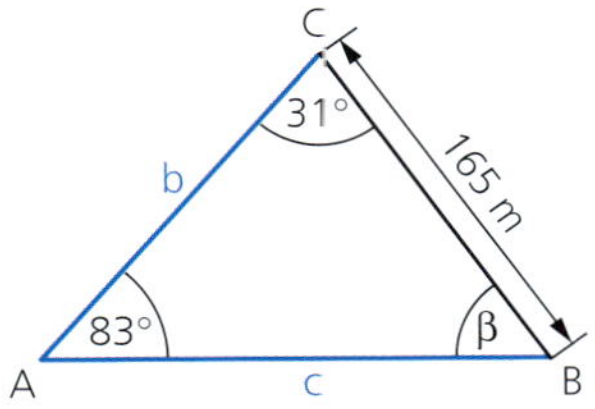

b)

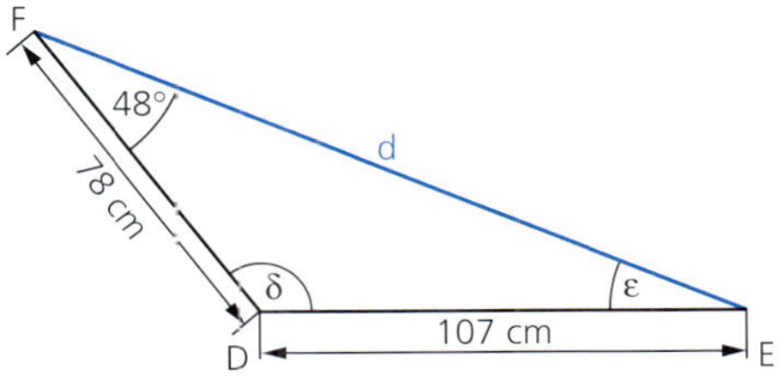

5. Die Geraden g und h liegen in einem Koordinatensystem.
g: $y = \frac{1}{2}x + 2$
h: $y = -\frac{1}{3}x + 2$
Berechne α und β!

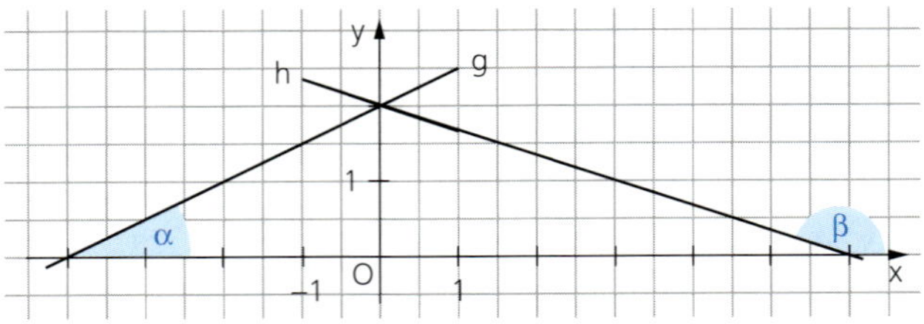

6. Für lineare Funktionen gilt die Gleichung $y = m \cdot x + n$. Zeige, dass $m = \tan\alpha$ gilt, wenn α der Winkel zwischen der Geraden und der x-Achse ist!
Betrachte dabei drei Fälle:
(1) $0° < \alpha < 90°$
(2) $90° < \alpha < 180°$
(3) $\alpha = 0°$

7. Bestimme jeweils eine Gleichung der dargestellten Funktion!

a)
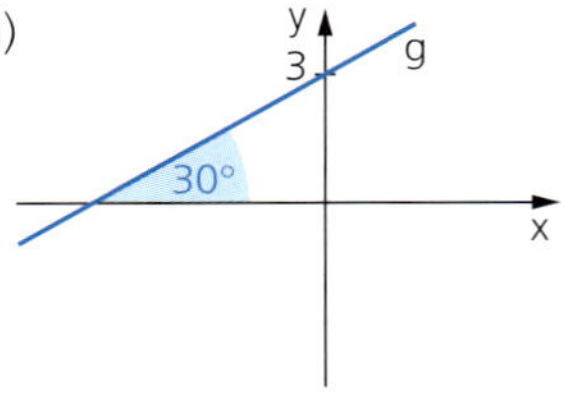

b)
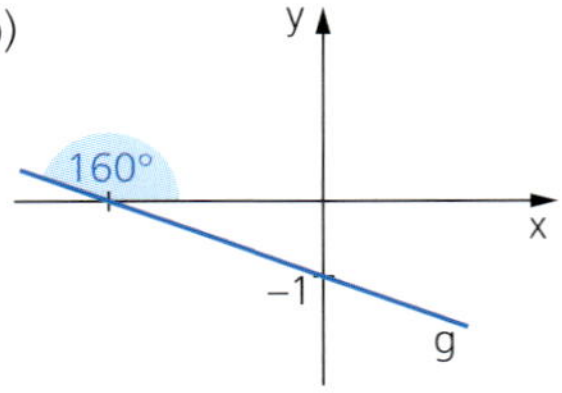

c)
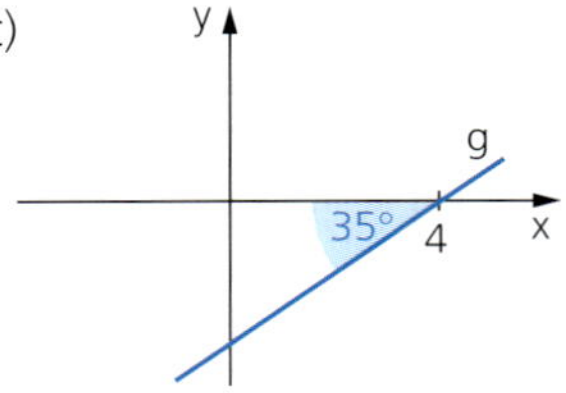

8. Untersuche, ob die beiden Gerade g und h parallel zueinander sind, wenn die Gerade g die x-Achse in einem Winkel $\alpha = 17°$ schneidet und für die Gerade h die Gleichung $y = 0{,}3 \cdot x$ gilt!

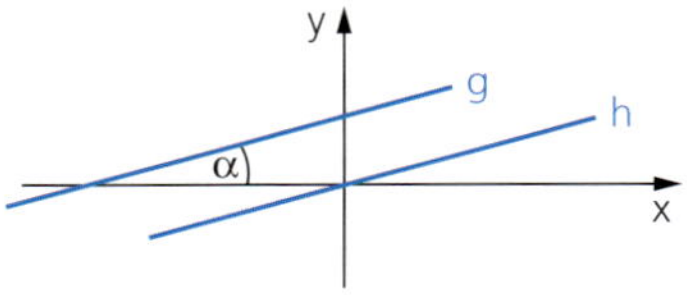

***9.** Es gibt genau drei reelle Zahlen x, für die die Gleichung $2\sin x = x$ gilt.
a) Bestimme die drei Zahlen zeichnerisch!
b) Verbessere die abgelesenen Näherungswerte mithilfe des Taschenrechners!

10. Die Seitenlängen a; b und c eines Dreiecks ABC verhalten sich zueinander wie:
c : b : a = 8 : 15 : 17
Berechne den kleinsten Innenwinkel des Dreiecks ABC!

11. Berechne den Flächeninhalt des Dreiecks ABC mit $\gamma = 90°$; $\alpha = 40°$ und a = 6 cm!

12. Gib jeweils eine Gleichung zur Berechnung der folgenden Größen im Viereck ABCD an!
a) Diagonale e
b) Winkel γ
c) Winkel α

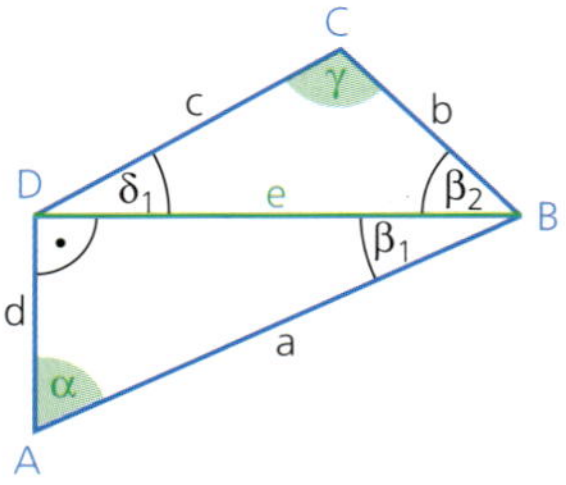

13. Ermittle die Lösungen der folgenden goniometrischen Gleichungen mithilfe der Graphen der entsprechenden Funktionen!
Verbessere den grafisch ermittelten Näherungswert mit dem Taschenrechner!
a) $\sin x = \frac{1}{2}x - 1$ b) $1{,}5 - \frac{3}{4}x = \cos x$ c) $\sin x = \cos x - \frac{1}{2}$

14. Berechne x bzw. α!

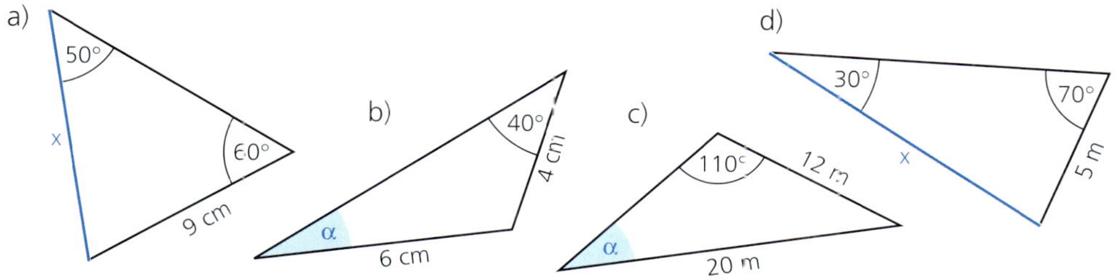

15. Von zwei Dreiecken seien folgende Stücke gegeben:
Dreieck 1: $a = 3$ cm, $b = 4$ cm, $\gamma = 30°$ *Dreieck 2:* $a = 3$ cm, $b = 4$ cm, $\gamma = 150°$
Bestimme die Differenz zwischen den Seiten c!

16. Gegeben seien von einem Dreieck ABC folgende Größen:
a) $A = 30\ \text{cm}^2$, $b = 8$ cm, $\alpha = 70°$ (c)
b) $A = 25\ \text{cm}^2$, $a = 10$ cm, $\gamma = 50°$ (u)
c) $A = 20\ \text{cm}^2$, $a = 10$ cm, $b = 8$ cm (γ)
Berechne die in Klammern stehenden Stücke!

17. Ein weiteres Winkelmaß, das vor allem bei Vermessungsarbeiten verwendet wird, entsteht, wenn ein Kreis durch Radien in 400 gleiche Teile bzw. ein Viertelkreis in 100 gleiche Teile geteilt wird. Die dadurch entstehende Winkeleinheit heißt 1 **Neugrad** oder 1 **Gon,** Bezeichnung 1^g. Es ist also $90° = 100^g$. Bei einigen Taschenrechnern kann als ein Winkelmodus GRA oder GRD (Grad) eingestellt werden, um trigonometrische Berechnungen mit Neugrad durchzuführen.
a) Rechne folgende Winkel in Neugrad um! 45°; 30°; 18°; 180°; 270°; 315°; 80°
b) Rechne folgende Winkel in Grad um! 25^g; 50^g; 10^g; 150^g; 300^g; 320^g; 17^g

***18.** In einem rechtwinkligen Dreieck ABC mit ∢ BCA = 90° ist ∢ BAC = 60° und D der Mittelpunkt von $\overline{BC}$.
Berechne cos ε, wenn ε = ∢ DAC!

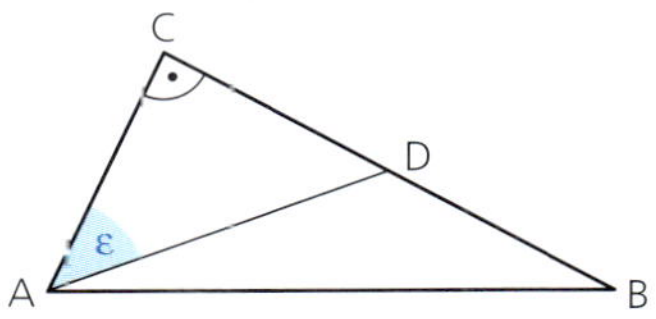

19. Nach dem griechischen Techniker und Mathematiker HERON von Alexandria (um 100) heißt die folgende Formel zur Berechnung des Flächeninhalts eines Dreiecks aus seinen drei Seiten **heronsche Formel:** $A = \sqrt{s(s-a)(s-b)(s-c)}$ wobei $s = \frac{1}{2}u = \frac{1}{2}(a+b+c)$
a) Berechne den Flächeninhalt eines Dreiecks ABC mit den Seiten $a = 13$ cm; $b = 14$ cm und $c = 15$ cm einmal mit der heronschen Formel und dann mit trigonometrischen Mitteln!
*b) Beweise die Richtigkeit der heronschen Formel, indem du mithilfe trigonometrischer Sätze und Beziehungen eine Formel zur Berechnung des Flächeninhalt eines Dreiecks aus den drei Seiten aufstellst und diese in die Form der heronschen Formel überführst!
Hinweis: Wende zur Zerlegung von Summen in Faktoren die 3. Binomische Formel an!

20. Von einem Dreieck ABC ist bekannt: $a + b = 41$ mm; $a + c = 65$ mm und $b + c = 61$ mm
Bestimme die Innenwinkel des Dreiecks!

21. Die Längen der Seiten eines Dreiecks ABC stehen im Verhältnis 6 : 7 : 8.
Berechne den größten Innenwinkel!

22. Drei Kreise mit den Mittelpunkten M_1, M_2, M_3 und den Radien r_1, r_2, r_3 berühren einander paarweise von außen. Es sei $r_1 = (n - 1)$ LE; $r_2 = n$ LE und $r_3 = (n + 1)$ LE. (LE: Längeneinheit)

a) Berechne den größten Innenwinkel des Dreiecks $M_1M_2M_3$ für $r_2 = 2{,}5$ LE!

b) Entwickle eine Formel zur Berechnung des größten Innenwinkels des Dreiecks $M_1M_2M_3$!

23. P sei „Laufpunkt" auf einem Viertelkreis um M. Beim Bewegen von P wird das Rechteck höher und schmaler bzw. kleiner und breiter. Gib eine Formel für den Flächeninhalt A des grünen Rechtecks an!

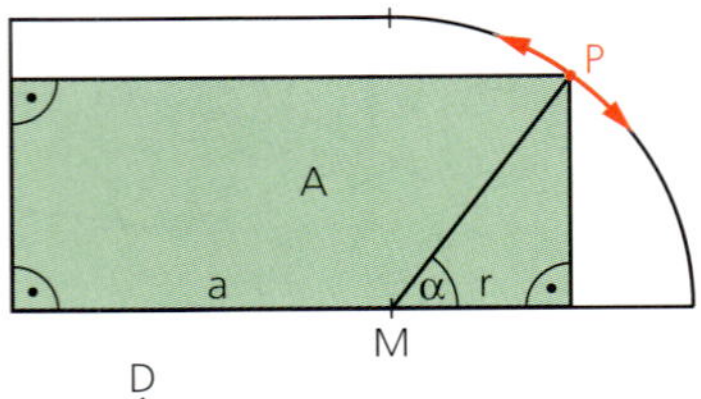

24. Berechne den Umfang und den Flächeninhalt des nebenstehenden Fünfecks ABCDE!
Es ist gegeben:
$a = 7$ cm; $b = 4{,}5$ cm; $c = d$;
$e = 3$ cm und $\beta = 60°$

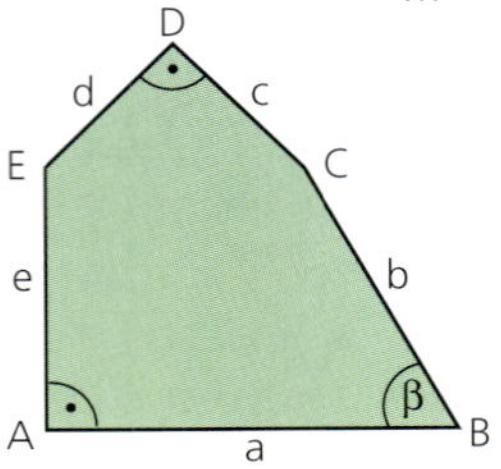

25. Von dem Parallelogramm P_1 sei bekannt:
$a_1 = 6$ cm, $b_1 = 4$ cm und $\alpha_1 = 60°$.
Gib Stücke für ein flächengleiches Parallelogramm P_2 an, wenn Folgendes gelten soll!

a) $a_2 = a_1$; $b_2 = b_1$; $\alpha_1 \neq \alpha_2$

b) $a_2 = \frac{1}{2}a_1$; $b_2 = 2b_1$ c) $a_2 = 5$ cm; $b_2 = b_1$

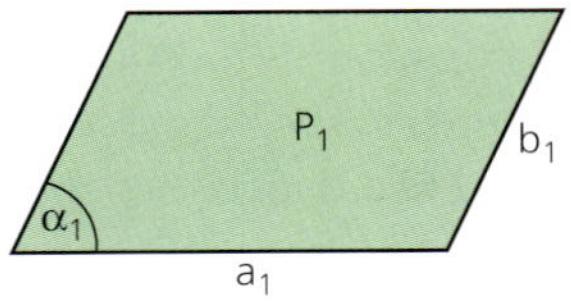

26. Einem Kreis mit dem Radius r seien folgende Vielecke (V) einbeschrieben. Gib eine Formel zur Berechnung des Flächeninhalts an!

a) V ist ein regelmäßiges Fünfeck   b) V ist ein regelmäßiges n-Eck ($n > 5$)

27. Leite mithilfe des abgebildeten gleichschenkligen Dreiecks ABC folgende Formeln für den Sinus bzw. Kosinus des doppelten Winkels her!
Hinweis: Zeige zunächst, dass $\sphericalangle$ EAB $= \alpha$ ist.

a) $\sin 2\alpha = 2 \cdot \sin \alpha \cdot \cos \alpha$

b) $\cos 2\alpha = 1 - 2 \cdot \sin^2 \alpha$

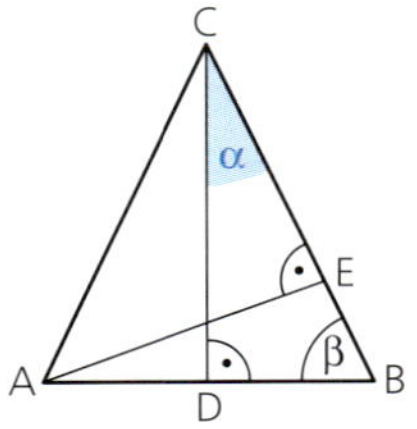

28. Stelle die Funktionen $f(x) = a \cdot \sin x$ und $g(x) = -\frac{1}{a} \cdot \sin x$ im Intervall $0 \leq x \leq \pi$ für $a = 2$ dar! Es ergibt sich eine geschlossene Fläche mit dem Flächeninhalt A_2. Für welche a könnte der Flächeninhalt kleiner als A_2 sein? Für welches a könnte er minimal sein?
Hinweis: Betrachte die Summe der Amplituden!

29. Die nebenstehende Abbildung zeigt den Beginn einer „Spirale" mit sechs rechtwinkligen Dreiecken.
In jedem der Dreiecke beträgt der kleinste Innenwinkel 30°.

a) Zeichne die Spirale!

b) Berechne die Länge von $\overline{AH}$!

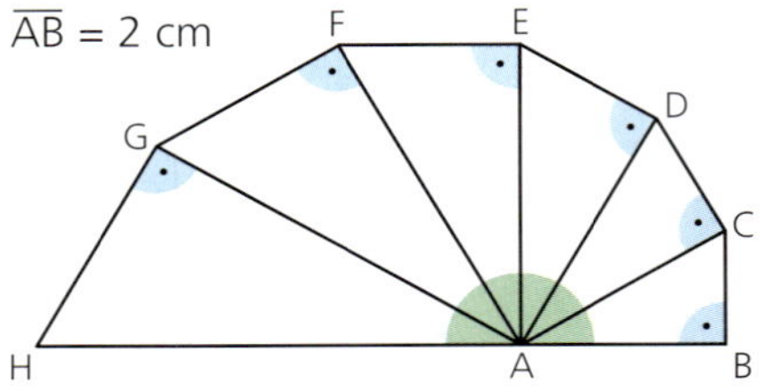

30. Entscheide, ob folgende Aussage wahr ist! Begründe! Berechne, wenn möglich!
Im Dreieck ABC mit $c = 20$ cm; $b = 10$ cm und $\gamma = 60°$ kann die Länge der Seite a mithilfe der Gleichung $c^2 = a^2 + b^2 - 2ab \cdot \cos\gamma$ berechnet werden.

31. Die nebenstehende Abbildung zeigt ein Drachenviereck ABCD.

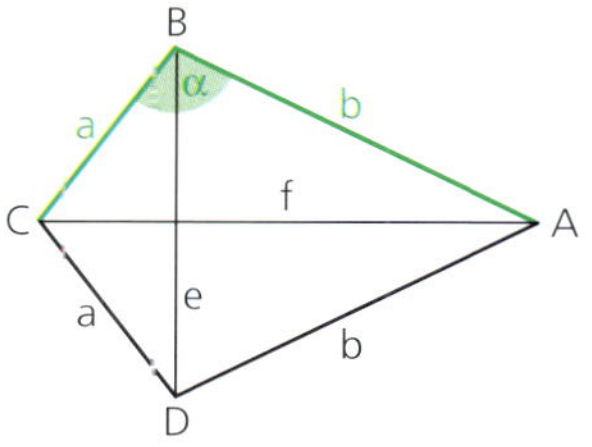

a) Berechne den Flächeninhalt des Drachenvierecks für: $\alpha = 100°$; $a = 5$ cm; $b = 10$ cm!

b) Berechne die Längen der beiden Diagonalen e und f!

32. Zeige, dass das für ein bestimmtes Dreieck charakteristische Verhältnis $\frac{a}{\sin\alpha}$ gleich dem Durchmesser des Umkreises dieses Dreiecks ist! Konstruiere mithilfe dieses Satzes drei Dreiecke mit folgenden Eigenschaften!
Es gilt: $\frac{c}{\sin\gamma} = 6$ cm und $c = 4$ cm

33. Untersuche, ob für nebenstehende Zeichnung folgendes Verhältnis gilt!
$a : b = 2 : 1$

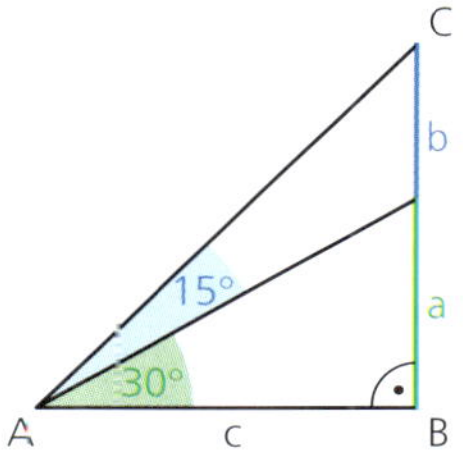

34. In einem Dreieck ABC sind $a = 5$ cm; $b = 10$ cm und $\beta = 50°$.

a) Berechne den Flächeninhalt des Dreiecks!

b) Entscheide, ob folgende Aussage wahr ist! Begründe! Wäre auch noch der Winkel α gegeben, könnte man einfach folgende Formel verwenden: $A = \frac{1}{2} ab \cdot \sin(\alpha + \beta)$

Trigonometrie im Raum

***35.** Eine dreiseitige Pyramide ABCS (vgl. nebenstehende Abbildung) habe die Kantenlängen $\overline{AB} = 4$ cm; $\overline{BC} = 5$ cm; $\overline{CA} = 6$ cm.
Weiter gilt: $\overline{AS} = \overline{BS} = \overline{CS} = 7$ cm
Berechne die Größe des kleinsten Innenwinkels, der in den Begrenzungsflächen der Pyramide vorkommt!

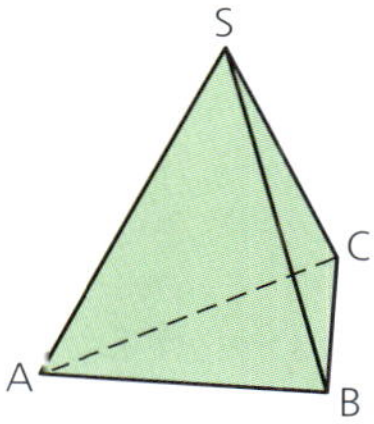

36. Ein Würfel ABCDEFGH (Kantenlänge 1 Längeneinheit) wird ohne die Länge der Kanten zu verändern so deformiert, dass ∢ BAD sowie der Winkel zwischen der Kante $\overline{BF}$ und der Ebene ABCD danach 60° betragen. Berechne das Volumen des deformierten Körpers!

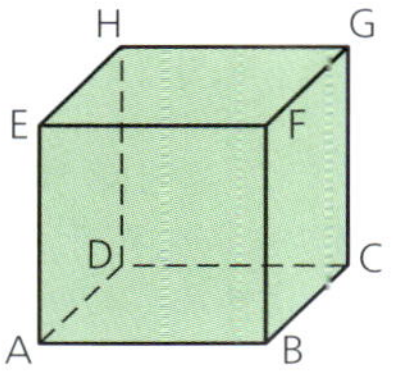

37. Bestimme für ein reguläres Oktaeder (ein Körper, der aus 8 gleichseitigen Dreiecken besteht) die Größen aller Winkel, die je zwei benachbarte Kanten miteinander bilden! Der Körper lässt sich in zwei zueinander kongruente Pyramiden zerlegen.

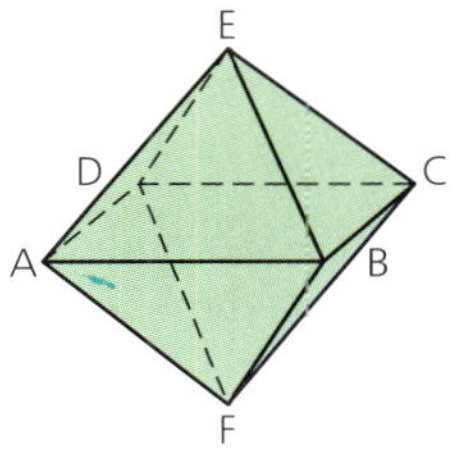

38. Die nebenstehende Abbildung zeigt eine Pyramide ABCS mit A(8; 0; 0); B(0; 6; 0); C(0; 0; 4) und S(0; 0; 0) in einem räumlichen rechtwinkligen Koordinatensystem.

a) Berechne die Größen aller Winkel, die von benachbarten Kanten gebildet werden!

b) Berechne den Oberflächeninhalt der Pyramide!

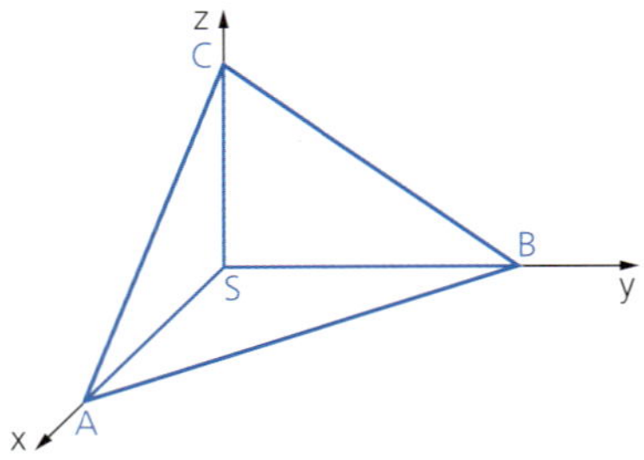

39. Trockener Sand fällt gewöhnlich kegelförmig mit einem so genannten Böschungswinkel von ca. 32°. Berechne das Volumen eines Sandkegels mit einer Höhe von 3,00 m!

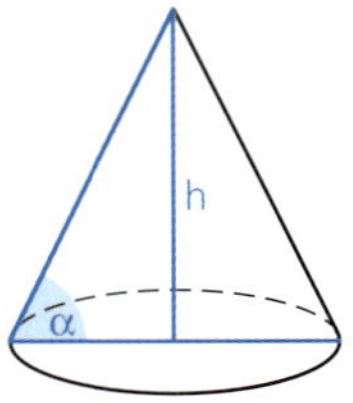

***40.** Einem Kegel mit der Mantellinie s = 10 cm sei eine Halbkugel aufgesetzt.

a) Entwickle eine Formel zur Berechnung des Volumens des zusammengesetzten Körpers in Abhängigkeit vom Winkel α!

b) Stelle den Zusammenhang zwischen V und α in einem Koordinatensystem zeichnerisch dar!

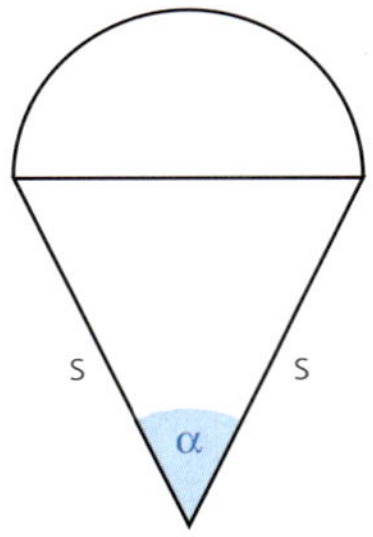

Steigungen und Neigungen

41. Die Steigung von Straßenabschnitten wird oft in Prozent angegeben. Wenn p Meter Höhendifferenz auf 100 Meter horizontaler Länge auftreten, hat eine Straße eine Steigung von p %.
Berechne die Winkelgrößen α; β und γ in nebenstehender Zeichnung!

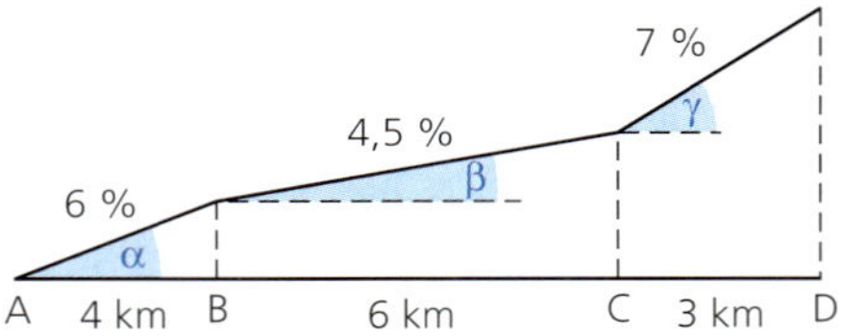

42. Straßen in ebenem Gelände müssen eine „Querneigung" von etwa 2,5 % aufweisen, um eventuelles Aquaplaning bei regennasser Straße zu mindern. Um wie viel höher als der Rand ist eine 8,00 m breite Straße dann in der Mitte?

43. In Sellin auf Rügen steigt eine Nebenstraße auf 100 m Straßenlänge um 12 m an. Berechne die Steigung in Prozent und den Steigungswinkel!

44. Die Sparren eines Satteldaches bei einem 10,00 m breiten Haus sollen einen Überstand von 0,50 m haben.

a) Berechne die Sparrenlänge für eine Dachneigung von 40°!

b) Welche Höhe würde bei der Dachneigung von 40° der Dachraum haben?

45. Zufahrten zu öffentlichen Tief- und Hochgaragen sollen nicht mehr als 10° geneigt sein.

a) Gib Steigung bzw. Gefälle in Prozent an!

b) Wie lang muss die Zufahrt von einem Parkdeck zum nächsten Parkdeck mindestens sein, wenn jedes Parkdeck eine Höhe von 4,00 m besitzt?

c) Rampen für Rollstuhlfahrer sollten nicht mehr als 6° geneigt sein. Bilde eine Aufgabe dazu!

46. „Bequeme" Treppen haben eine Stufentiefe von 27 cm bei einer Stufenhöhe von 18 cm.

a) Welchen Neigungswinkel hat für eine solche Treppe der Handlauf des Geländers?

b) Bei hohen Bauwerken (z. B. Stufenpyramiden) beträgt die Stufentiefe oft das Dreifache der Stufenhöhe. Welche Neigung liegt in diesem Fall vor?

c) Ermittle die Neigung der Treppen im Schulgebäude!

47. Mit einem Fahrzeug können folgende Steigungen befahren werden:

2. Gang: bis 25 % *3. Gang:* bis 15 % *4. Gang:* bis 10 %

a) Welchen Gang sollte man für eine 200 m lange Zufahrt einlegen, die eine Gesamthöhe von 30 m überwindet?

b) Fertige ein Diagramm an, mit dessen Hilfe man bei unterschiedlichen Steigungen sofort ablesen kann, welcher Gang sinnvoll ist!

c) Begründe, warum der 4. Gang für große Steigungen unzweckmäßig ist!

Vermessungen im Gelände

48. Die Strecke $\overline{PQ}$ liegt im unwegsamen Gelände und kann nicht direkt gemessen werden. Mithilfe einer Basisstrecke $\overline{AB}$ und unter Verwendung von Peilwinkeln lässt sich die Länge der Strecke aber berechnen.
Berechne $\overline{PQ}$ für folgende Maße!

a) $\overline{AB} = 200$ m; $\alpha = 30°$; $\beta = 40°$; $\alpha' = \beta' = 90°$

b) $\overline{AB} = 200$ m; $\alpha = 30°$; $\beta = 40°$; $\alpha' = 80°$; $\beta' = 90°$

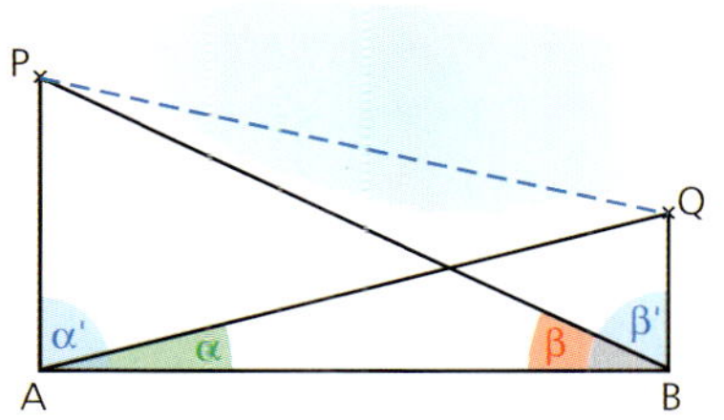

49. Nach Ausfall der Satellitennavigation peilt der Kapitän eines Segelbootes S zwei auf der Karte eingezeichnete Leuchttürme P_1 und P_2 an. Er misst dabei für $\alpha = 250°$ und für $\beta = 150°$.
Der Karte entnimmt er für die Strecke $\overline{P_1P_2} = 12$ sm und für $\gamma = 120°$.
Berechne, wie weit das Schiff zur Zeit der Peilung von den Leuchttürmen entfernt ist!

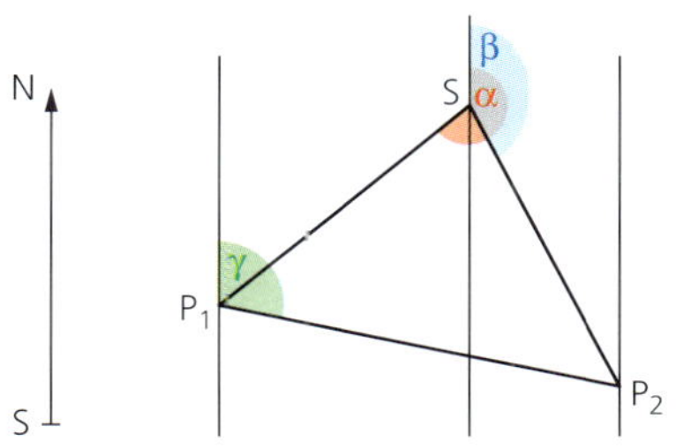

50. Im modernen Vermessungswesen liefern Geräte mit Lasertechnik sehr exakte Entfernungen. Damit erspart man sich häufig die Winkelbestimmung. Wie lässt sich die Aufgabe 48 a) nur mithilfe der Weitenmessung (ohne Winkel) lösen? Der Punkt P kann vom Punkt Q nicht eingesehen werden.

51. Ein Baum wirft einen Schatten von 25 m. Die Sonne steht in einem Winkel von 32,5°. Berechne die Höhe des Baumes!

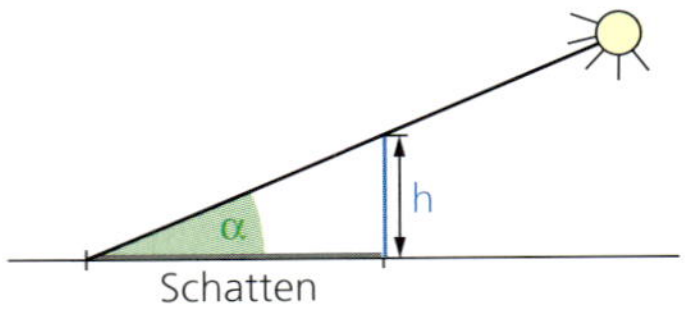

52. Ein Schiff peilt ein Seezeichen Z unter einem Winkel von 40° bezogen auf die Fahrtrichtung an. Nach 6 sm Geradeausfahrt liefert die Peilung einen Winkel von 65°.

a) Wie weit ist das Schiff zur Zeit der Peilungen jeweils vom Seezeichen entfernt?

b) Wie groß ist die minimale Entfernung zwischen Schiff und Seezeichen bei Weiterfahrt auf gleichem Kurs?

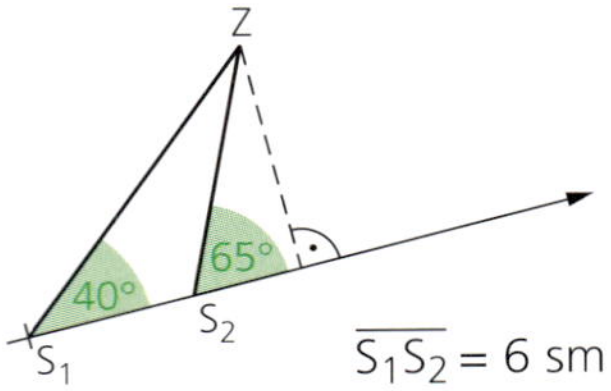

53. Im Ergebnis einer Messung fertigt Sven die nebenstehende Skizze an. An der Skizze stimmt etwas nicht. Eine der Angaben ist fehlerhaft. Gib alle Möglichkeiten der Korrektur an!

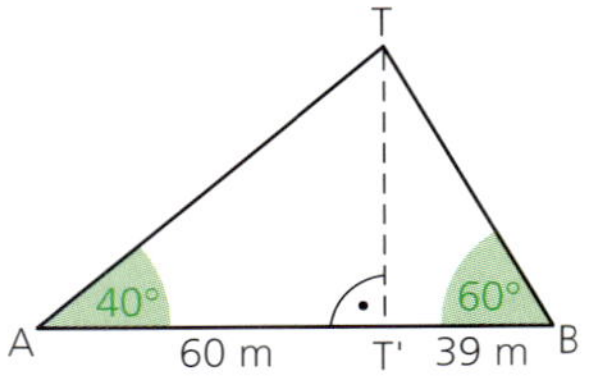

***54.** Die Breite $\overline{AB}$ eines Flusses soll mithilfe einer Peilung von der Turmspitze T ermittelt werden. Berechne die Flussbreite mithilfe der Maße aus nebenstehender Zeichnung!

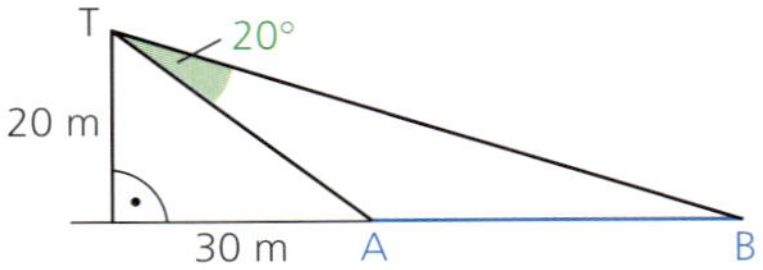

***55.** Die Höhe $\overline{CD}$ eines Turmes soll mithilfe einer Peilung von der „Basisstrecke" $\overline{AB}$ ermittelt werden. Berechne die Turmhöhe mithilfe der Maße aus nebenstehender Zeichnung!

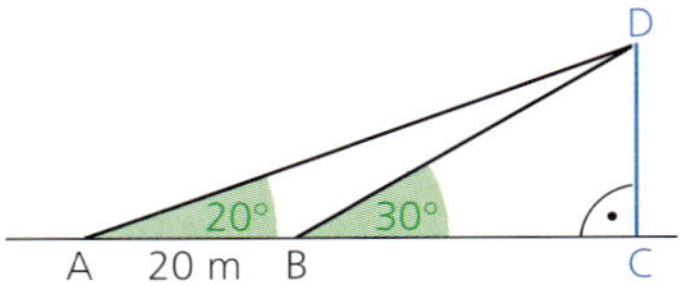

56. Ein Grundstück (entsprechend nebenstehender Abbildung) soll in zwei flächengleiche Stücke geteilt werden.

a) Wie groß ist das Grundstück insgesamt?

b) Gib eine mögliche Halbierung des Grundstücks mit den entsprechenden Maßen an!

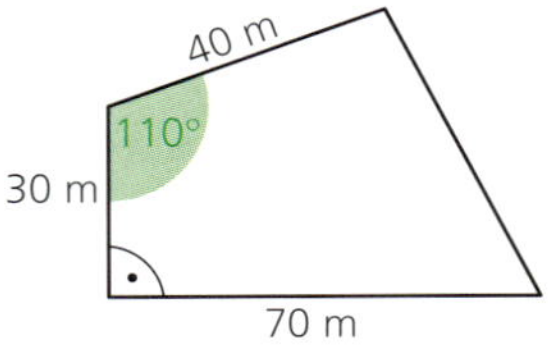

57. Deiche haben trapezförmige Querschnitte (vgl. Abbildung).

a) Berechne die Deichsohlenbreite s für $k = 6{,}0$ m; $\alpha = 24°$; $\beta = 12°$ und $h = 4{,}5$ m!

b) Gib eine Formel zur Berechnung von s an!

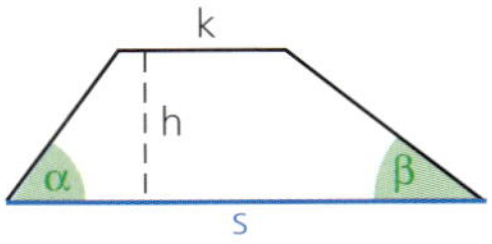

58. Weitenmessungen bei Wurfdisziplinen könnten (indirekt) von einer seitlich erhöhten Position T aus vorgenommen werden.

a) Welche Messungen sollten vor dem Wettkampf erfolgen und dann als konstante Werte Verwendung finden?

b) Welche Messungen können dann zur Bestimmung der jeweiligen Wurfweite $\overline{MZ}$ führen?

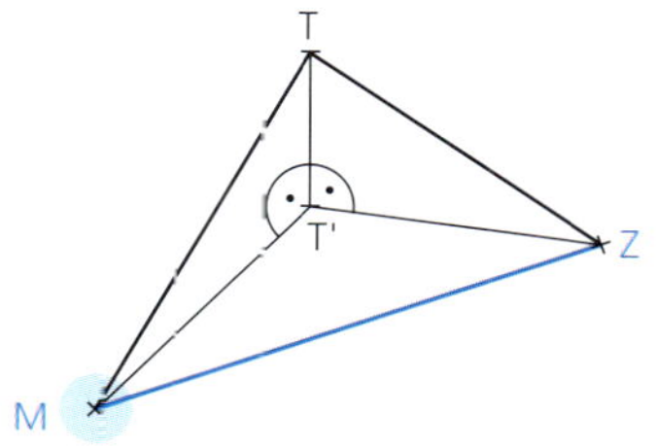

Periodische Vorgänge

59. Die Grafik zeigt die Veränderung der Kohlendioxidkonzentration in der Atmosphäre. Die Messungen wurden in Hawaii auf dem Berg Mauna Loa in 3 400 m Höhe vorgenommen. Die jahreszeitlichen Schwankungen werden durch die unterschiedlichen biologischen Aktivitäten der Vegetation hervorgerufen.

a) Begründe, warum sich die Kurve durch die Summe aus einer periodischen Funktion und einer linearen Funktion beschreiben lässt!

b) Bestimme näherungsweise die Periodenlänge und die Amplitude des periodischen Anteils der Funktion! Interpretiere die Werte!

c) Bestimme näherungsweise den Anstieg des linearen Anteils der Funktion! Interpretiere den Wert!

d) Berechne die mittlere Kohlendioxidkonzentration im Jahre 2010 unter der Annahme, dass sich der Entwicklungstrend nicht ändert! Interpretiere dein Ergebnis!

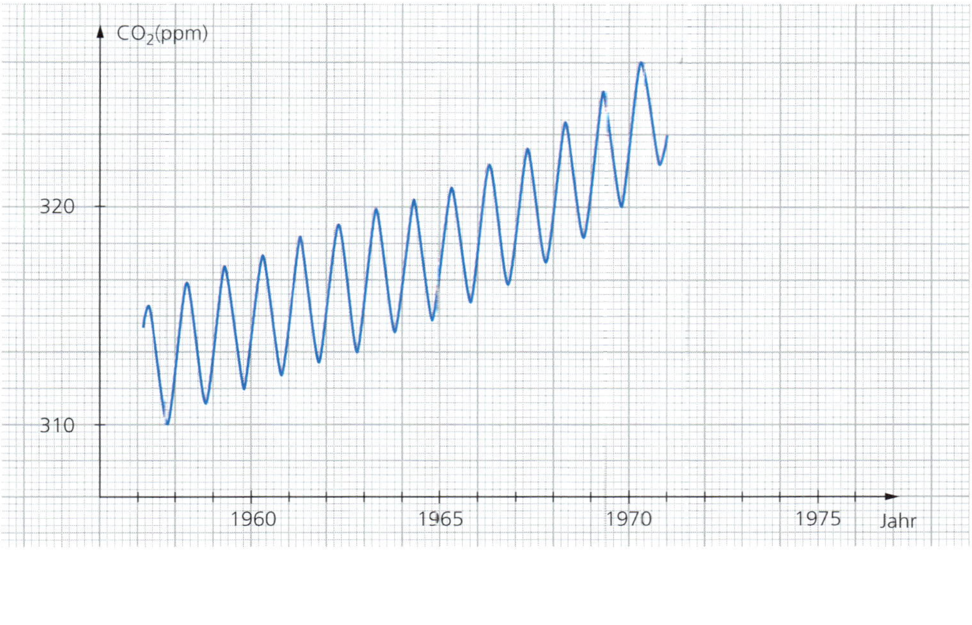

60. Die aktuelle Spannung in einem Wechselstromkreis kann unter vereinfachten Annahmen mit der Gleichung $U(t) = U_{max} \cdot \sin(2\pi f \cdot t)$ beschrieben werden.
Das Diagramm zeigt die (idealisierte) Spannungskurve für die in Haushalten übliche Netzspannung (f = 50 Hz).

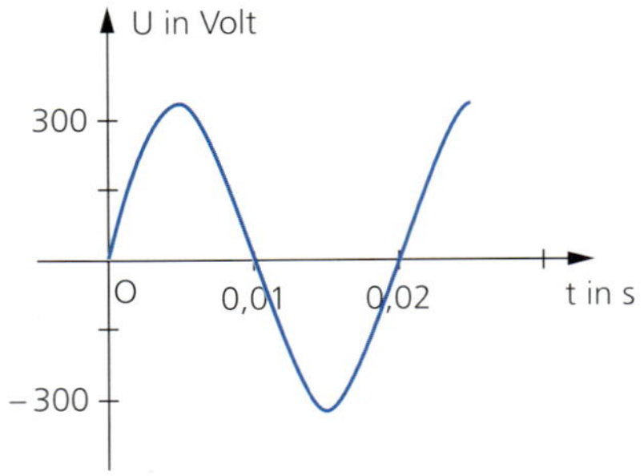

a) Bestimme die Parameter aus dem Graphen und gib die Gleichung für die Funktion an!

b) Der Effektivwert der Netzspannung berechnet sich nach der Formel $U_{eff} = \frac{1}{\sqrt{2}} \cdot U_{max}$.
Berechne den Effektivwert der Netzspannung!

Winkelfunktionen in der Physik

61. Der Brechungsindex n bei der Brechung von Licht an der Grenzfläche zweier Stoffe kann mit der Formel $n = \frac{\sin\alpha}{\sin\beta}$ ermittelt werden.

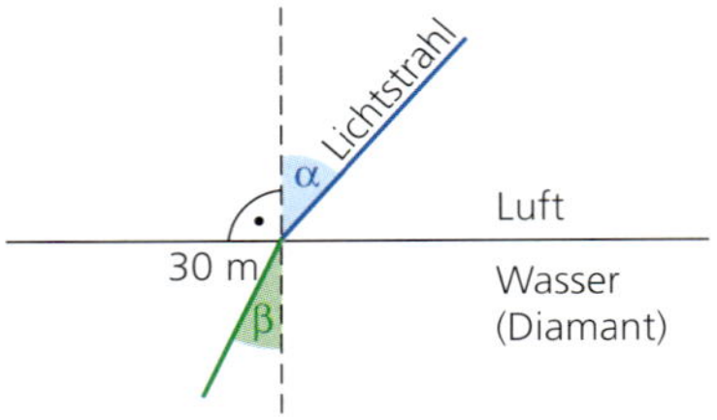

a) Bestimme den Brechungswinkel β, wenn der Einfallswinkel α = 60° und der Brechungsindex $n = \frac{4}{3}$ beträgt!
(Lichteinfall von Luft in Wasser.)

b) Bestimme den Einfallswinkel α, wenn der Brechungswinkel β = 20° und der Brechungsindex n = 2,5 beträgt! (Lichteinfall von Luft in Diamant.)

62. Im Punkt P greifen zwei Kräfte $\vec{F_1}$ = 2 000 N und $\vec{F_2}$ = 4 000 N unter einem Winkel α = 40° an.
Berechne die Größe der resultierenden Kraft $\vec{F}$!

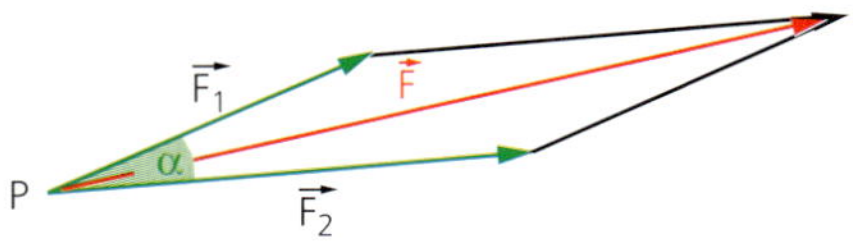

63. Eine Kugel mit einem Gewicht von 1 000 N liegt zwischen zwei geneigten Flächen.
Mit welchen Teilkräften $\vec{F_1}$ und $\vec{F_2}$ drückt die Kugel in den Punkten P_1 und P_2 auf die geneigten Flächen, wenn $\overline{AB}$ horizontal liegt?

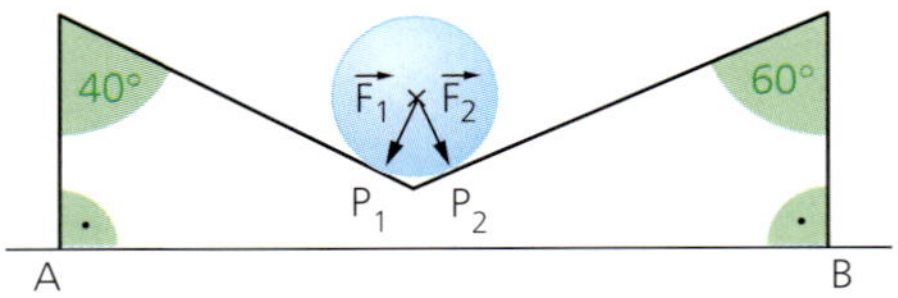

64. Senkrecht fallende Regentropfen erzeugen an den ebenfalls senkrechten Fensterscheiben eines Autos (schräge) Linien. Welche Geschwindigkeit (in Kilometer pro Stunde) hat das Auto, wenn eine solche Linie um 60° gegenüber der Waagerechten geneigt ist und die Tropfen eine Fallgeschwindigkeit von $8 \, \frac{m}{s}$ besitzen?

65. Die Weite w beim Kugelstoßen kann mithilfe der Formel $w = \frac{c^2 \cdot \cos\alpha}{g}\left(\sin\alpha + \sqrt{\sin^2\alpha + \frac{2gh}{c^2}}\right)$ berechnet werden. Dabei ist c die Abstoßgeschwindigkeit, α der Abstoßwinkel, h die Höhe der Kugel beim Verlassen der Hand und g die Fallbeschleunigung.

a) Berechne die Stoßweite w für $g = 10 \, m \cdot s^{-2}$, h = 2,00 m; $c = 14 \, m \cdot s^{-1}$; α = 45°!

b) Zeige, dass ein Stoß mit α = 30° nicht ideal ist!

Geschichte der Trigonometrie

Die Ursprünge der Trigonometrie liegen in astronomischen Berechnungen. Als Grundfigur wurde nicht das rechtwinklige Dreieck, sondern der Kreis verwendet. Der griechische Astronom HIPPARCH (ca. 150 v. Chr.) soll als erster die Länge der Sehne eines Kreises in Abhängigkeit vom Zentriwinkel berechnet und in einer Tabelle angegeben haben, die aber nicht überliefert ist.

Der Zusammenhang zwischen der Länge s der Sehne eines Kreises und dem Zentriwinkel α über dem entsprechenden Bogen lautet in heutiger Schreibweise: $s = 2r \cdot \sin \frac{\alpha}{2}$

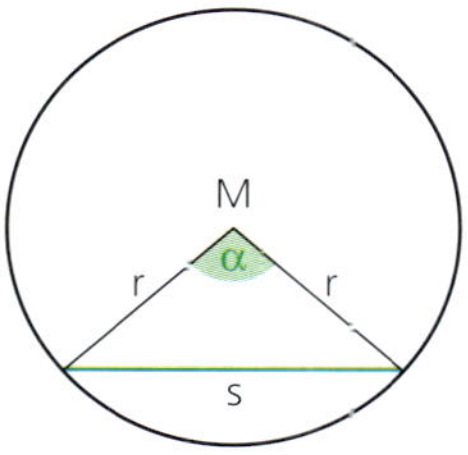

In einer **Sehnentafel** wird das Verhältnis $\frac{s}{r}$ in Abhängigkeit von α angegeben.

1. Berechne α für $s = r$ und begründe das Ergebnis!
2. Zeige, dass die Gleichung $s = 2r \cdot \sin \frac{\alpha}{2}$ für $0° < \alpha < 180°$ gilt!
3. Untersuche, ob die Gleichung auch für $\alpha = 0°$ und $\alpha = 180°$ zutrifft!
4. Stelle eine Sehnentafel mit der Schrittweite 7,5°, die wahrscheinlich auch von HIPPARCH verwendet wurde, für α von 0° bis 90° auf!

Bei der Berechnung der Länge s einer Sehne eines Kreises mit dem Durchmesser d als Funktion von α verwendeten die Griechen folgende Beziehungen, mit denen sie aus $s(\alpha)$ die Sehnenlängen $s(180° - \alpha)$ und $s(\frac{\alpha}{2})$ berechnen konnten.

(1) $s^2(\alpha) + s^2(180° - \alpha) = d^2$

(2) $s^2(\frac{\alpha}{2}) = \overline{EC}^{\,2} + \overline{EB}^{\,2}$, mit
$\overline{EC} = \frac{1}{2} s(\alpha)$ und $\overline{EB} = \frac{d}{2} - \frac{1}{2} s(180° - \alpha)$

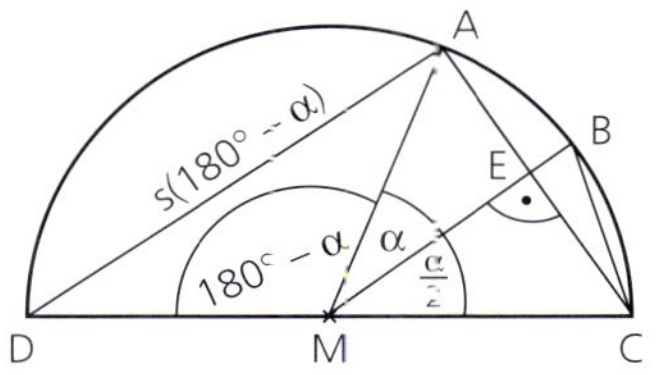

5. Begründe die Richtigkeit der Formeln (1) und (2) und berechne damit s(45°)!

Im 9. Jahrhundert n. Chr. begann in den arabischen Ländern ausgehend von den Ergebnissen der Griechen und Inder die Herausbildung der Trigonometrie zu einem selbstständigen Gebiet der Mathematik. In Europa entwickelte sich die Trigonometrie auf der Grundlage von Übersetzungen aus dem Arabischen erst ab dem 15. Jahrhundert. Einen besonderen Beitrag leistete dabei der deutsche Mathematiker und Astronom REGIOMONTANUS (1436 bis 1476).

Der Begriff Sinus entstand dabei durch einen Übersetzungsfehler. Das arabische Wort dschb (gesprochen dschiba) für Halbsehnenverhältnis hielt man für das genauso geschriebene, aber dschaib (Busen) gesprochene Wort und übersetzte es dementsprechend mit sinus, dem lateinischen Wort für Busen.

Winkelfunktionen als Streckenverhältnisse in rechtwinkligen Dreiecken

Sinus

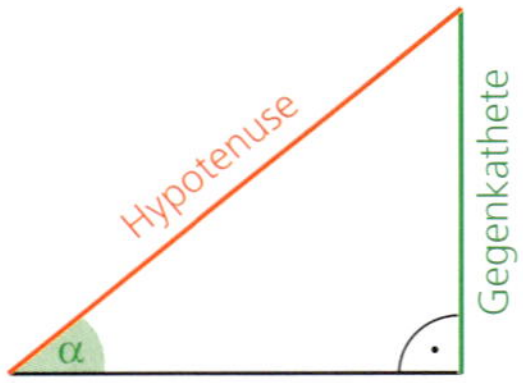

Kosinus

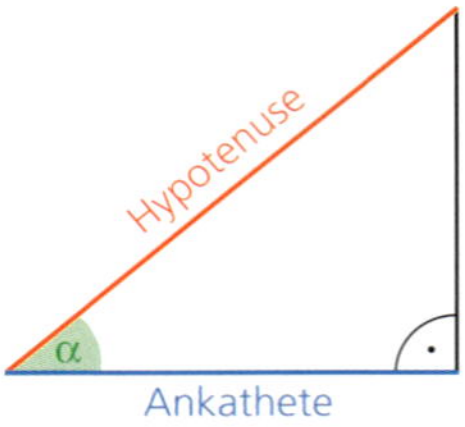

Tangens

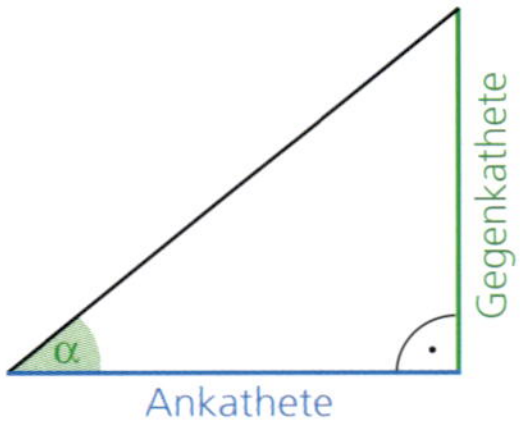

$\sin \alpha = \frac{\text{Gegenkathete}}{\text{Hypotenuse}}$ $\cos \alpha = \frac{\text{Ankathete}}{\text{Hypotenuse}}$ $\tan \alpha = \frac{\text{Gegenkathete}}{\text{Ankathete}}$

Winkelfunktionen als Koordinaten von Punkten an Kreisen oder Geraden

Sinus und Kosinus

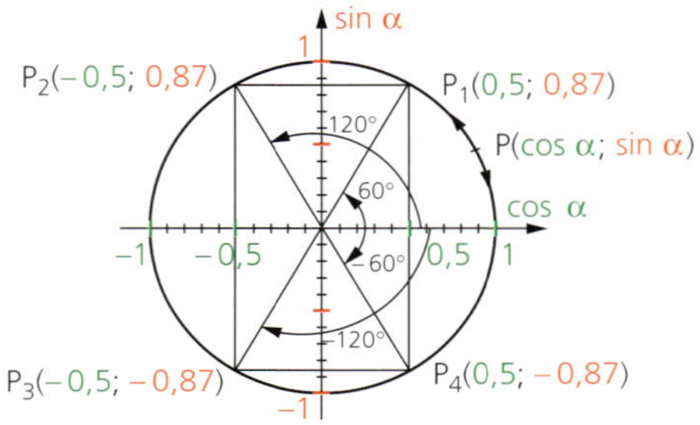

Tangens

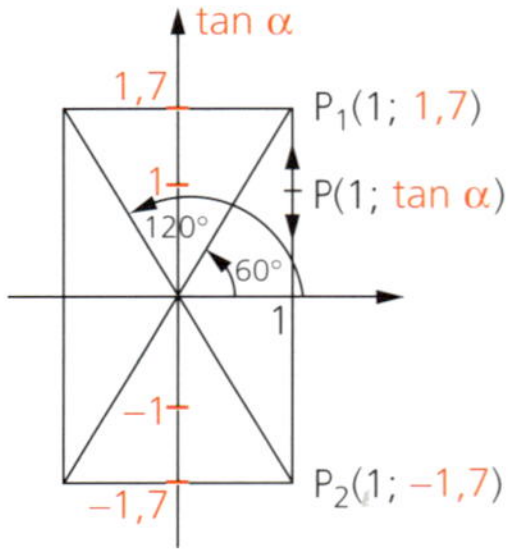

Grafische Darstellung von Winkelfunktionen im x-y-Koordinatensystem

Sinus und Kosinus

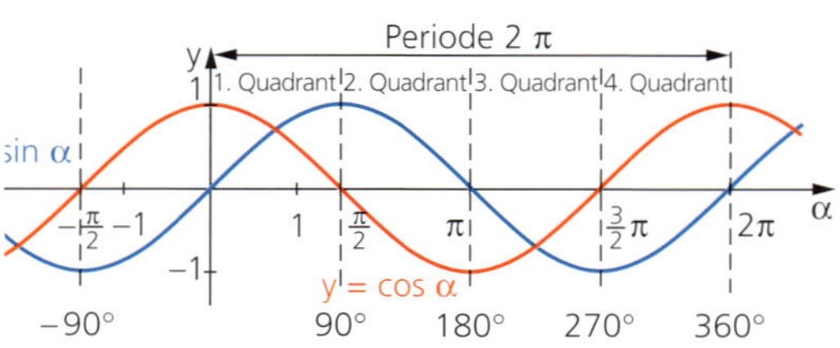

Tangens

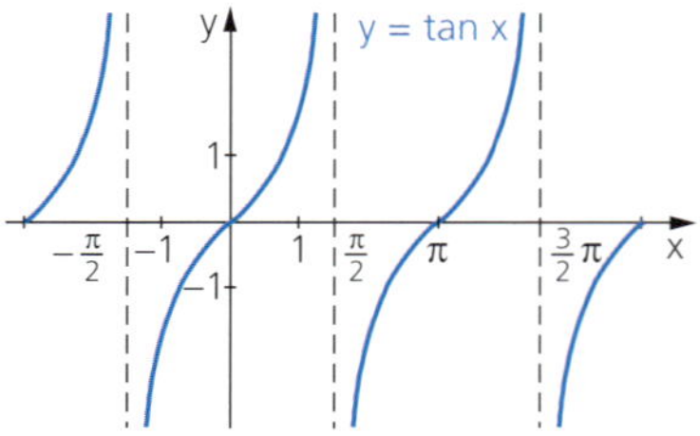

Trigonometrische Berechnungen in beliebigen Dreiecken

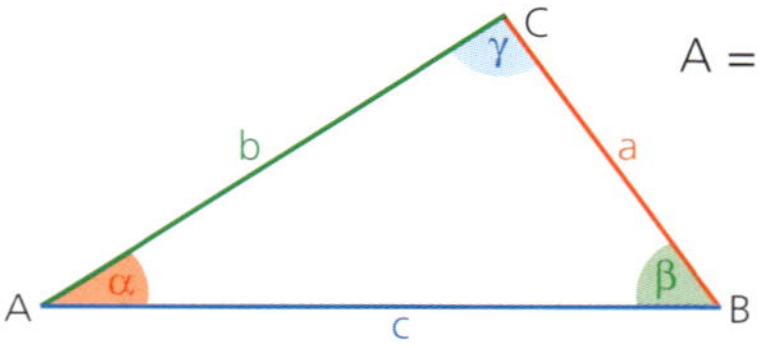

$A = \frac{1}{2} a \cdot b \cdot \sin \gamma$

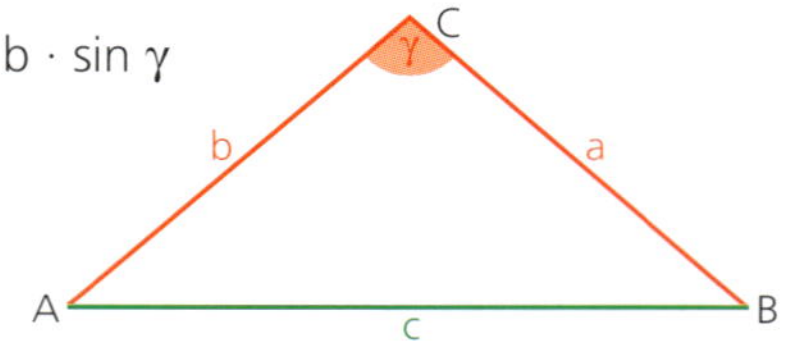

Sinussatz: $\frac{a}{\sin \alpha} = \frac{b}{\sin \beta} = \frac{c}{\sin \gamma}$

Kosinussatz: $c^2 = a^2 + b^2 - 2ab \cdot \cos \gamma$

2 Körperdarstellung und Körperberechnung

In jeder Epoche haben Baumeister und Architekten bei der Gestaltung einzelner Bauelemente geometrische Körperformen zum Vorbild genommen. Das kann man sowohl an historischen Bauwerken, als auch an modernen Gebäuden erkennen.

Pyramiden sind Bauwerke alter Kulturen, z. B. in Mittelamerika oder in Ägypten. Sie haben fast immer eine quadratische Grundfläche und verjüngen sich gleichmäßig nach oben. Die Stufenpyramide von Sakkara in Ägypten wurde um 2700 v. Chr. für den Pharao DJOSER erbaut. Sie diente als Vorbild für die berühmten Pyramiden von Giseh.

2 Körperdarstellung und Körperberechnung

Rückblick

Ein **geometrischer Körper** ist ein Modell für die Form eines realen Gegenstandes.

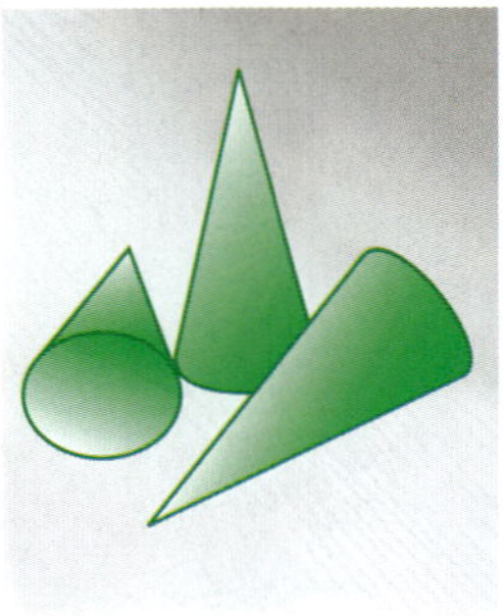

Die Merkmale der elementaren geometrischen Körper **Würfel, Quader, Prisma, Zylinder, Pyramide, Kegel** und **Kugel** sind
- die Art ihrer **Grund-** bzw. **Deckfläche,**
- die Existenz einer **Spitze,**
- die Art und Anzahl ihrer **Seitenflächen,**
- die Anzahl der **Ecken** und **Kanten** sowie
- ihre Lage.

Ein Körper heißt **gerades Prisma** (kurz Prisma), wenn er von zwei zueinander kongruenten und parallelen n-Ecken als Grund- und Deckfläche sowie von n Rechtecken als Seitenflächen begrenzt wird. Prismen können auf der Grundfläche stehen oder auf einer Seitenfläche liegen.

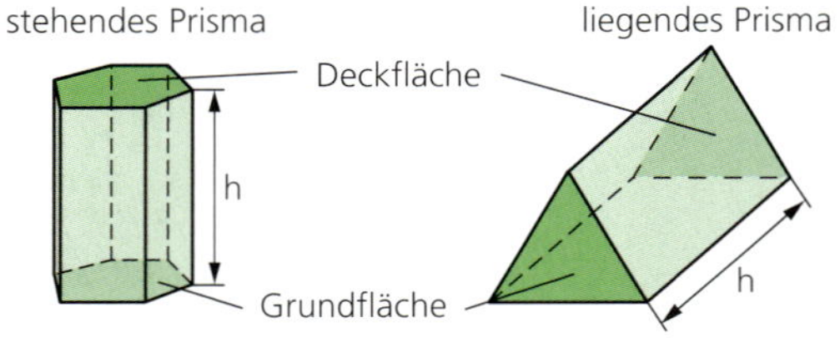

Ein Körper heißt **gerader Kreiszylinder** (kurz Zylinder), wenn er von zwei zueinander kongruenten und parallelen Kreisflächen als Grund- und Deckfläche sowie einer gekrümmten Mantelfläche begrenzt wird.
Man unterscheidet ebenfalls stehende und liegende Zylinder.
Der Abstand zwischen der Grund- und Deckfläche heißt **Höhe** des Prismas bzw. des Zylinders.

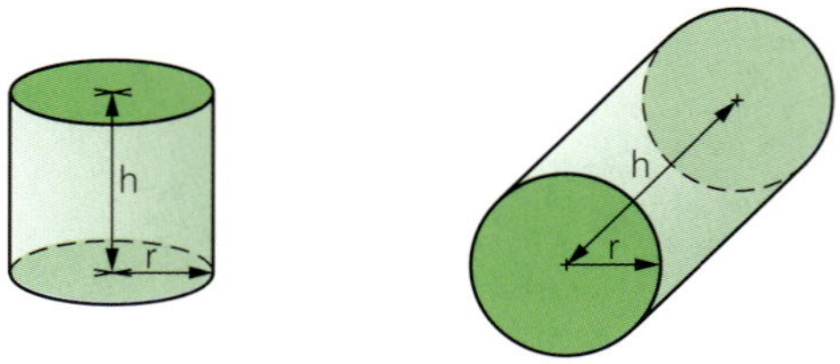

Ein **schiefes** Prisma bzw. ein **schiefer** Kreiszylinder entsteht, wenn die Deckfläche in einer zur Grundfläche parallelen Ebene verschoben wird.
Nach dem Prinzip des CAVALIERI haben zwei Körper gleiches Volumen, wenn Folgendes gilt:
- Sie haben die gleiche Grundfläche.
- Sie haben die gleiche Höhe.
- Die Inhalte der Schnittflächen der Körper mit jeder zur Grundfläche parallelen Ebenen sind gleich.

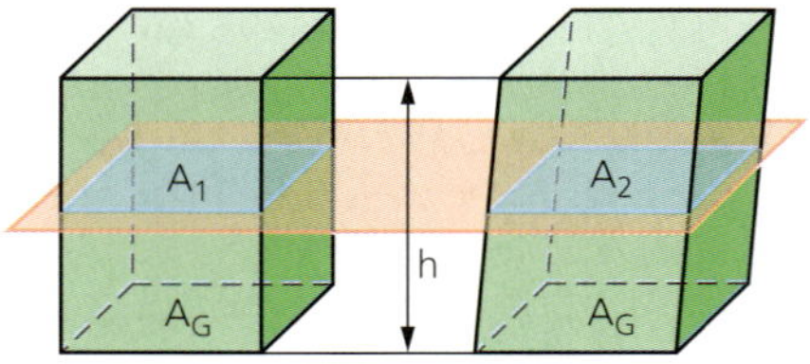

Wenn $A_1 = A_2$, dann $V_1 = V_2$

Die **Oberfläche eines Prismas** bzw. die eines Zylinders ist gleich der Summe aus der doppelten Grundfläche und der Mantelfläche.

$A_O = 2A_G + A_M$

Das **Volumen eines Prismas** bzw. das **eines Zylinders** ist gleich dem Produkt aus der Grundfläche und der Höhe.

$V = A_G \cdot h$

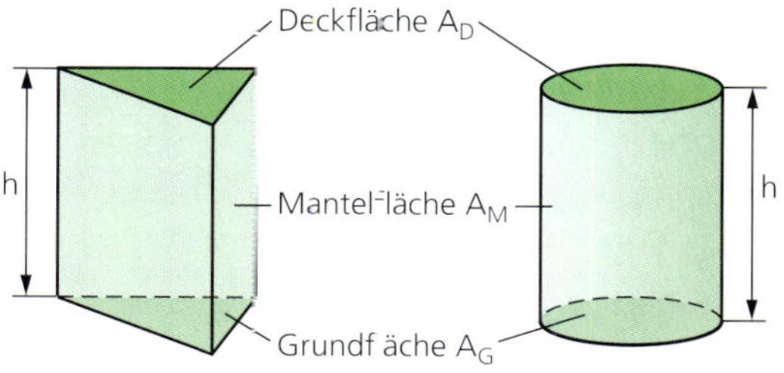

Eine **Pyramide** ist ein Körper, der von einem Dreieck, Viereck, Fünfeck usw. als Grundfläche und von Dreiecken als Seitenflächen begrenzt wird, die einen Punkt S gemeinsam haben.
Der Punkt S heißt **Spitze** der Pyramide.
Die **Mantelfläche einer Pyramide** ist die Gesamtheit ihrer Seitenflächen.
Der Abstand der Spitze der Pyramide von der **Grundfläche** heißt Höhe der Pyramide.
Sind alle Seitenkanten einer Pyramide gleich lang, so heißt die Pyramide gerade. Bei einer **geraden Pyramide** ist der **Fußpunkt der Höhe** immer der Mittelpunkt des Umkreises der Grundfläche. Gibt es keine Ergänzungen, so sind in diesem Buch stets gerade Pyramiden gemeint.

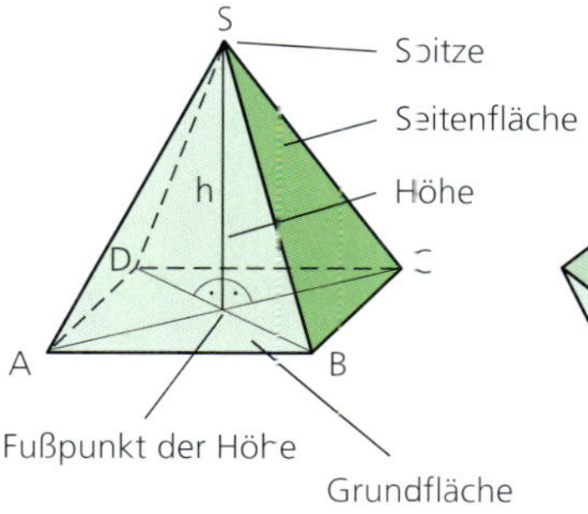

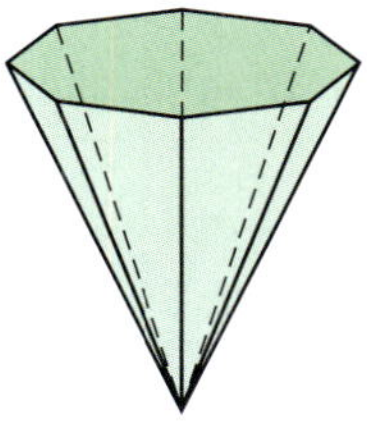

Ein **Kreiskegel** (kurz Kegel) entsteht, wenn alle Punkte eines Kreises mit einem Punkt S außerhalb der Kreisebene verbunden werden.
Der Punkt S heißt **Spitze** und der Abstand der Spitze von der Grundfläche heißt **Höhe** des Kreiskegels.
Die Verbindungsstrecken von den Kreispunkten zur Spitze heißen **Mantellinien.**
Der Kreiskegel heißt **gerade,** wenn die Spitze senkrecht über dem Mittelpunkt des Grundkreises liegt, sonst heißt er **schief.**

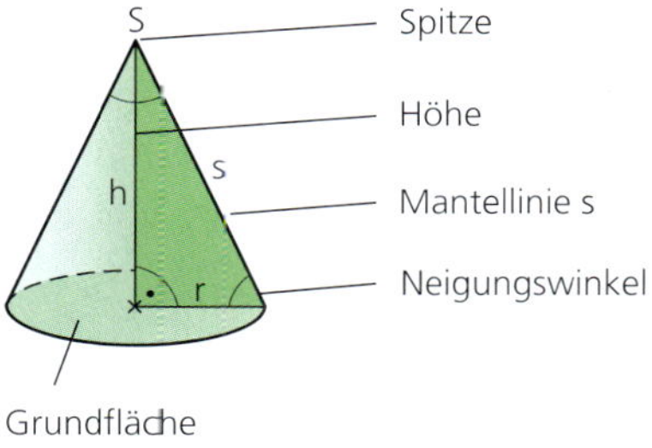

Für die Höhe h, die Mantellinie s und den Radius r der Grundfläche gilt:

$s^2 = h^2 + r^2$

Werden keine weiteren Angaben gemacht, so soll unter einem **Kegel** immer ein gerader Kreiskegel verstanden werden.

Das **Volumen V** einer Pyramide bzw. eines Kegels ist gleich einem Drittel des Produktes aus der Grundfläche und der Höhe.

$V = \frac{1}{3} A_G \cdot h$

Für einen Kegel gilt: $V = \frac{1}{3} \pi r^2 \cdot h$

Wird die gekrümmte **Mantelfläche eines Kegels** in die Ebene abgewickelt, entsteht ein **Kreissektor.**

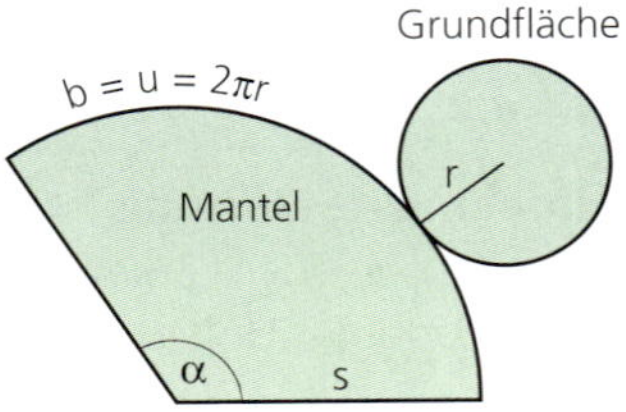

$$\frac{\alpha}{360°} = \frac{r}{s}$$

Der **Oberflächeninhalt A_O** einer Pyramide bzw. eines Kegels ist gleich der Summe der Inhalte der Grundfläche A_G und der Mantelfläche A_M.

$A_O = A_G + A_M$

Für einen Kegel gilt:

$A_G = \pi r^2$

$A_M = \pi rs$

$A_O = \pi r(r + s)$

Eine **Kugel** ist die Menge aller Punkte eines Raumes, die von einem festen Punkt M den gleichen Abstand haben.
Für Oberflächeninhalt und Volumen einer Kugel gilt:

$A_O = 4\pi r^2$

$V = \frac{4}{3}\pi r^3$

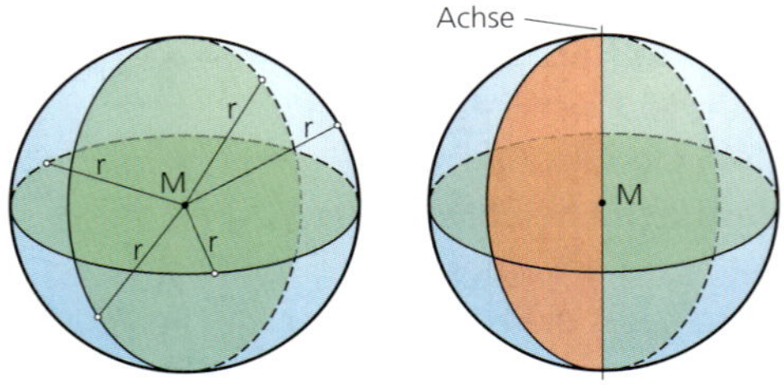

Jeder Körper hat drei Dimensionen, die **Breite**, die **Tiefe** und die **Höhe.**
Das Bild eines Gegenstandes bei einer schrägen Parallelprojektion heißt **Schrägbild.**

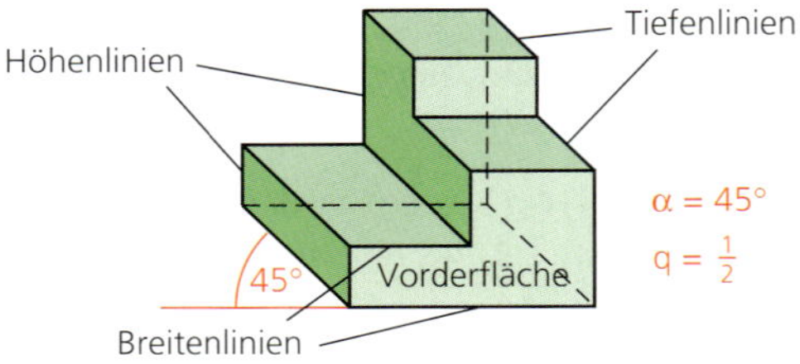

Eine besonders anschauliche Darstellung ist die **Kavalierperspektive** (auch Kavalierprojektion genannt). Dabei entsteht ein Schrägbild, das folgende Merkmale besitzt:

- Die Vorderfläche des Körpers wird in wahrer Größe abgebildet.
- Tiefenlinien werden unter einem Winkel von $\alpha = 45°$ angetragen.
- Tiefenlinien werden um die Hälfte verkürzt. Das **Verkürzungsverhältnis** wird oft mit **q** bezeichnet. Tiefenlinien können auch nach links angetragen werden.

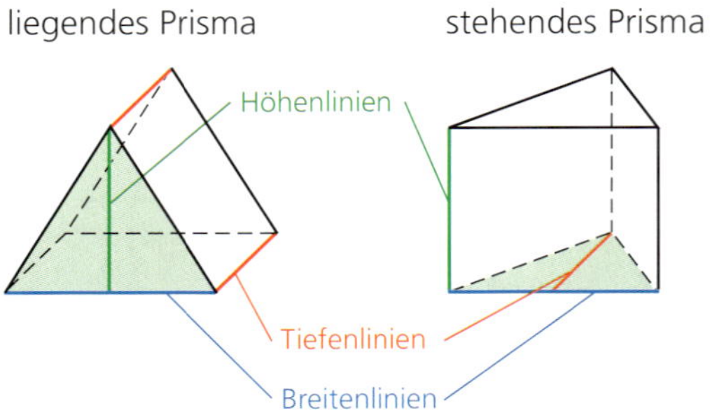

Bei einem *liegenden* Prisma oder bei einem *liegenden* Zylinder kann die Grundfläche die Vorderfläche sein.
Zeichne bei einer derartigen Darstellung die Grundfläche zunächst in wahrer Größe und trage dann die Tiefenlinien ein.

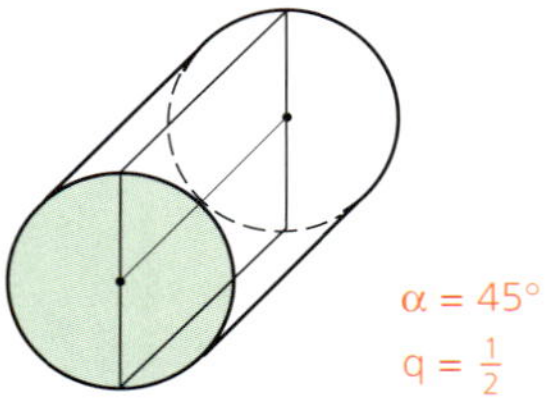

Zeichne bei einem *stehenden* Prisma oder einem *stehenden* Zylinder zunächst die Grundfläche, dann ihr Schrägbild und trage danach die Höhenlinien ein.

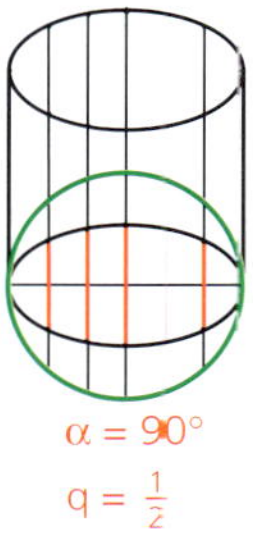

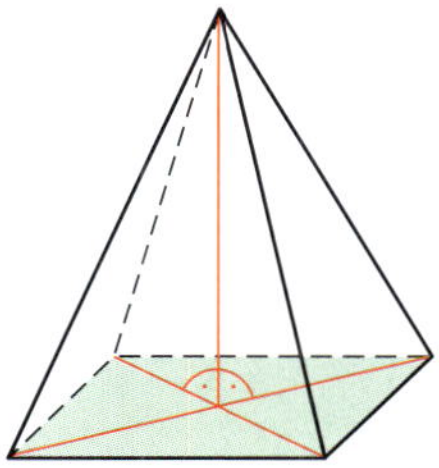

Um das Schrägbild der Grundfläche eines stehenden Zylinder zu zeichnen, ist es günstig, $\alpha = 90°$ zu wählen. Zeichne dazu in den Kreis parallele Sehnen ein und verkürze diese jeweils auf die Hälfte. Zeichne bei einer stehenden Pyramide zuerst das Schrägbild der Grundfläche und bestimme dann den Fußpunkt der Höhe. Errichte danach im erhaltenen Fußpunkt eines Senkrechte zur Grundfläche und trage darauf die Höhe ab.

Das **Zweitafelbild** eines Körpers besteht aus **Grundriss (Draufsicht)** und **Aufriss (Vorderansicht).** Grund- und Aufriss können durch eine **Rissachse** getrennt werden.

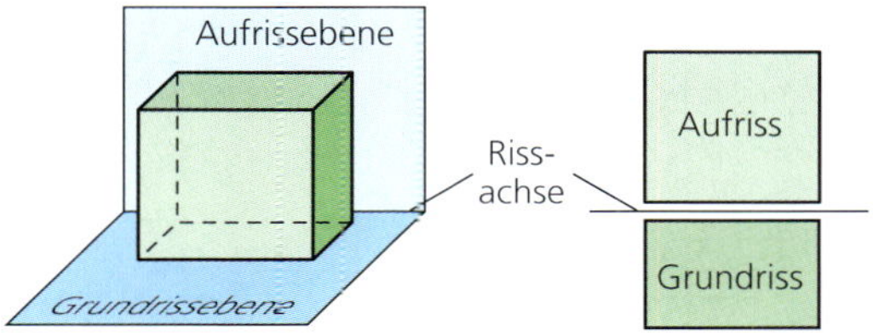

Aufgaben

1. Welche Körper sind Prismen? Beschreibe ihre Lage! Gib jeweils die Anzahl der Seitenflächen an!

a)

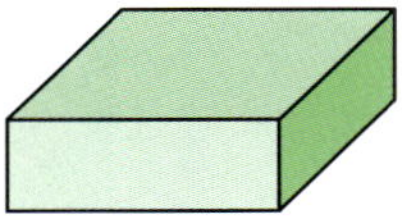

b)

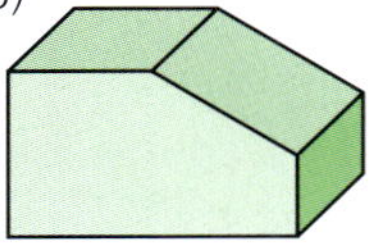

c)

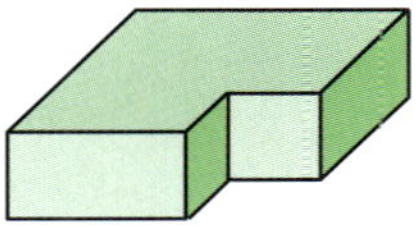

d)

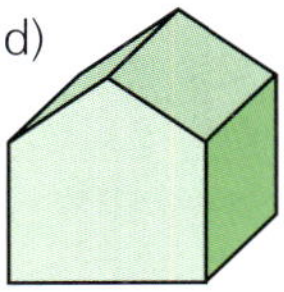

e)

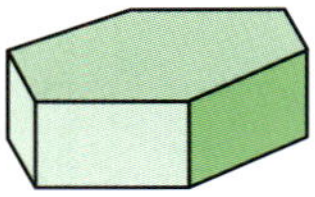

f)

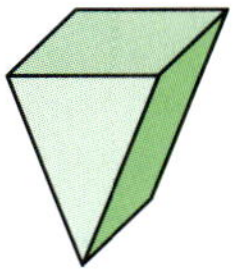

g)

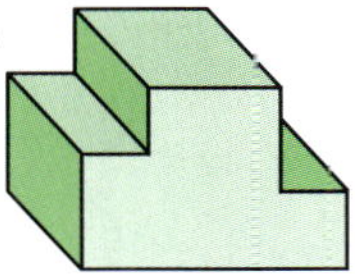

h)

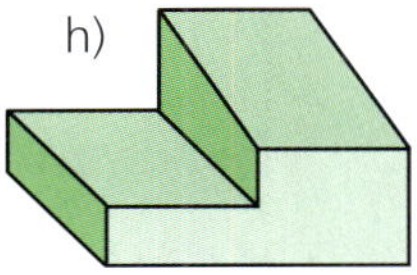

2. a) Beschreibe möglichst viele Eigenschaften der folgenden Körper (1) bis (8)!
b) Gib möglichst viele Körper mit einer gemeinsamen Eigenschaft an!

(1)

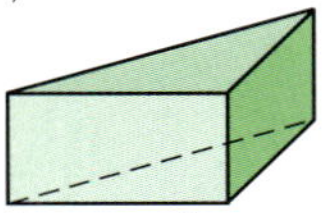

(2)

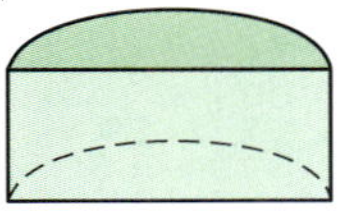

(3)

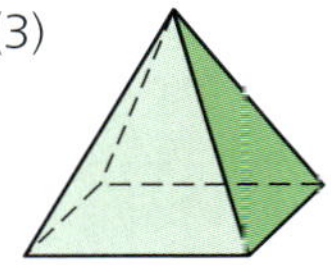

(4)

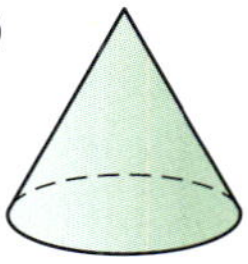

(5)

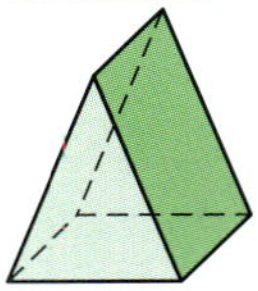

(6)

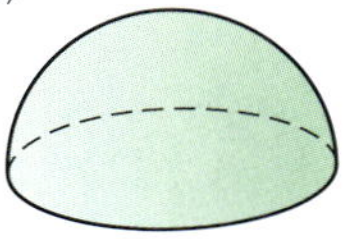

(7)

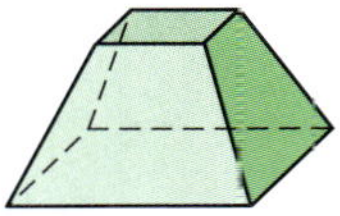

(8)

3. Beschreibe die Eigenschaften der Körper mit folgenden Netzen!

a) 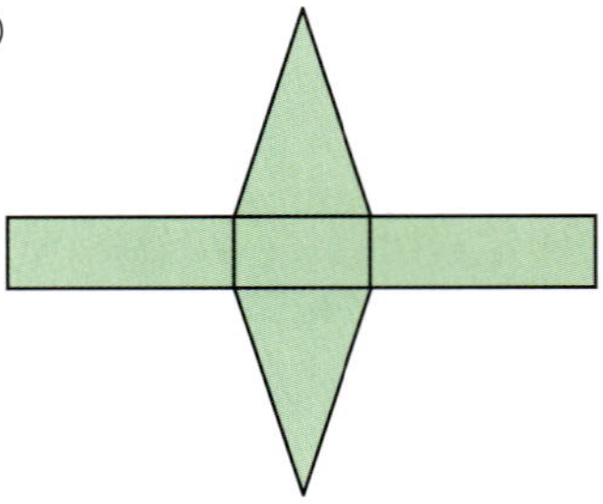

b) 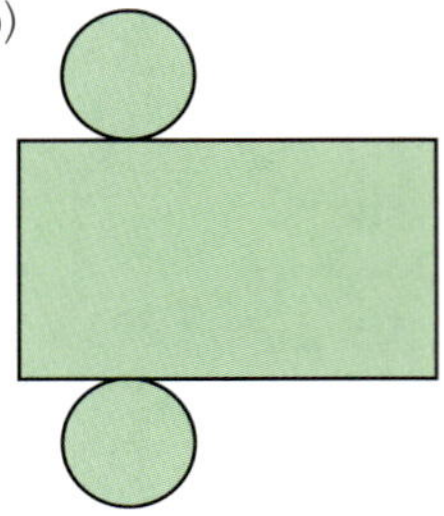

c) 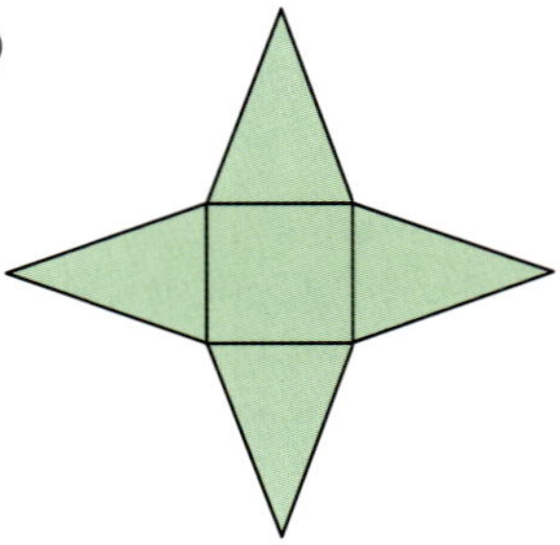

4. a) Nenne Beispiele von dir bekannten Gegenständen für stehende bzw. liegende Zylinder!
b) Ist es sinnvoll, stehende und liegende Würfel bzw. Quader zu unterscheiden? Begründe!
c) Nenne Beispiele von dir bekannten Gegenständen für Pyramiden mit der Spitze nach unten!

5. Die folgende Darstellung zeigt Körper in Zweitafelprojektion. In welchen Fällen handelt es sich um Prismen bzw. um Kreiszylinder?

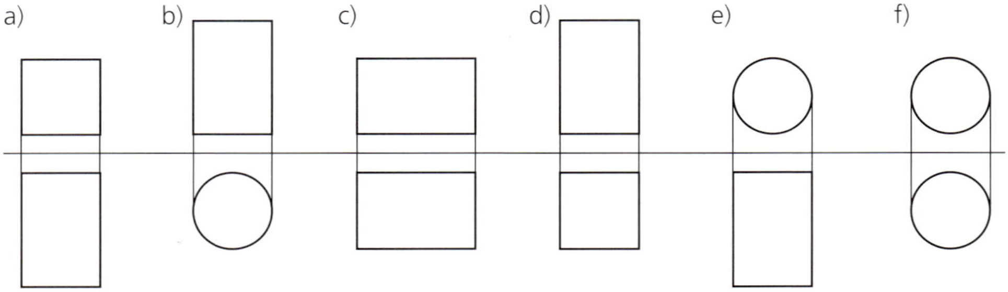

6. Zeichne jeweils ein Schrägbild und ein Zweitafelbild einer Streichholzschachtel mit den Maßen 5,3 cm; 3,6 cm und 1,5 cm in folgender Lage!
a) Sie liegt auf ihrer größten Fläche. b) Sie steht auf ihrer kleinsten Fläche.

7. Zeichne jeweils ein Schrägbild und ein Zweitafelbild eines Zylinders mit den Maßen $r = 2{,}5$ cm und $h = 8$ cm in folgenden Lagen!
a) Seine Achse verläuft senkrecht zur Grundrissebene.
b) Seine Achse verläuft parallel zur Grundrissebene.

8. Zeichne jeweils ein Schrägbild und ein Zweitafelbild einer Pyramide ABCDE mit rechteckiger Grundfläche ($\overline{AB} = 5{,}4$ cm; $\overline{BC} = 4{,}8$ cm) und einer Höhe von 7,0 cm!
a) Die Kante $\overline{AB}$ soll parallel zur Rissachse sein.
b) Die Kante $\overline{BC}$ soll mit der Rissachse einen Winkel von 60° haben.

9. a) Zeichne jeweils ein Schrägbild und ein Zweitafelbild eines Tetraeders ABCD mit den Körperkanten $a = 6{,}4$ cm! Ein Tetraeder ist eine dreiseitige Pyramide, bei der alle Körperkanten gleich lang sind.
b) Zeichne das Netz eines Tetraeders und falte daraus den Körper! Achte auch auf Klebefalze!
Sind dir Tetraeder schon in anderen Unterrichtsfächern begegnet? Erkläre!

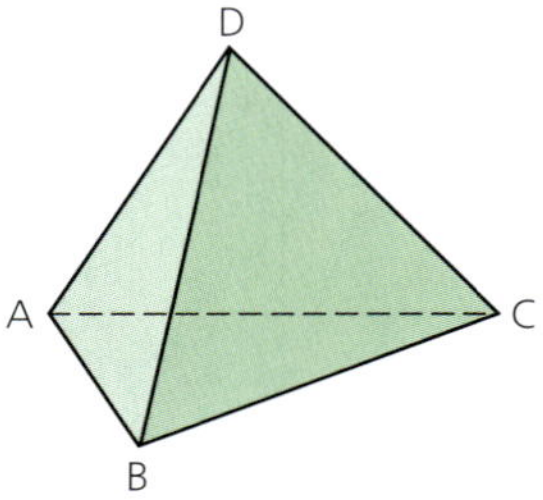

10. Zeichne in einem selbst gewählten Maßstab von dem jeweils im Schrägbild dargestellten Körper ein Zweitafelbild! Das Zweitafelbild soll dem Schrägbild möglichst gut entsprechen! Der Körper soll dabei nicht über der Grundrissebene „schweben“!

a)

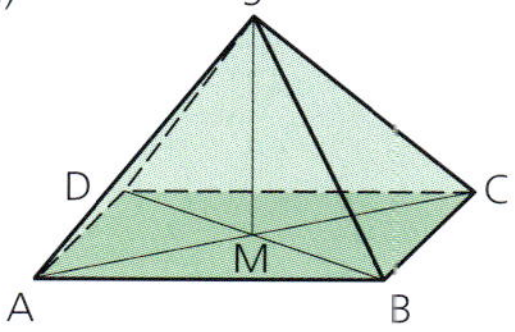

b)

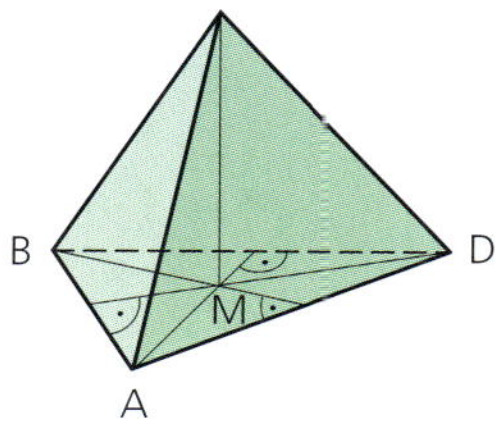

c)

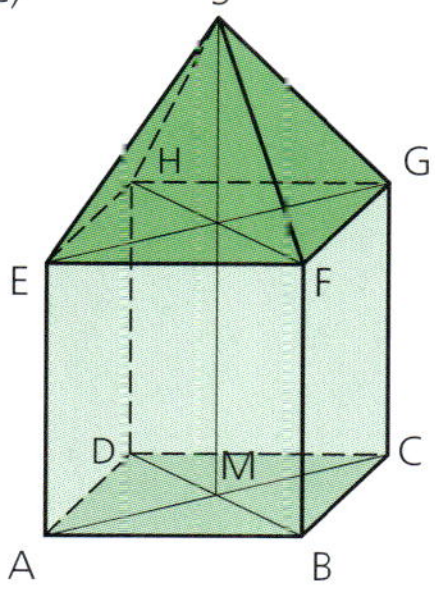

d)

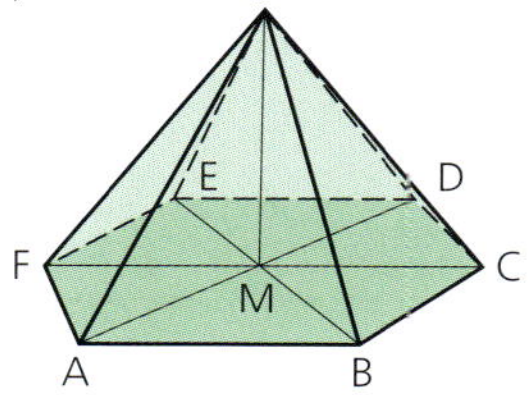

e)

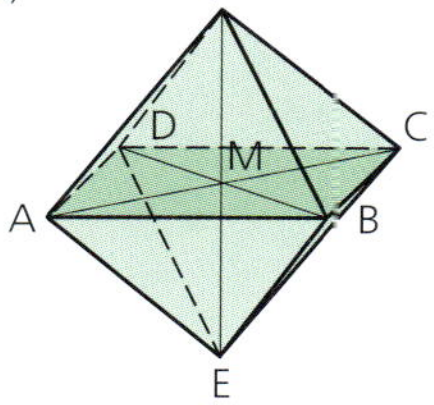

f)

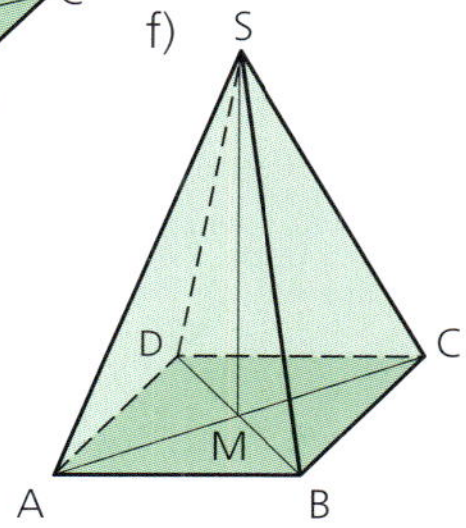

11. Zeichne in einem selbst gewählten Maßstab von dem jeweils im Zweitafelbild dargestellten Körper ein Schrägbild! Bezeichne in diesem Schrägbild auch die Eckpunkte! Achte auf die nicht sichtbaren Körperkanten!

a)

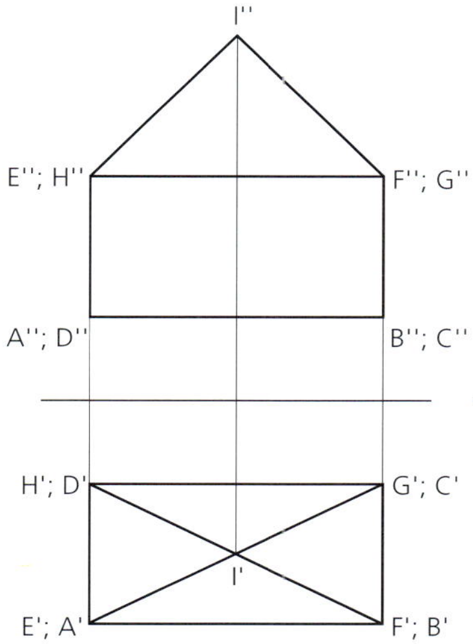

b)

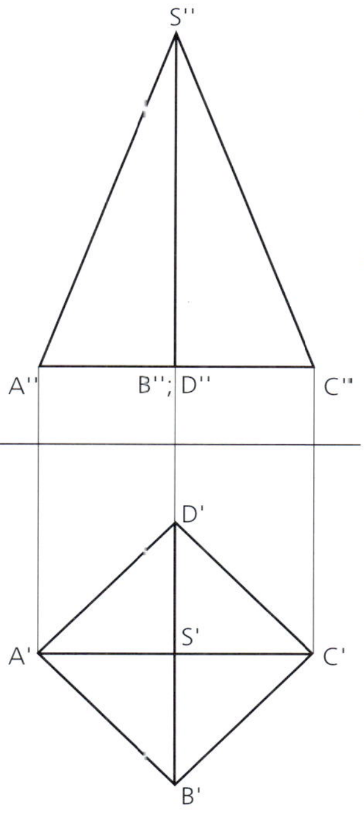

c)

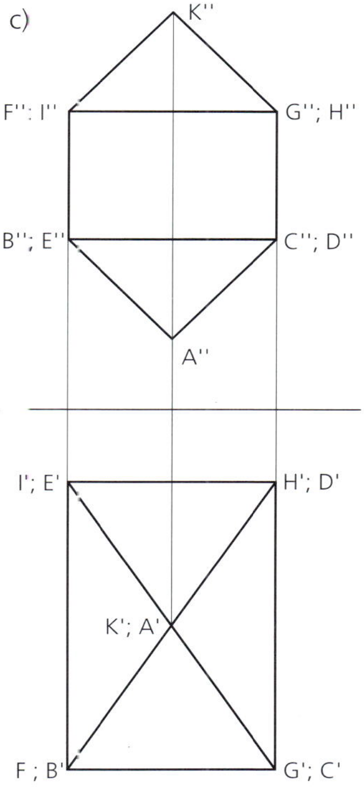

12. Stelle die abgebildeten Werkstücke (Maßangaben in Millimeter) in senkrechter Zweitafelprojektion in einem geeigneten Maßstab dar! Gib diesen Maßstab an!

a)

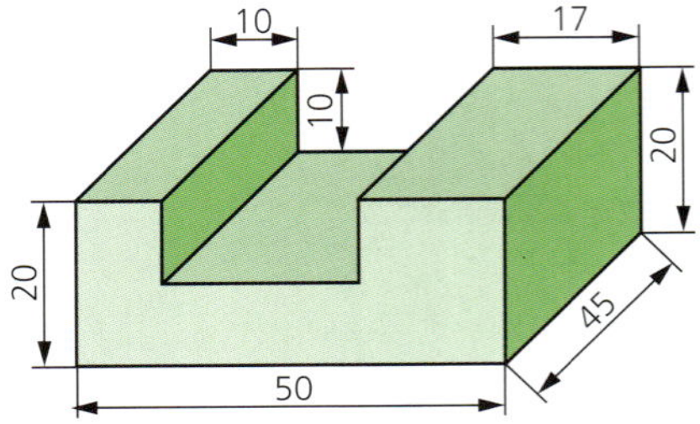

b)

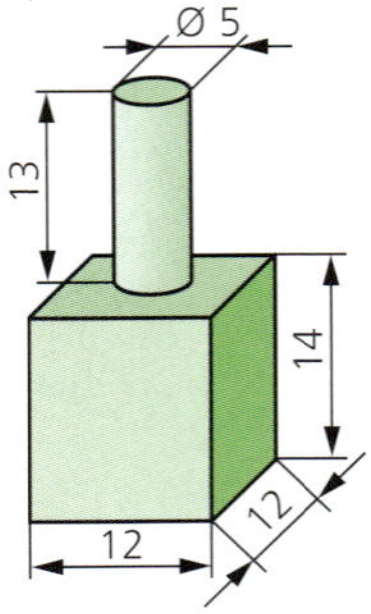

c)

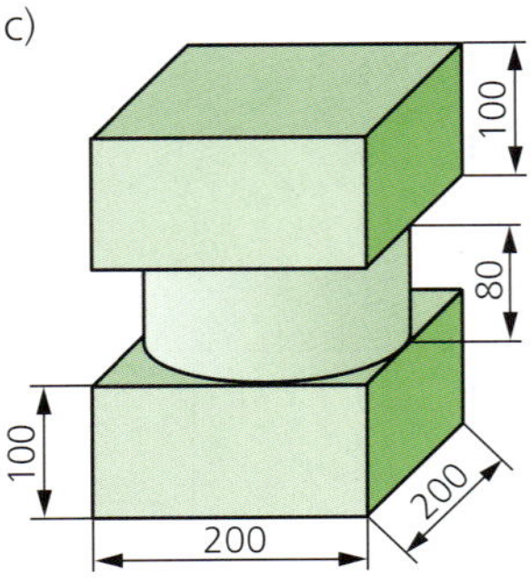

13. Stelle die abgebildeten Werkstücke (Maßangaben in Millimeter) in einem geeigneten Maßstab und in einer geeigneten Lage im Zweitafelbild dar!

a)

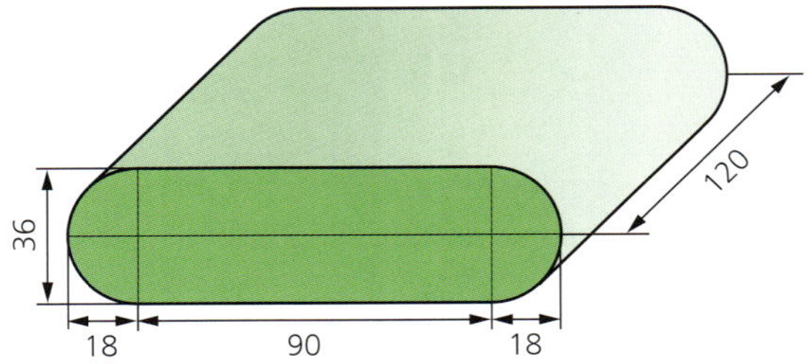

b)

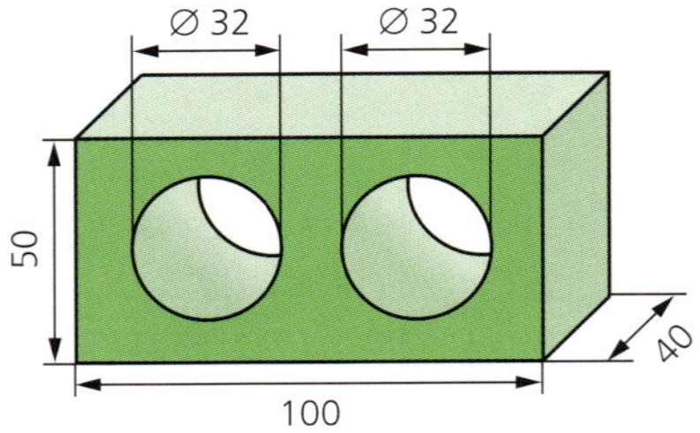

c)

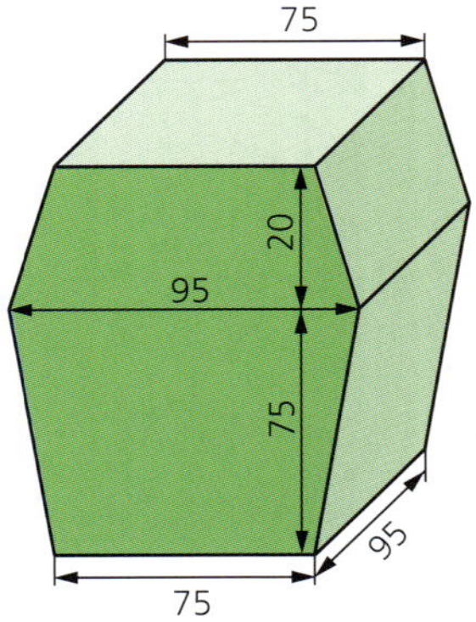

d)

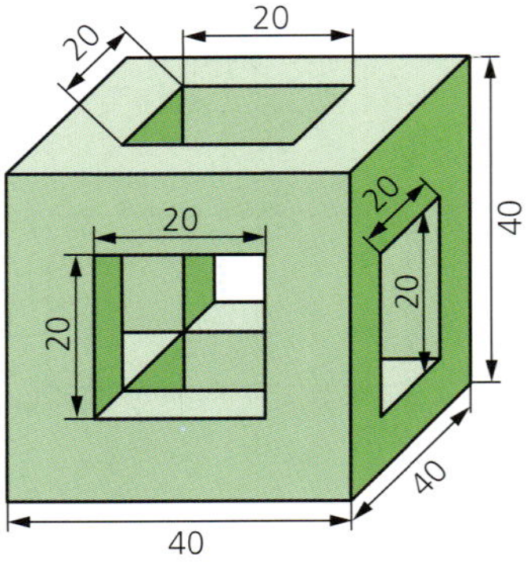

14. In der nebenstehenden Abbildung ist das Schrägbild eines liegenden geraden Prismas dargestellt. Die Grundfläche des Prismas ist ein Trapez.

a) Zeichne ein Netz des Prismas im Maßstab 1 : 3!

b) Berechne das Volumen V und den Oberflächeninhalt A_O des Prismas!

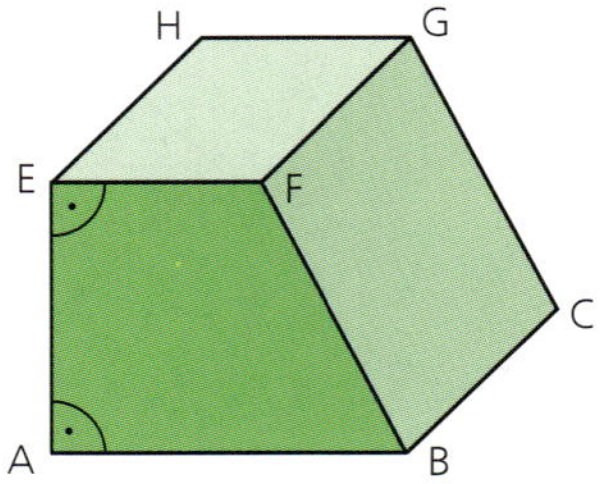

$\overline{AD} = \overline{BC} = 18{,}0$ cm

$\overline{FG} = \overline{EH} = 18{,}0$ cm

$\overline{AE} = \overline{DH} = 12{,}0$ cm

$\overline{EF} = \overline{GH} = 9{,}0$ cm

$\overline{AB} = \overline{CD} = 15{,}0$ cm

15. Gib eine Formel für das Volumen eines Kreiszylinders für folgende Sonderfälle an!
a) $h = r$ b) $h = d$

16. Ein Rechteck ABCD mit den Seiten $\overline{AB} = a = 8{,}0$ cm und $\overline{BC} = b = 12{,}0$ cm soll einmal um $\overline{AB}$ und einmal um $\overline{BC}$ so rotieren, dass jeweils ein Kreiszylinder entsteht.
In welchem Verhältnis stehen die Volumina der entstehenden Kreiszylinder?

17. Gib für die folgenden Einheiten jeweils eine geeignete Vergleichsgröße an!
a) 1 ha b) 1 m^2 c) 1 cm^2 d) 1 m^3 e) 1 dm^3 f) 1 cm^3

18. Nenne die Umrechnungszahlen zwischen folgenden Einheiten!
a) Quadratmeter – Quadratdezimeter
b) Quadratzentimeter – Quadratdezimeter
c) Kubikdezimeter – Kubikzentimeter
d) Liter – Kubikdezimeter

19. Das zylinderförmige „Vorderrad" einer Straßenwalze hat eine Breite von 2,10 m und einen Radius von 55 cm. Wie groß ist die Fläche, die die Walze bei einer Umdrehung überfährt?

20. Der nebenstehend abgebildete pyramidenförmige Hohlkörper aus Polyacryl hat die Form eines Tetraeders.
Er besteht aus 4 gleichseitigen Dreiecken mit jeweils einer Kantenlänge von 16,2 cm!
Berechne das Volumen des Behälters, wenn die Dicke der Polyacrylplatten unberücksichtigt bleibt!

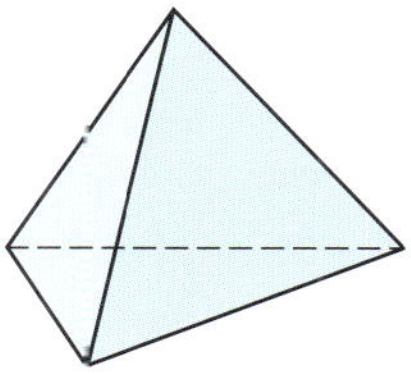

21. Um eine quadratische Pyramide aus Glas mit einer Grundkantenlänge von 30 cm und einer Seitenkantenlänge von 50 cm sollen Schmuckbänder gelegt werden, die (wie in den Abbildungen) jeweils an einem Punkt einer Grundkante befestigt sind. Ermittle zeichnerisch die Länge der Schmuckbänder bei den Möglichkeiten A und B! Vergleiche die Längen! Was stellt du fest?

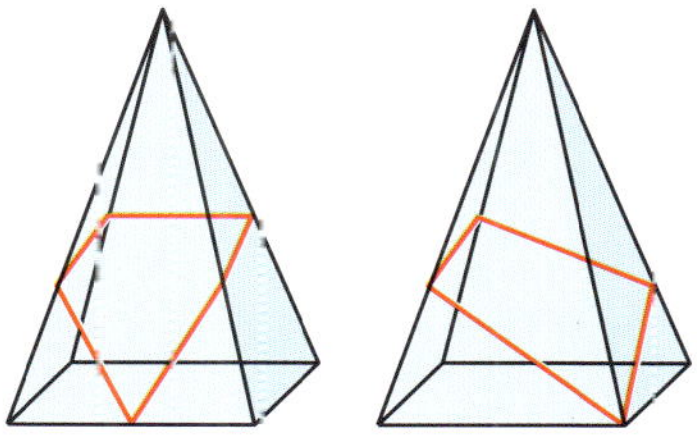

A B

22. In der ehemaligen Bundeshauptstadt Bonn wurde im Juni 1992 die Bundeskunsthalle eröffnet, deren Wahrzeichen drei kegelförmige Lichttürme sind. Die mit Edelstahl und Glas verkleideten Spitzen der Türme haben eine Mantellinie von 3397 cm und einen Durchmesser von 1528 cm.
a) Wie groß ist die verkleidete Fläche der drei Türme?
*b) Fertige das Modell eines Turmes aus Zeichenkarton in einem geeigneten Maßstab an!

2.1 Zerlegen und Ergänzen von Körpern

Gegenstände unserer realen Welt haben selten die Form von einem der elementaren geometrischen Körper Prisma, Zylinder, Pyramide, Kegel oder Kugel. Wir können sie uns aber häufig aus solchen Körpern zusammengesetzt bzw. durch Zerlegung dieser Körper entstanden denken. Interessante Beispiele für zusammengesetzte Körper sind in der Architektur zu finden. Zur Berechnung des Volumens dieser Körper muss man sie in elementare Körper zerlegen bzw. zu elementaren Körpern ergänzen können.

Zerlegen von zusammengesetzten Körpern

Körper können aus elementaren Körpern zusammengesetzt sein. Das Volumen des zusammengesetzten Körpers ergibt sich dann aus der Summe der Rauminhalte der einzelnen Körper.

Ein Walmdach hat eine Breite von 10,5 m, eine Tiefe von 8,0 m, eine Firsthöhe von 4,0 m und eine Firstlänge von 3,5 m.

Berechne das Dachvolumen!

Lösungsidee:

Das Walmdach kann man durch zwei parallele Schnitte in ein liegendes dreiseitiges Prisma mit der Höhe 3,5 m und zwei vierseitige Pyramiden mit der Höhe 4,0 m zerlegen.

Lösung:

$$V = 2 \cdot V_{Pyramide} + V_{Prisma}$$

$$V_{Pyramide} = \frac{1}{3} \cdot A_G \cdot h$$

$$V_{Pyramide} = \frac{1}{3} \cdot 3{,}5 \cdot 8{,}0 \cdot 4{,}0\ m^3 = 37{,}3\ m^3$$

$$V_{Prisma} = A_G \cdot h$$

$$V_{Prisma} = \frac{1}{2} \cdot 8{,}0 \cdot 4{,}0 \cdot 3{,}5\ m^3 = 56\ m^3$$

$$V = 2 \cdot 37{,}3\ m^3 + 56\ m^3 = 130\ m^3$$

Skizze:

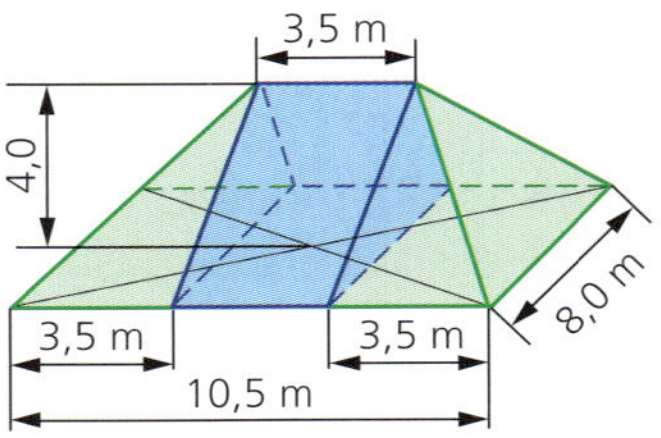

Markiere in der Skizze die Teilkörper! Notiere die Formeln für die Teilkörper!
Beschrifte die Skizze mit allen Maßen, die du zur Rechnung benötigst!
Entnimm die Werte der Größen in den Formeln direkt aus der Skizze!
Achte auf gleiche Einheiten aller Maße und auf sinnvolle Genauigkeit!

Ergänzen von Körpern

Komplizierte Körper können auch durch andere elementare Körper ergänzt oder aber in andere elementare Körper zerlegt werden. Das Volumen des Ausgangskörpers kann dabei u. a. als Differenz der Rauminhalte zweier Körper ermittelt werden.

Ein Werkstück aus Stahl (Dichte: $\rho = 7{,}8\ \frac{g}{cm^3}$) mit den im folgenden Bild angegebenen Maßen besitzt zwei Bohrungen mit einem Durchmesser von je 40 mm
Berechne die Masse des Werkstücks!

Lösungsidee:

Die Masse m des Werkstücks ergibt sich aus seinem Volumen V und der Dichte von Stahl.
Zur Berechnung von V kann der Körper durch zwei Zylinder zu einem Quader *ergänzt* werden.

Lösung:

$V_{Werkstück} = V_{Quader} - 2 \cdot V_{Zylinder}$

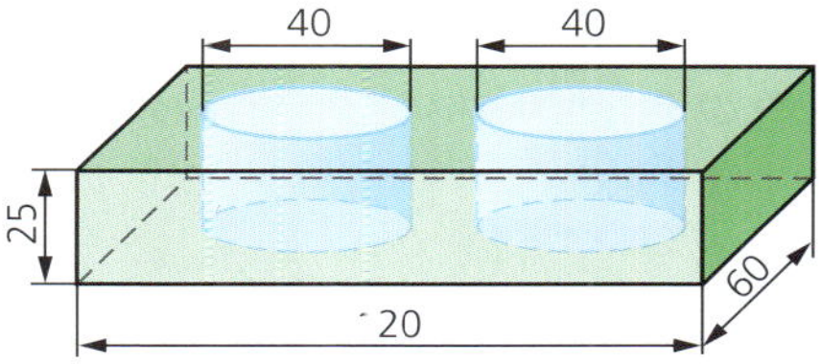

$V_{Quader} = a \cdot b \cdot c$

$V_{Quader} = 120 \cdot 60 \cdot 25\ mm^3 = 180\,000\ mm^3$

$V_{Zylinder} = \pi \cdot r^2 \cdot h$

$V_{Zylinder} = \pi \cdot 20^2 \cdot 20\ mm^3 \approx 25\,100\ mm^3$

$V_{Werkstück} = 180\,000\ mm^3 - 2 \cdot 25\,100\ mm^3 = 129\,800\ mm^3 = 129{,}8\ cm^3 \approx 130\ cm^3$

$m = \rho \cdot V = 7{,}8\ \frac{g}{cm^3} \cdot 129{,}8\ cm^3 = 1012{,}44\ g \approx 1000\ g = 1\ kg$

Berechne den *Oberflächeninhalt* von zusammengesetzten Körpern oder von Teilkörpern direkt als Summe der Inhalte aller Begrenzungsflächen. Bilde nicht die Summe oder die Differenz der Oberflächeninhalte der einzelnen elementaren Körper.

Für das abgebildete Werkstück mit den angegebenen Maßen soll der Oberflächeninhalt berechnet werden! (Maße in Millimeter)

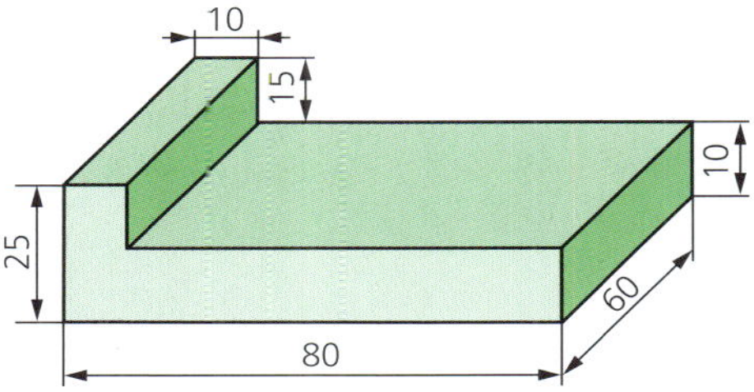

Lösungsidee:

Alle Begrenzungsflächen sind Rechtecke bzw. können in Rechtecke zerlegt werden.

$A_{Rechteck} = a \cdot b$

Lösung:

$A_O = (2 \cdot 70 \cdot 10 + 2 \cdot 10 \cdot 25 + 60 \cdot 10 + 60 \cdot 70 + 60 \cdot 15 + 60 \cdot 10 + 60 \cdot 25 + 60 \cdot 80)\ mm^2$

$A_O = 14\,500\ mm^2 = 145\ cm^2$

Zerlege die Flächen in der Skizze und zeichne die Maße alle benötigten Teilstrecken ein!
Gehe systematisch vor, damit du keine Fläche vergisst!
Rechne geschickt und beachte, dass Flächen doppelt vorkommen können!
Achte auf gleiche Einheiten aller Maße und rechne nur mit den Maßzahlen!

Aufgaben

Beschreibe die Form folgender Gegenstände als eine Zusammensetzung aus den elementaren geometrischen Körpern Würfel, Quader, Prisma, Zylinder, Pyramide, Kegel oder Kugel!

a)

b)

c)

d)

1. Skizziere drei verschiedene Körper im Schrägbild, die aus zwei oder mehreren der abgebildeten Körper zusammengesetzt sind!

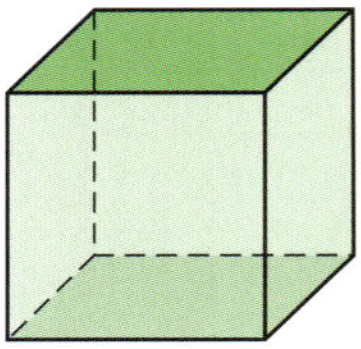
Würfel

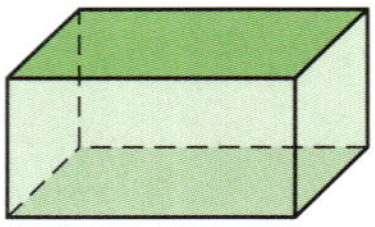
Quader

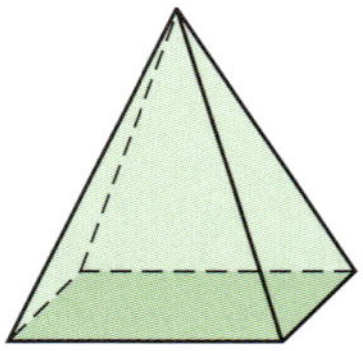
Pyramide

Zylinder

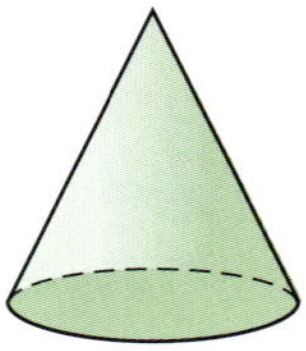
Kegel

2. Durch welche elementaren Körper können die folgenden Werkstücke zu anderen elementaren Körpern *ergänzt* werden? Gib jeweils an, zu welchem elementaren Körper ergänzt werden kann und durch welchen Körper das möglich ist!

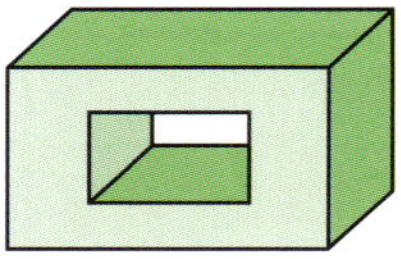
Rechteck-
durchbruch

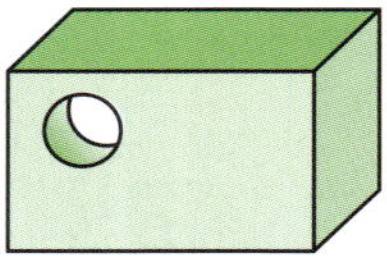
Bohrung

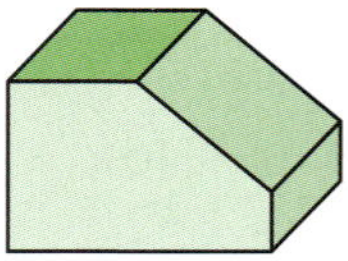
Abschrägung

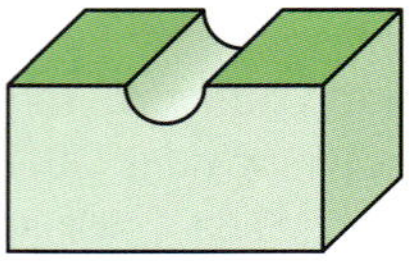
Rille

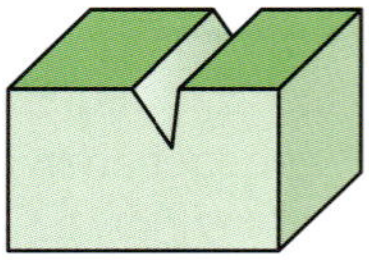
Kerbe

3. Wenn man aus einem quaderförmigen Werkstück etwas herausbohrt, absägt oder abfeilt, entsteht ein so genannter „Restkörper". Beschreibe, welche Restkörper entstehen könnten, wenn aus Quadern die abgebildeten Körper entfernt werden! Skizziere ein Schrägbild solch eines *möglichen Restkörpers!*

a)

b)
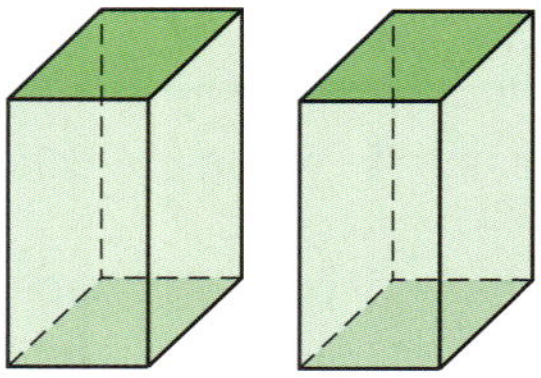
c)
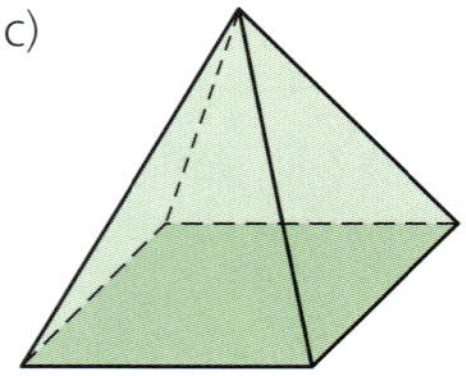
*d)
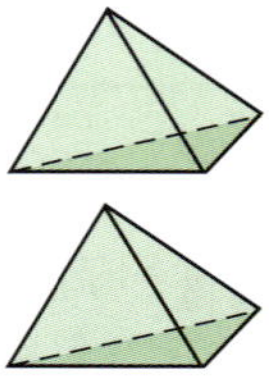

4. Gib die elementaren Teilkörper an, aus denen die dargestellten Körper zusammengesetzt sind!

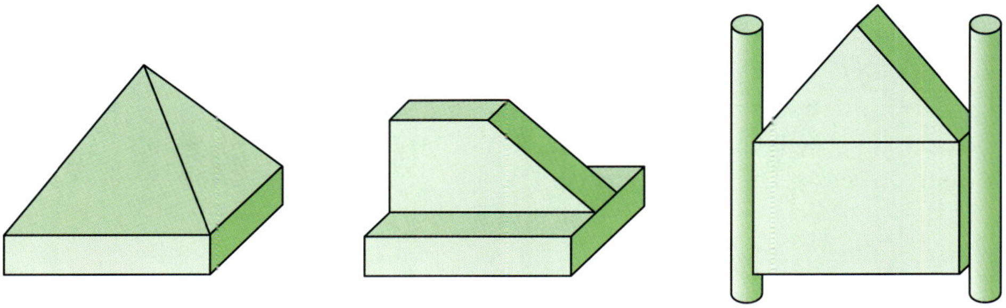

5. Gib elementare Teilkörper an, mit denen die dargestellten Körper zu einem elementaren Körper ergänzt werden können!

6. Die folgenden Körper sind aus einem Würfel entstanden. Skizziere jeweils das Zweitafelbild!

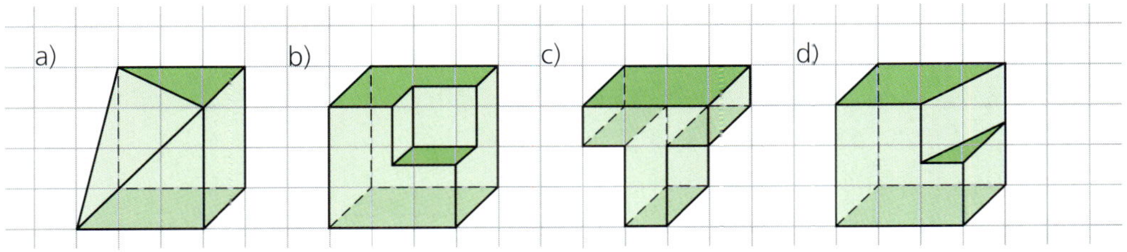

7. Berechne Volumen und Oberflächeninhalt des Körpers (I), der nebenstehenden Zweitafelbild dargestellt ist! Entnimm die Maße der Zeichnung!

8. Der 8 cm hohe Deckel einer Geschenkverpackung soll außen und innen mit farbigem Papier bezogen werden. Wie viel Quadratzentimeter Papier sind mindestens notwendig? Die nebenstehende Abbildung (II) zeigt den Grundriss des Deckels.

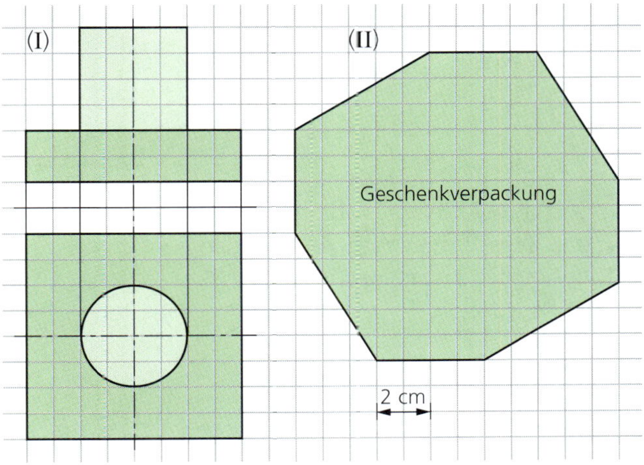

9. Berechne das Volumen des abgebildeten Körpers!
Er hat folgende Maße:
$\overline{AB} = \overline{CD} = 80$ mm
$\overline{AD} = \overline{BC} = \overline{FG} = \overline{EH} = 55$ mm
$\overline{AE} = \overline{DH} = 40$ mm
Hinweis: Die Fläche EFGH ist quadratisch.
Die Bohrung liegt genau in der Mitte der Fläche und hat einen Durchmesser von 18 mm.

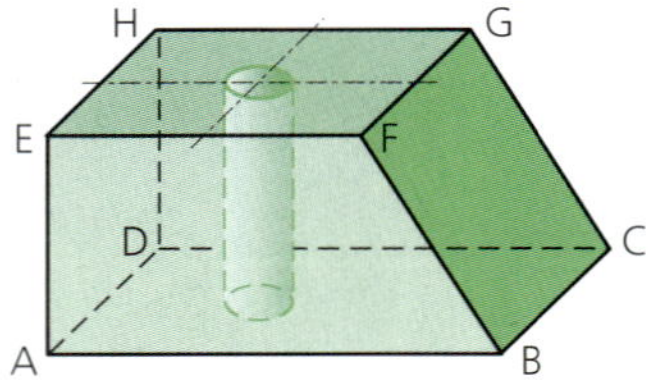

10. Zeichne je ein Schrägbild folgender Körper!
a) Einen Würfel (Kantenlänge: 5 cm) mit aufgesetzter Pyramide (Höhe: 3 cm)
b) Einen Zylinder (Durchmesser und Höhe: je 5 cm) mit aufgesetztem Kegel (Höhe: 5 cm)
c) Ein Haus mit Walmdach im geeigneten Maßstab
Breite des Hauses: 12 m, Tiefe: 8 m, Höhe: 5 m; Höhe des Dachfirstes: 5 m, Länge des Dachfirstes: 6 m

11. In einen Würfel mit der Kantenlänge von 0,7 dm wurden vier halbkugelförmige Hohlräume mit jeweils einem Durchmesser von 0,3 dm gefräst, deren Mittelpunkte in den Schnittpunkten der Diagonalen der Seitenflächen liegen.
a) Stelle das Werkstück in senkrechter Zweitafelprojektion dar!
b) Wie groß ist der prozentuale Abfall, der bei der Herstellung des Werkstücks entsteht?
c) Auf wie viel Prozent erhöht sich der Abfall, wenn die Hohlräume in alle sechs Seitenflächen des Würfels gefräst werden?
d) Welche Masse hat das Werkstück mit den vier gefrästen Hohlräumen, wenn es aus Fichtenholz (Dichte: $\rho = 0{,}5\ \frac{g}{cm^3}$) angefertigt wird?

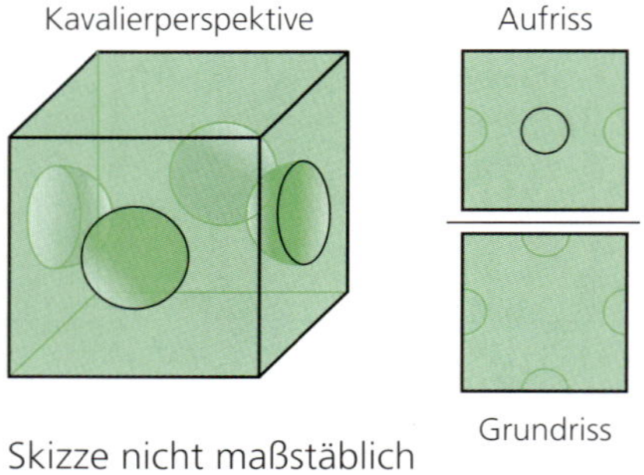

Skizze nicht maßstäblich

12. Konstruiere je ein Zweitafelbild der beiden abgebildeten Körper und berechne deren Oberflächeninhalte A_O und ihre Volumina V!

a)
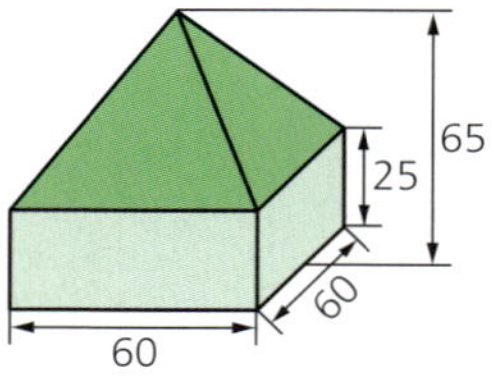

b)
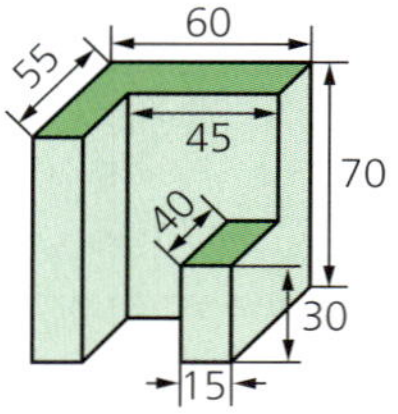

Maßangaben in Millimeter

13. Berechne jeweils das Volumen V und den Oberflächeninhalt A_O für jeden der beiden abgebildeten Körper!

a)
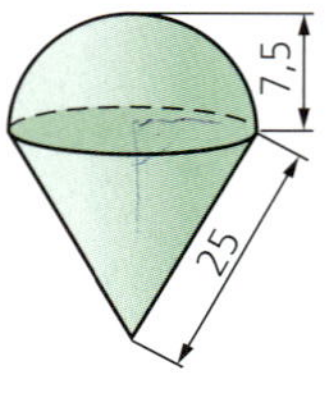

b)
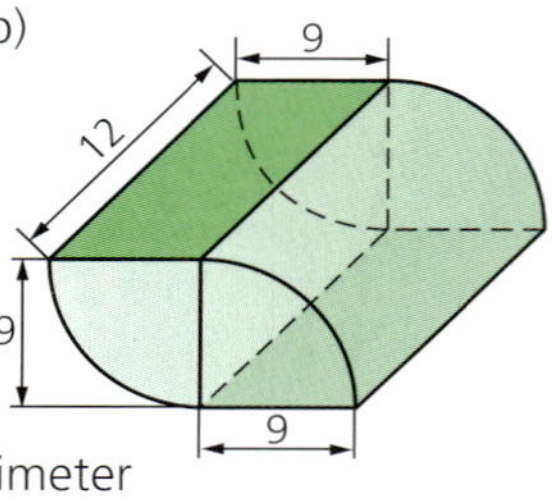

Maßangaben in Zentimeter

2.2 Pyramidenstumpf und Kegelstumpf

Wird eine Pyramide bzw. ein Kegel parallel zur Grundfläche durch eine Ebene geschnitten, so entstehen zwei Körper, ein **Pyramidenstumpf** bzw. ein **Kegelstumpf** sowie eine **Ergänzungspyramide** bzw. ein **Ergänzungskegel.**

Da viele Gegenstände oder Teile von Gegenständen die Form eines Pyramiden- oder Kegelstumpfes haben, ist es sinnvoll, für diese Körper spezielle Formeln für das Volumen und den Oberflächeninhalt zu kennen bzw. diese Körper zeichnen zu können.

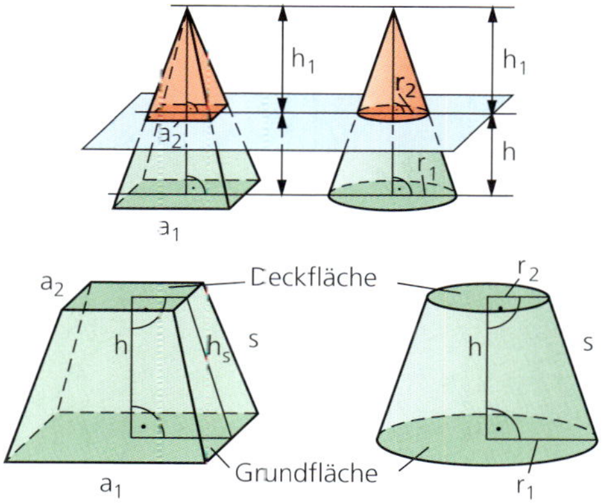

Darstellung von Pyramiden- und Kegelstümpfen

Zweitafelprojektion von Kegelstümpfen

Kegelstümpfe können in der Zweitafelprojektion und in Kavalierprojektion dargestellt werden. Zweitafelbilder sind einfacher zu zeichnen.

Das Zeichnen des Zweitafelbildes eines Kreiskegelstumpfes mit gegebenen Radien der Grund- und Deckfläche sowie gegebener Höhe ist in folgenden Schritten möglich.

Schrittfolge

Kreiskegelstumpf

1. Der Grundriss wird dargestellt, indem zwei konzentrische Kreise mit den jeweiligen Radien gezeichnet werden.

2. Die Ordnungslinien werden als Tangenten an die Grundrisse der Grund- und Deckfläche gezeichnet. Auf den Ordnungslinien der Deckfläche wird von der Rissachse die Höhe angetragen.

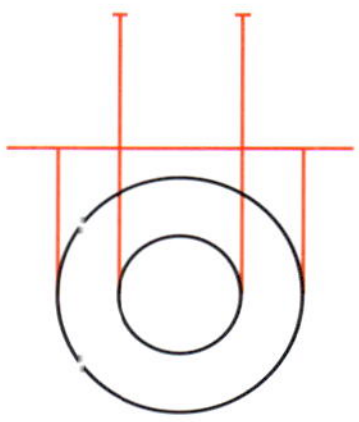

3. Die Kanten werden unter Beachtung der Sichtbarkeit nachgezeichnet.

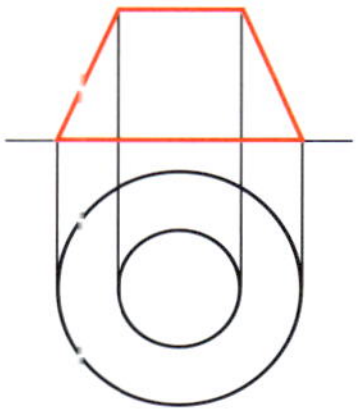

Beim Zeichnen des Zweitafelbildes eines rechteckigen Pyramidenstumpfes ist es günstig, mit dem Aufriss zu beginnen.

Schrägbild (Kavalierprojektion) von Pyramidenstümpfen

Die Darstellung eines Pyramidenstumpfes in einem Schrägbild bei Kavalierprojektion mit gegebenen Längen der Kanten der Grundfläche und der Deckfläche sowie gegebener Höhe kann in folgenden Schritten erfolgen.

Schrittfolge

Beispiel: quadratischer Pyramidenstumpf

1. Das Schrägbild der Grundfläche wird gezeichnet.

2. Das Schrägbild des Grundrisses der Deckfläche wird gezeichnet, indem
   - die Bilder der Seitenkanten der Gesamtpyramide durch Einzeichnen der Diagonalen bestimmt werden,
   - eine Breitenkante der Deckfläche auf einer Breitenkante der Grundfläche abgetragen und ein Endpunkt parallel zu einer Diagonalen verschoben wird, sodass man den Fußpunkt eines Eckpunktes der Deckfläche erhält.

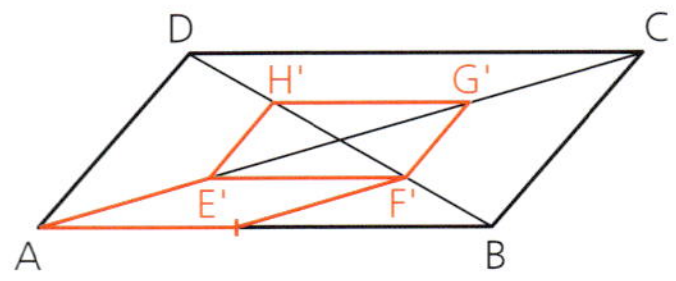

3. Die Eckpunkte der Deckfläche werden durch Errichten von Senkrechten in ihren Fußpunkten und Abtragen der Höhe bestimmt.

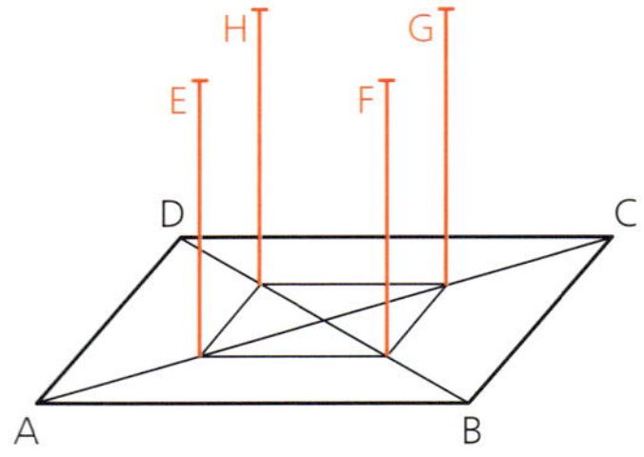

4. Die Kanten des Pyramidenstumpfes werden unter Beachtung der Sichtbarkeit nachgezeichnet.

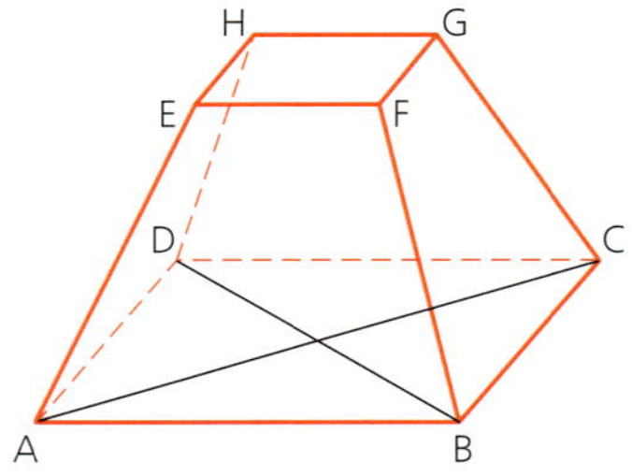

Für das Schrägbild eines Kegelstumpfes wird zuerst das Schrägbild der Grundfläche aus ihrem Grundriss ermittelt. Dann ist es günstig, über dem Mittelpunkt der Grundfläche die Höhe abzutragen, um den Mittelpunkt der Deckfläche zu erhalten. Nachdem das Schrägbild der Deckflächen gezeichnet wurde, werden Tangenten an die Grund- und die Deckfläche gezeichnet.

Oberflächeninhalt von Pyramiden- und Kegelstümpfen

Quadratische Pyramidenstümpfe haben als Grund- und Deckfläche Quadrate mit den Flächeninhalten

$A_G = a_1^2$ und $A_D = a_2^2$

Der Mantel besteht aus vier zueinander kongruenten Trapezen mit dem Flächeninhalt:

$A_M = 4 \cdot \frac{1}{2} \cdot (a_1 + a_2) \cdot h_s$

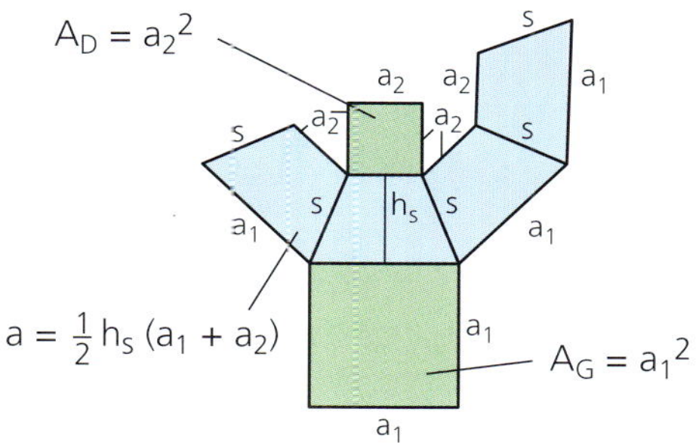

Für den **Mantelflächeninhalt A_M** und den **Oberflächeninhalt A_O** eines quadratischen Pyramidenstumpfes mit den Grundkanten a_1 und a_2 und der Seitenhöhe h_s gilt:

$A_M = 2h_s(a_1 + a_2)$ $\qquad$ $A_O = a_1^2 + 2h_s(a_1 + a_2) + a_2^2$

Kegelstümpfe haben als Grund- und Deckflächen Kreise und als Mantelfläche eine gekrümmte Seitenfläche.
Der Mantelflächeninhalt eines Kegelstumpfes ergibt sich aus der Differenz der Mantelflächeninhalte des großen und des kleinen Kegels.

Für den **Mantelflächeninhalt A_M** und den **Oberflächeninhalt A_O** eines Kegelstumpfes mit den Radien r_1 und r_2 und der Mantellinie s gilt:

$A_M = \pi s (r_1 + r_2)$

$A_O = \pi(r_1^2 + s(r_1 + r_2) + r_2^2)$

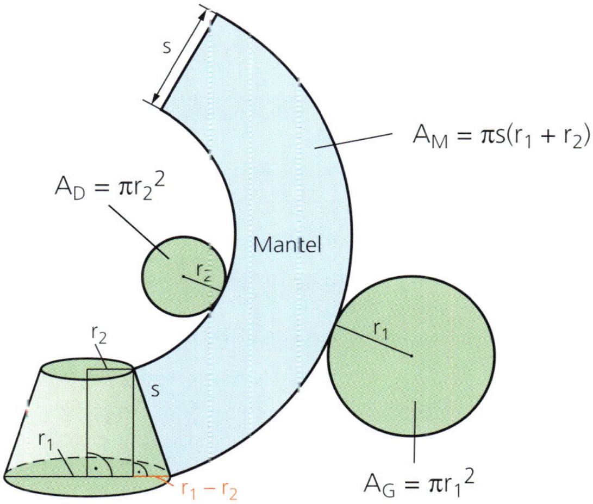

Volumen von Pyramiden- und Kegelstümpfen

Das Volumen eines beliebigen Körperstumpfes kann als Differenz aus den Rauminhalten des ursprünglichen Körpers und des dazu gehörenden Ergänzungskörpers berechnet werden.
Der jeweilige Ergänzungskörper und der ursprüngliche Körper sowie die Grund- und Deckfläche eines Stumpfes sind zu einander ähnlich.

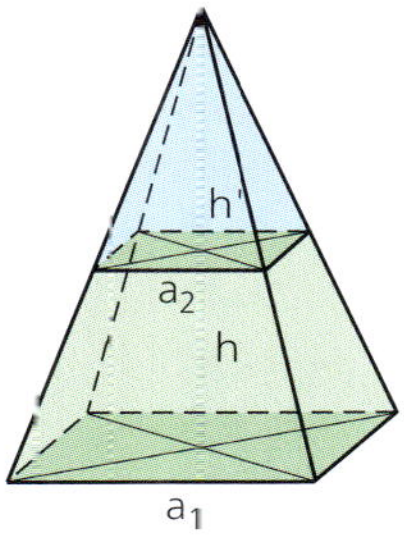

Für einen quadratischen Pyramidenstumpf gilt:

$$V = \frac{1}{3}a_1^2(h + h') - \frac{1}{3}a_2^2 h' = \frac{1}{3}a_1^2 h + \frac{1}{3}h'(a_1^2 - a_2^2)$$

$$V = \frac{1}{3}h(a_1^2 + \frac{h'}{h}(a_1^2 - a_2^2))$$

Da die Gesamtpyramide und die Ergänzungspyramide zueinander ähnlich sind gilt:

$\frac{h' + h}{h'} = \frac{a_1}{a_2}$ und somit auch $1 + \frac{h}{h'} = \frac{a_1}{a_2}$, d.h., $\frac{h}{h'} = \frac{a_1}{a_2} - 1 = \frac{a_1 - a_2}{a_1}$.

Daraus ergibt sich $\frac{h}{h'} = \frac{a_1 - a_2}{a_1}$ und $V = \frac{1}{3}h(a_1^2 + \frac{a_1 - a_2}{a_1}(a_1^2 - a_2^2)) = \frac{1}{3}h(a_1^2 + a_1 a_2 + a_2^2)$

Die Volumenformel für einen Kegelstumpf ergibt sich nach dem Satz des CAVALIERI aus der Volumenformel für einen Pyramidenstumpf mit $A_G = \pi r_1^2$ und $A_D = \pi r_2^2$

Für das **Volumen V eines quadratischen Pyramidenstumpfes** mit den Grundkanten a_1 und a_2 und der Höhe h gilt:

$$V = \frac{1}{3} \cdot h \cdot (a_1^2 + a_1 \cdot a_2 + a_2^2)$$

Für das **Volumen V eines Kegelstumpfes** mit den Radien r_1 und r_2 und der Höhe h gilt:

$$V = \frac{1}{3} \cdot \pi \cdot h \cdot (r_1^2 + r_1 \cdot r_2 + r_2^2)$$

Allgemein gilt für das Volumen eines Körperstumpfes mit der Grundfläche A_G, der Deckfläche A_D und der Höhe h folgende Formel:

$$V = \frac{1}{3} \cdot h \cdot (A_G + \sqrt{A_G \cdot A_D} + A_D)$$

Aufgaben

Karl und Paul überlegen, wie viel Kubikmeter Holz in einem gefällten Baumstamm enthalten sind. Sie wollen mithilfe der Volumenformel für einen Zylinder einen Näherungswert berechnen. Der Stamm ist 25,00 m lang, seine Durchmesser an den beiden Enden betragen $d_1 = 0{,}80$ m und $d_2 = 0{,}50$ m.

Karl berechnet zuerst den Inhalt von Grund- und Deckfläche und bildet daraus den Mittelwert. Paul bestimmt zuerst das arithmetische Mittel der beiden Radien und ermittelt daraus eine mittlere Querschnittsfläche.

Bewerte die beiden Rechenwege!

$V_{Karl} = \frac{A_G + A_D}{2} \cdot h \qquad V_{Paul} = \pi \cdot \left(\frac{r_G + r_D}{2}\right)^2 \cdot h$

1. Zeichne ein Zweitafelbild und ein Schrägbild der folgenden Körper!

a) Quadratischer Pyramidenstumpf mit $a_1 = 6{,}0$ cm; $a_2 = 3{,}0$ cm; $h = 5{,}0$ cm

b) Rechteckiger Pyramidenstumpf mit $a_1 = 6{,}0$ cm; $b_1 = 4{,}0$ cm; $a_2 = 3{,}0$ cm; $b_2 = 2{,}0$ cm; $h = 5{,}0$ cm

c) Kegelstumpf mit $r_1 = 3{,}0$ cm; $r_2 = 1{,}5$ cm; $h = 5{,}0$ cm

2. Zeichne ein Netz des quadratischen Pyramidenstumpfes mit folgenden Maßen!
a) $a_1 = 3{,}0$ cm; $a_2 = 2{,}0$ cm; $s = 2{,}5$ cm
b) $a_1 = 4{,}0$ cm; $a_2 = 1{,}5$ cm; $h_s = 2{,}0$ cm

3. Fertige jeweils ein Schrägbild und ein Zweitafelbild des quadratischen Pyramidenstumpfes an!
a) $a_1 = 5{,}0$ cm; $a_2 = 3{,}0$ cm; $h = 4{,}0$ cm
b) $a_1 = 6{,}0$ cm; $a_2 = 4{,}8$ cm; $h_s = 5{,}0$ cm

4. Konstruiere ein Schrägbild des in nebenstehender Abbildung dargestellten Pyramidenstumpfes!

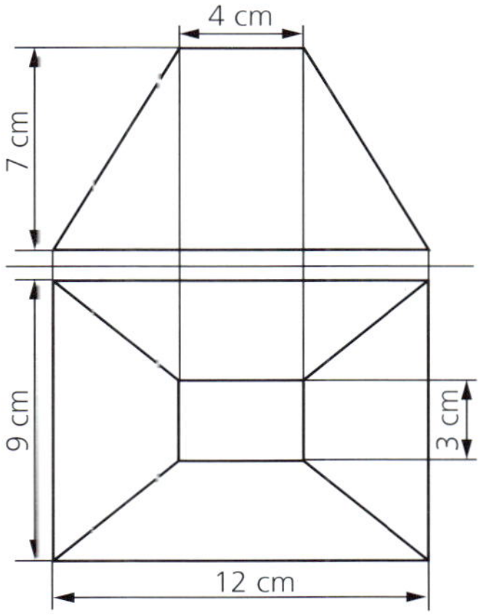

5. Stelle einen rechteckigen Pyramidenstumpf mit den Maßen $a_1 = 7{,}0$ cm; $b_1 = 4{,}2$ cm; $a_2 = 5{,}0$ cm; $b_2 = 3{,}0$ cm; $h = 4{,}0$ cm in Kavalierperspektive und im Zweitafelbild dar!

6. Berechne den Inhalt der Mantelfläche A_M und den Oberflächeninhalt A_O der quadratischen Pyramidenstümpfe!
a) $a_1 = 23$ cm; $a_2 = 7$ cm; $h_s = 17$ cm
b) $a_1 = 4{,}4$ cm; $a_2 = 2{,}4$ cm; $h_s = 2{,}6$ cm

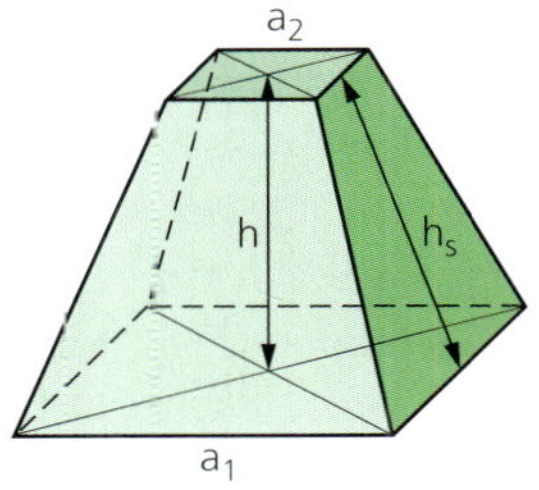

7. Berechne das Volumen V der quadratischen Pyramidenstümpfe!
a) $a_1 = 7$ cm; $a_2 = 6$ cm; $h = 9$ cm
b) $a_1 = 10$ cm; $a_2 = 3{,}4$ cm; $h = 58{,}6$ cm

8. Berechne den Inhalt der Mantelfläche A_M und der Oberfläche A_O der Kegelstümpfe!
a) $r_1 = 5$ cm; $r_2 = 2$ cm; $s = 5$ cm
b) $r_1 = 195$ mm; $r_2 = 125$ mm; $h = 240$ mm

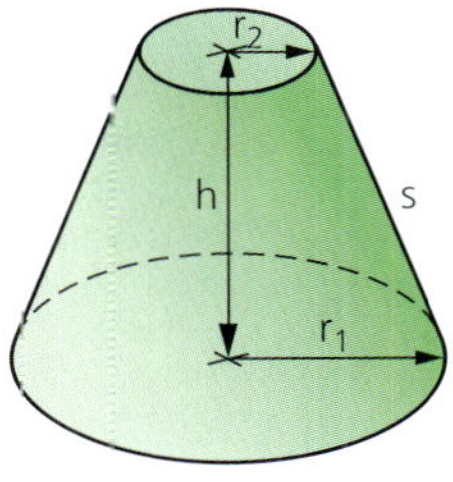

9. Berechne das Volumen der Kegelstümpfe!
a) $r_1 = 8$ cm; $r_2 = 3$ cm; $h = 10$ cm
b) $r_1 = 3{,}9$ dm; $r_2 = 3$ dm; $s = 4{,}1$ dm

10. Welche Höhe haben quadratische Pyramidenstümpfe bei folgende Maßangaben?
a) $a_1 = 18$ cm; $a_2 = 12$ cm; $V = 2736$ cm^3
b) $a_1 = 10$ cm; $a_2 = 4$ cm; $V = 0{,}52$ dm^3
c) $a_1 = 2{,}5$ m; $a_2 = 15$ dm; $V = 7{,}35$ m^3

11. Berechne von den quadratischen Pyramidenstümpfen jeweils die fehlenden Größen!
a) $a_2 = 32$ cm; $h_s = 40$ cm; $A_O = 840$ cm^2
b) $a_1 = 30$ cm; $a_2 = 24$ cm; $A_O = 4176$ cm^2
c) $h = 5{,}4$ cm; $h_s = 5{,}6$ cm; $A_M = 235$ cm^2
d) $h = 4{,}87$ cm; $h_s = 5{,}80$ cm; $V = 700$ cm^3

12. Berechne von den Kegelstümpfen jeweils die fehlenden Größen!
a) $r_1 = 7{,}2$ cm; $s = 8$ cm; $A_O = 422$ cm^2
b) $h = 3{,}2$ cm; $s = 4{,}0$ cm; $A_M = 181 cm^2$
c) $h = 3{,}5$ cm; $s = 4{,}3$ cm; $V = 136{,}6$ cm^3

13. Berechne jeweils das Volumen V und den Oberflächeninhalt A_O der drei abgebildeten quadratischen Pyramidenstümpfe! Alle Maße sind in Zentimeter angegeben.

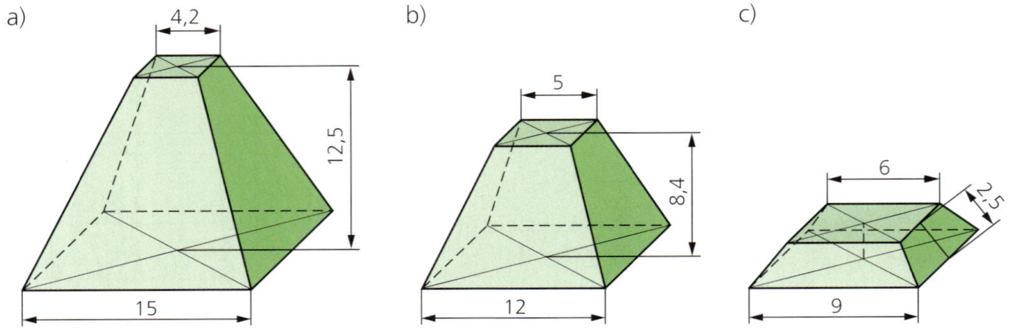

14. Berechne jeweils das Volumen V, den Inhalt des Mantels A_M und den Oberflächenihnalt A_O der rechteckigen Pyramidenstümpfe!

a) a_1= 12 cm; b_1 = 8 cm; a_2 = 9 cm; b_2 = 6 cm; h = 10 cm

b) a_1= 2,5 dm; b_1 = 1,5 dm; a_2 = 15 cm; b_2 = 9 cm; h = 2,3 dm

15. Von einem quadratischen Pyramidenstumpf sind die Kantenlängen a_1 = 7,0 cm und a_2 = 3,0 cm sowie die Höhe h = 4,9 cm gegeben. Berechne den Neigungswinkel α zwischen der Grund- und der Seitenfläche und den Winkel β zwischen der Diagonalen der Grundfläche und der Seitenkante s!

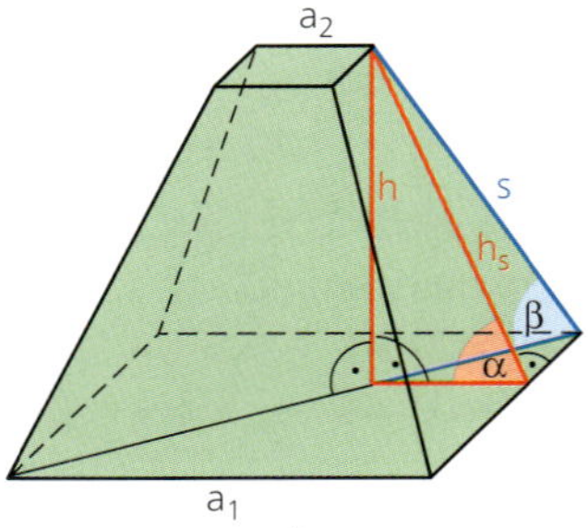

16. Berechne A_M, A_O und V eines Kegelstumpfes, dessen Grundfläche den Durchmesser d_1 = 10,8 dm hat und der die Mantellinie s = 3,7 dm sowie die Höhe h = 1,2 dm besitzt!

17. Durch eine Symmetrieebene eines Kegelstumpfes mit r_1 = 15,0 cm, r_2 = 7,0 cm und s = 17,0 cm wird ein Schnitt gelegt.
Berechne den Inhalt der Schnittfläche!

18. Aus einem Holzwürfel mit der Kantenlänge a = 10,0 cm wurde ein quadratischer Pyramidenstumpf herausgearbeitet. Berechne den Neigungswinkel α zwischen der Grund- und der Seitenfläche, das Volumen V und den Oberflächeninhalt A_O!

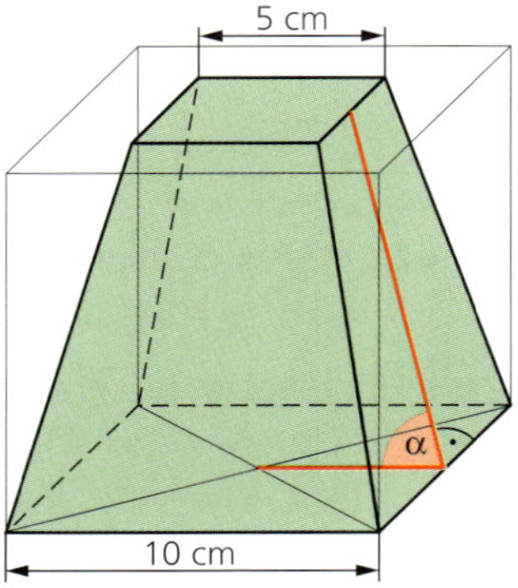

19. Ein rechtwinkliges Trapez ABCD rotiert um eine Seite.
Berechne Oberflächeninhalt und Volumen des Rotationskörpers!

a) $\overline{AB}$ = 9,3 cm; $\overline{BC}$ = 12,5 cm; $\overline{CD}$ = 4,9 cm, $\alpha = 90°$; Rotationsachse AD

b) $\overline{AB}$ = 9,5 dm; $\overline{BC}$ = 8,0 dm; $\overline{DA}$ = 8,9 dm; $\overline{AB} < \overline{CD}$; $\beta = 90°$; Rotationsachse BC

20. Ein Kegelstumpf (d_2 = 90 mm; h = 87 mm) hat einen Böschungswinkel $\alpha = 71°$.
Berechne d_1, s, V und A_O!

2.3 Gemischte Aufgaben

Schornsteine von Industrieanlagen bzw. Heiz- und Wärmekraftwerken haben die Aufgabe, Verbrennungsgase abzuführen und den für die Verbrennung erforderlichen Luftzug zu erzeugen. Sie haben häufig die Form von Kegelstümpfen und sind innen immer hohl.

Ein Schornstein ist 140 m hoch. Er hat eine untere lichte Weite von 5,25 m und eine Wanddicke von 1,50 m bzw. eine obere lichte Weite von 2,50 m und eine Wanddicke von 0,25 m.

Berechne die Masse des Mauerwerkes unter der Annahme, dass der Schornstein außen und innen kegelförmig ist.
(Dichte des Mauerwerkes: 1,75 $\frac{kg}{dm^3}$)

Körper in der Mathematik

1. Für welche Körper können die folgenden Formeln verwendet werden?
Stelle jede Formel nach der in Klammern angegebenen Größe um!

a) $V = \frac{1}{3}\pi r^2 h$ (h)   b) $A_O = 2\pi r(r + h)$ (h)   c) $A_M = 2h_s(a_1 + a_2)$ (a_1)

d) $V = \frac{4}{3}\pi r^3$ (r)   e) $A_O = 2\pi r(r + h)$ (r)   f) $V = \frac{1}{3}\pi h(r_1^2 + r_1 r_2 + r_2^2)$ (r_2)

2. Zeichne folgende Körper in senkrechter Zweitafelprojektion und berechne jeweils ihr Volumen bzw. ihren Oberflächeninhalt! Entnimm die Maße aus den Zeichnungen! (Maßstab 1 : 2)

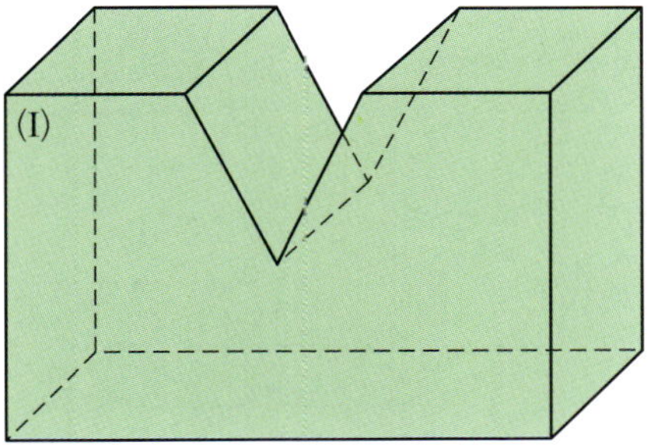

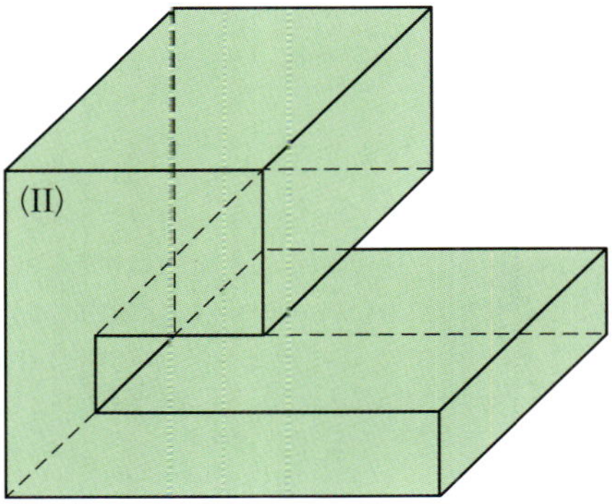

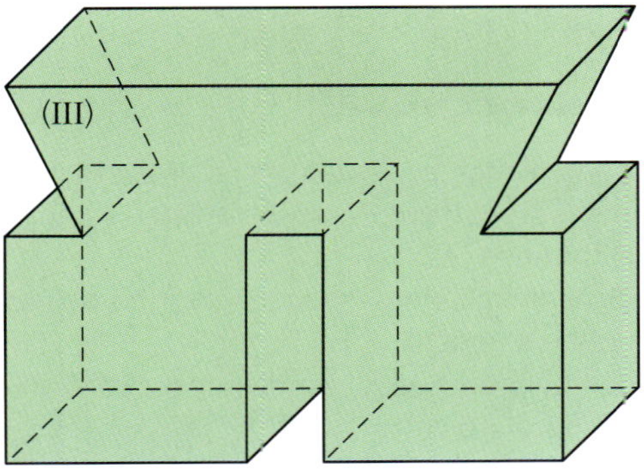

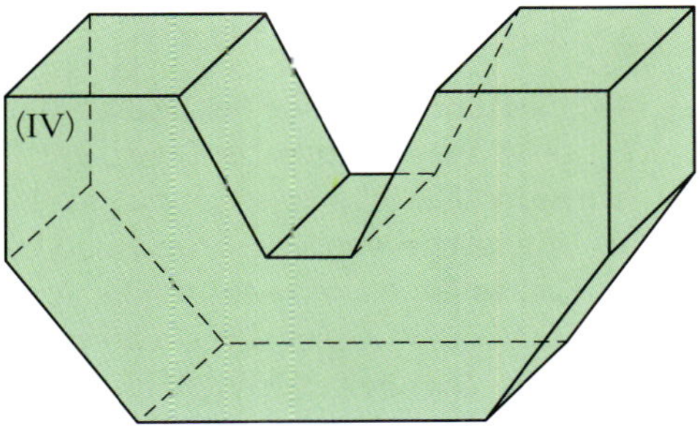

3. Eine quadratische Pyramide mit der Grundkante $a_1 = 10$ cm und der Höhe $h_1 = 9$ cm soll durch einen Schnitt parallel zur Grundfläche in eine kleine Pyramide und einen Pyramidenstumpf zerlegt werden. Bestimme die Höhe h und die Länge a_2 der oberen Kante des Pyramidenstumpfes so, dass das Volumen der Pyramide halbiert wird!

4. Ein Kegel mit dem Grundkreisradius r_1 und der Höhe h_1 soll durch einen Schnitt parallel zur Grundfläche in einen kleinen Kegel und einen Kegelstumpf zerlegt werden. Bestimme die Höhe h und die Radiuslänge r_2 der Deckfläche des Kegelstumpfes so, dass das Volumen des Kegels halbiert wird!

5. Ein Körper in der Form eines geraden Kreiskegels mit den Radius $r_1 = 4$ cm und der Höhe $h_1 = 10$ cm sei so zylindrisch durchbohrt, dass die Achse des Kegels mit der des Bohrlochs zusammenfällt. Wie groß muss der Radius r_2 des Bohrlochs gewählt werden, wenn das Volumen des Restkörpers halb so groß sein soll wie das des Kegels?

6. Die abgebildeten Figuren rotieren um die Achse g. Berechne Volumen und Oberflächeninhalt der Rotationskörper!

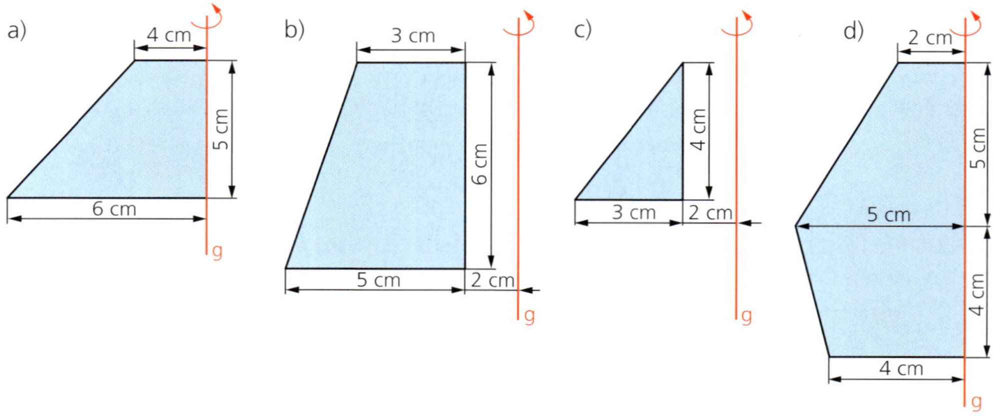

***7.** Ein Quadrat mit der Seitenlänge a wird in n^2 gleich große Quadrate unterteilt. Auf jedes Teilquadrat werden Halbkugeln gesetzt. Es seien V_n das Gesamtvolumen und A_n die gesamte Oberfläche aller n^2 Halbkugeln.

a) Berechne V_2 und A_2!

b) Untersuche, wie sich V_n und A_n mit wachsendem n ändern!

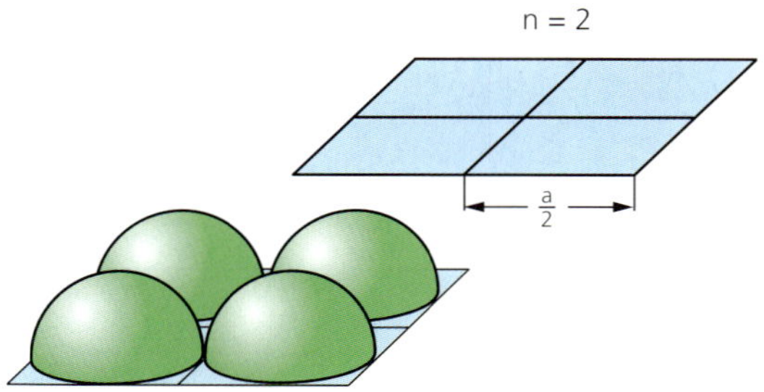

8. Auf die Außenflächen eines Würfels mit der Kantenlänge a werden gleich große Pyramiden mit der Höhe h aufgesetzt. Der so entstandenen Körper heißt Pyramidenwürfel. Pyramidenwürfel mit $h \leq 0{,}5a$ kommen häufig als Kristallformen vor.

a) Untersuche, wie sich Volumen und Oberflächeninhalt eines Pyramidenwürfels bei fester Kantenlänge a mit wachsender Pyramidenhöhe h ändern!

b) Für $h = 0{,}5a$ ergibt sich ein Körper, der Rhombendodekaeder (Rhombenzwölfflächner) heißt. Zeichne ein Schrägbild dieses Körpers für a = 6 cm!

Körper in Architektur und Technik

9. Die ältesten Schriften mit mathematischem Inhalt, die uns aus dem Altertum erhalten geblieben sind, stammen aus Ägypten und sind fast 4000 Jahre alt. Es handelt sich um zwei Papyrusrollen, die über 5 m lang und 33 cm bzw. 8 cm breit sind. Beide Papyri enthalten zusammen 109 Aufgaben nebst Lösungen und sind in den damaligen Ausbildungsstätten für Beamte, Baumeister oder Landvermesser entstanden.
Die berühmteste dieser Aufgaben, das Glanzstück der altägyptischen Mathematik ist die exakte Berechnung des Volumens eines Pyramidenstumpfes mit quadratischer Grund- und Deckfläche. Auf dem so genannten Moskauer Papyrus gibt es eine Inschrift, die etwa so lautet:

Addiere zusammen diese 16
mit dieser 8 und mit dieser 4.
Es entsteht 28.
Berechne du ein Drittel von 6.
Es entsteht 2.
Rechne mit 28 zweimal. Es
entsteht 56. Siehe: Er ist 56.
Du hast richtig gefunden.

Zeige, dass mit diesen Zeilen die Berechnung eines Pyramidenstumpfes beschrieben wird und gib seine Maße (in Längeneinheiten) an!

10. Das nebenstehend abgebildete Werkstück aus Stahl ist aus einem Kegel und einem Kreiszylinder zusammengesetzt. (Dichte von Stahl: $\rho = 7{,}5\ \text{g} \cdot \text{cm}^{-3}$).

a) Wie schwer ist der Körper?

c) Zeichne den Körper im Grund- und Aufriss!

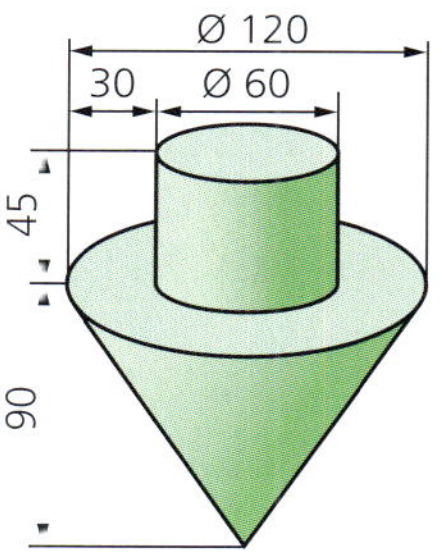

11. Berechne die Masse des ägyptischen Obelisken aus Luxor, der auf dem Place de la Concorde in Paris steht.
Der quadratische Pyramidenstumpf hat eine Höhe von 21,6 m. Die Grundfläche hat eine Kantenlänge von 2,42 m und die Deckfläche von 1,45 m. Auf dem Stumpf steht eine Pyramide, deren Grundfläche gleich der Deckfläche des Stumpfes ist. Der Obelisk ist insgesamt 23,0 m hoch und besteht aus Granit (Dichte $2{,}68\ \text{g} \cdot \text{cm}^{-3}$).

12. Ein Betonsockel mit einer Dichte von $\rho = 2{,}4\ \frac{\text{g}}{\text{cm}^3}$ hat die Form eines Quaders mit aufgesetztem Halbzylinder. (vgl. Zeichnung)
Berechne seine Masse!

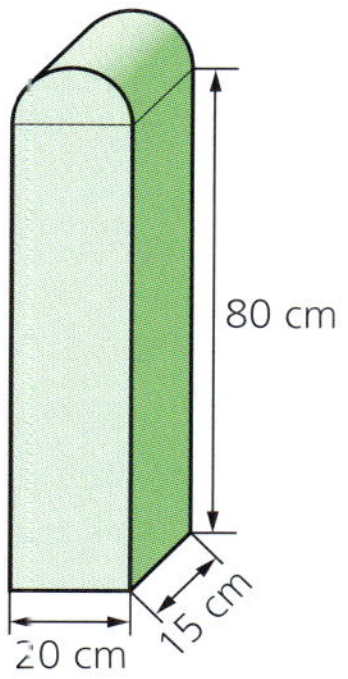

13. Ein Walmdach mit $a = 16{,}0$ m; $b = 7{,}5$ m; $f = 6{,}0$ m und $h = 5{,}5$ m soll gedeckt werden.

a) Wie viel Quadratmeter Dachziegel werden benötigt?

b) Berechne das Volumen des Dachraumes!

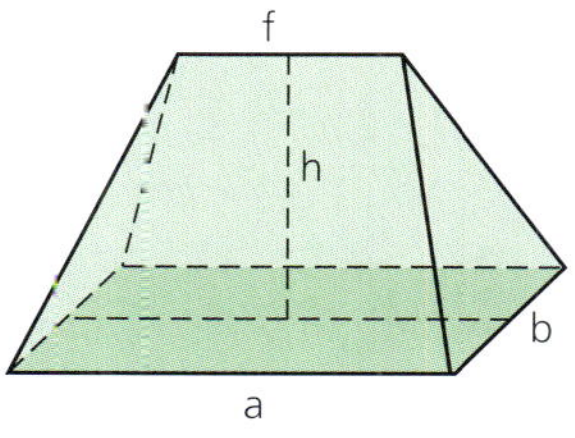

14. Auf Flugplätzen für Segelflugzeuge findet man neben den Start- und Landebahnen oft aus Stoff hergestellte Windsäcke. Sie sind 2 m lang (Seitenlinie) und haben einen großen Durchmesser von 70 cm und einen kleinen Durchmesser von 50 cm. Zum Zusammennähen wird mit 15 % Stoffzugabe gerechnet. Berechne die benötigte Stoffmenge!

15. Auf einen Aluminiumwürfel mit der Kantenlänge a = 8,0 cm soll eine aus dem gleichen Material hergestellte Pyramide aufgesetzt werden, die eine Grundkante mit einer Länge von ebenfalls 8,0 cm hat. Wie hoch muss die Pyramide sein, damit das Werkstück ein Gesamtgewicht von genau 1,5 kg hat?

16. Eine Rinne aus Buchenholz, das eine Dichte von 0,7 $\frac{g}{cm^3}$ hat, ist 2,75 m lang. (vgl. Zeichnung)

a) Berechne das Volumen der Rinne!

b) Berechne die Masse der Rinne!

c) Berechne den Oberflächeninhalt der Rinne!

d) Um wie viel Kilogramm wäre eine Rinne aus Eichenholz schwerer, als die aus Buchenholz? ($\rho_{Eichenholz} = 0,9 \frac{g}{cm^3}$)

e) Fertige ein Modell der Rinne aus beliebigem Holz an!

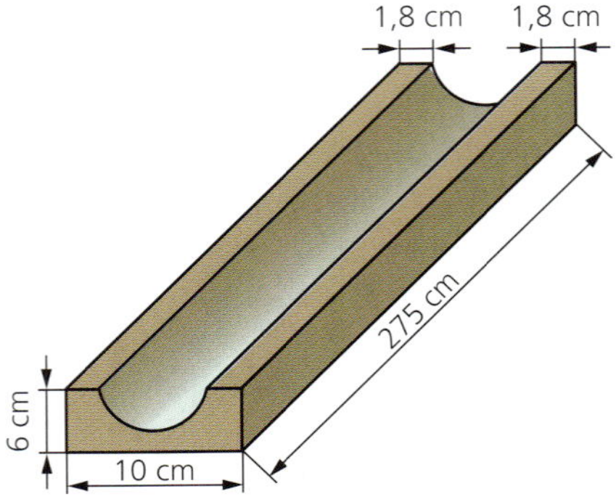

17. Das nebenstehende Krüppelwalmdach kann in insgesamt 5 Körper zerlegt werden, in drei Prismen und zwei Pyramiden.

a) Berechne das Volumen des Daches für folgende Maße:
a = 10,5 m; b = 8,0 m;
h = 4,0 m; w = 3,5 m

b) Gib eine allgemeine Volumenformel an!

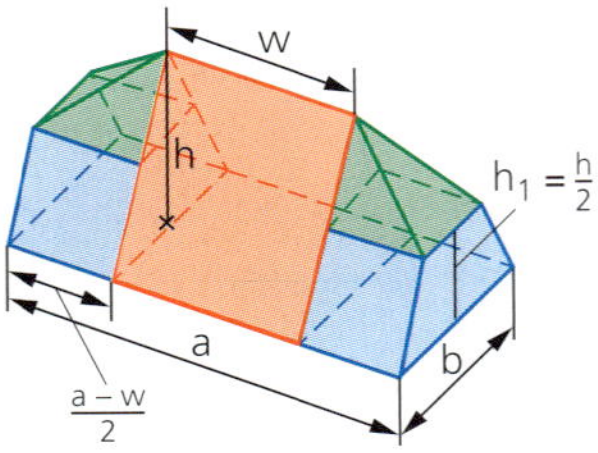

18. Zur Absperrung werden in Fußgängerzonen Betonklötze in Form quadratischer Pyramidenstümpfe verwendet. Die untere Kante ist 40 cm, die obere Kante ist 25 cm lang, die Höhe beträgt 80 cm und die Dichte beträgt 2,3 $\frac{g}{cm^3}$. Berechne die Masse eines Klotzes!

19. Ein Betonsockel (Dichte: 2,3 $\frac{g}{cm^3}$) in Form eines quadratischen Pyramidenstumpfes mit $a_1 = 1{,}50$ m und $a_2 = 1{,}00$ m soll nicht mehr als 3,5 t wiegen. Wie hoch darf er höchstens sein?

20. Berechne das Volumen eines Eimers mit dem unteren Durchmesser d_u und dem oberen Durchmesser d_o und der Höhe h!

a) $d_u = 20$ cm; $d_o = 26$ cm; h = 28 cm b) $d_u = 15$ cm; $d_o = 24$ cm; h = 18 cm

21. Eine Abraumhalde in einem Bergbaurevier hat angenähert die Form eines zusammengesetzten Körpers. Man kann sie sich aus einer „halben Pyramide" und einem „halben Kegel" zusammengesetzt denken.

Umfang des halben Kegels: $\overset{\frown}{AB} = 450$ m
geschätze Höhe: $\overline{MS} = 120$ m
Grundkante der Pyramide: $\overline{AC} = \overline{BC} = 300$ m

Wie lange hat das Aufschütten der Halde gedauert, wenn jährlich ca. 300 000 m^3 Abraum gelagert wurden?

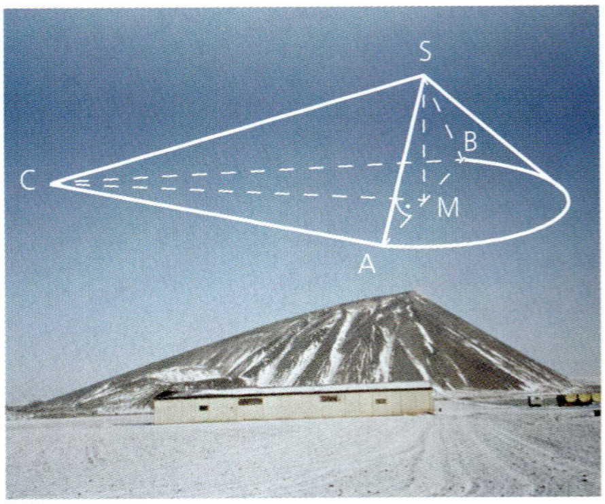

22. In einen Eimer mit einem unteren Durchmesser von 18 cm und einem oberen Durchmesser von 26 cm sollen 10 Liter Wasser gefüllt werden Wie hoch muss der Eimer mindestens sein, wenn nach dem Einfüllen über dem Wasserspiegel noch ein 6 cm freier Rand bleiben soll?

23. Welche Masse hat ein Korken mit einer Dichte von $0{,}24\ \text{g} \cdot \text{cm}^{-3}$ in Gestalt eines Kegelstumpfes mit den Durchmessern 3,2 cm und 2,4 cm sowie der Höhe 1,5 cm?

24. Stoffbezogene Lampenschirme haben oft eine Form wie auf dem Bild. Der Lampenschirm bildet den Mantel eines Kegelstumpfes. Wie viel Quadratmeter Stoff benötigt man zur Herstellung von 100 Schirmen, wenn die Durchmesser unten 60 cm, oben 46 cm und die Höhe 50 cm groß sind. Außerdem sollen 12% Verschnitt berücksichtigt werden.

25. Wie viel Kubikmeter Komposterde werden zum Füllen von 500 Blumentöpfen benötigt, von denen jeder oben 13 cm, unten 8 cm lichte Weite aufweist und 12 cm hoch ist?

26. Berechne die Masse von jeweils 100 Stück der abgebildeten Stahlbolzen (Dichte: $7{,}8\ \text{g} \cdot \text{cm}^{-3}$)!

a)

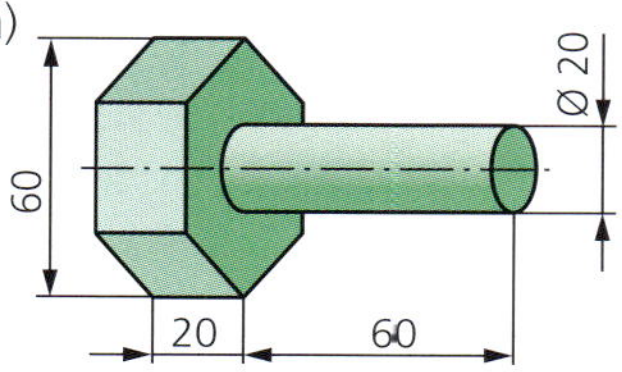

b)

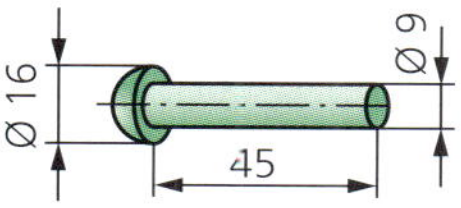

c)

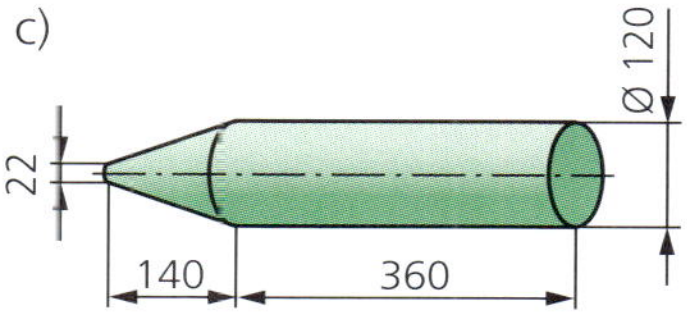

Maßangaben in Millimeter

27. Berechne für jeden der unten dargestellten Körper die angegebenen Größen!

a) Volumen der Garnrolle

b) Innenfläche und Volumen des Thermosbehälters

c) Höhe des Kegels und Höhe des Zylinders

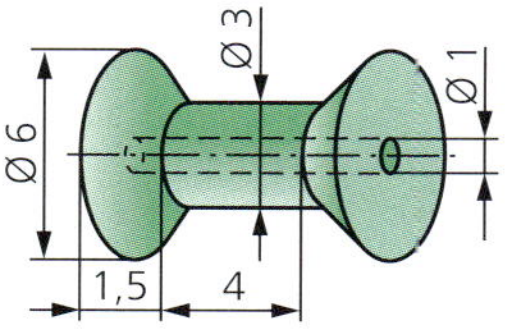

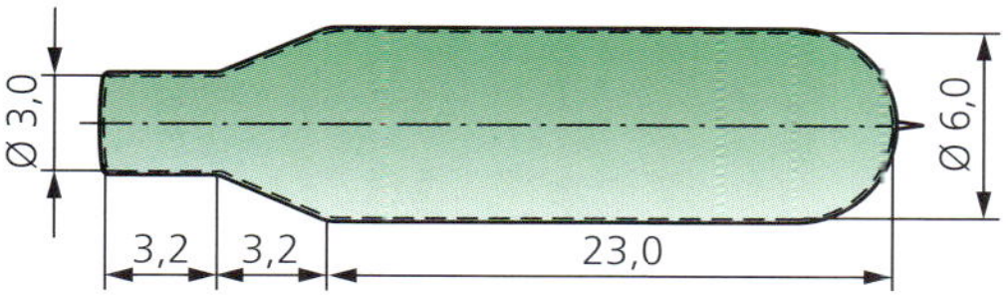

Maßangaben in Zentimeter

$V_{Zyl} = 1{,}41\ \text{m}^3$

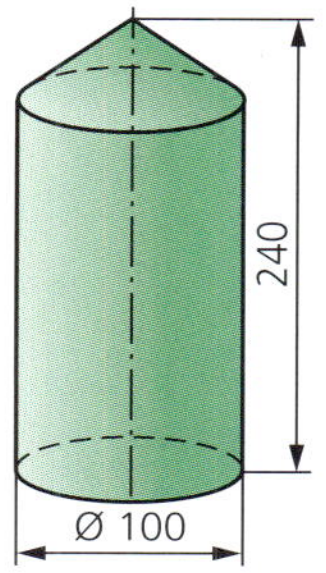

Übersicht zu Körpern

Grundfläche A_G, Deckfläche A_D, Körperhöhe h, Mantelflächeninhalt A_M, Oberflächeninhalt A_O, Umfang der Grundfläche u_G

Prismen und Zylinder $A_O = A_G$, $V = A_G \cdot h$, $A_M = u_G \cdot h$, $A_O = 2 \cdot A_G + A_M$

regelmäßiges dreiseitiges Prisma

$A_G = \frac{a^2}{4} \cdot \sqrt{3}$

$V = \frac{a^2}{4} \cdot \sqrt{3} \cdot h$

$A_M = 3 \cdot a \cdot h$

$A_O = \frac{a^2}{2} \cdot \sqrt{3} + 3 \cdot a \cdot h$

$A_O = \frac{a}{2}(a \cdot \sqrt{3} + 6h)$

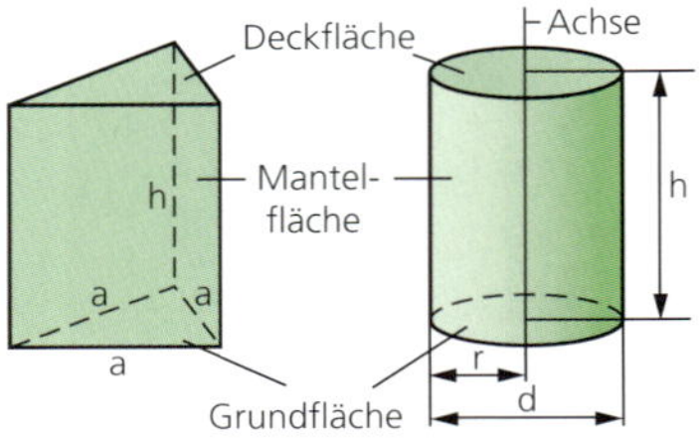

Kreiszylinder

$A_G = \pi \cdot r^2 = \frac{\pi}{4} \cdot d^2$

$V = \pi \cdot r^2 \cdot h = \frac{\pi}{4} \cdot d^2 \cdot h$

$A_M = 2\pi \cdot r \cdot h = \pi \cdot d \cdot h$

$A_O = 2\pi \cdot r^2 + 2\pi \cdot r \cdot h$

$A_O = 2\pi \cdot r \cdot (r + h)$

Pyramiden und Kegel $V = \frac{1}{3} \cdot A_G \cdot h$, $A_O = A_G + A_M$

quadratische Pyramide

$A_G = a^2$

$V = \frac{1}{3} a^2 \cdot h$

$A_M = 2a \cdot h_s$

$A_O = a \cdot (a + 2h_s)$

$h_s^2 = h^2 + \frac{a^2}{4}$

$s^2 = h_s^2 + \frac{a^2}{4}$

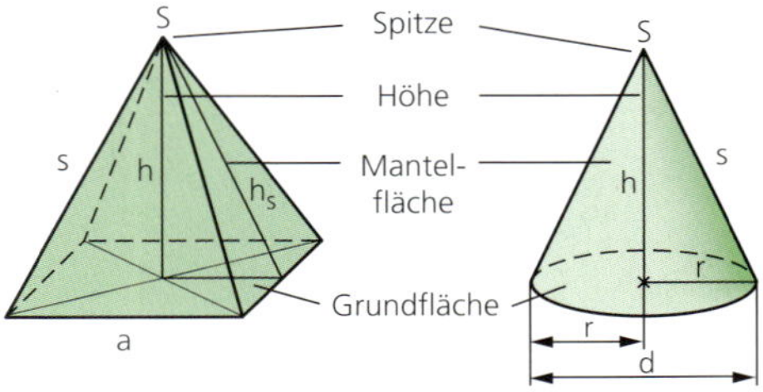

Kreiskegel

$A_G = \pi r^2$

$V = \frac{1}{3} \pi r^2 \cdot h$

$A_M = \pi \cdot r \cdot s$

$A_O = \pi \cdot r \cdot (r + s)$

$s^2 = h^2 + r^2$

Stümpfe $V = \frac{1}{3} \cdot h \cdot (A_G + \sqrt{A_G \cdot A_D} + A_D)$ $A_O = A_G + A_D + A_M$

quadratischer Pyramidenstumpf

$V = \frac{1}{3} \cdot h \cdot (a_1^2 + a_1 \cdot a_2 + a_2^2)$

$A_M = 2 \cdot (a_1 + a_2) \cdot h_s$

$A_O = A_G + A_D + A_M$

$A_O = a_1^2 + 2 \cdot (a_1 + a_2) \cdot h_s + a_2^2$

Kreiskegelstumpf

$V = \frac{1}{3} \cdot \pi \cdot h \cdot (r_1^2 + r_1 \cdot r_2 + r_2^2)$

$A_M = \pi \cdot s \cdot (r_1 + r_2)$

$A_O = A_G + A_D + A_M$

$A_O = \pi \cdot [r_1^2 + s \cdot (r_1 + r_2) + r_2^2]$

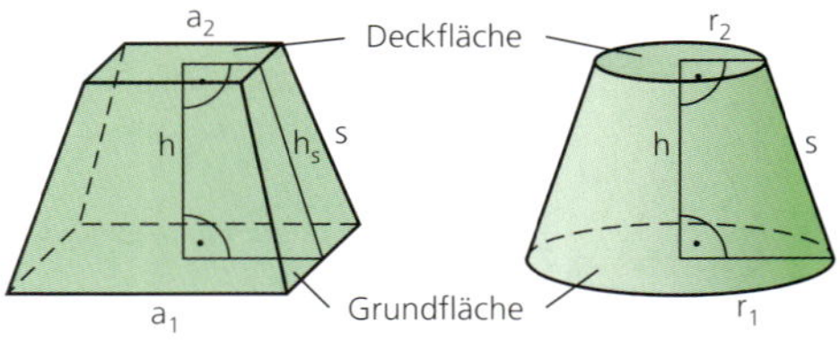

3 Bedingte Wahrscheinlichkeiten, Binomialverteilung

Bei der Herstellung von Geräten der Mikroelektronik kommt es auf das fehlerfreie Funktionieren jedes einzelnen Bauteiles an. Deshalb werden oft alle Einzelteile vor dem Zusammenbau gewissenhaft kontrolliert.
Schon bei geringer Ausschussquote eines Bauteils von nur 5 % beträgt die Wahrscheinlichkeit, dass von 5 hergestellten Bauteilen eines fehlerhaft ist, bereits etwa 20,4 %. Die Wahrscheinlichkeit, dass sogar 2 fehlerhaft sind, ist immerhin noch etwa 2,1 %.
Ordnet man jeder Anzahl fehlerhafter Bauteile die Wahrscheinlichkeit ihres Auftretens zu, ergibt sich eine Wahrscheinlichkeitsverteilung, die den Namen Binomialverteilung erhalten hat und mit deren Hilfe zahlreiche Probleme in der Qualitätskontrolle bearbeitet werden können.

Ausschussquote: 5 %
Anzahl: 5 Bauteile

Anzahl fehlerhafter Bauteile	Wahrscheinlichkeit
0	0,77
1	0,20
2	0,02
3	0,001
4	$3 \cdot 10^{-5}$
5	$3 \cdot 10^{-7}$

3 Bedingte Wahrscheinlichkeiten, Binomialverteilung

Rückblick

Zufällige Vorgänge und Zufallsexperimente

Ein Vorgang in der Natur, der Gesellschaft oder dem Denken, der bezüglich eines Merkmals verschiedene Ergebnisse haben kann, heißt **zufälliger Vorgang.** Alle möglichen Ergebnisse bilden zusammen die **Ergebnismenge.** Aussagen über das Eintreten von bestimmten Ergebnissen zufälliger Vorgänge heißen **zufällige Ereignisse.** Die experimentelle Untersuchung eines zufälligen Vorgangs heißt **Zufallsexperiment.**

Die Ergebnisse eines zufälligen Vorgangs treten mit einer bestimmten **Wahrscheinlichkeit** ein, die sich aus den Bedingungen ergibt, unter denen der Vorgang abläuft.
Wahrscheinlichkeiten sind Zahlen zwischen 0 und 1. Zur besseren Vorstellung der Größe der Wahrscheinlichkeit werden sie häufig auch als Prozente zwischen 0 % und 100 % angegeben.

Vorgang	Merkmal	Ergebnisse	ein Ereignis	Wahrscheinlichkeit
Wachstum einer Sonnenblume	Höhe zur Zeit der Blüte	alle Längen zwischen 0 cm und 300 cm	A: Die Blume ist höher als 2 m.	P(A) = 0,85 = 85 %

Ermittlung von Wahrscheinlichkeiten

Die Wahrscheinlichkeit der Ergebnisse eines zufälligen Vorgangs lässt sich *berechnen,* wenn alle Ergebnisse die gleiche Wahrscheinlichkeit haben.

Sind bei einem zufälligen Vorgang n Ergebnisse möglich und sind diese Ergebnisse alle gleichwahrscheinlich, so beträgt die Wahrscheinlichkeit für jedes Ergebnis $\frac{1}{n}$.
Ist g die Anzahl der Ergebnisse, bei denen ein Ereignis A eintritt, so gilt $P(A) = \frac{g}{n}$.

Vorgang: Werfen eines Würfels *Merkmal:* Augenzahl *Ergebnisse:* Augenzahlen 1 bis 6
Anzahl aller möglichen Ergebnisse: 6 *Wahrscheinlichkeit für jede Augenzahl:* $\frac{1}{6}$

Ereignis A	Ergebnisse, bei denen A eintritt	Anzahl der Ergebnisse, bei denen A eintritt	P(A)
Die Augenzahl ist kleiner als 5.	1; 2; 3; 4	4	$P(A) = \frac{4}{6} = 0,\overline{6} = 66\frac{2}{3}$ %

Zu jedem Ereignis A gibt es ein **Gegenereignis** $\bar{A}$, dem alle Ergebnisse entsprechen, bei denen das Ereignis A *nicht* eintritt.

$P(A) + P(\bar{A}) = 1$ (Die Summe der Wahrscheinlichkeiten aller Ergebnisse eines Vorgangs ist 1.)

Vorgang	Ereignis A	P(A)	Gegenereignis $\bar{A}$	$P(\bar{A})$
zufällige Auswahl einer zweistelligen Zahl	Zahl hat zwei gleiche Ziffern	$P(A) = \frac{9}{90} = 0{,}1$	Ziffern sind verschieden	$P(\bar{A}) = 1 - P(A) = 0{,}9$

Sind die Ergebnisse eines zufälligen Vorgangs nicht gleich wahrscheinlich, können ihre Wahrscheinlichkeiten nur *näherungsweise* ermittelt werden. Dazu müssen Daten aus möglichst vielen Wiederholungen des Vorgangs bekannt sein.

Wird ein zufälliger Vorgang unter den gleichen Bedingungen n-mal wiederholt, so kann die **relative Häufigkeit h_n** eines Ereignisses A als Schätzwert für die Wahrscheinlichkeit dieses Ereignisses verwendet werden. $P(A) \approx h_n(A)$

Je größer die Anzahl der Wiederholungen ist, umso besser ist der Schätzwert.

Werden Entwicklungen anhand statistischer Daten untersucht, handelt es sich meist um gleichzeitig ablaufende Vorgänge, die als Wiederholungen eines allgemeinen Vorgangs angesehen werden können. Die Bedingungen der einzelnen konkreten Vorgänge sind dabei sehr selten genau gleich.

In einer Vergleichsarbeit der Klassen 7 aller Schulen eines Landes konnten 86 % der Schüler einer ausgewählten Stichprobe die Daten aus einem Streifendiagramm richtig ablesen.
Obwohl die konkreten Bedingungen bei den untersuchten 1 300 Schüler unterschiedlich sind, kann man trotzdem unter Beachtung gleicher allgemeiner Bedingungen (z. B. Lehrplan, Ausbildung der Lehrer usw.) sagen:
Die Wahrscheinlichkeit, dass ein zufällig ausgewählter Schüler in Klasse 7 Daten aus einem Streifendiagramm richtig ablesen kann, beträgt etwa 86 %.

Bedeutung und Interpretation von Wahrscheinlichkeitsangaben

Mit einer Wahrscheinlichkeit kann der **Grad der Sicherheit** angeben werden, dass ein bestimmtes aber vorher *unbekanntes* Ergebnis *nach Ablauf* eines zufälligen Vorgangs eingetreten ist.
Die Wahrscheinlichkeitsangabe ist an die Person gebunden, die die Aussage macht und hängt von den Informationen ab, die die Person über das unbekannte Ergebnis hat. Mit der Zunahme von Informationen kann sich die von der Person angegebene Wahrscheinlichkeit ändern.

Nach einem Sportunfall hat ein Schüler Schmerzen im Fuß.

Der Arzt macht eine erste Untersuchung und ist sich danach zu 80 % sicher, dass es sich um eine Bänderdehnung handelt. Nach einer Röntgenaufnahme bestätigt sich, dass keine Knochenverletzung vorliegt.

Seine erste Diagnose hält der Arzt nun mit 95 %iger Sicherheit für richtig.

Mit einer Wahrscheinlichkeit kann der **Grad der Erwartung** des Eintreffens eines bestimmten Ergebnisses bei einem *künftigen Ablauf* des Vorgangs zum Ausdruck gebracht werden. Daraus lassen sich Schlussfolgerungen für Entscheidungen ableiten.

In Wetterberichten wird die Wahrscheinlichkeit angegeben, dass es am nächsten Tag regnen wird. Bei einer Regenwahrscheinlichkeit von 90 % kann man mit ziemlicher Sicherheit mit Regen rechnen, und es ist z. B. die Mitnahme eines Schirms zu empfehlen. Die Voraussage des Wetters für mehrerer Tage im Voraus ist auch heute noch sehr schwierig.

Die Wahrscheinlichkeit eines Ereignisses ermöglicht **Vorhersagen über die zu erwartende Häufigkeit** der betreffenden Ergebnisse, wenn der zufällige Vorgang unter gleichen Bedingungen sehr oft wiederholt wird.

Herstellungsbedingt sind bei Billiguhren etwa 10 % der produzierten Uhren fehlerhaft und haben nur eine geringe Lebensdauer. Ein Großhändler kauft 10 000 Stück der Uhren und muss mit etwa 10 % von $10\,000 = 0{,}1 \cdot 10\,000 = 1\,000$ fehlerhaften Uhren rechnen.

Um sich sehr kleine oder sehr große *Wahrscheinlichkeiten zu veranschaulichen,* kann man sich ein Ziehungsgerät vorstellen, in das schwarze und weiße Kugeln entsprechend der Wahrscheinlichkeit hinein gelegt sind. Dann stellt man sich eine einzelne Ziehung oder eine große Anzahl von Ziehungen vor.

Die Wahrscheinlichkeit für 6 Richtige beim Spiel 6 aus 49 beträgt $7{,}151 \cdot 10^{-8}$.

Dies entspricht der Wahrscheinlichkeit, eine schwarze Kugel aus einem Behälter zu ziehen, in dem sich eine schwarze und etwa 13,98 Mill. weiße Kugeln befinden.

Bei 14 Millionen Ziehungen ist die Ziehung der einen schwarzen Kugel einmal zu erwarten.

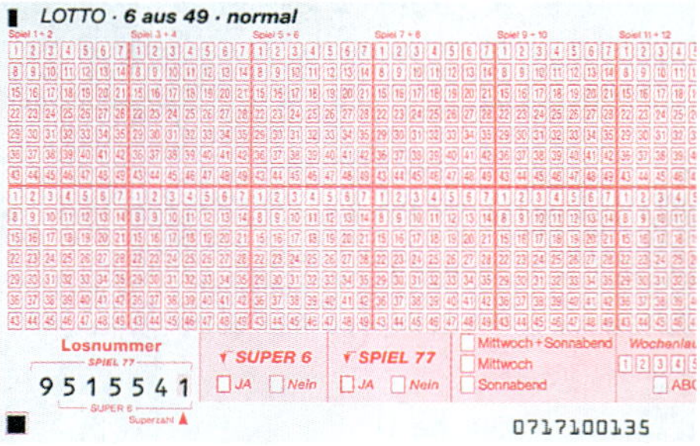

Mehrstufige Vorgänge

Laufen mehrere zufällige Vorgänge nacheinander oder gleichzeitig ab, spricht man von einem mehrstufigen Vorgang. Die dabei erhaltenen Ergebnisse setzen sich aus den Ergebnissen der Teilvorgänge zusammen und können als Pfade in einem Baumdiagramm dargestellt werden.
Um ein Baumdiagramm zu zeichnen, gehe in folgenden Schritten vor:

1. Bestimme die Teilvorgänge und ihre Ergebnisse!
2. Ordne die Teilvorgänge nacheinander an!
3. Jedes Ergebnis des ersten Teilvorganges ist Ausgangspunkt für alle Ergebnisse des zweiten Teilvorganges usw.

Zur Berechnung der Wahrscheinlichkeiten werden die Pfadregeln verwendet:

1. Pfadregel: In einem Baumdiagramm ist die Wahrscheinlichkeit für ein zusammengesetztes Ergebnis gleich dem Produkt der Wahrscheinlichkeiten längs des Pfades.
2. Pfadregel: Bilden mehrere zusammengesetzte Ergebnisse ein Ereignis, so ist die Wahrscheinlichkeit des Ereignisses gleich der Summe der Wahrscheinlichkeiten dieser Ergebnisse.

Die Qualitätskontrolle von Radiorekordern setzt sich aus der Kontrolle der Funktionstüchtigkeit der Geräte und der Kontrolle der ordentlichen Verarbeitung zusammen. Für eine Firma wurden die Wahrscheinlichkeiten für die Ergebnisse ermittelt, die im Baumdiagramm dargestellt sind.

zusammengesetzte Ergebnisse	Wahrscheinlichkeit
kein Mangel	$0,95 \cdot 0,9 = 0,855$
ein Mangel	$0,95 \cdot 0,1 = 0,095$
ein Mangel	$0,05 \cdot 0,9 = 0,045$
zwei Mängel	$0,05 \cdot 0,1 = 0,005$

Die Wahrscheinlichkeiten für die zufällige Auswahl eines Gerätes folgender Art betragen:

Das Gerät ist in Ordnung:	$0,95 \cdot 0,9 = 0,855 = 85,5\,\%$
Das Gerät hat nur einen Mangel:	$0,095 + 0,045 = 0,14 = 14\,\%$
Das Gerät hat mindestens einen Mangel:	$1 - P(\text{kein Fehler}) = 1 - 0,855 = 0,145 = 14,5\,\%$

Ermitteln von Anzahlen

Zufällige Vorgänge, insbesondere mehrstufige Vorgänge können eine sehr große Anzahl von möglichen Ergebnissen besitzen. Diese Anzahlen lassen sich mit geeigneten **Zählregeln** und in einigen Fällen auch mit speziellen Formeln ermitteln.

Die wichtigste Zählregel ist die **Produktregel:**

Kann zur Erzeugung eines möglichen Ergebnisses eine Folge von Entscheidungen angegeben werden, die nacheinander getroffen werden müssen und die voneinander unabhängig sind, so ist die Gesamtanzahl aller möglichen Ergebnisse gleich dem Produkt der Anzahl von Möglichkeiten bei jeder Entscheidung.

Zur Anwendung der Produktregel gehe in folgenden Schritten vor:
1. Stelle dir vor, dass eine der Möglichkeiten verwirklicht wird!
2. Überlege, welche Entscheidungen zur Verwirklichung dieser Möglichkeit nacheinander getroffen werden müssen und ob die Entscheidungen voneinander unabhängig sind!
3. Ermittle die Anzahl der Möglichkeiten bei jeder Entscheidung!
4. Berechne das Produkt der ermittelten Anzahlen bei den einzelnen Entscheidungen!

In einem Fragebogen gibt es 5 Fragen mit jeweils 3 Antwortmöglichkeiten. Wie viele Möglichkeiten zum Ausfüllen des Fragebogens gibt es, wenn stets genau einer der 3 Antworten angekreuzt wird?

Kreuzen Sie A, B oder C an!

Frage 1:
Antwort A ❑
Antwort B ❑
Antwort C ❑

Frage 2:
Antwort A ❑
Antwort B ❑
Antwort C ❑

Frage 3:
Antwort A ❑
Antwort B ❑
Antwort C ❑
⋮ ⋮

Um eine der Möglichkeiten zum Ausfüllen des Fragebogens zu erhalten, müssen folgende Entscheidungen getroffen werden:

Entscheidung	Möglichkeiten
Ankreuzen der 1. Frage	3
Ankreuzen der 2. Frage	3
Ankreuzen der 3. Frage	3
Ankreuzen der 4. Frage	3
Ankreuzen der 5. Frage	3

Insgesamt gibt es $3^5 = 243$ Möglichkeiten zum Ausfüllen des Fragebogens.

Beim Anwenden der Produktregel kann es vorkommen, dass jede Möglichkeit mehrfach gezählt wurde. In diesem Fall muss noch die **Quotientenregel** angewendet werden.

Wird jede Möglichkeit mehrfach gezählt, so ist das Produkt der Möglichkeiten bei jeder Entscheidung durch die Anzahl der Mehrfachzählungen zu dividieren.

Von den drei Schülern Arne, Bert und Christian sollen zwei ausgewählt werden. Wie viele Möglichkeiten zur Auswahl gibt es?

Mit der Anwendung der Produktregel, die in diesem Fall auch in einem Baumdiagramm veranschaulicht werden kann, ergeben sich zunächst $3 \cdot 2 = 6$ Möglichkeiten. Da es auf die Reihenfolge der beiden Schüler nicht ankommt, wurde jede Möglichkeit doppelt gezählt. Die ermittelte Anzahl muss also durch 2 dividiert werden. Man erhält somit $\frac{3 \cdot 2}{2} = 3$ Möglichkeiten der Auswahl.

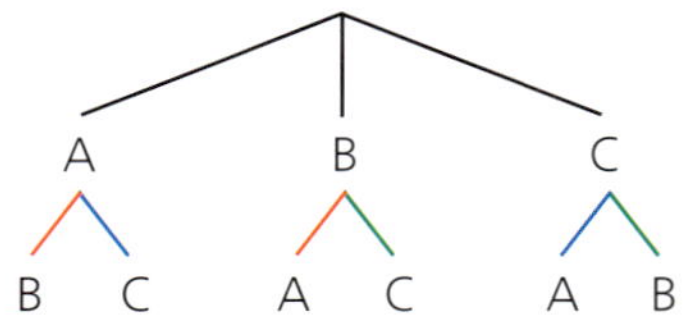

In der Praxis gibt es Fälle, bei denen die gesuchten Anzahlen mithilfe einer Formel günstig ermittelt werden können.

Das ist zum Beispiel der Fall, wenn **n verschiedene Objekte in einer bestimmten Reihenfolge** angeordnet werden sollen und nach der Anzahl der Möglichkeiten dafür gefragt wird.

Wie viele dreistellige Zahlen lassen sich aus den Ziffern 1; 2 und 3 bilden?

Um die Ziffern den Plätzen (Hunderterstelle, Zehnerstelle, Einerstelle) zuordnen zu können, sind folgende Entscheidungen zu treffen:

1. Auswahl einer Ziffer für die Hunderterstelle: 3 Möglichkeiten
2. Auswahl einer Ziffer für die Zehnerstelle: 2 Möglichkeiten
3. Auswahl einer Ziffer für die Einerstelle: 1 Möglichkeit

Nach der Produktregel ergeben sich somit $3 \cdot 2 \cdot 1 = 6$ Möglichkeiten.

Für das Produkt $1 \cdot 2 \cdot 3$ schreibt man auch 3! (lies: 3 Fakultät) und allgemein wird festgelegt:

Das Produkt der natürlichen Zahlen von 1 bis n (für $n > 1$) wird mit **n!** (lies: n Fakultät) bezeichnet.

$n! = 1 \cdot 2 \cdot 3 \cdot \ldots \cdot (n-2) \cdot (n-1) \cdot n$

Es wird definiert: $0! = 1$ und $1! = 1$

Damit gilt allgemein:

Es gibt $n!$ Möglichkeiten die Reihenfolge von n verschiedenen Objekten zu vertauschen.

Eine weitere Möglichkeit, Anzahlen mithilfe einer Formel zu ermitteln, lässt sich dann nutzen, wenn **k Objekte aus n Objekten ohne Beachtung der Reihenfolge** auszuwählen sind. Diese Art der Auswahl wird in anschaulicher Weise auch als „Ziehen auf einen Griff" bezeichnet.

Wie viele Möglichkeiten gibt es, aus den Zahlen 1 bis 49 genau 6 Zahlen auszuwählen?

Werden zunächst 6 Zahlen ausgewählt, so gibt es nach der Produktregel dafür $49 \cdot 48 \cdot 47 \cdot 46 \cdot 45 \cdot 44$ Möglichkeiten.

Da es hierbei aber nicht auf die Reihenfolge ankommt, in der die Zahlen gezogen werden, muss noch die Quotientenregel verwendet werden, d. h., das Ergebnis ist durch die Anzahl der Möglichkeiten zu dividieren, 6 Zahlen in ihrer Reihenfolge zu vertauschen. Diese Anzahl beträgt 6!

Es gibt $\frac{49 \cdot 48 \cdot 47 \cdot 46 \cdot 45 \cdot 44}{1 \cdot 2 \cdot 3 \cdot 4 \cdot 5 \cdot 6} = 13\,983\,816$ Möglichkeiten aus 49 Zahlen 6 auszuwählen.

Wegen der Bedeutung und des häufigen Auftretens dieser Berechnung wurde für sie eine besondere Bezeichnung und Schreibweise eingeführt.

Der Term $\frac{n \cdot (n-1) \cdot (n-2) \cdot \ldots \cdot (n-k+1)}{1 \cdot 2 \cdot 3 \cdot \ldots \cdot k}$ mit $n, k \in \mathbb{N}$; $k \leq n$; $k \neq 0$ heißt **Binomialkoeffizient.**

Schreibweise: $\binom{n}{k}$ *gelesen:* n über k Für alle $n \in \mathbb{N}$ wird definiert: $\binom{n}{0} = 1$

Damit gilt allgemein:

Es gibt $\binom{n}{k}$ Möglichkeiten aus n verschiedenen Objekten genau k Objekte auszuwählen.

Aufgaben

Zufällige Vorgänge und Ermitteln von Wahrscheinlichkeiten

1. Gib zu den folgenden Zufallsexperimenten jeweils den untersuchten zufälligen Vorgang, das betrachtete Merkmal, die möglichen Ergebnisse, die Anzahl der Wiederholungen sowie einige Bedingungen an, die den Vorgang beeinflussen! Überlege jeweils, ob durch Veränderung der Bedingungen die Wahrscheinlichkeit der Ergebnisse verändert werden kann!
a) Es wird 100-mal mit 2 regulären Spielwürfeln gewürfelt und die Augensumme notiert.
b) Es wird das Körpergewicht von 500 Jungen gemessen, die 16 Jahre alt sind.
c) Es werden 750 Bürger aus Sachsen-Anhalt nach der Einschätzung der Arbeit der Landesregierung befragt (Antworten: eher gut; eher schlecht; ich weiß nicht)
d) Aus der laufenden Produktion werden zufällig 50 Computerchips ausgewählt und auf ihre Funktionsfähigkeit getestet.

2. Gib die Anzahl der möglichen Ergebnisse bei folgenden Vorgängen und die Wahrscheinlichkeit jedes Ergebnisses als Bruch, Dezimalbruch und in Prozent an!
a) Werfen einer Münze
b) Werfen eines Würfels
c) Ziehen eines Loses aus einer Lostrommel mit 250 Losen
d) Ziehen einer Karte aus einem Skatblatt (32 verschiedene Karten)
e) Erzeugen einer dreistelligen Zahl mit der RAN-Taste eines Taschenrechners

3. Ein Glücksrad ist in 12 gleiche Sektoren unterteilt, die unterschiedlich gefärbt sind. Beim Drehen des Glücksrades hat jede Endstellung die gleiche Wahrscheinlichkeit. Bestimme für jede Farbe die Wahrscheinlichkeit, dass der Zeiger auf ein Feld dieser Farbe zeigt!

a)
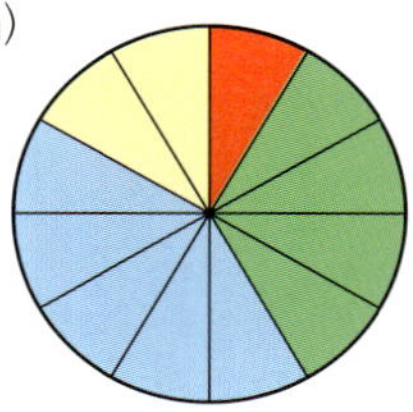
b)
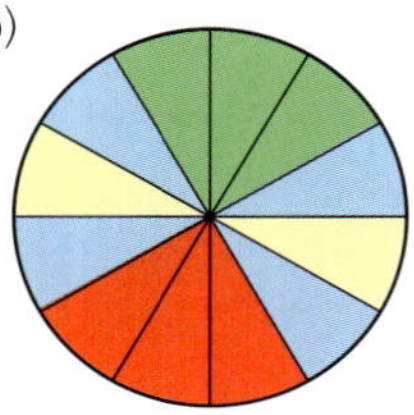
c)
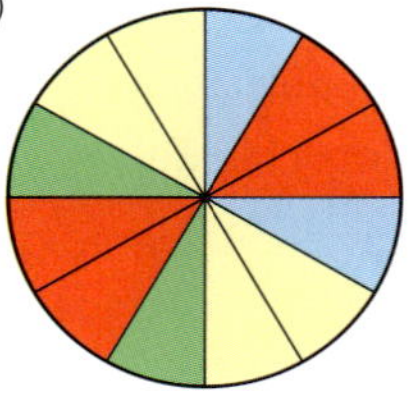
d)
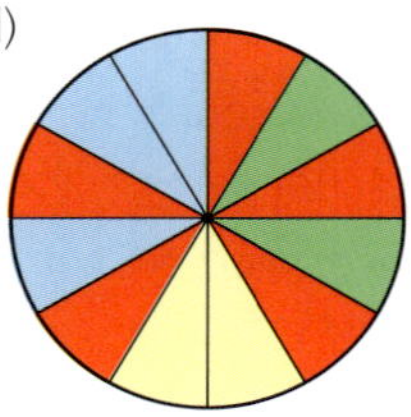

4. Sven hat eine Musik-CD mit 15 Titeln, auf der sich auch 3 Titel seiner Lieblingsband befinden. Wie groß ist die Wahrscheinlichkeit, dass bei zufälliger Auswahl eines Titels der CD ein Titel seiner Lieblingsband gespielt wird?

5. Bei einer Verkehrskontrolle in einer Kleinstadt wurde der technische Zustand von 146 Kleinkrafträdern überprüft. Dabei stellte sich heraus, dass 26 einen und 5 sogar zwei und mehrere Mängel aufwiesen. Gib einen Schätzwert für die Wahrscheinlichkeit an, dass ein Kleinkraftrad in dieser Stadt einen bzw. zwei und mehrere Mängel hat, wenn man voraussetzt, dass sich die Bedingungen für das Auftreten von Mängeln nicht ändern!

6. In einem Ziehungsbehälter sind nur gleich große schwarze und weiße Kugeln. Gib die Wahrscheinlichkeit an, dass bei zufälliger Auswahl eine schwarze Kugel gezogen wird, wenn die Anzahlen der schwarzen und weißen Kugeln in folgendem Verhältnis stehen!
a) 1 : 1 b) 1 : 2 c) 2 : 3 d) 5 : 1 e) 1 : 100
f) 2 : 998 g) 10 : 1 h) 24 : 1 i) 0,5 j) 1,5

7. Bei einer Tombola gibt es 500 Lose. Darin enthalten sind 10 Hauptgewinne und 75 Kleingewinne. Die restlichen Lose sind Nieten.
Berechne die Wahrscheinlichkeit, dass das erste Los folgende Eigenschaft hat!
a) Es ist ein Hauptgewinn. b) Es ist ein Kleingewinn. c) Es ist eine Niete.

8. Gib zu folgenden Ereignissen das Gegenereignis und seine Wahrscheinlichkeit an!

a) Beim Würfeln mit einem regulären Spielwürfel fällt eine ungerade Zahl.
b) Beim Würfeln mit einem regulären Spielwürfel fällt eine Zahl größer als 5.
c) Beim Ziehen einer Karte aus einem Skatblatt wird ein As gezogen.
d) Bei der Ziehung der nächsten Lottozahlen im Spiel 6 aus 49 wird als erste Zahl eine durch 7 teilbare Zahl gezogen.
e) Beim Würfeln mit einem regulären Spielwürfel wird mindestens die Augenzahl 5 erreicht.

Interpretieren von Wahrscheinlichkeiten

9. Die Wahrscheinlichkeit eines Ereignisses kann auch durch die Angabe des Verhältnisses der Möglichkeiten für das Eintreten bzw. Nichteintreten zum Ausdruck gebracht werden. Man spricht in diesem Fall von den Chancen für das Ereignis.
Zum Beispiel sind die Chancen für das Würfeln einer Sechs mit einem Spielwürfel 1 : 5.
a) Wie groß ist die Wahrscheinlichkeit eines Ereignisses, wenn die Chancen für sein Eintreten 1 : 1 (bzw. 1 : 3; 4 : 1 oder 9 : 1) stehen?
b) Wie stehen die Chancen für ein Ereignis, wenn seine Wahrscheinlichkeit $\frac{1}{2}$ (bzw. $\frac{1}{3}$; $\frac{3}{4}$ oder $\frac{2}{5}$) beträgt?

10. In welchen Fällen kann sich die angegebene Wahrscheinlichkeit durch neue Informationen ändern? Welche Informationen könnten dies sein?

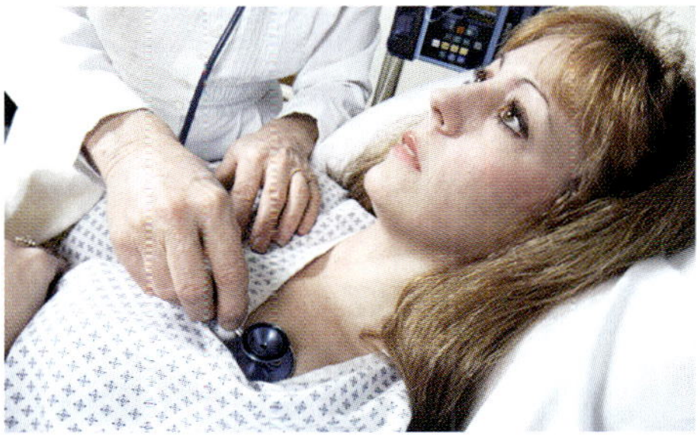

a) In einem Mordfall hält der Kommissar den Gärtner mit 90 %iger Sicherheit für den Täter.
b) Der Arzt ist sich zu 80 % sicher, dass die Kopfschmerzen seiner Patientin keine organischen Ursachen haben.
c) Die Sicherheit eines Verhütungsmittels beträgt 99 %.
d) Die Wahrscheinlichkeit für das Würfeln einer Sechs mit einem Spielwürfel beträgt $16,\overline{6}$ %.

11. Drücke den Grad der Erwartung der Ereignisse mit der angegebenen Wahrscheinlichkeit in Worten aus!
Welche Schlussfolgerungen können aus den Angaben gezogen werden?
a) Die Regenwahrscheinlichkeit für morgen beträgt 20 %.
b) Die Wahrscheinlichkeit des Sieges des Pferdes *Merkur* beim nächsten Rennen ist 90 %.
c) Felix ist sich zu 90 % sicher, dass er in der letzten Mathearbeit mindestens eine 3 hat.
d) Die Wahrscheinlichkeit für 6 Richtige beim Spiel „6 aus 49" beträgt $7{,}2 \cdot 10^{-8}$.

12. Gib Vorhersagen für zu erwartende Häufigkeiten bei mehrfacher Wiederholung des Vorgangs an, der die angegebenen Ergebnisse mit den jeweiligen Wahrscheinlichkeiten hat!

a) Die Wahrscheinlichkeit, mit zwei Würfeln die Zahlen 2 und 1 zu würfeln, beträgt $\frac{1}{18}$.

b) Die Wahrscheinlichkeit, dass ein Schulanfänger Linkshänder ist, beträgt 0,1.

c) Beim Einsatz eines Lügendetektors kann das Gerät mit einer Wahrscheinlichkeit von 80 % feststellen, ob ein Verdächtiger lügt, obwohl er schuldig ist. Wenn ein Verdächtiger unschuldig ist und die Wahrheit sagt, irrt der Detektor in 10 % der Fälle und zeigt ebenfalls an, dass der Verdächtige gelogen hat.
Betrachte als Beispiel die Befragung von 100 Personen, von denen 10 schuldig waren!

Mehrstufige Vorgänge

13. Aus einer Klasse mit 15 Jungen und 10 Mädchen werden zwei Personen zufällig ausgewählt. Berechne die Wahrscheinlichkeit dafür, dass es zwei Mädchen sind!

14. 60 % der Nägel werden in einer Firma mit neuen Maschinen gefertigt. Erfahrungsgemäß produzieren die neuen Maschinen 0,5 %, die alten Maschinen 2,5 % fehlerhafte Nägel.

a) Stelle aus diesen Angaben ein Baumdiagramm auf!

b) Vor dem Verpacken werden die Nägel beider Produktionsstrecken vermischt. Wie groß ist dann die Wahrscheinlichkeit für den Verkauf eines fehlerhaften Nagels?

c) Wie viele fehlerhafte Nägel kann man beim Kauf von 500 Nägeln dieser Firma erwarten?

d) Mit welcher Wahrscheinlichkeit befindet sich in einer Zehnerpackung mindestens ein fehlerhafter Nagel?

15. Bei einer Verkehrskontrolle von 180 Autos fehlte in 15 Autos nur das Warndreieck, bei 20 Autos wurde eine defekte Lampe gefunden. 10 Autos wiesen beide Mängel auf.

a) Bestimme die Wahrscheinlichkeit, dass ein kontrolliertes Auto mindestens einen Mangel aufweist!

a) Wie viele mangelhafte Autos können bei der nächsten Kontrolle von 500 Autos erwartet werden, wenn die gleiche Mängelwahrscheinlichkeit vorausgesetzt wird?

16. Bestimme näherungsweise die Wahrscheinlichkeit p, mit der ein Widerstand funktioniert! Es ist bekannt, dass in einem Schaltkreis mit n unabhängig voneinander funktionierenden gleichen Widerständen mindestens einer mit der Wahrscheinlichkeit p ausfällt.

a) $n = 2$; $p = 0{,}0975$ b) $n = 3$; $p = 0{,}271$ c) $n = 5$; $p = 0{,}23$ d) $n = 6$; $p = 0{,}74$

17. Bei der Qualitätskontrolle von Schränken werden bezüglich der Maßhaltigkeit 10 % beanstandet. 85 % der Schränke passieren die Farbkontrolle ohne Beanstandung und 5 % haben eine fehlerhafte Oberfläche. Ein Schrank kann als 1. Wahl oder, wenn er fehlerhaft ist, als 2. Wahl verkauft werden.
Das trifft zu, wenn bei der gesamten Kontrolle entweder ein Fehler in der Farbe oder in der Oberflächenbeschaffenheit vorliegt. Alle anderen Erzeugnisse sind Ausschuss.

a) Stelle die Ergebnisse der dreifachen Qualitätskontrolle in einem dreistufigen Baumdiagramm dar!

b) Bestimme die Wahrscheinlichkeit für folgende Ereignisse!
A: Ein beliebiger Schrank kann als 1. Wahl verkauft werden.
B: Ein beliebiger Schrank kann als 2. Wahl verkauft werden.
C: Ein beliebiger Schrank ist Ausschuss.

Ermitteln von Anzahlen

18. Löse mithilfe von Baumdiagrammen und Zählregeln!

a) Ein Fuhrunternehmen hat 2 verschiedene Zugmaschinen und 3 unterschiedliche Anhänger. Für einen Transport soll ein Lastzug aus Zugmaschine und Anhänger zusammengestellt werden. Wie viele Zusammenstellungen gibt es?

b) Norman hat die Telefonnummer seines Freundes Torsten vergessen. Er weiß aber noch, dass sie mit 21 beginnt, sechsstellig ist, die Ziffernfolge 88 enthält und weiterhin die Ziffern 7 und 9 vorkommen. Wie viele Möglichkeiten muss Norman höchstens ausprobieren, wenn er Torsten anrufen will?

c) Karin möchte in ihrem Zimmer drei Poster in einer Reihe an die Wand kleben. Sie sucht nach einer günstigen Reihenfolge und überlegt, wie viele Möglichkeiten für die Reihenfolge sie insgesamt hat.

d) Björn hat vier Freunde (Olaf, Christoph, Paul und Bert). Er darf zwei von ihnen mitnehmen, wenn er mit seinen Eltern ins Schwimmbad fährt. Wie viele Auswahlmöglichkeiten hat er dafür?

19. Die Autofirma MOBIL bietet ihr neues Modell PEGASUS in sechs verschiedenen Farben, mit drei unterschiedlichen Motortypen, als Fließheck- oder Stufenheckmodell sowie jeweils mit und ohne Klimaanlage an. Wie viele verschiedene Ausführungen des Modells PEGASUS hat ein Kunde zur Auswahl?

20. Jacqueline möchte neu gekaufte Sachen anprobieren. Sie hat vier neue T-Shirts, zwei neue Jeans und drei Paar neue Socken bekommen.

a) Wie lange dauert es, bis sie alle Kombinationsmöglichkeiten durchprobiert hat, wenn für jede Anprobe etwa fünf Minuten eingeplant werden?

b) Schätze vor der Rechnung!

21. Der Trainer einer 4 x 100 m Sprintstaffel möchte alle Aufstellungsmöglichkeiten für den nächsten Wettkampf seiner vier Läuferinnen ausprobieren. In jeder der möglichen Startreihenfolgen will er einen Trainingslauf absolvieren lassen.
Wie viele Läufe muss er mindestens durchführen lassen?

22. In einem Bistro gibt es zwei verschiedene Vorsuppen, fünf verschiedene Hauptgerichte und drei verschiedene Nachspeisen. 28 Schüler einer Klasse und ihre Lehrerin wollen bei einem Wandertag im Bistro zu Mittag essen. Könnten alle Personen ein anderes Menü aus Vorsuppe, Hauptgericht und Nachspeise bestellen?

23. Sebastian lernt Klavier spielen und möchte selbst komponieren. Er überlegt, wie viele Möglichkeiten es gibt, aus mehreren Tönen eine Tonfolge zusammenzustellen, wobei auch Töne mehrfach auftreten können.
Wie viele Möglichkeiten gibt es?
a) für eine Tonfolge von 3 Tönen Länge
b) für eine Tonfolge von 4 Tönen Länge
c) für eine Tonfolge von 5 Tönen Länge

24. Der neue Inhaber des Restaurants „Tausendundeine Nacht" möchte mit dem Spruch: *„Mehr als 1000 verschiedene Menüs"* werben. Er hat bereits 25 verschiedene Hauptgerichte geplant und überlegt, wie viele verschiedene Vor- und Nachspeisen er noch anbieten muss.
Kannst du ihm helfen?

25. Ein Zug soll auf einem Bahnhof von einem Gleis aus acht Bahnsteige erreichen können.
a) Zeichne ein mögliches Schienennetz!
b) Zeichne noch einmal und versuche mit möglichst wenigen Weichen auszukommen!

26. Autonummern einer Stadt können nach dem Zeichen für den Kreis einen Buchstaben und genau drei Ziffern haben.

a) Wie viele Autos können mit derartigen Schildern in dieser Stadt zugelassen werden?
b) Die Anzahl der Autos in dieser Stadt steigt jährlich, sodass eine weitere Stelle auf dem Nummernschild belegt werden muss. Würdest du eine weitere Ziffer oder einen weiteren Buchstaben einführen? Begründe!
c) Wie viele Autos können zugelassen werden, wenn ein weiterer Buchstabe verwendet wird?

27. Wie viele 6-stellige Telefonnummern lassen sich aus den Ziffern 0 bis 9 bilden? Eine Telefonnummer beginnt niemals mit der Ziffer 0.

28. Der Blindenlehrer LOUIS BRAILLE (1809 bis 1852), der selbst schon mit 3 Jahren erblindet war, entwickelte eine noch heute gebräuchliche Blindenschrift, mit der Blinde ebenso schnell und sicher lesen lernen wie Sehende. Jeder „Buchstabe" der Schrift besteht aus 3 Zeilen mit jeweils zwei Zeichen. Diese 6 Stellen sind entweder erhaben oder flach. Wie viele verschiedene Zeichen sind auf diese Weise möglich!

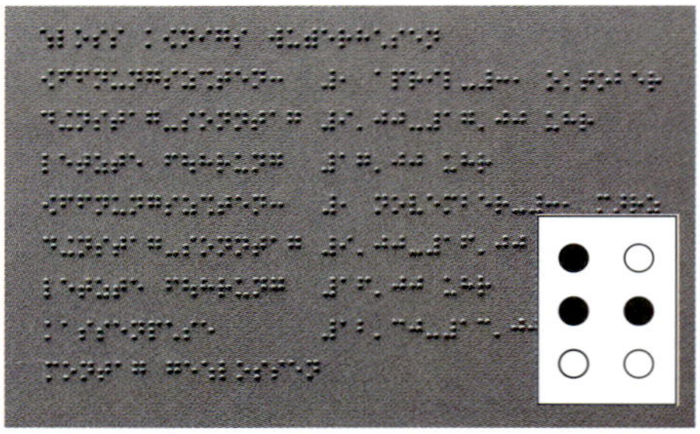

29. Wie viel Möglichkeiten gibt es, 5 Geschenke an 3 Kinder zu verteilen?

30. Es soll eine Urlaubsreise zu 3, zu 5 bzw. zu 7 verschiedenen Orten geplant werden.
a) Wie viele verschiedene Reiserouten müssen betrachtet werden, um die günstigste Route auszuwählen? Die Orte sollen in beliebiger Reihenfolge angefahren werden können.
b) Skizziere deine Lösung!

31. Thomas würfelt gleichzeitig mit zwei Würfeln. Ein Würfel ist ein normaler Spielwürfel und bei dem anderen Würfel befindet sich auf drei Seiten ein schwarzes Schiff, und auf den übrigen drei Seiten jeweils ein blaues, grünes oder gelbes Schloss. Wie viele verschiedene Würfelergebnisse gibt es?

32. Klaus kann an seinem Computer im Textverarbeitungsprogramm die Schriftart, die Buchstabengröße und den Stil der Schrift variieren. Ihm stehen bei 18 Schriftarten jeweils 11 Buchstabengrößen und die Stile „Normal, Fett, Kursiv, Unterstrichen" zur Verfügung. Wie viele Möglichkeiten der Schriftgestaltung hat Klaus?

33. Bei einem 100-m-Lauf starten 6 Läufer.
Wie viele Einlaufmöglichkeiten gibt es, wenn keine zwei Läufer gleichzeitig ankommen?

34. Auf wie viele Arten kann ein Arzt nacheinander 7 Patienten besuchen?

35. Im Viertelfinale der Fußballweltmeisterschaft sind noch 8 Mannschaften im Wettbewerb. Wie viele unterschiedliche Ansetzungen des Endspiels sind noch möglich?

36. Wie viel unterschiedliche Zeichen sind beim Morsealphabet möglich? Ein Zeichen entsteht durch Aneinanderreihung von bis zu 5 Punkte oder Strichen.

37. Wie viele zweistellige Zahlen mit folgenden Eigenschaften gibt es?
a) In ihnen kommen nur die Ziffern 1 und 2 vor.
b) Sie bestehen nur aus ungeraden Ziffern.
c) Sie bestehen aus zwei verschiedenen Ziffern.

38. Berechne folgende Binomialkoeffizienten!
a) $\binom{5}{2}$ b) $\binom{6}{3}$ c) $\binom{7}{4}$ d) $\binom{7}{3}$ e) $\binom{10}{2}$ f) $\binom{10}{8}$

39. Zeige mithilfe der Definition des Binomialkoeffizienten, dass Folgendes gilt!
a) $\binom{n}{n} = 1$ b) $\binom{n}{1} = \binom{n}{n-1} = n$ c) $\binom{n}{k} = \binom{n}{n-k}$

40. Susi will aus 15 Sorten Eis 3 verschiedene Kugeln auswählen.
a) Wie viele Möglichkeiten hat sie, wenn es ihr auch auf die Reihenfolge ankommt?
b) Wie viele Möglichkeiten verbleiben, wenn ihr die Reihefolge egal ist?

41. Es treffen sich vier Freunde und jeder gibt jedem die Hand. Wie oft werden Hände geschüttelt?

42. Vergleiche die Anzahl der Möglichkeiten zum Ausfüllen eines Tippscheines bei folgenden Lottospielen!
a) Polen: „5 aus 35" b) Schweden: „7 aus 35" c) Finnland: „7 aus 37"
d) Jugoslawien: „5 aus 36" e) Schweiz: „6 aus 42" f) Niederlande: „6 aus 41"

43. Aus 9 von Schülergruppen angefertigten Postern sollen 5 ausgewählt und im Mathematikraum ausgehängt werden!
a) Wie viele Möglichkeiten bei der Auswahl der Poster gibt es?
b) Wie viele Möglichkeiten gibt es, wenn ein bestimmtes Poster unbedingt dabei sein soll?
c) Wie viele Möglichkeiten gibt es, wenn für drei Plätze an der Wand nur 4 der Poster genutzt werden können?

44. Bei einer Mathematikarbeit soll ein Schüler von 10 Aufgaben nur 8 lösen.
a) Wie viele Möglichkeiten zur Auswahl der Aufgaben hat er?
b) Wie viele Möglichkeiten hat er, wenn von den ersten 5 Aufgaben genau 4 bearbeitet werden müssen?
c) Wie viele Möglichkeiten hat er, wenn er die ersten beiden Aufgaben lösen muss und von den beiden letzten Aufgaben mindestens eine zu lösen ist?

3.1 Bedingte Wahrscheinlichkeiten

In einer Spielshow werden hinter drei Türen ein Auto und zwei Ziegen versteckt. Der Kandidat wählt eine der Türen. Der Showmaster öffnet nun eine der beiden anderen Türen, aus der eine Ziege hervorschaut. Der Kandidat kann bei seiner Wahl bleiben oder wechseln.
Eine Journalistin behauptet, dass sich bei einem Wechsel die Gewinnchancen verdoppeln würden. Was sagst du dazu?

Ergebnis- und Ereignismengen

Ereignisse und ihre Wahrscheinlichkeiten können in der Sprache der Mengenlehre formuliert werden. Der Begriff *Menge* ist einer der allgemeinsten Begriffe der Mathematik. Er kann nicht durch andere mathematische Begriffe definiert, sondern nur umgangssprachlich beschrieben werden.

Eine **Menge** ist eine Zusammenfassung von bestimmten wohl unterschiedenen Objekten aus unserer Anschauung oder unserem Denken zu einem Ganzen. Die zusammengefassten Objekte heißen Elemente der Menge.

Mengen können in einer Relation zueinander stehen oder durch Operationen mit einander verknüpft werden.

Eine Menge A ist **Teilmenge** einer Menge B (Schreibweise: $A \subseteq B$), wenn jedes Element von A auch Element von B ist.
Zwei Mengen A und B heißen **elementfremd (disjunkt),** wenn sie kein gemeinsames Element besitzen.
Die **Vereinigung** der Mengen A und B (Schreibweise: $A \cup B$) ist die Menge aller Elemente, die in A oder in B (bzw. in beiden Mengen) enthalten sind.
Der **Durchschnitt** der Mengen A und B (Schreibweise: $A \cap B$) ist die Menge aller Elemente, die A und in B enthalten sind.

In der Stochastik werden Mengen betrachtet, deren Elemente Ergebnisse oder Ereignissen sind.

Die Menge aller einzelnen Ergebnisse eines zufälligen Vorgangs heißt **Ergebnismenge** und wird mit dem griechischen Buchstaben Ω bezeichnet. Ein **Ereignis** ist eine Teilmenge der Ergebnismenge Ω.

Hinweise: Die Ergebnismenge wird auch als *Ergebnisraum* bezeichnet.
Die Menge aller möglichen Ereignisse eines zufälligen Vorgangs heißt *Ereignisraum.*
Jedes Ergebnis ist auch ein Ereignis und wird als *Elementarereignis* bezeichnet.

Die leere Menge Ø heißt **unmögliches Ereignis** und Ω heißt **sicheres Ereignis.**

Ergebnisse und Ereignisse sind streng genommen stets Aussagen. Zur Vereinfachung der Schreibweise werden allerdings oft Zahlen oder Größen als Ersatz verwendet. Ereignisse werden meist als Aussagen über Ergebnisse formuliert.

Zufälliger Vorgang:	Weitsprung eines Schülers
Merkmal:	Zensur, die der Schüler dafür erhält
Ergebnismenge ausführlich:	Ω = {er erhält eine 1; er erhält eine 2; …; er erhält eine 6.}
Kurzschreibweise:	Ω = {1; 2; 3; 4; 5; 6}
Ereignis als Teilmenge:	A = {er erhält eine 1; er erhält eine 2.}
Ereignis in Kurzschreibweise:	A = {1; 2}
Ereignis als Aussage:	Der Schüler erhält eine 1 oder eine 2.

Verknüpfung von Ereignissen

Analog zu den Mengenoperationen gibt es folgende Verknüpfungen von Ereignissen:

Verknüpfung der Ereignisse A und B	Schreibweise	Mengendiagramm
Es tritt das Ereignis A **und** das Ereignis B ein.	$A \cap B$	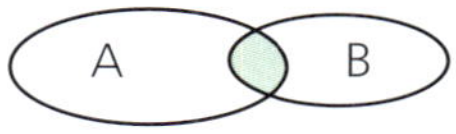
Es tritt das Ereignis A **oder** das Ereignis B ein.	$A \cup B$	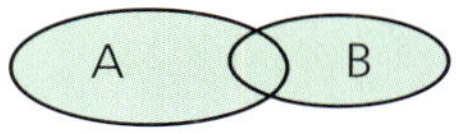

Hinweis: A oder B bedeutet, dass mindestens eines der Ereignisse eintritt.

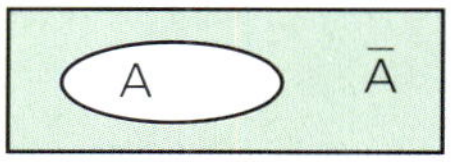

Unter dem Gegenereignis $\bar{A}$ versteht man die **Komplementärmenge** zum Ereignis A bezüglich der Ergebnismenge Ω.

Mit diesen und weiteren Verknüpfungen von Ereignissen ergibt sich ein System von „Rechenregeln" mit Ereignissen, das als **Ereignisalgebra** bezeichnet wird. Es lässt sich zeigen, dass die Ereignisalgebra völlig analog zum Arbeiten mit Mengen ist. So entsprechen die Verknüpfung „A und B" der Bildung des Durchschnitts und die Verknüpfung „A oder B" der Bildung der Vereinigung der beiden Mengen. Mit Ereignissen kann deshalb wie mit Mengen operiert werden

Weiterhin gibt es viele analoge Begriffsbildungen.

Zwei Ereignisse A und B heißen **unvereinbar,** wenn sie nicht zugleich eintreten können, d.h. wenn gilt: $A \cap B = \emptyset$.

Die Unvereinbarkeit zweier Ereignisse entspricht dem Begriff der Elementfremdheit (Disjunktheit) zweier Mengen.

Bedingte Wahrscheinlichkeit bei mehrstufigen Vorgängen

Wenn bei einem mehrstufigen Vorgang die Teilvorgänge nacheinander ablaufen, kann es vorkommen, dass das Ergebnis eines Teilvorgangs die Wahrscheinlichkeit der Ergebnisse des nachfolgenden Vorgangs beeinflusst.

Beispiel 1:
Es werden 2 Kinokarten unter 2 Jungen und 2 Mädchen ausgelost.

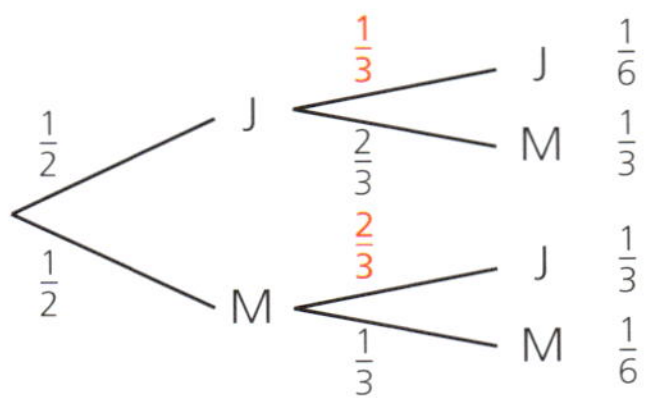

Die Wahrscheinlichkeit, dass die zweite Karte ein Junge bekommt hängt davon ab, ob zuerst eine Junge oder ein Mädchen ausgelost wurde. Sie beträgt $\frac{1}{3}$ bzw. $\frac{2}{3}$.

Beispiel 2:
Eine Frau bekommt zwei Kinder.

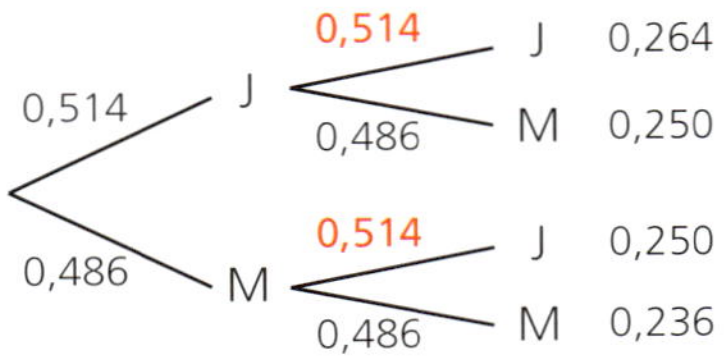

Die Wahrscheinlichkeit, dass das zweite Kind ein Junge ist, hängt *nicht* davon ab, ob bereits ein Junge geboren wurde oder nicht. Sie beträgt in beiden Fällen 0,514.

Um die Wahrscheinlichkeiten der Ergebnisse des zweiten Teilvorgangs in Abhängigkeit von den Ergebnissen des ersten Teilvorgangs anzugeben, sind verschiedene Sprech- und Schreibweisen üblich:

Beispiel 1: A: Als erster wird ein Junge ausgelost.
B: Als zweiter wird ein Junge ausgelost.

Sprechweisen: die Wahrscheinlichkeit von B, wenn A eingetreten ist
die Wahrscheinlichkeit von B unter der Voraussetzung, dass A eingetreten ist
die Wahrscheinlichkeit von B unter der Bedingung A
die durch A bedingte Wahrscheinlichkeit von B

Schreibweisen: $P(B \mid A)$ oder $P_A(B)$

Hinweise: Die Schreibweise $P(B \mid A)$ hat schreibtechnische Vorteile, insbesondere wenn die Ereignisse in Worten angegeben werden sollen. Zu beachten ist allerdings, dass es sich bei dem Ausdruck $B \mid A$ nicht um eine Verknüpfung von Aussagen bzw. Mengen handelt.

Wahrscheinlichkeitsangaben der Form $P(B \mid A)$ bzw. $P_A(B)$ werden als **bedingte Wahrscheinlichkeiten** bezeichnet.

Hinweis: Der Begriff der bedingten Wahrscheinlichkeit darf nicht mit den Bedingungen eines Vorgangs gleichgesetzt werden. Jeder zufällige Vorgang, so auch stets der erste Teilvorgang, läuft unter einer Vielzahl von bestimmten Bedingungen ab.
Das eingetretene Ergebnis des ersten Teilvorgangs ist nur eine der Bedingungen für den Verlauf des zweiten Teilvorgangs.

Bedingte Wahrscheinlichkeiten treten als Pfadwahrscheinlichkeiten bei mehrstufigen Vorgängen ab der zweiten Stufe auf.

Es sollen allgemein zwei Teilvorgänge betrachtet werden, bei denen die Ereignisse A und $\overline{A}$ bzw. B und $\overline{B}$ eintreten können.

Die Reihenfolge der Teilvorgänge soll zunächst beliebig sein. Dann lässt sich dieser zweistufige Vorgang mit einem der folgenden Baumdiagramme darstellen.

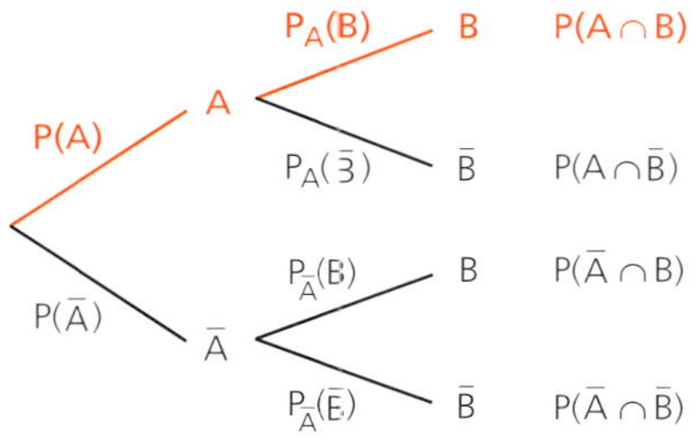

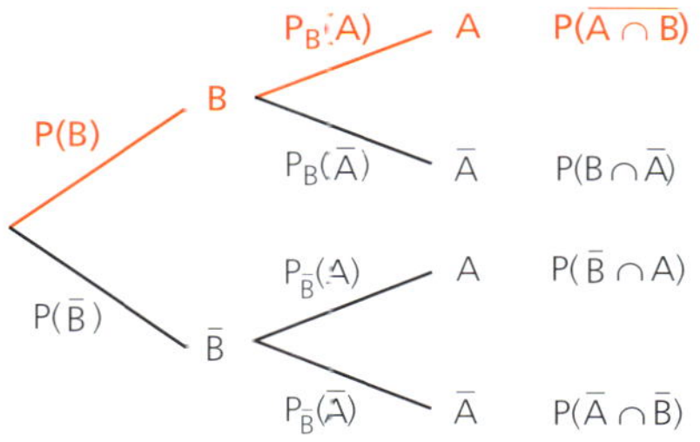

Nach der ersten Pfadregel gilt z. B.:

$P(A \cap B) = P(B \cap A) = P(A) \cdot P(B \mid A) = P(B) \cdot P(A \mid B)$.
Daraus ergeben sich folgende Formeln zur Berechnung einer bedingten Wahrscheinlichkeit, die auch zur Definition der bedingten Wahrscheinlichkeit verwendet werden können.

> Es seien A und B zwei Ereignisse mit $P(A) > 0$ und $P(B) > 0$. Dann gilt:
>
> $P(A \mid B) = P_B(A) = \frac{P(A \cap B)}{P(B)}$ und $P(B \mid A) = P_A(B) = \frac{P(A \cap B)}{P(A)}$

Zur Ermittlung bedingter Wahrscheinlichkeiten kann man eines der Baumdiagramme zeichnen und damit die gesuchten Wahrscheinlichkeiten berechnen oder eine der Formeln anwenden.

Ein Baumdiagramm mit vertauschter Reihenfolge der Teilvorgänge heißt auch **umgekehrtes Baumdiagramm.** Eine Vertauschung der Reihenfolge der Teilvorgänge ist aus inhaltlicher Sicht nicht immer sinnvoll. Zur formalen Berechnung von bedingten Wahrscheinlichkeiten für „umgekehrte Fragestellungen" ist die Erstellung eines solchen Baumdiagramms oft nützlich.

Bedingte Wahrscheinlichkeiten und Zusammenhänge von Merkmalen

Bei statistischen Untersuchungen werden oft mehrere Merkmale von Elementen der Grundgesamtheit untersucht, wobei dann die Frage interessiert, ob es einen Zusammenhang zwischen diesen Merkmalen gibt.

Werden nur zwei Merkmale mit jeweils zwei Ausprägungen untersucht, können die Häufigkeiten der Merkmalskombinationen in einer **Vierfeldertafel** dargestellt werden. Die Vierfeldertafel wird meist noch durch die Angabe der Zeilen- und Spaltensummen ergänzt. Bei zwei Merkmalen mit mehr als zwei Ausprägungen spricht man allgemein von einer **Mehrfeldertafel.**

Obwohl die zufälligen Vorgänge, in deren Ergebnis die Ausprägungen der Merkmale entstehen, oft gleichzeitig ablaufen, kann man sie zur Untersuchung der Zusammenhänge der Merkmale in einem Baumdiagramm nacheinander anordnen, wobei jeweils zwei Anordnungen möglich sind.

Die beiden Merkmale M_1 und M_2 sollen die Ausprägungen A und $\bar{A}$ bzw. B und $\bar{B}$ haben. Aus der Grundgesamtheit werden n Elemente zufällig ausgewählt und untersucht. Dann kann man die Ergebnisse allgemein in der folgenden Vierfeldertafel darstellen.

Aus der Vierfeldertafel kann ein Baumdiagramm gewonnen werden, indem man für die Wahrscheinlichkeiten bzw. für die bedingten Wahrscheinlichkeiten die entsprechenden relativen Häufigkeiten als Näherungswerte wählt.

		M_2		Summe
		B	$\bar{B}$	
M_1	A	$n_{A,B}$	$n_{A,\bar{B}}$	n_A
	$\bar{A}$	$n_{\bar{A},B}$	$n_{\bar{A},\bar{B}}$	$n_{\bar{A}}$
	Summe	n_B	$n_{\bar{B}}$	n

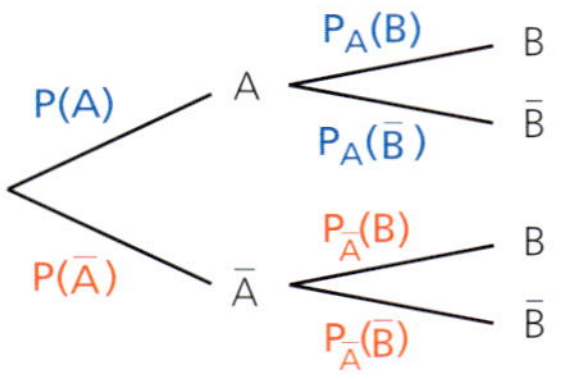

$P(A) = \frac{n_A}{n}$; $P(B\,|\,A) = \frac{n_{A,B}}{n_A}$; $P(\bar{B}\,|\,A) = \frac{n_{A,\bar{B}}}{n_A}$; $P(\bar{A}) = \frac{n_{\bar{A}}}{n}$; $P(B\,|\,\bar{A}) = \frac{n_{\bar{A},B}}{n_{\bar{A}}}$; $P(\bar{B}\,|\,\bar{A}) = \frac{n_{\bar{A},\bar{B}}}{n_{\bar{A}}}$

Zwei Merkmale heißen **unabhängig voneinander**, wenn die Ausprägungen des einen Merkmals keinen Einfluss auf die Wahrscheinlichkeit der Ausprägungen des anderen Merkmals haben, sonst heißen sie **abhängig voneinander.**

Die Unabhängigkeit zweier Merkmale kann man aus einer Vier- bzw. Mehrfeldertafel oder einem Baumdiagramm erkennen. Bei statistischen Untersuchungen von mehreren Merkmalen an einem Objekt ist die Unabhängigkeit ein Grenzfall der Abhängigkeit.

Bei einer Befragung von 1000 sechzehnjährigen Schülern wird der Zusammenhang zwischen Geschlecht und Besitz eines Fahrrades untersucht. Die Befragungsergebnisse werden in einer Vierfeldertafel und einem daraus gewonnen Baumdiagramm dargestellt.

		Fahrradbesitz		Summe
		hat ein Fahrrad	hat kein Fahrrad	
Geschlecht	Junge	468	52	520
	Mädchen	432	48	480
	Summe	900	100	1000

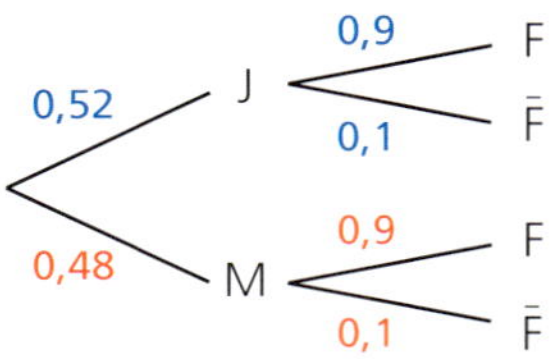

Da $\frac{468}{520} = \frac{432}{480} = 0{,}9$ gilt, ist der Anteil der Fahrradbesitzer unter den Jungen genauso groß wie der Anteil der Fahrradbesitzer unter den Mädchen.

Aus dem Baumdiagramm ist entsprechend erkennbar, dass $P(F\,|\,J) = P(F\,|\,M) = 0{,}9$.

Bei einer aus der Grundgesamtheit zufällig ausgewählten Person hat das Geschlecht der Person keinen Einfluss auf die Wahrscheinlichkeit, dass die Person ein Fahrrad besitzt.
Beide Merkmale sind also unabhängig voneinander.

Bei einer weiteren Befragung der 1000 Schüler wird der Zusammenhang zwischen Geschlecht und Mitgliedschaft in einer Fußballmannschaft untersucht. Die Befragungsergebnisse werden in einer Vierfeldertafel und einem daraus gewonnen Baumdiagramm dargestellt.

		Fußballmannschaft		
		Mitglied	kein Mitglied	Summe
Geschlecht	Junge	78	442	520
	Mädchen	24	456	480
	Summe	102	898	1 000

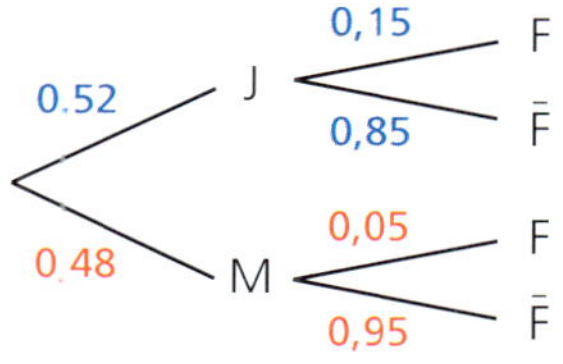

Da $\frac{78}{520} = 0{,}15$ und $\frac{24}{480} = 0{,}05$ ist, gilt $\frac{78}{520} > \frac{24}{480}$. Somit ist der Anteil der Fußballer unter den Jungen größer als der Anteil der Fußballer unter den Mädchen.

Aus dem Baumdiagramm ist entsprechend erkennbar, dass $P(F \mid J) \neq P(F \mid M)$.

Bei einer aus der Grundgesamtheit zufällig ausgewählten Person hat das Geschlecht der Person einen Einfluss auf die Wahrscheinlichkeit, dass die Person Mitglied einer Fußballmannschaft ist. Beide Merkmale sind also abhängig voneinander.

Bedingte Wahrscheinlichkeit bei Erkenntnisvorgängen

Eine weitere wichtige Anwendung des Konzepts der bedingten Wahrscheinlichkeit ergibt sich bei der Modellierung von Vorgängen zur Gewinnung von Erkenntnissen über ein unbekanntes Ergebnis eines zufälligen Vorgangs. Im Resultat dieses Erkenntnisvorgangs entstehen **Hypothesen** (begründete Vermutungen) über das unbekannte Ergebnis. Den Hypothesen kann man in der Regel eine bestimmte Wahrscheinlichkeit zuordnen. Durch weitere Informationen über das unbekannte Ergebnis können sich die Wahrscheinlichkeiten der Hypothesen ändern. Bei der Berechnung dieser neuen Wahrscheinlichkeiten treten Formeln zur bedingten Wahrscheinlichkeiten auf.

Ein typisches Beispiel ist die Diagnose einer Krankheit durch einen Arzt. Im Ergebnis eines zufälligen Vorgangs *„Entwicklung der Gesundheit des Patienten“* ist bei ihm eine Krankheit eingetreten. Nach den Schilderungen des Patienten über die Erkrankung und seinen Erfahrungen und Kenntnissen kommt der Arzt zu ersten Wahrscheinlichkeitsaussagen (Hypothesen) über die eingetretene Krankheit. Er zieht zwei Krankheiten K_1 und K_2 in Betracht. K_1 hält er mit einer Wahrscheinlichkeit von 60 % und K_2 mit 40 % für möglich.

Unbekannter Zustand: Welche Krankheit hat der Patient?

Hypothesen: K_1: Patient hat Krankheit K_1 K_2: Patient hat Krankheit K_2

Erkenntnisvorgang:

Überlegungen des Arztes im Gespräch mit dem Patienten → $P(K_1) = 60\%$, $P(K_2) = 40\%$

↑ ↑ ↑

Informationen durch Patient, Kenntnisse des Arztes (I_0)

Baumdiagramm:

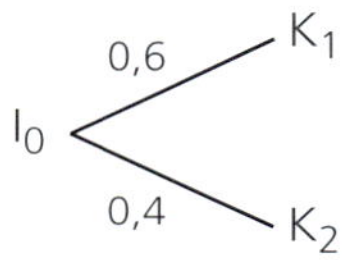

Der Arzt lässt dann als erste Untersuchung ein Blutbild machen, bei dem eine erhöhte Anzahl weißer Blutkörperchen festgestellt wird. Der Arzt weiß, dass dieses Symptom bei der Krankheit K_1 nur in 10 % und bei der Krankheit K_2 aber in 80 % der Fälle auftritt.

Neue Information I_1:
Die Anzahl der weißen Blutkörperchen ist erhöht.

Es gilt: $P(I_1|K_1) = 0{,}1$ $P(I_1|K_2) = 0{,}8$

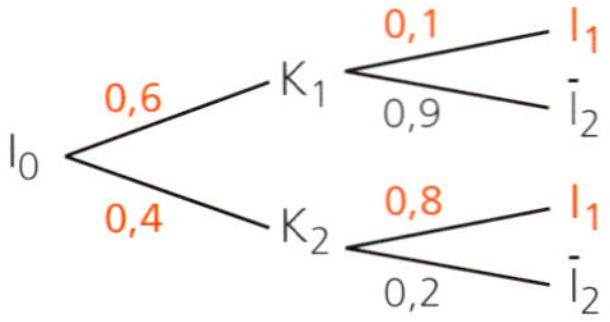

Mithilfe der Summenregel ergibt sich:

$P(I_1) = 0{,}6 \cdot 0{,}1 + 0{,}4 \cdot 0{,}8 = 0{,}38$

Daraus lassen sich neue Wahrscheinlichkeiten für die Hypothesen berechnen:

$$P(K_1|I_1) = \frac{P(K_1 \cap I_1)}{P(I_1)} = \frac{0{,}6 \cdot 0{,}1}{0{,}38} = 0{,}16$$

$$P(K_2|I_1) = \frac{P(K_2 \cap I_1)}{P(I_1)} = \frac{0{,}4 \cdot 0{,}8}{0{,}38} = 0{,}84$$

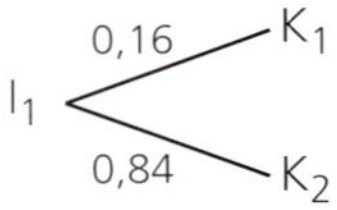

Der Arzt wird nach der Blutuntersuchung das Vorliegen der Krankheit K_1 nur noch mit einer Wahrscheinlichkeit von von 16 %, die Krankheit K_2 nun aber mit 84 % Wahrscheinlichkeit für möglich halten.

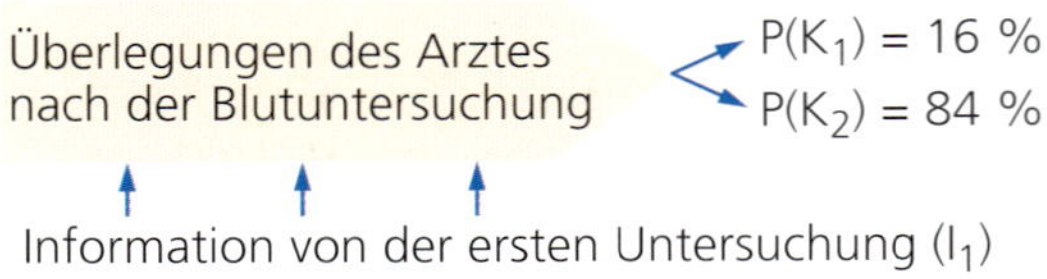

Er wird noch weitere Untersuchungen durchführen, deren Ergebnisse in analoger Weise die Wahrscheinlichkeiten der Hypothesen verändern, bis er eine sichere Diagnose abgeben kann.

Die gesamten Berechnungen können mithife eines verkürzten Baumdiagramms erfolgen, in das nur die Pfade eingetragen werden, die zu den interessierenden Ereignissen führen.

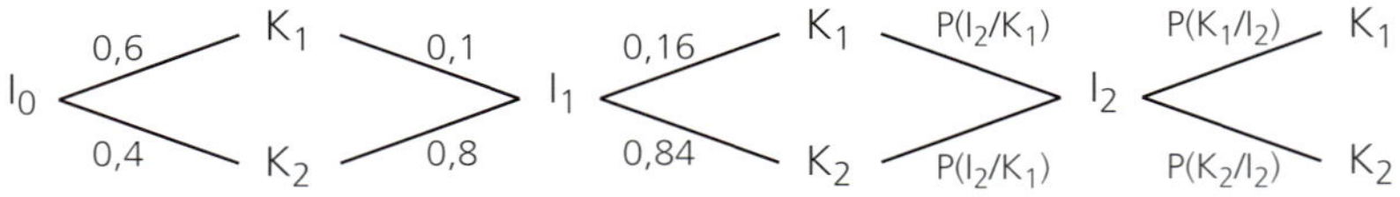

Obwohl es bei einem Erkenntnisvorgang meist um einen einzelnen konkreten Fall geht, ist es mitunter sinnvoll, sich den Sachverhalt in einem Gedankenexperiment für eine große Zahl gleicher Fälle zu veranschaulichen. Die dabei zu erwartenden absoluten Häufigkeiten können in das betreffende Baumdiagramm eingetragen werden.

Angenommen, es kommen zu dem Arzt 100 Patienten mit den genau gleichen Symptomen wie im obigen Beispiel, von denen 60 die Krankheit K_1, und 40 die Krankheit K_2 haben. Führt der Arzt bei jedem die Blutuntersuchung durch, so ist zu erwarten, dass bei 38 Patienten ein erhöhte Anzahl weißer Blutköperchen festgestellt wird. Von diesen 38 haben 6 (16 %) die Krankheit K_1 und 32 (84 %) die Krankheit K_2.

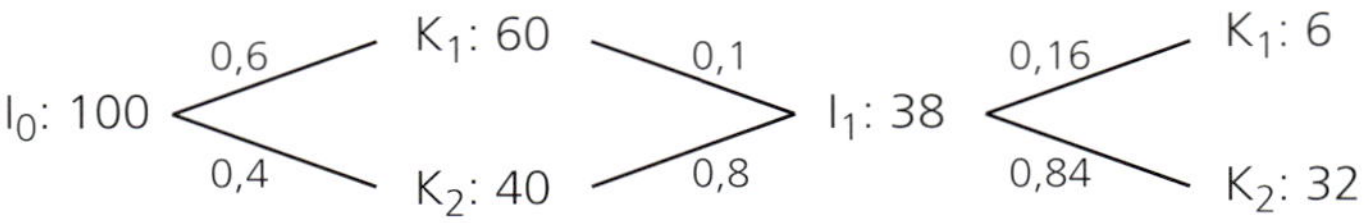

$0{,}1 \cdot 60 + 0{,}8 \cdot 40 = 38;$ $\frac{6}{38} = 0{,}16;$ $\frac{32}{38} = 0{,}84$

Aufgaben

Stelle die Daten aus folgendem Zeitungsausschnitt in einer Vierfeldertafel dar! Gib die beiden zugehörigen Baumdiagramme an und interpretiere die jeweiligen Pfadwahrscheinlichkeiten! Untersuche den Zusammenhang zwischen dem Erwerb der allgemeinen Hochschulreife und dem Geschlecht! Schreibe mit den berechneten Wahrscheinlichkeiten einen Text für einen Zeitungsartikel!

Im vergangenem Schuljahr erwarben von den 926 700 Absolventen der allgemein bildenden Schulen 214 000 die allgemeine Hochschulreife, darunter 120 000 von insgesamt 453 400 Mädchen. *(dpa)*

Verknüpfung von Ereignissen

1. Gib zu folgenden zufälligen Vorgängen mit den angegebenen Merkmalen und Merkmalsausprägungen alle Ergebnisse als Aussagen und in geeigneter Kurzschreibweise an!

	Vorgang	Merkmal
a)	Wurf einer Münze auf eine ebene Fläche	Lage der Münze
b)	Weitsprung von Beate	Sprungweite weiter als 4 m
c)	Diagnose eines Arztes	Krankschreibung des Patienten

2. A und B seien zwei Ereignisse. Stelle die folgenden Ereignisse als Verknüpfungen der Ereignisse A und B unter Verwendung der Operatoren „nicht“, „und“ bzw. „oder“ dar!

a) E_1: A tritt nicht ein.
b) E_6: Genau eins der Ereignisse tritt ein.
c) E_2: Sowohl A als auch B treten ein.
d) E_7: Mindestens eins der Ereignisse tritt ein.
e) E_3: Weder A noch B tritt ein.
f) E_8: Höchstens eins der Ereignisse tritt ein.
g) E_4: Entweder A oder B tritt ein.
h) E_9: Keins der beiden Ereignisse tritt ein.
i) E_5: A und B treten nicht ein.
j) E_{10}: Beide Ereignisse treten ein.

3. A, B und C seien drei Ereignisse. Stelle die folgenden Ereignisse als Verknüpfungen der Ereignisse A, B und C unter Verwendung der Operatoren „nicht“, „und“ bzw. „oder“ dar!

D: Alle drei gegebenen Ereignisse treten ein.
E: Genau zwei der drei gegebenen Ereignisse treten ein.
F: Genau eines der drei gegebenen Ereignisse tritt ein.
G: Keines der drei gegebenen Ereignisse tritt ein.
H: Mindestens eines der drei gegebenen Ereignisse tritt ein.
J: Höchstens eines der drei gegebenen Ereignisse tritt ein.
K: Die Ereignisse A, B und nur diese treten ein.
L: Genau das Ereignis A tritt ein.
M: Wenigstens das Ereignis A tritt ein.
N: Höchstens das Ereignis A tritt ein.

4. Anne, Bärbel und Christine starten für ihren Sportclub bei einem Wettkampf in verschiedenen Disziplinen. Es werden die folgenden Ereignisse betrachtet:

A: Anne gewinnt. B: Bärbel gewinnt. C: Christine gewinnt.

a) Gib die folgenden Ereignisse als Verknüpfungen der Ereignisse A, B und C an! Verwende die Operatoren „nicht", „und", „oder"!

E_1: Anne gewinnt nicht. E_2: Eine der drei gewinnt.
E_3: Eine der drei gewinnt nicht. E_4: Genau eine der drei gewinnt nicht.
E_5: Höchstens eine der drei gewinnt nicht. E_6: Zwei der drei Sportlerinnen gewinnen.
E_7: Genau zwei der drei Sportlerinnen gewinnen.

b) Beschreibe die folgenden Ereignisse möglichst kurz in Worten!

$Z_1 = E_2 \cup E_3$ $Z_2 = A \cap B \cap C$ $Z_3 = A \cup C$
$Z_4 = \overline{\overline{B}}$ $Z_5 = B \cup \overline{C}$ $Z_6 = (A \cap B) \cup (\overline{A} \cap \overline{B})$

5. Aus einer großen Produktionsserie von Computerchips werden nacheinander 3 Stück entnommen, wobei jeweils nur registriert wird, ob der entnommene Chip defekt oder nicht defekt ist.

a) Führe geeignete Bezeichnungen für die Ereignisse ein, dass der i-te (i = 1; 2; 3) Chip defekt bzw. nicht defekt ist und stelle die Ergebnismenge in einem Baumdiagramm dar!

b) Gib die Mengen A bis L als Teilmengen der Ergebnismenge an!

A: Der zuerst entnommene Chip ist defekt.
B: Der zuerst entnommene Chip und nur dieser ist defekt.
C: Alle entnommenen Chips sind defekt.
D: Nicht alle entnommenen Chips sind defekt.
E: Genau zwei entnommene Chips sind defekt.
F: Mindestens zwei der entnommenen Chips sind in Ordnung.
G: Höchstens zwei der entnommenen Chips sind in Ordnung.
H: Der erste oder der dritte entnommene Chip ist defekt.
J: Nur der zweite Chip ist intakt.
K: Weder der erste noch der dritte entnommene Chip ist defekt.
L: Es sind weder alle entnommenen Chips in Ordnung noch alle defekt.

c) Untersuche die Ereignisse C und D sowie F und G auf Unvereinbarkeit!

d) Wie viele Elemente hätte eine Ergebnismenge, wenn anstatt der drei jeweils n Chips entnommen werden?

6. Für eine Lieferung von zehn Computern seien die Ereignisse A und B wie folgt definiert:

A: Mindestens ein Computer ist defekt. B: Höchstens ein Computer ist defekt.

Schreibe die folgenden Ereignisse C bis G nur mithilfe von A und B einschließlich der entsprechenden Zeichen der Ereignisalgebra.

C: Zehn Computer sind intakt. D: Mindestens zwei Computer sind defekt.
E: Genau ein Computer ist defekt. F: Kein Computer ist defekt.
G: Keiner der Computer ist defekt oder mindestens zwei sind defekt.

Bedingte Wahrscheinlichkeit bei mehrstufigen Vorgängen

7. Ein Skatspiel enthält 4 Buben, die für das Spiel besonders wichtig sind. Beim Austeilen der 32 Karten bekommt jeder der 3 Mitspieler 10 Karten und 2 Karten werden verdeckt in den so genannten „Skat" gelegt. Die Reihenfolge des Austeilens hat bei einem gut gemischten Spiel keinen Einfluss auf die Wahrscheinlichkeit, eine bestimmte Karte zu bekommen. Deshalb kann man bei den folgenden Fragen davon ausgehen, dass zuerst der Skat ausgeteilt wird.

a) Wie groß ist die Wahrscheinlichkeit, dass die zweite Karte im Skat ein Bube ist, unter der Bedingung, dass die erste Karte ein Bube ist?

b) Wie groß ist die Wahrscheinlichkeit, dass die zweite Karte im Skat ein Bube ist, unter der Voraussetzung, dass die erste Karte kein Bube ist?

c) Wie groß ist die Wahrscheinlichkeit, dass zwei Buben im Skat liegen?

d) Wie groß ist die Wahrscheinlichkeit, dass kein oder genau ein Bube im Skat liegt?

8. Ermittle bei den folgenden Aufgaben die gesuchten bedingten Wahrscheinlichkeiten sowohl mithilfe eines Baumdiagramms als auch mit einer Formel für die bedingte Wahrscheinlichkeit! Es seien jeweils A und B zwei Ereignisse mit $0 < P(A) < 1$ und $0 < P(B) < 1$.

a) $P(A) = 0{,}6$	$P(B) = 0{,}4$	$P(A \cap B) = 0{,}3$	Berechne $P_A(B)$ und $P_B(A)$!
b) $P(\overline{A}) = 0{,}4$	$P(\overline{B}) = 0{,}8$	$P(\overline{A} \cap \overline{B}) = 0{,}32$	Berechne $P(\overline{A} \mid \overline{B})$ und $P(\overline{B} \mid \overline{A})$!
c) $P(A) = 0{,}7$	$P(B) = 0{,}2$	$P(\overline{A} \cap B) = 0{,}09$	Berechne $P(B \mid \overline{A})$ und $P(\overline{A} \mid B)$!
d) $P(\overline{A}) = 0{,}4$	$P(B) = 0{,}8$	$P(A \cap B) = 0{,}024$	Berechne $P(A \mid \overline{B})$ und $P(\overline{B} \mid A)$!

9. In einer Lostrommel befinden sich 30 gleiche Kugeln, die alle mit genau einer der Zahlen von 1 bis 30 beschriftet sind. Eine Kugel wird zufällig gezogen und es werden die 3 folgenden Teilbarkeitseigenschaften der auf ihr notierten Zahl untersucht.

A: Sie ist durch 2 teilbar. B: Sie ist durch 3 teilbar. C: Sie ist durch 6 teilbar.

Berechne die folgenden bedingten Wahrscheinlichkeiten und formuliere das Ergebnis als eine Aussage über die Teilbarkeit der Zahlen!

a) $P_B(A)$ b) $P_C(B)$ c) $P_C(A)$ d) $P_A(B)$ e) $P_B(C)$ f) $P_A(C)$

10. In Auswertung von Geburten- und Todesstatistiken werden so genannte Sterbetafeln zusammengestellt, die für Versicherungen von großer Bedeutung sind. Die angegebene Sterbetafel enthält die Daten aus dem Jahre 1997 für weibliche Neugeborene in Deutschland. Bei allen Berechnungen wird vorausgesetzt, dass sich die Lebensbedingungen in dem betrachteten Zeitabschnitt nicht ändern.

Vollendetes Lebensalter	Anzahl der Personen, die das Alter erreichen
0	100000
10	99393
20	99181
30	98835
40	98146
50	96362
60	92523
70	83332
80	60682
90	20623

a) Stelle für den Vorgang „Leben eines zufällig ausgewählten weiblichen Neugeborenen in Deutschland von 0 bis 30 Jahren" ein Baumdiagramm auf und berechne alle Pfadwahrscheinlichkeiten!

b) Wie groß ist die Wahrscheinlichkeit, dass ein 10-jähriges Mädchen mindestens 40 Jahre alt wird?

c) Wie groß ist die Wahrscheinlichkeit, dass eine 40-jährige Frau mindestens 70 Jahre alt wird?

d) Berechne für x = 0; 10; 20; … ; 70 die Wahrscheinlichkeit, dass eine weibliche Person mindestens 80 Jahre alt wird, wenn sie zurzeit x Jahre alt ist?

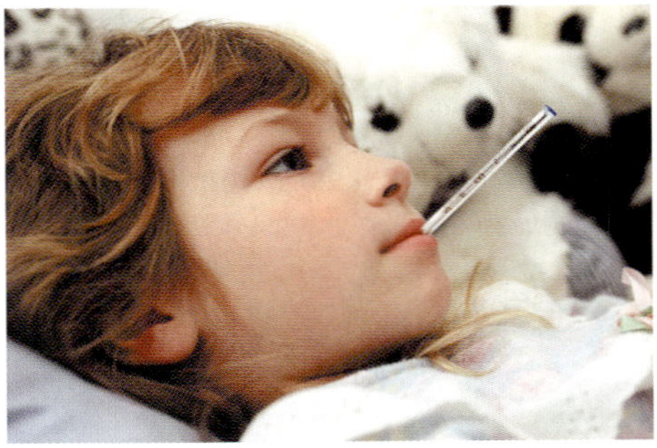

11. In einem Behälter sind genau zwei rote und drei weiße Kugeln. Es wird eine Kugel zufällig ausgewählt. Diese Kugel und eine weitere derselben Farbe werden in den Behälter zurückgelegt. Die mehrfache Wiederholung dieses Vorgangs wird als POLYA-Urnen-Experiment bezeichnet und kann als mathematisches Modell für die Ausbreitung einer Infektionskrankheit dienen. Hierzu wird die Ziehung einer Kugel als Kontakt einer Person mit einem Krankheitserreger interpretiert. Die Entnahme einer roten Kugel soll bedeuten, dass die Person erkrankt und die Entnahme einer weißen Kugel soll bedeuten, dass die Person nicht erkrankt, da sie z. B. durch vorbeugende Impfung immunisiert wurde. Durch das Hinzufügen von roten bzw. weißen Kugeln soll simuliert werden, dass einerseits jeder Krankheitsfall die Wahrscheinlichkeit neuer Krankheitsfälle erhöht und jeder „Immunitätsfall" diese Wahrscheinlichkeit senkt.

a) Erstelle ein vollständiges Baumdiagramm für drei Ziehungen dieser Art und berechne damit die Wahrscheinlichkeiten für alle möglichen Ergebnisse!

b) Interpretiere die ermittelten Werte als Angaben zur Ausbreitung einer Infektionskrankheit!
   A: Bei den ersten beiden Ziehungen wird eine rote Kugel entnommen.
   B: Bei der zweiten Ziehung wird eine weiße Kugel entnommen, wenn vorher eine rote Kugel entnommen wurde.
   C: Bei den ersten drei Ziehungen wird jedes Mal eine rote Kugel entnommen.
   D: Bei der dritten Ziehung wird eine rote Kugel entnommen, wenn vorher zwei weiße Kugeln entnommen wurden.

Bedingte Wahrscheinlichkeit und Zusammenhang von Merkmalen

12. In zwei Betrieben lieferte eine Befragung zum Anteil der Raucher unter den weiblichen und männlichen Betriebsangehörigen folgende Ergebnisse:

Betrieb 1	Frauen	Männer
Raucher	200	800
Nichtraucher	300	200

Betrieb 2	Frauen	Männer
Raucher	200	600
Nichtraucher	100	300

Stelle die Ergebnisse für jeden Betrieb in einem Baumdiagramm dar und untersuche, ob es eine Abhängigkeit zwischen beiden Merkmalen in den Betrieben gibt!

13. In einem Gymnasiums hat sich jeder Schüler für genau eines der Leistungsfächer Mathematik und Deutsch sowie für eines der Grundkursfächer Englisch und Französisch zu entscheiden. Der Schulstatistik ist zu entnehmen, dass 65 % aller Schüler Mathematik gewählt haben. Für Französisch entschieden sich 60 % der Deutsch- und 45 % der Mathematikleistungskursschüler.

a) Erstelle ein dem Aufgabentext entsprechendes Baumdiagramm bei zufälliger Auswahl eines Schülers!

b) Erstelle zu den gegebenen Daten eine vollständige Vierfeldertafel sowie das zweite zu dieser Vierfeldertafel gehörende Baumdiagramm!

c) Formuliere einen dem zweiten Baumdiagramm entsprechenden Aufgabentext, der nur so viele Daten enthält, wie zur vollständigen Berechnung aller Daten erforderlich sind!

14. In einem Bundesland wurden 5000 Kinder befragt, ob sie schwimmen können. Bei dieser Befragung wurde nach dem Geschlecht des Kindes unterschieden. Die dabei erhaltenen Ergebnisse sind in der nebenstehenden Vierfeldertafel dargestellt. Ist das Merkmal „Schwimmer" bei den Befragten vom Geschlecht des Kindes abhängig? Begründe deine Entscheidung!

	Schwimmer	Nichtschwimmer
Junge	2056	514
Mädchen	1944	486

15. Bei einer Kommunalwahl erhielt die lokale Wählervereinigung „Bündnis parteiloser Bürger" (BPB) folgende gültige Stimmen in den angegebenen Altersgruppen.

	Wähler bis 45 Jahren	Wähler über 45 Jahren
BPB	290	540
übrige	608	562

a) Stelle aus den Daten zwei verschiedene Baumdiagramme zu den Merkmalen Wahlverhalten und Alter eines zufällig ausgewählten Teilnehmers der Wahl her und untersuche, ob es eine Abhängigkeit der beiden Merkmale gibt!

b) Schreibe zwei verschiedene Presseartikel zum Abschneiden der Wählervereinigung BPB!

16. In einer Untersuchung in Mitteleuropa zur Geschlechtsabhängigkeit der vier Hauptblutgruppen 0, A, B, AB wurden folgende Daten ermittelt. Kann man aufgrund dieser Zahlen annehmen, dass die Verteilung der Blutgruppen vom Geschlecht unabhängig ist?

	0	A	B	AB	Summe
weiblich	817	723	176	92	1808
männlich	862	765	191	106	1924
Summe	1679	1488	367	198	3732

17. Aus dem Statistischen Jahrbuch der Bundesrepublik Deutschland für 1999 ist folgende Struktur der Altersverteilung zu entnehmen (Einheit 1000).

a) Untersuche, ob bei einer zufällig ausgewählten Person das Merkmal Geschlecht davon abhängig ist, ob die Person unter 18 Jahren oder 18 Jahre und älter ist!

	unter 18 Jahre	18 Jahre und älter
weiblich	7732,0	34333,1
männlich	8154,7	31837,6

b) Gib im Fall der Abhängigkeit mögliche Ursachen dafür an!

18. Zeige, dass die beiden Artikel auf denselben statistischen Daten beruhen. Worauf wollten die jeweiligen Autoren der Artikel besonders aufmerksam machen?

Eltern wünschen einen höheren Bildungsabschluss für ihre Kinder

37 % aller 10- bis 16-Jährigen besuchen derzeit ein Gymnasium. Jedoch nur 35 % dieser Jugendlichen haben Eltern, die selbst zum Gymnasium gegangen sind. Umgekehrt findet man unter den Schülerinnen und Schülern, die eine Haupt- oder Realschule besuchen, nur 8 %, deren Eltern ein Gymnasium absolvierten. *(dpa)*

Eltern bevorzugen die Schulform, die sie selbst absolviert haben

72% der Eltern, die selbst ein Gymnasium besuchten, schicken heute ihr Kind wieder auf ein Gymnasium. Bei den Eltern, die eine Haupt- oder Realschule absolvierten, ist es ähnlich: 71 % lassen ihr Kind ebenfalls eine Schule dieser Schulform besuchen. *(dpa)*

Bedingte Wahrscheinlichkeit bei Erkenntnisvorgängen

19. In einem wissenschaftlichen Experiment werden aus einem Ziehungsbehälter, in dem sich zwei schwarze und zwei gelbe Kugeln befinden, auf zufällige Weise nacheinander Kugeln ohne Zurücklegen gezogen. Einem Probanden wird die Farbe der zuerst gezogenen Kugel nicht mitgeteilt. Er soll nun die Wahrscheinlichkeit angeben, dass diese Kugel gelb ist.

a) Über welchen unbekannten Zustand sollen welche Hypothesen aufgestellt werden?

b) Wie groß ist für den Probanden die Wahrscheinlichkeit der Hypothese W_1: „Die zuerst gezogenen Kugel ist gelb", wenn er keine weiteren Informationen hat?

c) Dem Probanden wird mitgeteilt, dass als zweite Kugel eine schwarze gezogen wurde und er soll erneut die Wahrscheinlichkeit angeben, dass die erste Kugel gelb war.
Wie groß ist für den Probanden die Wahrscheinlichkeit von W_1 nach dieser Information?

d) Der Proband erfährt nun, dass als dritte Kugel erneut eine schwarze gezogen wurde und er soll wieder die Wahrscheinlichkeit angeben, dass die erste Kugel gelb war.
Wie groß ist nun für den Probanden die Wahrscheinlichkeit der Hypothese W_1?

e) Nachdem ein Proband das Ergebnis der zweiten Ziehung erfahren hat, sagt er: „Die Wahrscheinlichkeit, dass die erste Kugel gelb ist, beträgt immer noch 50 %, da das Ergebnis der zweiten Ziehung das Ergebnis der ersten Ziehung nicht beeinflusst."
Versuche den Probanden zu überzeugen, dass seine Überlegung falsch ist!

20. Das Ergebnis eines Wurfes mit einem Würfel ist unbekannt. Über die gewürfelte Augenzahl werden nacheinander die Informationen I_0, I_1, I_2 und I_3 gegeben. Berechne jedes Mal nach Vorliegen einer neuen Information die Wahrscheinlichkeiten der 6 Hypothesen H_k:
„Es wurde die Augenzahl k gewürfelt." (k = 1; 2; 3; 4; 5; 6)
I_0: Es wurde mit einem regulären Würfel gewürfelt, d. h., alle Seiten sind gleichwahrscheinlich.
I_1: Die gewürfelte Augenzahl ist gerade.
I_2: Die gewürfelte Augenzahl ist kleiner als 6.
I_3: Die gewürfelte Augenzahl ist durch 4 teilbar.

21. In einem Dorf im Harz wohnen in der Hauptsaison im Sommer 3-mal so viele Urlauber wie Einheimische. Von den Urlaubern gehen 20 % morgens zum einzigen Bäcker im Ort und holen sich Brötchen. Von den Einheimischen kaufen 90 % morgens dort Brötchen.

a) Ein Durchreisender in der Hauptsaison sieht morgens jemanden zum Bäcker gehen.
Mit welcher Wahrscheinlichkeit ist es ein Einheimischer?

b) In der Nebensaison sind nur 20 % der Bewohner Urlauber, von denen nur 10 % morgens Brötchen holen. Mit welcher Wahrscheinlichkeit ist eine Person, die morgens Brötchen holen geht, ein Urlauber?

22. Zur Diagnose seltener aber gefährlicher Krankheiten (z. B. Aids) existieren sehr empfindliche Testverfahren. So ergibt ein Aidstest mit einer Wahrscheinlichkeit von 99,8 % einen positiven Befund, wenn eine HIV-Infektion vorliegt. Mit einer Wahrscheinlichkeit von 99 % fällt bei einem Gesunden der Aidstest negativ (d. h. nicht infiziert) aus. In der Bundesrepublik Deutschland sind in der Altersgruppe von 18 bis 60 Jahren etwa 0,1 % mit dem Virus infiziert.

a) Bei einer Untersuchung auf Aids ergibt sich bei einer Person im Alter von 20 Jahren ein positiver Befund. Wie groß ist die Wahrscheinlichkeit, dass die betreffende Person tatsächlich infiziert ist, wenn keine weiteren Informationen über die Person berücksichtigt werden?

b) Wie ändert sich diese Wahrscheinlichkeit nach einem zweiten positiven Testergebnis?

c) Welche Konsequenzen ergeben sich für den behandelnden Arzt nach dem ersten Test?

d) Die Wahrscheinlichkeit einer vorliegenden Infektion nach dem ersten Test ist ein überraschendes Ergebnis. Intuitiv wird meist ein viel höherer Wert geschätzt. Eine Ursache für dieses Phänomen ist der sehr geringe Anteil der tatsächlich infizierten Personen und die damit sehr geringe Ausgangswahrscheinlichkeit der Hypothese „Der Patient ist infiziert." Mithilfe einer fiktiven Berechnung von zu erwartenden Häufigkeiten kann ein besseres Verständnis für das Ergebnis und sogar eine rechnerische Kontrolle erfolgen. Betrachte dazu 1 000 000 zufällig ausgewählte Personen und berechne mithilfe der gegebenen Wahrscheinlichkeiten folgende zu erwartende Häufigkeiten bzw. Anteile!

- Anzahl der Infizierten und Anzahl der nicht infizierten Personen
- Gesamtzahl der Personen, die einen positiven Befund erhalten
- Anteil der infizierten Personen unter denen, die einen positiven Befund erhalten.

23. In einem großen Kaufhaus nehmen etwa 0,1 % der Kunden unbezahlte Ware mit zum Ausgang. Die dort befindliche Kontrollanlage gibt in 95 % solcher Fälle Alarm. Sie spricht aber auch bei 1 % der Kunden an, die keine unbezahlte Ware mitgenommen haben.

a) Bei einem Kunden, der durch die Kontrollanlage am Ausgang geht, ertönt ein Alarmzeichen. Wie groß ist die Wahrscheinlichkeit, dass der Kunde tatsächlich unbezahlte Ware mitgenommen hat?

b) Wie sollte sich ein Mitglied des Wachpersonals am Ausgang gegenüber einem Kunden verhalten, wenn bei dem Kunden die Alarmanlage anspricht?

c) Der Kunde wird ein zweites Mal durch die Alarmanlage geschickt, die erneut anspricht. Wie sollte sich das Wachpersonal jetzt verhalten?

d) Berechne die zu erwartenden Häufigkeiten und Anteile, wenn eine Gesamtheit von 100 000 Kunden betrachtet wird!

24. In den Kreditabteilungen von Banken und Sparkassen werden bei Kreditanträgen von Unternehmen Bilanzanalysen mit Computerhilfe vorgenommen. Die bisherige Praxis zeigt, dass dabei etwa 90 % aller schlechten Bilanzen auch als „schlecht", d. h. nicht kreditwürdig, und etwa 90 % der guten Bilanzen in richtiger Weise als „gut" eingeschätzt werden. In den Revisionsabteilungen werden die als schlecht bezeichneten Bilanzen noch einmal analysiert und die Einschätzungen gegebenenfalls revidiert. Es ist aus Erfahrung bekannt, dass etwa 5 % der Unternehmen, die einen Kreditantrag stellen, tatsächlich eine schlechte Bilanz haben.

a) Über welchen unbekannten Zustand werden welche Hypothesen aufgestellt?

b) Mit welcher Wahrscheinlichkeit ist eine von der Kreditabteilung als schlecht bezeichnete Bilanz tatsächlich schlecht?

c) Gehe von einer Gesamtzahl von 1000 zufällig ausgewählten Betrieben aus und berechne die zu erwartenden Häufigkeiten und Anteile!

25. In einer Spielshow werden hinter 3 Türen auf zufällige Weise 1 Auto und 2 Ziegen versteckt. Der Moderator weiß, hinter welcher Tür sich das Auto befindet. In einer Show tippte ein Kandidat auf die Tür 1. Der Moderator sagte wie immer: „Ich zeige Ihnen mal was" und öffnete die Tür 3, aus der eine Ziege ins Publikum schaute. Der Kandidat wusste nun, dass sich das Auto nur noch hinter der Tür 1 oder der Tür 2 befinden kann. Der Moderator bot ihm wie üblich an, bei seiner Wahl zu bleiben oder auf Tür 2 zu setzen.

a) Es sei AT_k die Hypothese, dass sich das Auto hinter der Tür k befindet (k = 1; 2; 3). Ermittle die Ausgangswahrscheinlichkeiten der Hypothesen!

b) Es sei I_M die Information, dass der Moderator die Tür 3 öffnet, nachdem der Kandidat auf die Tür 1 gesetzt hat. Ermittle die 3 bedingten Wahrscheinlichkeiten $P(I_M|AT_k)$!

c) Berechne die 3 bedingten Wahrscheinlichkeiten $P(AT_k|I_M)$ und entscheide, wie du dich anstelle des Kandidaten verhalten hättest!

26. Astrid, Beate und Christian haben nach einer Aufnahmeprüfung für ein Schauspielstudium erfahren, dass nur einer von ihnen angenommen wird. Jeder rechnet sich gleich große Chancen aus. Beate gelingt es, einem Jurymitglied eine Information über die Mitbewerber zu entlocken und erfährt, dass Christian nicht angenommen wird. Danach glaubt sie, dass sie jetzt mit eine Wahrscheinlichkeit von 50 % angenommen wird. Ist das richtig?

27. Die folgende Aufgabe vom französischen Mathematiker Joseph-LUIS BERTRAND (1822 bis 1900) wird nach ihm *bertrandsches-Schubladen-Paradoxon* benannt.

Drei gleich aussehende Kästchen haben jeweils zwei Schubladen. Im ersten Kästchen liegt in beiden Schubladen je eine Goldmünze, im zweiten Kästchen je eine Silbermünze und im dritten Kästchen liegt in einer Schublade eine Goldmünze und in der anderen eine Silbermünze.
Ein Kästchen wird zufällig ausgewählt und eine Schublade geöffnet. In ihr liegt eine Goldmünze. Damit kann es sich nur um das erste oder dritte Kästchen handeln.

a) Zeige, dass die Wahrscheinlichkeit, dass in der anderen Schublade dieses Kästchens auch eine Goldmünze liegt, nicht $\frac{1}{2}$ ist, wie man intuitiv annimmt, sondern $\frac{2}{3}$ beträgt!

b) Zur Aufklärung ist ein „Stützungsargument" geeignet. Vergleiche die Wahrscheinlichkeit der Information unter der Bedingung, dass das erste oder das dritte Kästchen ausgewählt wurde. Welche Hypothese wird durch die Information also eher gestützt?

28. Eine mithilfe des Morsealphabetes gefunkte Nachricht besteht aus den Signalen „Punkt" und „Strich". Die statistischen Eigenschaften einer Störung sind solcherart, dass im Mittel 40 % der gesendeten Punkte als Striche und $\frac{1}{3}$ der gesendeten Striche als Punkte empfangen werden. Es ist bekannt, dass die Signale „Punkt" und „Strich" im Verhältnis 5 : 3 übermittelt werden. Berechne die Wahrscheinlichkeit dafür, dass ein gesendetes Signal unter folgender Bedingung richtig verstanden werden kann!

a) Das Signal wird als „Punkt" empfangen.

b) Das Signal wird „Strich" empfangen.

29. Der Monatsschrift für Kriminologie und Strafreform schrieb: „Auf der Basis des DNA-Profils der am Tatort gefundenen Blutspur erstellte der DNA-Sachverständige ein Gutachten. Darin gab er zu Protokoll, dass das DNA-Profil der DNA-Probe des Angeklagten mit dem DNA-Profil der am Tatort gefundenen Spur übereinstimmt. Zusätzlich führte er aus, dass in einer Stadt von der Größe Berlins ungefähr eine Million Männer als mögliche Täter in Frage kommen. Im Falle der Schuld des Angeklagten zeigt die verwendete DNA-Analyse mit an Sicherheit grenzender Wahrscheinlichkeit eine Übereinstimmung des DNA-Profils des Angeklagten mit dem in der Blutprobe an der Leiche sichergestellten genetischen Fingerabdruck. Die Wahrscheinlichkeit, dass der genetische Fingerabdruck eines Unschuldigen rein zufällig mit dem DNA-Profil übereinstimmt, das in der Blutspur an der Leiche gefunden wurde, beträgt 0,000 001."

a) Mit welcher Wahrscheinlichkeit ist der Angeklagte der Verursacher der am Tatort sicher gestellten DNA-Spur?

b) Berechne die unter a) gesuchte Wahrscheinlichkeit für den Fall, dass statt 1 Million nur 10^i ($i = 1; 2; 3; 4; 5$) Männer als mögliche Täter in Frage kommen!

30. Bei einer bestimmten Patientengruppe kommen drei Krankheitsursachen U_1, U_2, U_3 infrage, die mit unterschiedlicher Wahrscheinlichkeit auftreten. Diese Wahrscheinlichkeiten betragen $P(U_1) = 0{,}05$; $P(U_2) = 0{,}35$ und $P(U_3) = 0{,}60$. Bei einem neu hinzukommenden Patienten beobachtet man ein Symptom S, welches bei der Krankheitsursache U_1 zu 25 %, bei U_2 zu 20 % und U_3 zu 10 % aller Fälle vorkommt. Welche Krankheitsursache ist bei Vorliegen dieses Symptoms die wahrscheinlichste und wie groß ist die Wahrscheinlichkeit dieser Ursache?

31. Es soll anhand eines Bluttests festgestellt werden, ob Patienten an der Krankheit K erkrankt sind. Bei einem dazu durchgeführten Bluttest betrage die Sicherheit, einen Kranken tatsächlich als krank zu erkennen, 90 % und die Fehlerrate, einen Gesunden fälschlich als krank einzustufen, 1 %. Die Krankheit K komme in der Bevölkerung mit einem Anteil von 0,1 % vor. Berechnen Sie die Wahrscheinlichkeit, dass eine Person tatsächlich an K erkrankt ist!

a) wenn der Befund positiv ist

b) wenn der Befund negativ ist

32. Erfahrungsgemäß können etwa 3 % der Schulanfänger den Anforderungen der Grundschule nicht gerecht werden. Sie wechseln dann noch innerhalb der Grundschulzeit an eine sonderpädagogische Einrichtung. An einer Universität wurde ein Test entwickelt, mit dem mit 95 %iger Sicherheit festgestellt werden kann, ob ein Kind sonderschulbedürftig ist. 8 % der normal bildungsfähigen Kinder werden durch diesen Test jedoch falsch eingestuft. Um den lernbehinderten Kindern eine lange Schulzeit voller Misserfolge zu ersparen, weist ein Kultusminister an, alle 9000 Schulanfänger seines Landes zu testen.

So können seiner Meinung nach alle Kinder von Anfang an die ihnen gemäße Schulform besuchen und Spaß am Lernen behalten.

a) Schätze die Anweisung des Kultusministers ein!

b) Die Eltern des kleinen Thomas erhalten für ihren Sohn eine Sonderschulempfehlung, da Thomas den Test nicht bestanden hat. Wie sollten die Eltern reagieren?

3.2 Die Binomialverteilung

Beim Schulfest darf fünfmal auf eine Torwand geschossen werden. Wer 5 Treffer erzielt, hat freie Auswahl bei der anschließenden Tombola.
Wer keinmal trifft, erhält einen Trostpreis.
Tom ist der beste Schütze. Beim Training hat er bei 10 Schüssen durchschnittlich 8-mal getroffen. Seine Trefferwahrscheinlichkeit bei einem Schuss ist also etwa 0,8. Tom hat große Hoffnungen, fünfmal zu treffen und glaubt nicht, dass er einen Trostpreis bekommt.

Tom trifft fünfmal mit der Wahrscheinlichkeit $0{,}8^5 = 32{,}8\,\%$ und keinmal mit der Wahrscheinlichkeit $(1 - 0{,}8)^5 = 0{,}03\,\%$. Seine Hoffnungen sind also nur zum Teil berechtigt.

Bernoulli-Experimente und Bernoulli-Ketten

Einer der ersten, der sich systematisch mit der Untersuchung zufälliger Erscheinungen beschäftigt hat, war der Schweizer Mathematiker JAKOB BERNOULLI (1654 bis 1705).
Er führte u.a. Experimente zu Vorgängen durch, bei denen er nur zwei mögliche Ergebnisse betrachtete. Diese Experimente werden ihm zu Ehren Bernoulli-Experimente genannt.

Wenn bei einem zufälligen Vorgang bezüglich eines Merkmals nur das Eintreten oder das Nichteintreten eines bestimmten Ereignisses untersucht wird, so bezeichnet man diese Untersuchung als ein **Bernoulli-Experiment** oder **Bernoulli-Versuch.** Die Wahrscheinlichkeit des Eintretens der betreffenden Ereignisse nennt man **Erfolgswahrscheinlichkeit** oder **Trefferwahrscheinlichkeit.**

Vorgang	Merkmal	Eintreten des Ereignisses	Nichteintreten des Ereignisses
Tom schießt auf eine Torwand.	Treffer	Tom trifft.	Tom trifft nicht.
Herstellen eines Gerätes.	Qualität	Das Gerät ist OK.	Das Gerät hat Fehler.
Werfen eines Würfels.	Augenzahl	Es fällt eine 6.	Es fällt keine 6.
Ablauf einer Sportstunde.	Unfall-geschehen	Es tritt mindestens ein Unfall auf.	Es tritt kein Unfall auf.

Es hat sich durchgesetzt, das Eintreten des betrachteten Ereignisses stets mit „Erfolg" bzw. „Treffer" zu bezeichnen, auch wenn es sich dabei nicht um einen Erfolg bzw. einen Treffer im eigentlichen Sinne des Wortes handelt. Die Erfolgswahrscheinlichkeit eines Bernoulli-Experimentes wird meist mit p bezeichnet und die Wahrscheinlichkeit eines Misserfolges mit q. Es gilt dann: $q = 1 - p$

Oft interessiert man sich nicht nur für ein einzelnes Experiment, sondern betrachtet zahlreiche Wiederholungen dieses Experimentes unter möglichst gleichen Bedingungen. Wenn sich dabei die Erfolgswahrscheinlichkeit nicht ändert, spricht man von einer Bernoulli-Kette.

Wird ein Bernoulli-Experiment n-mal durchgeführt und ändert sich die Erfolgswahrscheinlichkeit p bei allen Wiederholungen des Experimentes nicht, so nennt man die n Wiederholungen des Bernoulli-Experimentes eine **Bernoulli-Kette der Länge n und der Erfolgswahrscheinlichkeit p.**

Die Wiederholungen der Experimente können zeitlich nacheinander oder gleichzeitig erfolgen.

Wenn Tom beim Torwandschießen 5 Schüsse nacheinander abgibt, wiederholt er denselben Vorgang 5-mal nacheinander.
Geht man davon aus, dass sich seine Trefferwahrscheinlichkeit von p = 0,8 bei den 5 Schüssen nicht ändert, handelt es sich bei der Untersuchung der Anzahl seiner Treffer um eine Bernoulli-Kette der Länge 5 mit der Erfolgswahrscheinlichkeit 0,8.

Die Binomialverteilung

Eine Bernoulli-Kette der Länge n kann für sich genommen wieder als ein Experiment aufgefasst werden. Als ein Merkmal der Bernoulli-Kette interessiert dabei oft die Anzahl der Erfolge nach den n Wiederholungen des Vorgangs. Für kleine n können die Wahrscheinlichkeiten für die verschiedenen Anzahlen der Erfolge mithilfe eines Baumdiagramms berechnet werden.

Wenn Tom dreimal nacheinander auf die Torwand schießt und sich seine Trefferwahrscheinlichkeit von 0,8 dabei nicht ändert, kann die Untersuchung dieses dreistufigen Vorgangs als Bernoulli-Kette der Länge 3 aufgefasst werden. Die Wahrscheinlichkeiten der Trefferzahlen lassen sich mit den beiden Pfadregeln berechnen.

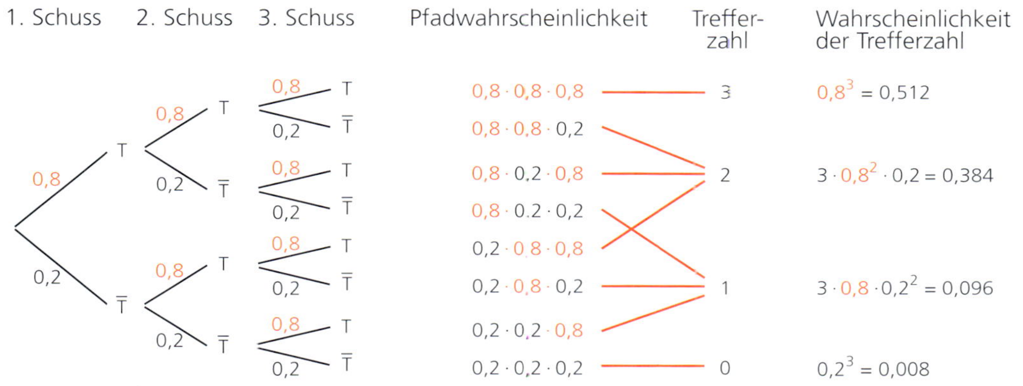

Bei Bernoulli-Ketten größerer Länge kann die Wahrscheinlichkeit für eine bestimmte Zahl von Erfolgen durch folgende Überlegungen ermittelt werden.

Tom will fünfmal auf die Torwand schießen und interessiert sich für die Wahrscheinlichkeit, dass er 3 Treffer erzielt. Die Wahrscheinlichkeit jedes Pfades, der zu 3 Treffern führt, ist $0{,}8^3 \cdot 0{,}2^2 = 0{,}02048$. Es müssen jeweils 3 Treffer und 2 Fehlschüsse vorliegen.

Um die Anzahl der Pfade zu berechnen, die zu 3 Treffern führen, kann die Anzahl der Möglichkeiten bestimmt werden, aus 5 Schüssen 3 auszuwählen, wobei die Reihenfolge der ausgewählten Schüsse keine Rolle spielt. Mithilfe der Produkt- und der Quotientenregel ergibt sich:

Entscheidungsfolge	Anzahl der Möglichkeiten
Auswahl des ersten Treffers	5
Auswahl des zweiten Treffers	4
Auswahl des dritten Treffers	3

Gesamtzahl der Möglichkeiten: $5 \cdot 4 \cdot 3 = 60$

Mehrfachzählungen: Jede Möglichkeit wurde 6-mal gezählt. $(3 \cdot 2 \cdot 1 = 6)$

Zahl der unterschiedlichen Möglichkeiten: $\frac{5 \cdot 4 \cdot 3}{1 \cdot 2 \cdot 3} = \frac{60}{6} = 10$

Die Wahrscheinlichkeit P, dass Tom genau dreimal trifft beträgt also:

$P(3\text{ Treffer}) = 10 \cdot 0{,}02048 = 0{,}2048 \approx 20{,}5\,\%$

Allgemein gilt:

Bei n Wiederholungen eines Bernoulli-Experimentes beträgt die Wahrscheinlichkeit eines Pfades, der k Erfolge und damit (n – k) Misserfolge enthält: $P_{Pfad} = p^k \cdot (1-p)^{n-k}$

Die Anzahl A aller Pfade, die genau k Erfolge enthalten, ergibt sich aus der Produkt- und der Quotientenregel analog zu den obigen Überlegungen für den Fall n = 5 und k = 3:

$$A = \frac{n \cdot (n-1) \cdot (n-2) \cdot \ldots \cdot (n-k+1)}{1 \cdot 2 \cdot 3 \cdot \ldots \cdot k}$$

Die Wahrscheinlichkeit P für genau k Erfolge bei einer Bernoulli-Kette der Länge n beträgt also:

$$P(k\text{ Erfolge}) = \frac{n \cdot (n-1) \cdot (n-2) \cdot \ldots \cdot (n-k+1)}{1 \cdot 2 \cdot 3 \cdot \ldots \cdot k} \cdot p^k \cdot (1-p)^{n-k}$$

Mit der Schreibweise n! kann ein Binomialkoeffizient auch in folgender Form geschrieben werden:

$$\binom{n}{k} = \frac{n \cdot (n-1) \cdot (n-2) \cdot \ldots \cdot (n-k+1)}{1 \cdot 2 \cdot 3 \cdot \ldots \cdot k} = \frac{n!}{k! \cdot (n-k)!}$$

Binomialkoeffizienten können mit Taschenrechnern berechnet werden, die die Taste (nCr) haben.

Es sei eine Bernoulli-Kette mit der Länge n und der Erfolgswahrscheinlichkeit p gegeben. Dann nennt man die Wahrscheinlichkeiten P(k Erfolge) eine **Binomialverteilung** mit den Parametern n und p.

Es gilt: $P(k\text{ Erfolge}) = \binom{n}{k}\, p^k \cdot (1-p)^{n-k}$

Für den Erwartungswert E einer Binomialverteilung, d. h. für die zu erwartende Trefferzahl gilt: $E = n \cdot p$

Eine Binomialverteilung gibt also die Wahrscheinlichkeiten an, mit denen bei einer Bernoulli-Kette der Länge n kein Erfolg bzw. 1; 2; 3; … oder n Erfolge auftreten.

> Wenn Tom bei einer unveränderten Trefferwahrscheinlichkeit von 80 % fünfmal nacheinander auf die Torwand schießt, so ergeben sich folgende Wahrscheinlichkeiten für die Trefferzahlen:
>
> P(0 Treffer) $= \binom{5}{0}\, 0{,}8^0 \cdot 0{,}2^5 = 0{,}00032$ P(1 Treffer) $= \binom{5}{1}\, 0{,}8^1 \cdot 0{,}2^4 = 0{,}0064$
>
> P(2 Treffer) $= \binom{5}{2}\, 0{,}8^2 \cdot 0{,}2^3 = 0{,}0512$ P(3 Treffer) $= \binom{5}{3}\, 0{,}8^3 \cdot 0{,}2^2 = 0{,}2048$
>
> P(4 Treffer) $= \binom{5}{4}\, 0{,}8^4 \cdot 0{,}2^1 = 0{,}4096$ P(5 Treffer) $= \binom{5}{1}\, 0{,}8^5 \cdot 0{,}2^0 = 0{,}32768$
>
> Bei den 5 Schüssen kann Tom $0{,}8 \cdot 5 = 4$ Treffer erwarten.

Eine Binomialverteilung kann in einem Streifendiagramm grafisch dargestellt werden.
Die x-Achse enthält die Anzahl k der Erfolge und die y-Achse die Wahrscheinlichkeiten P(k).
Es ist günstig, die Streifen wie bei einem Histogramm nebeneinander ohne Abstand zu zeichnen. Ein Histogramm wird üblicherweise zur Darstellung von Häufigkeitsverteilungen bei einer Klassenbildung der Merkmalsausprägungen verwendet, wie z. B. bei der Körpergröße, der Sprungweite oder Leistungen in einer Klausur. Ein solches Streifendiagramm kann auch mit einem Tabellenkalkulationsprogramm erstellt werden. Im Programm Excel muss dazu als Diagrammart ein Säulendiagramm gewählt und nach Fertigstellung muss die Abstandsbreite auf Null gesetzt werden.

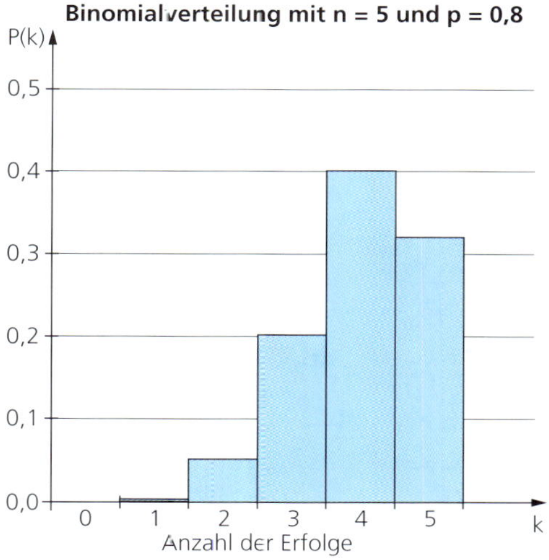

Mit einem solchen Streifendiagramm kann die Wahrscheinlichkeit als Fläche gedeutet werden, was insbesondere für die Interpretation von summierten Wahrscheinlichkeiten von Bedeutung ist. Da die Summe aller Einzelwahrscheinlichkeiten gleich 1 ist und die Streifenbreite eine Längeneinheit beträgt, hat die gesamte Fläche aller Rechtecke einen Inhalt von einer Flächeneinheit.

Aufgabenstellungen bei Bernoulli-Ketten

Wenn eine Bernoulli-Kette mit der Länge n und der Erfolgswahrscheinlichkeit p gegeben ist, sind neben der Berechnung der Wahrscheinlichkeit für genau k Erfolge noch folgende weitere Aufgabenstellungen möglich.

Wahrscheinlichkeit für weniger als bzw. für mehr als k Erfolge

Dürfen es weniger als k Erfolge sein, muss man die Wahrscheinlichkeiten für keinen Erfolg, für einen Erfolg usw. bis (k – 1) Erfolge addieren. Bei mehr als k Erfolgen müssen die Wahrscheinlichkeiten für die Anzahlen von (k + 1) bis n addiert werden.

P(weniger als k Erfolge) = P(kein Erfolg) + P(1 Erfolg) + P(2 Erfolge) + … + P((k – 1) Erfolge)
P(mehr als k Erfolge) = P((k + 1) Erfolge) + P((k + 2) Erfolge) + … + P(n Erfolge)

Mit welcher Wahrscheinlichkeit trifft Tom bei 5 Schüssen weniger als 3 mal?
P(weniger als 3 Treffer) = P(kein Treffer) + P(1 Treffer) + P(2 Treffer)
= 0,0003 + 0,0064 + 0,0512 = 0,0579 ≈ 5,8 %

Mit welcher Wahrscheinlichkeit trifft Tom bei 5 Schüssen mehr als 3 mal?
P(mehr als 3 Treffer) = P(4 Treffer) + P(5 Treffer) = 0,4096 + 0,3277 = 0,7373 ≈ 74 %

Die summierten Wahrscheinlichkeiten können in der grafischen Darstellung der Binomialverteilung gekennzeichnet werden.

Binomialverteilung mit n = 5 und p = 0,8

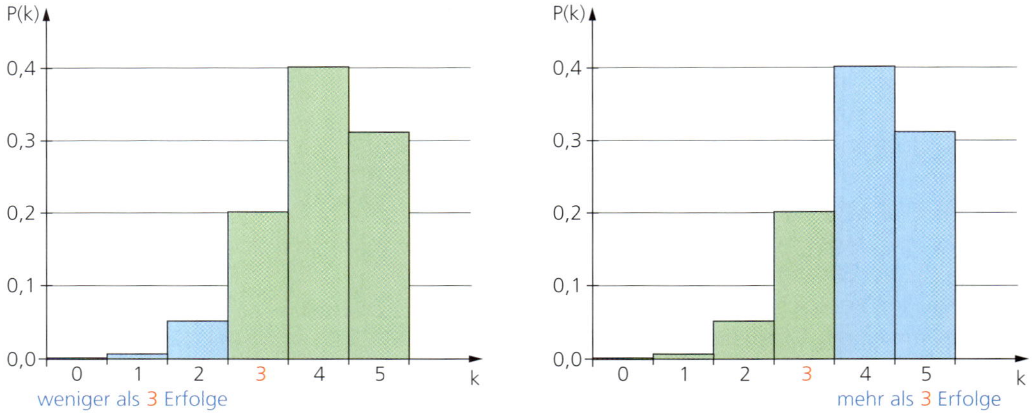

Wahrscheinlichkeit für höchstens bzw. für mindestens k Erfolge

Höchstens k Erfolge heißt, nicht mehr als k Erfolge, also nur 0; 1; 2… oder k Erfolge.
Daher müssen alle Wahrscheinlichkeiten der Anzahlen von 0 bis k addiert werden.
Mindestens k Erfolge heißt, k Erfolge oder mehr, also k; k + 1; k + 2 … bis zu n Erfolgen.
Daher müssen alle Wahrscheinlichkeiten für die Anzahlen von k bis n addiert werden.

P(höchstens k Erfolge) = P(kein Erfolg) + P(1 Erfolg) + P(2 Erfolge) + … + P(k Erfolge)
P(mindest. k Erfolge) = P(k Erfolge) + P((k + 1) Erfolge) + P((k + 2) Erfolge) + … + P(n Erfolge)

Mit welcher Wahrscheinlichkeit trifft Tom bei 5 Schüssen höchstens dreimal?
P(höchstens 3 Treffer) = P(kein Treffer) + P(1 Treffer) + P(2 Treffer) + P(3 Treffer)
= 0,00032 + 0,0064 +0,0512 + 0,2048 = 0,25872 ≈ 26 %

Mit welcher Wahrscheinlichkeit trifft Tom bei 5 Schüssen mindestens dreimal?
P(mindestens 3 Treffer) = P(3 Treffer) + P(4 Treffer) + P(5 Treffer)
= 0,248 + 04096 + 0,3277 = 0,9421 ≈ 94 %

Grafische Darstellung der summierten Wahrscheinlichkeiten:

Binomialverteilung mit n = 5 und p = 0,8

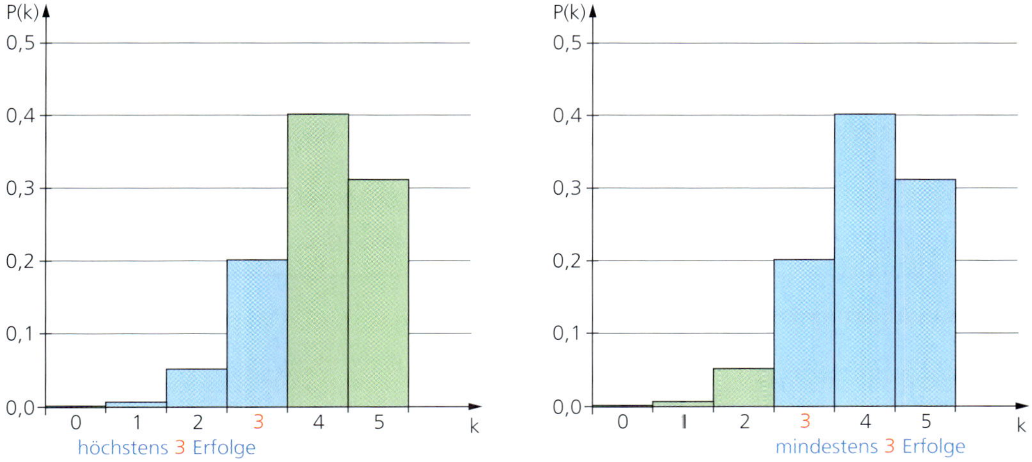

Mindestlängen von Bernoulli-Ketten

Bei gegebener Erfolgswahrscheinlichkeit p kann gefragt werden, wie oft das Bernoulli-Experiment mindestens wiederholt werden muss, damit mit einer gegebenen Wahrscheinlichkeit, die übetroffen werden soll, mindestens ein Erfolg eintritt.
P(mindestens ein Erfolg) = $1 - (1 - p)^n$ Also muss die Ungleichung $1 - (1 - p)^n > p_m$ nach n aufgelöst werden, wobei p_m die gegebene Wahrscheinlichkeit ist, die übertroffen werden soll.

Frank trifft beim Torwandschießen mit einer Wahrscheinlichkeit von p = 0,3.
Wie oft muss er mindestens schießen, damit er mit einer Wahrscheinlichkeit von mehr als 90 % mindestens einen Treffer hat?

Es muss gelten: P(mindestens ein Treffer) = $1 - (1 - 0{,}3)^n > 0{,}9$

Auflösung der Ungleichung nach n:

$$
\begin{aligned}
1 - 0{,}7^n &> 0{,}9 && \mid + 0{,}7^n; - 0{,}9 \\
1 - 0{,}9 &> 0{,}7^n && \mid \text{Logarithmieren} \\
\lg 0{,}1 &> n \cdot \lg 0{,}7 && \mid : \lg 0{,}7 \\
n &> 6{,}455
\end{aligned}
$$

Bei 7 und mehr Schüssen von Frank kann man also erwarten, dass er mit mehr als 90-prozentiger Wahrscheinlichkeit mindestens einmal trifft.

Anzahl von Erfolgen zu einer gegebenen Wahrscheinlichkeit

Bei einigen Aufgabenstellungen ist eine Wahrscheinlichkeit p^* gegeben und eine maximale Anzahl k von Erfolgen einer Bernoulli-Kette mit den Parametern n und p gesucht.

Es gilt: $P(0) + P(1) + \ldots + P(k) < p^*$

Zur Bestimmung des maximalen k können die Einzelwahrscheinlichkeiten solange addiert werden, bis die Grenzwahrscheinlichkeit p^* gerade überschritten ist.
Solche Aufgabenstellungen ergeben sich z. B. beim Treffen von Entscheidungen.

Tom behauptet, dass er eine Trefferwahrscheinlichkeit von mindestens 80 % hat. Er soll zur Probe fünfmal auf eine Torwand schießen. Man einigt sich auf eine Irrtumswahrscheinlichkeit von 5 %. Gesucht ist nun eine maximale Zahl k von Treffern, sodass die Wahrscheinlichkeit, dass Tom weniger als k Treffer hat, kleiner als 5 % ist.

P(weniger als 1 Treffer) = P(0 Treffer) = 0,00032 < 0,5

P(weniger als 2 Treffer) = P(0 Treffer) + P(1 Treffer) = 0,00032 + 0,0064 = 0,00672 < 0,5

P(weniger als 3 Treffer) = P(0 Treffer) + P(1 Treffer) + P(2 Treffer)
= 0,00032 + 0,0064 + 0,0512= 0,0579 > 0,5

Wenn Tom bei 5 Schüssen weniger als 2 Treffer hat, wird seine Behauptung zurückgewiesen.

Bewerten von Ereignissen bei einer Bernoulli-Kette

Treten unerwartete Anzahlen von Erfolgen ein, so ist mit der Berechnung von Wahrscheinlichkeiten für mindestens oder höchstens k Erfolge eine Interpretation des Ergebnisses möglich. Es kann sich um eine zufällige oder nicht mehr zufällige Abweichung von der erwarteten Anzahl handeln.

Frank, der sonst nur eine Trefferquote von 30 % hat, traf bei 5 Schüssen dreimal. Tom, der üblicherweise mit einer Sicherheit von 80 % trifft, hatte bei 5 Schüssen lediglich einen Treffer. Wie ist das zu bewerten?
Die Wahrscheinlichkeit, dass Frank mehr als 2 Treffer erzielt, beträgt etwa 16 %. 3 Treffer sind also nicht unwahrscheinlich und können als eine zufällige Abweichung vom Durchschnitt angesehen werden. Die Wahrscheinlichkeit, dass Tom bei seinen Schussqualitäten weniger als 2 Treffer hat, ist geringer als 5 %. Es ist deshalb zu vermuten, dass es sich nicht um eine zufällige Abweichung handelt, sondern dass Tom nicht seine übliche Form hatte.

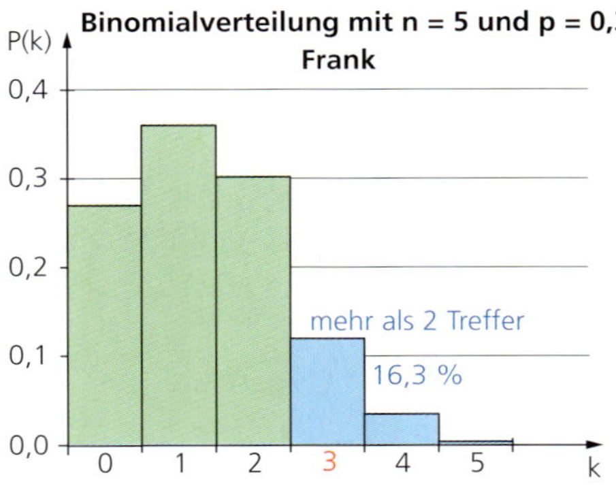

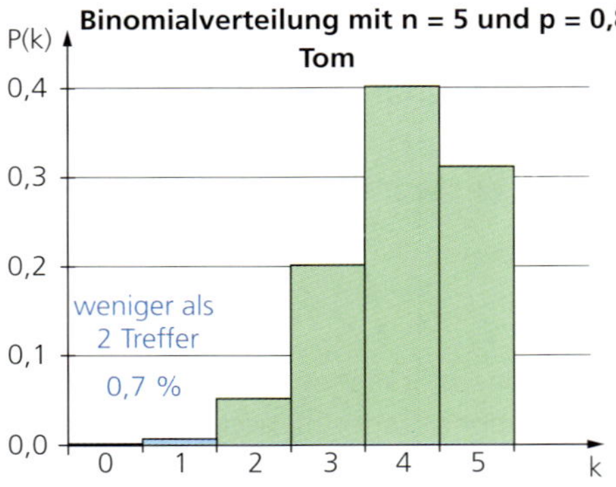

Ermittlung von Wahrscheinlichkeiten mithilfe von Rekursionsformeln und Tabellen

Die Berechnung von Einzelwahrscheinlichkeiten der Binomialverteilung kann mithilfe einer Rekursionsformel vereinfacht werden. Mit einer Rekursionsformel lässt sich ein neuer Wert aus einem schon berechneten Wert ermitteln. Es gilt:

$$P(k+1) = \binom{n}{k+1} p^{k+1} \cdot (1-p)^{n-(k+1)} = \frac{n!}{(k+1)!(n-k-1)!} \cdot p \cdot p^k \cdot \frac{(1-p)^{n-k}}{1-p}$$
$$= \frac{n-k}{k+1} \cdot \frac{n!}{k!(n-k)!} \cdot \frac{p}{1-p} \cdot p^k \cdot (1-p)^{n-k}$$

Daraus ergibt sich:

Für eine Binomialverteilung mit den Parametern n und p gilt folgende Rekursionsformel:

$P(k+1) = \frac{n-k}{k+1} \cdot \frac{p}{1-p} \cdot P(k)$ $\quad k = 0; 1; 2; \ldots; n-1$

Berechnung aller Einzelwahrscheinlichkeiten für eine Binomialverteilung mit n = 5 und p = 0,8

$P(0) = \binom{5}{0} \cdot 0{,}8^0 \cdot 0{,}2^5 = 0{,}00032$ $\quad$ konstanter Faktor: $\frac{p}{1-p} = \frac{0{,}8}{0{,}2} = 4$

$P(1) = \frac{5}{1} \cdot 4 \cdot P(0) = 20 \cdot 0{,}00032 = 0{,}0064$

$P(2) = \frac{4}{2} \cdot 4 \cdot P(1) = 8 \cdot 0{,}0064 = 0{,}0512$

$P(3) = \frac{3}{3} \cdot 4 \cdot P(2) = 4 \cdot 0{,}0512 = 0{,}2048$

$P(4) = \frac{2}{4} \cdot 4 \cdot P(3) = 2 \cdot 0{,}2048 = 0{,}4096$

$P(5) = \frac{1}{5} \cdot 4 \cdot P(4) = \frac{4}{5} \cdot 0{,}4096 = 0{,}32768$

Zur Berechnung der Wahrscheinlichkeiten wurden Tafeln entwickelt, aus denen man die Wahrscheinlichkeiten ablesen kann. Eine Tafel gilt jeweils für eine bestimmte Kettenlänge n.
Tafeln zur Binomialverteilung findest du in Nachschlagewerken wie „Tabellen und Formeln".

Frank trifft beim Torwandschießen mit einer Wahrscheinlichkeit von 0,3.
Mit welcher Wahrscheinlichkeit trifft Frank bei 5 Schüssen 4 mal?

geg.: n = 5; p = 0,3 (Binomialverteilung) $\qquad$ ges.: P(4 Erfolge)

n = 5

k \ p	**0,01**	**0,02**	**0,05**	**0,10**	**0,15**	**0,20**	**0,25**	**0,30**	**0,35**	**0,40**	**0,45**	**0,50**	
0	0,951	904	774	590	444	328	237	168	116	078	050	031	5
1	0,048	092	204	328	392	410	396	360	312	259	206	156	4
2	0,001	004	021	073	138	205	264	309	336	346	337	313	3
3			001	008	024	051	088	132	181	230	276	313	2
4					002	006	015	028	049	077	113	156	1
5							001	002	005	010	018	031	0
	0,99	0,98	0,95	0,90	0,85	0,80	0,75	0,70	0,65	0,60	0,55	0,50	p \ k

Zum Ablesen der Wahrscheinlichkeit gehe in folgenden Schritten vor:

1. Suche dir eine Tafel für n = 5!
2. Suche im Kopf der Tafel die Erfolgswahrscheinlichkeit p = 0,30!
3. Suche in der Spalte für k den Wert k = 4!
4. In der Zeile für k = 4 und der Spalte für p = 0,3 findest du den gesuchten Wert 0,028.
   Achte darauf, dass die 0 vor dem Komma nur bei dem ersten Wert einer Tafel steht.

Ist eine Erfolgswahrscheinlichkeit größer als 0,5 gegeben, müssen die untere grüne Zeile und die rechte grüne Spalte als Eingang genutzt werden.

Mit welcher Wahrscheinlichkeit trifft Fred in 5 Schüssen dreimal bei einer Trefferwahrscheinlichkeit von 70 %?

geg.: n = 5, p = 0,7 (Binomialverteilung)

ges.: P(3 Erfolge)

Suche in der unteren grünen Zeile die Spalte für p = 0,7 und gehe rechts in der grünen Spalte für k bis zur Zeile für k = 3.
Dort findest du die gesuchte Wahrscheinlichkeit P(3 Erfolge) = 0,309.

Es gibt auch Tabellen mit aufsummierten Wahrscheinlichkeiten der Binomialverteilung. Jedem k ist die Wahrscheinlichkeit für das Ereignis „höchstens k Erfolge" zugeordnet, also die Summe der binomialen Wahrscheinlichkeiten von 0 bis k.

P(höchstens k Erfolge) = P(0 Erfolge) + P(1 Erfolg) + … + P(k Erfolge)

Frank trifft beim Torwandschießen mit einer Wahrscheinlichkeit von 0,3.
Mit welcher Wahrscheinlichkeit trifft Frank bei 5 Schüssen höchstens zweimal?

geg.: n = 5; p = 0,3 (Binomialverteilung) ges.: P(höchstens 2 Erfolge) = P(k ≤ 2)

n = 5

k \ p	0,02	0,03	0,04	0,05	0,10	1/6	0,20	0,30	1/3	0,40	0,50
0	0,9039	8587	8154	7738	5905	4019	3277	1681	1317	0778	0313
1	9962	9915	9852	9774	9185	8038	7373	5282	4609	3370	1875
2	9999	9997	9994	9988	9914	9645	9421	8369	7901	6826	5000
3					9995	9967	9933	9692	9547	9130	8125
4						9999	9997	9976	9959	9898	9688

Die aufsummierte Wahrscheinlichkeit ist für p = 0,3 (in den Spalten) und k ≤ 2 (in den Zeilen) zu finden. Sie beträgt P(k ≤ 2) = 0,8368.

Die Ereignisse „weniger als k Erfolge", „mehr als k Erfolge" und „mindestens k Erfolge" können auf das Ereignis „höchstens k Erfolge" zurückgeführt werden.
Deshalb sind die Wahrscheinlichkeiten dieser Ereignisse unter Nutzung der Tabellen für aufsummierte Wahrscheinlichkeiten berechenbar.

P(weniger als k Erfolge) = P(höchstens (k – 1) Erfolge)

P(mehr als k Erfolge) = 1 – P(höchstens k Erfolge)

P(mindestens k Erfolge) = 1 – P(höchstens (k – 1) Erfolge)

Weitere Fragen können ebenfalls mithilfe von Tabellen bearbeitet werden.

Eine solche Frage könnte sein:
Gib die maximale bzw. minimale Anzahl der Erfolge an, wenn du die Wahrscheinlichkeiten kennst!

Frank trifft beim Torwandschießen mit einer Wahrscheinlichkeit von 0,3.
Mit welcher Wahrscheinlichkeit trifft Frank bei 5 Schüssen:

a) weniger als dreimal,

$P(k < 3) = P(k \leq 2)$
$= 0{,}8363$

b) mehr als dreimal,

$P(k > 3) = 1 - P(k \leq 3)$
$= 1 - 0{,}9692$
$= 0{,}0308$

c) mindestens dreimal?

$P(k \geq 3) = 1 - P(k \leq 2)$
$= 1 - 0{,}8369$
$= 0{,}1631$

Bei welcher maximalen Anzahl von Treffern ist die Wahrscheinlichkeit, dass er höchstens k Treffer hat, kleiner als 90 %?
Aus der Tabelle können folgende Werte abgelesen werden:
$P(k \leq 2) = 0{,}8369$ und $P(k \leq 3) = 0{,}9692$
Die Wahrscheinlichkeit, dass Frank höchstens 2 Treffer hat, ist kleiner als 90 %.

Die Binomialverteilung als Näherung für die hypergeometrische Verteilung

Eine wesentliche Voraussetzung der Binomialverteilung ist, dass sich die Erfolgswahrscheinlichkeit p bei den Wiederholungen der Bernoulli-Versuche nicht ändert.
Wenn sich die Erfolgswahrscheinlichkeit bei einem konkreten Sachverhalt allerdings nur geringfügig ändert, kann es durchaus sinnvoll sein, eine Binomialverteilung näherungsweise als Modell zu verwenden.

Ein Bäcker hat zu Sylvester 100 Pfannkuchen gebacken, von denen er 80 mit Marmelade und 20 mit Senf gefüllt hat. Mandy kauft 2 Pfannkuchen. Wie groß ist die Wahrscheinlichkeit, dass sie keinen, einen oder 2 Pfannkuchen mit Senf dabei hat?

Näherungsweises Anwenden der Binomialverteilung

Erfolg: Pfannkuchen mit Senf
Erfolgswahrscheinlichkeit p:

Zu Beginn ist p = 0,2.

Nach der Entnahme der einzelnen Pfannkuchen ändert sich p in Abhängigkeit von der entnommenen Sorte.

Als Näherungswert wird p = 0,2 verwendet.

$P(k) = \binom{2}{k} \cdot 0{,}2^{k} \cdot 0{,}8^{(2-k)}$

$P(0) = 0{,}64$

$P(1) = 0{,}32$

$P(2) = 0{,}04$

Berechnen der tatsächlichen Verteilung durch kombinatorische Überlegungen

Es gibt $\binom{100}{2} = 4\,950$ Möglichkeiten aus 100 Pfannkuchen 2 Stück und $\binom{80}{2} = 3\,160$ Möglichkeiten aus 80 Pfannkuchen mit Marmelade 2 Stück auszuwählen.

Also ist $P(0) = \frac{3160}{4950} = 0{,}6384$

Es gibt $\binom{20}{1} \cdot \binom{80}{1} = 1\,600$ Möglichkeiten aus 20 Pfannkuchen mit Senf und aus 80 Pfannkuchen mit Marmelade jeweils einen Pfannkuchen auszuwählen.

Also gilt: $P(1) = \frac{1600}{4950} = 0{,}3232$

Analog gilt: $P(2) = \frac{190}{4950} = 0{,}0384$

Die Binomialverteilung ist hier eine sehr gute Näherung für die tatsächliche Verteilung.

Cindy kauft zu Sylvester eine Packung mit 5 Pfannkuchen, von denen 2 mit Senf gefüllt sind. Sie isst gleich nach dem Kaufen 2 Pfannkuchen. Mit welcher Wahrscheinlichkeit isst sie keinen, einen oder 2 mit Senf gefüllt?

Näherungsweises Anwenden der Binomialverteilung

Erfolg: Pfannkuchen mit Senf
Erfolgswahrscheinlichkeit p:

Zu Beginn ist $p = 0{,}4$.

Nach der Entnahme der einzelnen Pfannkuchen ändert sich p in Abhängigkeit von der entnommenen Sorte.

Anwenden der Formel für die Binomialverteilung mit $n = 2$ und $p = 0{,}4$:

$P(k) = \binom{2}{k} \cdot 0{,}4^k \cdot 0{,}6^{(2-k)}$

$P(0) = 0{,}36$

$P(1) = 0{,}48$

$P(2) = 0{,}16$

Berechnen der tatsächlichen Verteilung mit einem Baumdiagramm

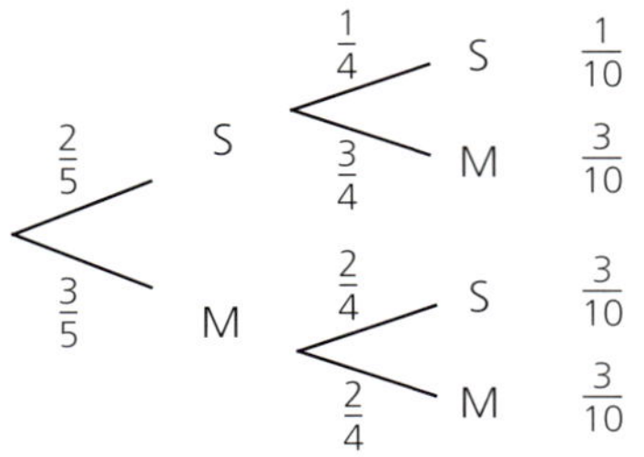

$P(0) = \frac{3}{10} = 0{,}3$

$P(1) = \frac{3}{10} + \frac{3}{10} = 0{,}6$

$P(2) = \frac{1}{10} = 0{,}1$

Die Binomialverteilung ist in diesem Fall als Näherungsmodell ungeeignet.

Das Ziehen ohne Zurücklegen ist ein häufiger Fall bei Anwendungen, z. B. bei einer Stichprobenentnahme zur Qualitätskontrolle. Werden dabei nur zwei Sorten von Objekten unterschieden, heißt die dabei auftretende Wahrscheinlichkeitsverteilung **hypergeometrische Verteilung.** Dazu gehören auch die in den beiden Beispielen betrachteten tatsächlichen Verteilungen.

In einer Grundgesamt mit dem Umfang N gibt es M Elemente, deren Ziehen als Erfolg und $(N - M)$ Elemente, deren Ziehen als Misserfolg bezeichnet wird.

Werden aus dieser Grundgesamtheit n Elemente zufällig ausgewählt, so beträgt die Wahrscheinlichkeit, dass darunter k Erfolge sind:

$$P(k) = \frac{\binom{M}{k} \cdot \binom{N-M}{n-k}}{\binom{N}{n}} \qquad \text{für } 0 \le k \le n; \quad M \le N; \quad n \le N$$

Die Zuordnung der $k \Rightarrow P(k)$ heißt **hypergeometrische Verteilung** mit den Parametern N, M und n.

Eine hypergeometrische Verteilung mit den Parametern N, M und n kann näherungsweise durch eine Binomialverteilung mit den Parametern n und $p = \frac{M}{N}$ ersetzt werden, wenn n klein ist im Vergleich mit N, M und $(N - M)$.

Aufgaben

Frank, Michael und Andrea sitzen vor einem Eiscafé. Sie haben in einer Zeitung das nebenstehende Diagramm gesehen. Frank und Michael schließen folgende Wette ab: Frank gibt für alle ein Eis aus, wenn die nächsten 4 Kraftfahrzeuge alles PKW sind, Michael hingegen, wenn von den 4 Fahrzeugen mindestens eins kein PKW ist. Andrea meint, dass die statistischen Angaben für ihre Situation gar nicht verwendbar sind. Wer hat die größte Chance die Wette zu gewinnen, wenn die Daten als Grundlage der Wahrscheinlichkeitsverteilung verwendet werden? Was könnte Andrea gemeint haben?

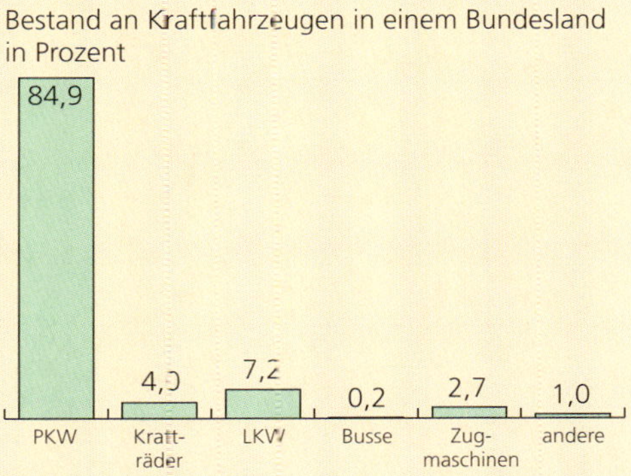

Bernoulli-Experimente und Bernoulli-Ketten

1. Die folgenden Vorgänge sind zufällig:

(1) Frau S. kauft in einer Gärtnerei 20 Rosen. Der Gärtner gibt bei fachgerechter Pflanzung eine Garantie von 90 %, dass die Rosen anwachsen.

(2) Für den Monat Juni wird eine Fahrt für 45 Schüler organisiert. Aus den Erfahrungen weiß man, dass in dieser Zeit etwa 5 % der Schüler krank sind.

(3) Von den CD-Rohlingen einer Firma haben erfahrungsgemäß etwa 2 % einen Fehler. Tim kauft eine Packung mit 10 CD-Rohlingen.

Beantworte für alle drei Sachverhalte folgende Fragen:

a) Welchen zufälligen Vorgang kann man als Bernoulli-Experiment bezeichnen?

b) Was bedeutet in diesem Fall ein „Erfolg" und wie groß ist die Erfolgswahrscheinlichkeit?

c) Was bedeutet ein „Misserfolg" und wie groß ist die Misserfolgswahrscheinlichkeit?

d) Unter welchen Bedingungen handelt es sich um eine Bernoulli-Kette und wie groß ist in diesem die Länge der Kette?

2. Die folgenden Vorgänge sollen in einem Bernoulli-Experiment untersucht werden. Gib ein Merkmal an, das dazu betrachtet werden könnte! Nenne ein Ereignis, dessen Eintreten als „Erfolg" in dem Experiment angesehen werden könnte!

a) Geburt eines Kindes

b) Entwicklung der Fernsehgewohnheiten von Rentnern am Nachmittag

c) Haltung von Wählern zu einem Wahlergebnis

d) Wetterverlauf in einem Monat an einem Ort

e) Keimen von Blumensamen

3. Bei welchen der folgenden Wiederholungen zufälliger Vorgänge mit den dabei betrachteten Ereignissen könnte es sich unter bestimmten Bedingungen um Bernoulli-Ketten handeln? Gib in diesem Fall die notwendigen Bedingungen an!

a) Es wird 50-mal mit einem Würfel gewürfelt und erfasst, ob die Augenzahl größer als 2 ist.

b) Es werden die Computergewohnheiten von 50 Kindern untersucht. Sie werden gefragt, ob sie länger als 2 Stunden pro Tag am Computer spielen.

c) Es werden 50 Sonnenblumenkerne ausgesät. Bei der Ernte wird gemessen, ob die Sonnenblumen größer als 2 m geworden sind.

4. Gib jeweils ein Ereignis so an, dass die Betrachtung dieses Ereignisses bei einem Ablauf des Vorgangs ein Bernoulli-Experiment ist! Berechne auch jeweils die Erfolgswahrscheinlichkeit!

a) *Vorgang:* Würfeln mit einem Würfel — *Merkmal:* Augenzahl

b) *Vorgang:* Würfeln mit 2 Würfeln — *Merkmal:* Augensumme

c) *Vorgang:* Ziehen einer Karte aus einem Skatblatt — *Merkmal:* Farbe der Karte

d) *Vorgang:* Werfen von 3 Münzen — *Merkmal:* Anzahl der Wappen

5. Fasse die Ergebnisse und die zugeordneten Wahrscheinlichkeiten folgender Vorgänge so zusammen, dass ihre Untersuchung ein Bernoulli-Experiment ist! Formuliere ein entsprechendes Ereignis und gib die Erfolgswahrscheinlichkeit an!

a) Ein Glücksrad mit 8 gleich großen Einteilungen, die die Zahlen von 1 bis 8 enthalten, wird gedreht.

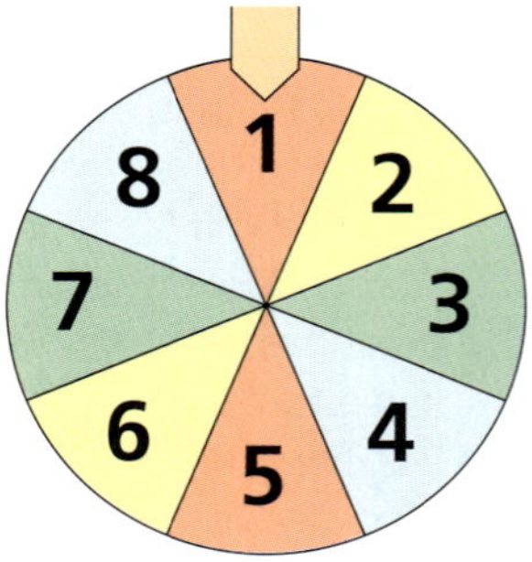

b) Eine Firma stellt Hosen her. Bei der Untersuchung der Qualität der Hosen stellte man über einen längeren Zeitraum fest, dass mit einer Wahrscheinlichkeit von 80 % die Hosen erste Wahl und mit einer Wahrscheinlichkeit von 14 % die Hosen zweite Wahl waren. Die restlichen Hosen waren Ausschuss.

c) Bei der Herstellung von Fahrrädern einer Markenfirma traten bei Qualitätskontrollen vor der Auslieferung folgende Fehler mit den genannten Wahrscheinlichkeiten auf.

Rahmen, Lenker, Sattel	Bremsen	Gangschaltung, Tretlager	Reifen	Elektrik
0,025	0,02	0,025	0,005	0,005

Die Binomialverteilung

6. Ein T-Shirt, das von der Firma Schnippelfix hergestellt wird, hat mit einer Wahrscheinlichkeit von 10 % kleine Fehler. Alle T-Shirts dieser Firma werden im Doppelpack abgegeben. Berechne mithilfe eines Baumdiagramms die Wahrscheinlichkeit, dass folgende Aussagen wahr sind! In einem Doppelpack sind:

a) beide T-Shirts fehlerfrei b) kein T-Shirt fehlerfrei c) genau 1 T-Shirt fehlerfrei

Eine Ladenkette kauft 5 000 Doppelpackungen von der Firma Schnippelfix. Wie viele fehlerfreie Packungen kann sie erwarten?

7. Eine Näherei produziert Vorhänge, die mit einer Wahrscheinlichkeit von 5 % nicht maßhaltig sind. Zwei Vorhänge werden stets in einer Packung verkauft. Befindet sich mindestens ein Vorhang in der Packung, der nicht maßhaltig ist, muss die Näherei vom Kunden mit einer Reklamation der Packung rechnen. Berechne die Wahrscheinlichkeit für eine Reklamation!

8. Aus einer Tüte mit Tulpenzwiebeln einer bestimmten Gärtnerei entwickeln sich erfahrungsgemäß 50 % gelbe, 25 % rote, 20 % lila und 5 % weiße Tulpen.
Die Tulpenzwiebeln sind hinsichtlich der Farbe der Tulpen nicht unterscheidbar. Als „Erfolg" in einem Bernoulli-Experiment soll das Entstehen einer rotblühenden Tulpe angesehen werden.
In einen Topf werden 3 Zwiebeln gepflanzt.

a) Bestimme die Erfolgswahrscheinlichkeit des Experimentes sowie die Länge der Bernoulli-Kette! Zeichne das Baumdiagramm, das zur Bernoulli-Kette gehört!
b) Berechne die Wahrscheinlichkeit dafür, dass sich in dem Topf aus allen 3 Zwiebeln, aus genau 2 Zwiebeln, aus einer bzw. keiner rote Tulpen entwickeln!
c) Als Erfolg soll das Entstehen einer gelben Tulpe angesehen werden. In einen Topf werden wieder 3 Zwiebeln gepflanzt.
  – Wie groß ist die Wahrscheinlichkeit, dass sich drei bzw. zwei gelbe Tulpen entwickeln?
  – Wie groß ist die Wahrscheinlichkeit, dass sich eine oder keine gelbe Tulpe entwickelt?

9. Beim Abfüllen von Konservendosen wird nach Herstellerangaben die Mindesteinwaage bei 90 % der Dosen eingehalten. Herr Kontra untersucht die Masse von 4 Doseninhalten dieses Herstellers, um die Einhaltung der Angabe zu untersuchen.

a) Ermittle die Wahrscheinlichkeit, dass Herr Kontra bei der Untersuchung der 4 Dosen keine, eine, 2 bzw. mehr als 2 Dosen mit zu geringem Inhalt findet! Nutze ein Baumdiagramm!
b) Bei der Untersuchung der 4 Dosen hat Herr Kontra eine gefunden, die zu wenig Inhalt hatte. Er beschwert sich schriftlich bei der Dosenfirma: „Ich habe 4 Dosen geöffnet und in 25 % davon einen zu geringen Inhalt gefunden. Ihre Angabe, dass 90 % der Dosen den Mindestinhalt enthalten, kann ich nur als Betrug am Kunden bezeichnen." Wie würdest du als Firmenchef in dem Antwortschreiben argumentieren?

10. Berechne folgende Binomialkoeffizienten!
a) $\binom{5}{2}$ b) $\binom{6}{3}$ c) $\binom{7}{4}$ d) $\binom{7}{3}$ e) $\binom{10}{2}$ f) $\binom{10}{8}$

11. Zeige mithilfe der Definition des Binomialkoeffizienten, dass Folgendes gilt!
a) $\binom{n}{n} = 1$ b) $\binom{n}{1} = \binom{n}{n-1} = n$ c) $\binom{n}{k} = \binom{n}{n-k}$

12. Warum gilt stets $B_{n,p}(k) = B_{n,p}(n-k)$?

13. Welche Aussagen gelten für eine Bernoulli-Kette der Länge n? Berichtige falsche Aussagen!
a) Es sind 0; 1; 2; ... oder n Erfolge möglich.
b) Es sind niemals mehr als n Erfolge möglich.
c) Es gibt n Möglichkeiten für die Anzahl der Erfolge.
d) Es gibt stets mehrere Pfade, die zu genau einem Erfolg führen.
e) Es gibt stets n Pfade, die zu n Erfolgen führen.
f) Es gibt nur einen Pfad, der zu Null Erfolgen führt.

14. Vergleiche den Erwartungswert einer Binomialverteilung mit der Häufigkeitsinterpretation einer Wahrscheinlichkeitsangabe!

15. Untersuche am Beispiel des Schießens auf eine Torwand die Eigenschaften des Erwartungswertes einer Binomialverteilung, indem du folgende Fragen beantwortest!
a) Ist der Erwartungswert eine Wahrscheinlichkeit?
b) Ist der Erwartungswert immer eine Größe?
c) Gehört der Erwartungswert immer zu den Werten der Größe?
d) Ist der Erwartungswert immer der wahrscheinlichste Wert?
e) Welche statistische Kenngröße wird mit einem Erwartungswert vorausgesagt, wenn das Bernoulli-Experiment sehr oft durchgeführt wird?

Aufgabenstellungen bei Bernoulli-Ketten

16. Bei einem Spiel „Mensch-ärgere-dich-nicht" gibt es 3 Mitspieler, die pro Runde je einmal würfeln. Wiederholungen nach einer 6 werden nicht betrachtet. Das Würfeln einer 6 soll als Erfolg angesehen werden. Bestimme anhand eines dreistufigen Baumdiagramms die Wahrscheinlichkeit, dass in einer Runde folgende Spieler eine 6 gewürfelt haben!
a) kein Spieler b) mindestens ein Spieler c) genau ein Spieler
d) der erste Spieler e) nur der erste Spieler f) genau zwei Spieler
g) mindestens zwei Spieler h) nur der erste und der dritte Spieler

17. Eine Maschine fällt mit einer Wahrscheinlichkeit von 20 % einmal am Tag aus. Mit welcher Wahrscheinlichkeit treffen folgende Aussagen zu? Nutze ein Baumdiagramm!
a) Die Maschine fällt an genau 3 Tage nacheinander nicht aus.
b) Die Maschine fällt mindestens einmal in 3 Tagen aus.
c) Die Maschine fällt erstmalig am 3. Tag aus.
d) Die Maschine fällt genau am ersten und am dritten Tag nicht aus.
e) Die Maschine fällt nur an einem beliebigen von 3 Tagen aus.

18. In einer Klinik wurde die Erfahrung gemacht, dass 15 % der Patienten, die Schmerzmittel nehmen, auch auf Placebos ansprechen.
a) Mit welcher Wahrscheinlichkeit befindet sich unter 3 dieser Patienten mindestens einer, der auf Placebos anspricht?
b) Wie viele Patienten muss man mindestens untersuchen, um mit einer Wahrscheinlichkeit von mehr als 90% wenigstens einen zu finden, der auf Placebos anspricht?

19. Einige Menschen haben eine angeborene Störung des Farbsinns, die Rotgrün-Blindheit. Diese Personen werden im folgenden Text farbenblind genannt. Während eines Fahrschultests wurden 2000 Personen (männlich oder weiblich) auf diese Krankheit untersucht. Die Ergebnisse sind in der Vierfeldertafel dargestellt.

	farbenblind	nicht farbenbl.
männl.	80	920
weibl.	4	996

a) Stelle die Ergebnisse und deren Wahrscheinlichkeiten in einem Baumdiagramm dar!
b) Zeige, dass eine beliebig ausgewählte Person mit einer Wahrscheinlichkeit von 0,042 farbenblind ist!
c) Mit welcher Wahrscheinlichkeit findet man unter 20 zufällig ausgewählten Personen keine farbenblinde Person?
d) Wie viele Personen muss man mindestens untersuchen, um mit mindestens 99,9 %iger Sicherheit wenigstens eine farbenblinde Person zu finden?
e) Ist die Farbblindheit geschlechtsabhängig?

20. Eine Familie hat einen ISDN-Telefonanschluss mit zwei unabhängigen Telefongeräten. Die vier Kinder und die Eltern wollen am Abend durchschnittlich 20 Minuten pro Stunde telefonieren.
a) Wie groß ist die Wahrscheinlichkeit, dass die zwei Telefone zu einem bestimmten Zeitpunkt am Abend ausreichen, wenn man keinen Zeitplan aufstellt?
b) Wie verändert sich die Wahrscheinlichkeit, wenn zusätzlich ein Mobiltelefon angeschafft wird?

21. Lies aus einer Tafel der Binomialverteilung mit n = 10 folgende Wahrscheinlichkeiten ab!
a) $P(k = 5);\ p = 0{,}4$ b) $P(k = 3);\ p = 0{,}05$ c) $P(k = 6);\ p = \frac{1}{3}$
d) $P(k = 8);\ p = 0{,}3$ e) $P(k = 0);\ p = 0{,}5$ f) $P(k = 2);\ p = 0{,}02$

22. Lies folgende Wahrscheinlichkeiten aus einer Tafel der Binomialverteilung ab!
a) $P(k = 4);\ n = 5;\ p = 0{,}4$ b) $P(k = 3);\ n = 10;\ p = 0{,}3$ c) $P(k = 4);\ n = 50;\ p = 0{,}2$
d) $P(k = 8);\ n = 10;\ p = 0{,}5$ e) $P(k = 2);\ n = 50;\ p = \frac{1}{3}$ f) $P(k = 7);\ n = 10;\ p = 0{,}2$

23. Zeichne unter Nutzung von Tafeln für die Binomialverteilung in Nachschlagewerken Streifendiagramme für Binomialverteilungen mit n = 5 und folgenden Erfolgswahrscheinlichkeiten! Begründe, warum der längste Streifen immer weiter nach rechts „wandert"!
a) $p = 0{,}2$ b) $p = 0{,}4$ c) $p = 0{,}5$ d) $p = 0{,}6$ e) $p = 0{,}8$

24. Zeichne unter Nutzung von Tafeln für die Binomialverteilung in Nachschlagewerken Streifendiagramme für Binomialverteilungen mit der Erfolgswahrscheinlichkeit 0,5 und folgenden Werten für n und begründe die Änderung der Form der Verteilung!
a) $n = 5$ b) $n = 10$ c) $n = 50$

25. Die Keimgarantie für ihre Tulpenzwiebeln beziffert eine Gärtnerei auf 95 %. Jemand kauft dort einen Beutel mit 10 Zwiebeln.
Mit welcher Wahrscheinlichkeit keimen folgende Anzahlen?
a) alle b) keine c) mindestens eine c) mehr als 8 Zwiebeln

26. Zeichne ein Streifendiagramm für die Binomialverteilung mit n = 6 und $p = \frac{1}{3}$!
a) Zu welchem Vorgang würde diese Binomialverteilung passen?
b) Veranschauliche an einem Diagramm und bestimme danach die Wahrscheinlichkeit folgender Ereignisse!
(1) höchstens 2 Erfolge (2) mehr als 2 Erfolge (3) mindestens 3 Erfolge
(4) mehr als 4 Erfolge (5) weniger als 2 Erfolge (6) höchstens 4 Erfolge

27. Bestimme mithilfe von Tafeln!
a) $n = 20;\ p = 0{,}6$ (Binomialverteilung)
$P(k = 12)$; $P(k \leq 12)$; $P(k \geq 12)$; $P(k < 8)$; $P(k > 14)$
b) $n = 50;\ p = 0{,}25$ (Binomialverteilung)
$P(k = 30)$; $P(k \leq 20)$; $P(k < 15)$; $P(k > 10)$; $P(k < 10)$

28. Rund 10 % der Bevölkerung sind Linkshänder. Eine Lehrerin bekommt eine neue Klasse mit 20 Schülern.
a) Wie viele Linkshänder kann sie erwarten?
b) Mit welcher Wahrscheinlichkeit ist mindestens 1 Linkshänder in der Klasse?
c) Es stellt sich heraus, dass in dieser Klasse niemand mit der linken Hand schreibt oder arbeitet. Ist diese Klasse eine große Ausnahme?

29. Bei Getränkehersteller Durstig wird Fruchtsaft automatisch in Literflaschen abgefüllt. In 5 % aller Abfüllungen weisen die Flaschen zu wenig Inhalt auf, meint Herr Durstig. Herr Schluck kauft eine Zehnerpackung des Saftes.

a) Wie viele Flaschen mit weniger Inhalt kann Herr Schluck in der Zehnerpackung erwarten?
b) Mit welcher Wahrscheinlichkeit sind alle Flaschen normgerecht abgefüllt?

30. Eine Firma beziffert ihren Ausschussanteil auf höchstens 5 %. Ein Abnehmer, der diese Waren verkaufen will, prüft 20 Artikel.

a) Wie viele Ausschussartikel kann der Abnehmer in seiner Stichprobe erwarten?
b) Wie hoch ist die Wahrscheinlichkeit, unter den 20 Artikeln keinen, genau einen bzw. mehr als einen Ausschussartikel zu finden?
c) Der Abnehmer hat in seiner Stichprobe keinen Ausschuss gefunden. Welche der folgenden Schlussfolgerungen kann er aus diesem Resultat ziehen?
A: Die Firma produziert keinen Ausschuss.
B: Die Firma hat ihren Ausschussanteil richtig beziffert.
C: Das Resultat der Stichprobe spricht nicht gegen die Angabe der Firma.

31. Zu Sylvester werden von Bäcker Lehmann 20 % der gebackenen Pfannkuchen mit Senf gefüllt, der Rest mit Marmelade. Herr Müller kauft eine Tüte mit 10 Pfannkuchen.

a) Mit welcher Wahrscheinlichkeit hat Herr Müller keinen Senf-Pfannkuchen gekauft?
b) Mit welcher Wahrscheinlichkeit hat er mindestens einen Senf-Pfannkuchen in der Tüte?
c) Wie viele Senf-Pfannkuchen kann Herr Müller erwarten?
d) Mit welcher Wahrscheinlichkeit sind genau 2 Senf-Pfannkuchen in der Tüte?
e) Mit welcher Wahrscheinlichkeit beißen Müllers mehr als dreimal in den Senf?

Grenzen der Binomialverteilung

32. Bei der Stadtmeisterschaft der Schulen im Fußball erhält die Siegermannschat Geschenke, die der Bürgermeister wahllos auf die 12 Jungen verteilt. Unter den 12 Geschenken hat Toni auch 3 Flugzeuge entdeckt, von denen er gern eins bekäme. Mit welcher Wahrscheinlichkeit erfüllt sich sein Wunsch?

33. Ronny nimmt eine Packung mit Schokoriegeln mit ins Kino, die immer 4 Riegel in jeweils 4 Sorten enthält. Im Kino geraten die Sorten durcheinander, sodass er im Dunkeln wahllos nacheinander 4 Riegel entnimmt. Ronny mag eine Sorte besonders gern. Mit welcher Wahrscheinlichkeit sind unter den 4 Riegeln die folgenden Fälle?

a) Es sind genau 4 seiner Lieblingssorte.
b) Es sind genau 2 seiner Lieblingssorte.
c) Es ist kein Riegel seiner Lieblinssorte dabei.

34. In einer Gruppe aus 4 Mädchen und 5 Jungen werden 2 Kinokarten verlost. Mit welcher Wahrscheinlichkeit treten folgende Fälle aus?

a) 2 Mädchen bekommen die Karten.
b) 2 Jungen bekommen die Karten.
c) Ein Junge und ein Mädchen bekommen die Karten.

3.3 Gemischte Aufgaben

Baron CHEVALIER DE MÉRÉ (1607 bis 1685) stellte beim Würfeln mit einem Würfel fest, dass es sich lohnt, darauf zu wetten, dass bis spätestens zum 4. Wurf eine „6" aufgetreten ist. Er konnte sich das nicht erklären und teilte 1654 dem mit ihm befreundeten Mathematiker BLAISE PASCAL (1623 bis 1662) seine Beobachtungen mit. PASCAL beschäftigte sich daraufhin mit der Wahrscheinlichkeitsrechnung.

a) Erkläre dem CHEVALIER DE MÉRÉ die Beobachtung!
b) Lege einen Wetteinsatz fest und prüfe in mehreren Spielen, wer auf lange Sicht gewinnt!

1. In der großen Pause schaffen es 50 Schüler, etwas in der Schulkantine zu kaufen. Erfahrungsgemäß nehmen $\frac{2}{5}$ dieser Schüler ein Baguette.
a) Es wurden für die Pause 20 Baguettes vorbereitet.
Mit welcher Wahrscheinlichkeit kaufen genau 20 Schüler ein Baguette?
b) Mit welcher Wahrscheinlichkeit reichen die 20 Baguettes?
c) Wie viele Baguettes sollten für die Pause mindestens vorbereitet werden, damit sie mit einer Wahrscheinlichkeit von mindestens 95 % bzw. von mindestens 99 % ausreichen?

2. Eine Umfrage hat ergeben, dass 70 % der Wahlberechtigten eines Landes den Spitzenpolitiker einer bestimmten Partei kennen. Für eine TV-Sendung mit dem Politiker wurden 5 Bürger zufällig ausgewählt.
a) Berechne mithilfe der Binomialverteilung die Wahrscheinlichkeit, dass 0; 1; 2; 3; 4 bzw. 5 der ausgewählten Bürger den Politiker kennen!
b) Stelle die Verteilung grafisch dar!
c) Simuliere mit einer Zufallszahlentabelle bzw. mit einem geeigneten Taschenrechner die Auswahl von 5 Personen 100-mal, indem du jeweils 5 Zufallszahlen im Intervall von 0 bis 99 auswählst. Übertrage die Tabelle in dein Heft und trage die Simulationsergebnisse ein. Vergleiche die realtiven Häufigkeiten mit den theoretischen Werten.

	Anzahl der Bürger, die Politiker kennen					
	0	1	2	3	4	5
Strichliste						
absolute Häufigkeit						
relative Häufigkeit						

3. Ein Telefon-Kundendienst ist über 8 Leitungen erreichbar. Es seien $p_0, p_1, \ldots, p_8$ die Wahrscheinlichkeiten, dass 0; 1; 2; …, 8 Leitungen belegt sind.
Gib für die Wahrscheinlichkeit der folgenden Ereignisse einen Term mit möglichst wenigen der Wahrscheinlichkeiten p_0 bis p_8 an!
a) P(weniger als 3 Leitungen sind belegt)
b) P(mindestens 2 Leitungen sind belegt)
c) P(höchstens 6 Leitungen sind belegt)
d) P(2 Leitungen sind frei)
e) P(mindestens 3 Leitungen sind frei)
f) P(weniger als 6 Leitungen sind frei)

4. Die Bezeichnung „Binomialkoeffizient" hängt mit dem Binomischen Satz zusammen, der angibt, wie die n-te Potenz des Binoms (a + b) berechnet wird. Es gilt:

$$(a+b)^n = \binom{n}{0}a^n + \binom{n}{1}a^{n-1}\cdot b + \binom{n}{2}a^{n-2}\cdot b^2 + \ldots + \binom{n}{n-1}a\cdot b^{n-1} + \binom{n}{n}b^n$$

a) Zeige, dass die binomische Formel $(a+b)^2 = a^2 + 2ab + b^2$ ein Spezialfall des Binomischen Satzes ist!

b) Gib mithilfe des binomischen Satzes eine Formel für die 3. und 4. Potenz eines Binoms an!

5. Die Binomialkoeffizienten findet man ebenfalls im pascalschen Dreieck, das nach folgenden Regeln gebildet wird:

– Die äußeren Zahlen des Dreiecks sind stets 1.

– Jede innere Zahl ergibt sich als Summe der beiden direkt darüber stehenden Zahlen.

n = 0	1
n = 1	1 1
n = 2	1 2 1
n = 3	1 3 3 1
n = 4	1 4 6 4 1
n = 5	1 5 10 10 5 1

Berechne nach den Regeln die nächste Zeile des pascalschen Dreiecks und vergleiche mit den Werten der Binomialkoeffizienten $\binom{6}{k}$ für k = 1; 2; …; 6!

6. Von 320 Fahrradbesitzern einer Schule stellten 180 ihr Fahrrad einer Mängelkontrolle vor, wobei an 45 Fahrrädern Mängel festgestellt wurden.

a) Berechne die Wahrscheinlichkeit dafür, dass ein beliebiges Fahrrad bei dieser Kontrolle mangelhaft war!

b) Wie viele mangelhafte Fahrräder kann man bei allen Fahrradbesitzern der Schule erwarten, wenn man die gleiche Wahrscheinlichkeit voraussetzt?

c) Die Lehrerin einer Klasse mit 28 Schülern, die alle ein Fahrrad besitzen, stellt unter Zugrundelegung der Stichprobenergebnisse folgende Fragen. Beantworte sie!

A: Mit welcher Wahrscheinlichkeit hat in meiner Klasse niemand ein verkehrssicheres Fahrrad?

B: Mit welcher Wahrscheinlichkeit haben in meiner Klasse alle ein verkehrssicheres Fahrrad?

C: Mit welcher Wahrscheinlichkeit finde ich in meiner Klasse mindestens einen Schüler, dessen Fahrrad nicht verkehrssicher ist?

d) Wie viele Fahrradbesitzer der Schule muss sich der Schulleiter mindestens herausgreifen, um mit einer Wahrscheinlichkeit von mindestens 95 % wenigstens ein mangelhaftes Fahrrad demonstrieren zu können?

7. Vor einer Zaubershow wurden am Eingang an 60 von 300 Besuchern kleine Kugeln zufällig verteilt. Während der Show bittet der Zauberer 15 Zuschauer auf die Bühne. Er behauptet, dass er sich sicher sei, dass ein „Kugelbesitzer" auf der Bühne steht. Was hältst du von dieser Magie? Würdest du diesen Trick auch mit 10 Zuschauern wagen?

8. In einer Disco wurden durch Zufallsauswahl 50 Anwesende zu einer Befragung ausgewählt. Auf die Frage, ob die Befragten mit der Musik zufrieden seien, gab es die nebenstehenden Antworten. Der Betreiber geht von der Häufigkeitsverteilung aus, die sich bei der Befragung ergeben hat.

Zufriedenheit	relative Häufigkeit
sehr zufrieden	0,34
zufrieden	0,38
es geht so	0,2
unzufrieden	0,08

a) In der Disco sind 1 500 Besucher. Mit wie vielen Besuchern kann der Betreiber rechnen, die mit der Musik unzufrieden sind?

b) 5 weitere Jugendliche, die sich nicht kennen, betreten die Disco. Mit welcher Wahrscheinlichkeit gelten folgende Aussagen, wenn man das Ergebnis der Befragung zugrunde legt?
A: Alle fünf Besucher sind mit der Musik unzufrieden.
B: Keiner der fünf Besucher ist mit der Musik unzufrieden.
C: Es sind mehr als 3 Besucher mit der Musik unzufrieden.

9. In einem Auto eines bestimmten Typs gibt es zwei unabhängige Bremsanlagen. Der erste Bremskreis funktioniert mit einer Wahrscheinlichkeit von 98 %. Der zweite Bremskreis ist mit einer Wahrscheinlichkeit von 3 % defekt. Ein Auto ist verkehrssicher, wenn beide Bremskreise funktionstüchtig sind.

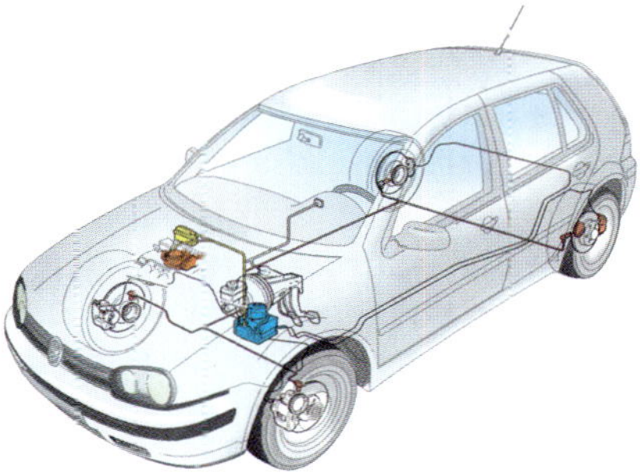

a) Stelle aus diesen Angaben ein Baumdiagramm auf und bestimme die Wahrscheinlichkeit für ein verkehrssicheres Auto!

b) Mit welcher Wahrscheinlichkeit funktioniert mindestens ein Bremskreis?

c) Mit welcher Wahrscheinlichkeit ist von 20 untersuchten Autos mindestens eins nicht verkehrssicher?

d) Mit welcher Wahrscheinlichkeit ist von 30 untersuchten Autos mindestens eins nicht verkehrssicher?

e) Wie viele Autos muss man mindestens untersuchen, um mit einer Wahrscheinlichkeit von mehr als 90 % mindestens ein Auto zu finden, das nicht verkehrssicher ist?

10. Bei einer Polizeikontrolle untersuchten die Beamten 250 Autos mit jugendlichen Fahrern, deren Alter bis 27 Jahre betrug, und 750 Autos mit Fahrern, die älter waren. Bei den jugendlichen Fahrern wurden 50, bei den älteren Fahrern 80 Fahrzeuge mit Mängeln entdeckt.

a) Erstelle aus diesen Angaben ein Baumdiagramm!

b) Entscheide und begründe, ob die Wahrscheinlichkeit für ein mangelhaftes Auto von den betrachteten Altersgruppen der Fahrer abhängig war!

c) Zeige, dass die Wahrscheinlichkeit, bei dieser Verkehrskontrolle ein Auto mit Mängeln zu entdecken, 0,13 betrug!

d) Wie viele Autos mit Mängeln können die Beamten bei der Kontrolle der nächsten 200 Autos erwarten, wenn sie von derselben Wahrscheinlichkeit ausgehen?

e) Mit welcher Wahrscheinlichkeit sind unter den nächsten 10 Autos folgende Fälle zu finden?
A: mindestens ein mangelhaftes Auto
B: mehr als 1 mangelhaftes Auto
C: kein mangelhaftes Auto
D: mehr als 9 mangelhafte Autos
E: genau 9 mangelhafte Autos

11. Bei der Herstellung bunter magnetischer Figuren treten unabhängig voneinander Fehler in der Farbgebung und Fehler in der Haftfähigkeit auf. Die Wahrscheinlichkeit für einen Farbfehler beträgt 5 %, für Fehler in der Haftfähigkeit liegt sie bei 2 %.

a) Eine Figur wird zufällig der Produktion entnommen. Berechne die Wahrscheinlichkeit für folgende Ereignisse!
A: Die Figur hat sowohl einen Farb- als auch einen Haftungsfehler.
B: Die Figur ist fehlerfrei.

b) Ein Abnehmer prüft 10 zufällig der Produktion entnommene Figuren. Berechne die Wahrscheinlichkeit folgender Ereignisse!
A: Keine Figur ist fehlerfrei.
B: Mindestens eine Figur ist fehlerfrei.
C: Die 10 Figuren sind alle fehlerfrei.
D: Mindestens eine Figur ist nicht fehlerfrei.
E: Mehr als 9 Figuren sind fehlerfrei.
F: Mindestens 9 Figuren sind fehlerfrei.

c) Bei einer Qualitätskontrolle werden der laufenden Produktion 100 Figuren entnommen und geprüft. Wie viele fehlerfreie Figuren kann man bei dieser Kontrolle erwarten?

12. Eine Firma produziert Schrauben. 80 % der Schrauben werden mit neuen Maschinen gefertigt. Erfahrungsgemäß produzieren die neuen Maschinen 1 %, die alten Maschinen 4 % fehlerhafte Schrauben.

a) Stelle aus diesen Angaben ein Baumdiagramm auf!

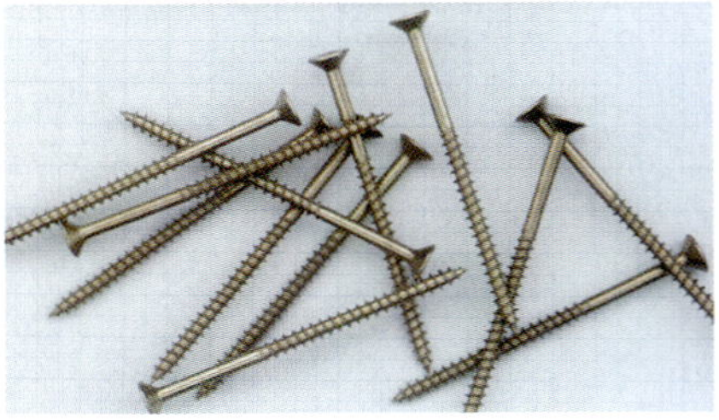

b) Vor dem Verpacken werden die Schrauben beider Produktionsstrecken vermischt. Zeige, dass dann die Wahrscheinlichkeit für den Verkauf einer fehlerhaften Schraube 0,016 beträgt!

c) Wie viele fehlerhafte Schrauben kann man beim Kauf von 500 Schrauben dieser Firma erwarten?

d) Mit welcher Wahrscheinlichkeit befindet sich in einer Zehnerpackung mindestens eine fehlerhafte Schraube?

e) Wie viele Schrauben dieser Firma muss man mindestens untersuchen, um mit einer Wahrscheinlichkeit von mehr als 95 % mindestens eine fehlerhafte Schraube zu finden?

13. Ein Obsthändler hat mit einem Großmarkt einen Vertrag geschlossen, dass ihm höchstens 20 % Bananen minderer Qualität geliefert werden. Er bestellt wöchentlich 10 Kisten mit je 20 kg Bananen.

a) Wie viele Kisten minderwertiger Bananen kann der Obsthändler wöchentlich erwarten? Welcher Masse entspricht das?

b) Qualitätsgerechte Bananen bringen dem Händler einen Gewinn von 0,99 € pro Kilogramm, minderwertige nur 0,19 € pro Kilogramm. Welchen wöchentlichen Gewinn kann der Händler erwarten, wenn er alle Bananen verkauft?

c) Bestimme die Wahrscheinlichkeit dafür, dass in der wöchentlichen Lieferung insgesamt weniger als 2 Kisten, genau 2 Kisten bzw. mehr als 2 Kisten der minderwertigen Bananen enthalten sind!

d) Der Händler will dem Großmarkt den Vertrag kündigen. Deshalb kontrolliert er bei Anlieferung der Ware alle Kisten. Er findet 46 kg minderwertige Bananen. Dass das mehr als 20 % sind und somit der Vertrag gebrochen wurde, gibt er als Kündigungsgrund an. Nimm zu dem Vorgehen des Obsthändlers Stellung!

Kann man Produkte am Geschmack unterscheiden?

Experimentieranleitung:

Es werden 10 Freiwillige ausgewählt, die glauben, dass sie den Unterschied von Produkten verschiedener Hersteller am Geschmack unterscheiden können.

Jeder der 10 Probanden prüft den Geschmack von zwei Artikeln zweier Firmen und entscheidet, welcher Artikel von welcher Firma ist.

Es wird festgestellt, wie viele der 10 Probanden eine richtige Zuordnung vornahmen. Zum Experiment eignen sich Getränke wie Cola, Fanta, Fruchtsäfte oder Süßigkeiten wie Schokolade, Lakritze, Gummitiere. Ein Produkt sollte ein „Markenartikel" und das andere ein „No-Name-Produkt" sein. Achtet darauf, dass die zwei Proben äußerlich übereinstimmen. Getränke sollte man aus geschlossenen Gefäßen mit dem Trinkhalm reichen, Süßigkeiten zerkleinern und mit Löffeln essen lassen.

Auswertung des Versuchsergebnisses:

Wenn die Probanden das Markenprodukt A nicht vom „No-Name-Produkt" B unterscheiden können, so können sie nur raten und geben mit einer Erfolgswahrscheinlichkeit von $p = 0{,}5$ das richtige Ergebnis an. In diesem Fall kann man das Experiment als eine Bernoulli-Kette mit $n = 10$ und $p = 0{,}5$ auffassen und es sind im Schnitt 5 richtige Antworten zu erwarten.

Erst wenn sich das Ergebnis des Experimentes wesentlich von der Zahl 5 unterscheidet, kann man vermuten, dass die Probanden doch nicht geraten haben und die Produkte tatsächlich unterscheiden können.

1. Stelle die Binomialverteilung mit $n = 10$ und $p = 0{,}5$ grafisch dar!
2. Bestimme die Wahrscheinlichkeiten, dass unter der Annahme $p = 0{,}5$ mehr als 5; 6; 7; 8 oder 9 Probanden eine richtige Zuordnung vornehmen!
3. Bestimme ein geeignetes k in der folgenden Entscheidungsregel!
   Können mindestens k von 10 Probanden das Markenprodukt richtig zuordnen, so wollen wir davon ausgehen, dass sie das Markenprodukt von dem „No-Name-Produkt" unterscheiden können. Geben weniger als k Probanden die richtige Antwort, müssen wir annehmen, dass sie höchstwahrscheinlich nur geraten haben, d.h. beide Produkte nicht unterscheiden können.

Zusatz:

Die Entscheidungsfindung wird verbessert, wenn die 10 Probanden aus drei oder mehr Artikeln den Markenartikel herausfinden müssen oder wenn mehr Probanden zur Entscheidungsfindung hinzugezogen werden. In jedem Fall muss einen neue Entscheidungsregel entwickelt werden.

Die Binomialverteilung

Bernoulli-Experiment mit der Erfolgswahrscheinlichkeit p

Experiment, bei dem nur 2 Ergebnisse betrachtet werden:
- Erfolg mit der Erfolgswahrscheinlichkeit p
- Misserfolg mit der Wahrscheinlichkeit q = 1 – p

Vorgang: *Merkmal:*

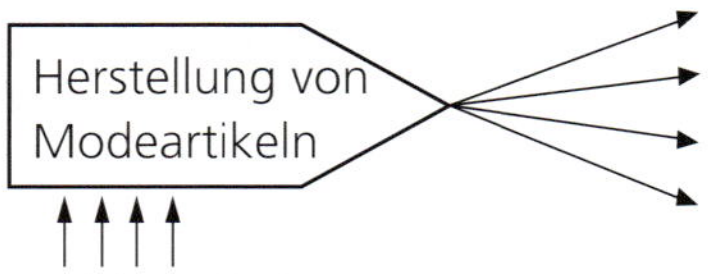

Anzahl der Mängel	Wahrscheinlichkeit	Ereignis	Wahrscheinlichkeit
0	0,9	fehlerfrei	0,9
1	0,03	nicht fehlerfrei	0,1
2	0,05		
mehr als 2	0,02		

Misserfolg: Das Produkt ist fehlerhaft. Erfolgswahrscheinlichkeit p = 0,1
Erfolg: Das Produkt ist fehlerfrei. Wahrscheinlichkeit q = 1 – p = 0,9

Bernoulli-Kette mit der Länge n und der Erfolgswahrscheinlichkeit p

n Wiederholungen eines Bernoulli-Experimentes, wenn sich dabei die Erfolgswahrscheinlichkeit p nicht ändert.

Beispiel:
Produktion von 50 Artikeln unter den gleichen Produktionsbedingungen und Überprüfen der Qualität jedes Artikels.

Binomialverteilung mit den Parametern n und p

Wahrscheinlichkeitsverteilung der Anzahl k der Erfolge in einer Bernoulli-Kette mit der Länge n und der Erfolgswahrscheinlichkeit p.

$P(k\ \text{Erfolge}) = \binom{n}{k} p^k \cdot (1-p)^{n-k}$ **$P(\text{mindestens ein Erfolg}) = 1 - (1-p)^n$**

Binomialverteilung mit den Parametern n = 50 und p = 0,1:

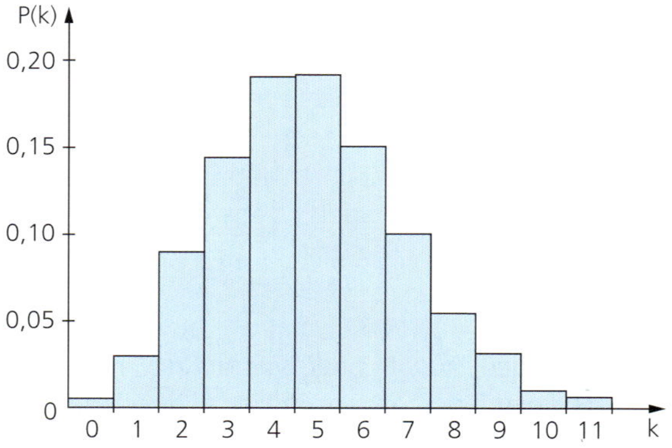

4 Potenz- und Exponentialfunktionen

1984 wurde vor dem Meeresaquarium des Fürstentums Monaco erstmals eine Algenart entdeckt, die bald den Namen „Killeralge“ erhielt, da sie einen dichten grünen Teppich bildet, der den anderen Algen und Meerespflanzen das Licht und den Sauerstoff raubt und so nach und nach alles andere Leben im Meer verdrängt. Ein Jahr später hatte sich die verseuchte Fläche verzehnfacht und 1992 waren an der Cote d´ Azur schon 427 Hektar überwuchert. Die Ausbreitung des Algenteppichs kann mit einer Exponentialfunktion beschrieben werden. Mit diesem Modell kann man berechnen, wann theoretisch das ganze Mittelmeer verseucht ist, wenn keine Gegenmaßnahmen ergriffen werden.

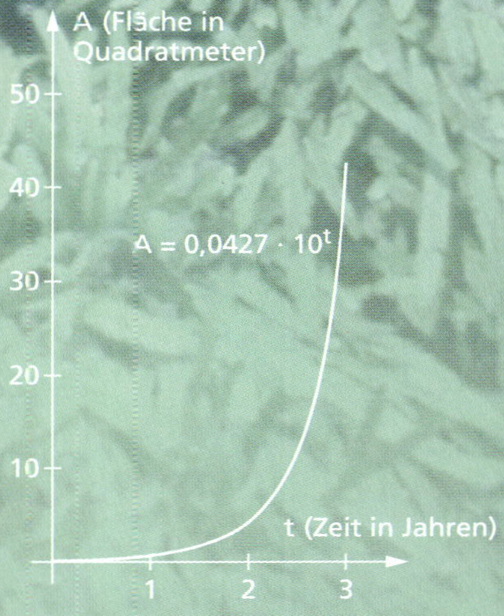

4 Potenz- und Exponentialfunktionen

Rückblick

Funktionen und Zusammenhänge

Mithilfe von Funktionen können Zusammenhänge und Abhängigkeiten zwischen Größen beschrieben und untersucht werden.

Eine Funktion kann dargestellt werden:

- durch eine **wörtliche Beschreibung**
- durch eine **Wertetabelle**
- durch einen **Graphen** in einem Koordinatensystem
- durch eine **Funktionsgleichung**

Beschreibung:
Eine brennende Kerze von 15 cm wird pro Stunde 3 cm kürzer.

Wertetabelle:

t in h	0	1	2	3	4	5
l in cm	15	12	9	6	3	0

Graph:

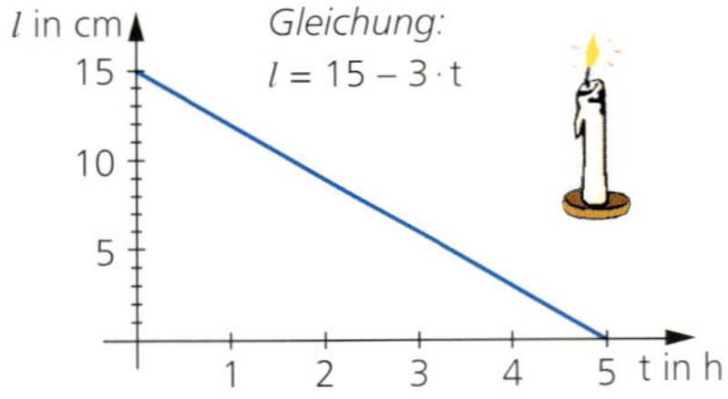

Eigenschaften von Funktionen

Der **Definitionsbereich D** einer Funktion umfasst alle Werte der x-Achse, zu denen es einen y-Wert gibt.

f: Brenndauer ↦ Länge der Kerze
D ... alle Zeiten von 0 h bis 5 h

Der **Wertebereich W** einer Funktion umfasst alle Werte der y-Achse, zu denen es einen x-Wert gibt.

W ... alle Längen von 15 cm bis 0 cm

Die Graphen von Funktionen sind geometrische Figuren, die oft eine bestimmte *Bezeichnung* haben.

Der Graph von f ist eine *Strecke*.

In Funktionsgleichungen können **Parameter** auftreten. Von der Größe der Parameter hängen Eigenschaften der Funktion und der Verlauf des Graphen ab.

Hinweis: Wenn im Folgenden kein Grundbereich für die Variable x bzw. die Parameter der Funktionen angegeben ist, ist immer der Bereich der reellen Zahlen gemeint.

In der allgemeinen Gleichung für die Länge einer Kerze $l = l_0 - k \cdot t$ sind die *Parameter* l_0 und k.
l_0 ist die Anfangslänge und k ist eine Materialkonstante. Je größer k, umso steiler ist der Graph.

Nullstellen der Funktion sind alle die x-Werte, für die die Funktion den Wert 0 annimmt.

Die *Nullstelle* ist die Zeit, für die $l = 0$ ist:
t = 5 h

Um das **Wachstumsverhalten** einer Funktion zu untersuchen, kann man fragen: „Wie ändert sich die eine Größe bei Änderung der anderen?"

Je länger die Kerze brennt, umso kürzer wird sie. In einer Stunde nimmt die Länge der Kerze um 3 cm ab.

Quadratische Funktionen

Quadratische Funktionen mit der Gleichung $y = f(x) = ax^2$

Die Graphen der Funktionen mit der Gleichung $y = f(x) = ax^2$ ($a \neq 0$) sind gestreckte oder gestauchte Normalparabeln.

Man sagt, die Normalparabel wird **gestreckt,** wenn $|a| > 1$ bzw. wird **gestaucht,** wenn $|a| < 1$. Wechselt das Vorzeichen von a, so entsteht der neue Graph durch **Spiegelung** an der x-Achse.

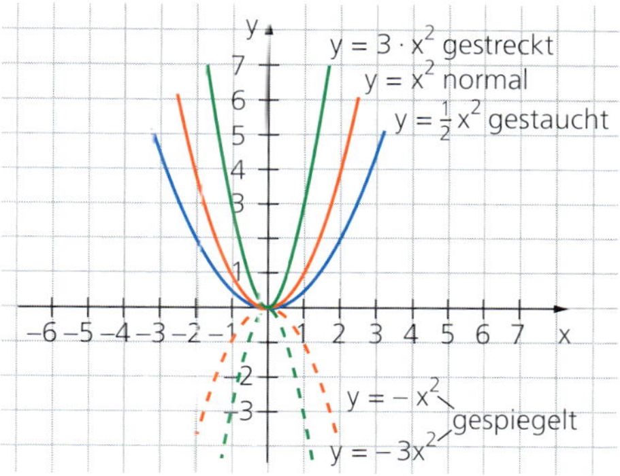

Zum Zeichnen der Graphen kann eine Wertetabelle hilfreich sein.

Beispiel: $y = 0{,}7x^2$

x	−2	−1,5	−1	−0,5	0	0,5	1	1,5	2
y	2,8	1,6	0,7	0,2	0	0,2	0,7	1,6	2,8

- Berechne nur auf eine Stelle nach dem Komma! Genauer kann man nicht zeichnen!
- Willst du den Graphen nur skizzieren, reichen außer dem Scheitelpunkt zu jeder Seite zwei Punkte!
- Für eine genaue Zeichnung sollten x-Werte im Abstand von etwa 0,5 Längeneinheiten gewählt werden!

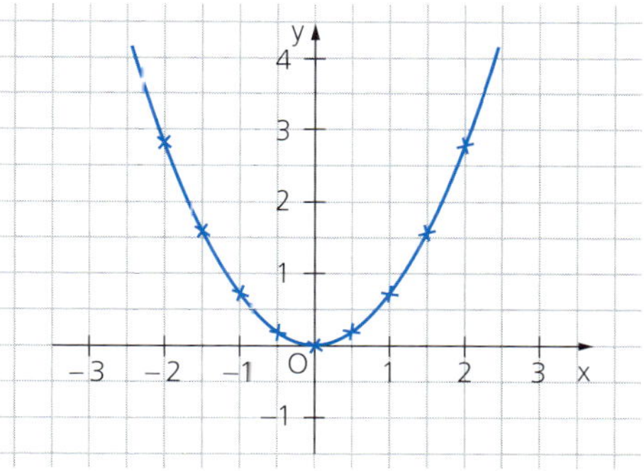

Quadratische Funktionen mit der Gleichung $y = f(x) = (x + d)^2 + e$

Graphen der Funktionen der Form
$y = f(x) = (x + d)^2 + e$
entstehen aus den Graphen von
$y = f(x) = x^2$
durch Verschiebung um e in Richtung der y-Achse und um −d in Richtung der x-Achse.
Sie besitzen den Scheitelpunkt S(−d; e).

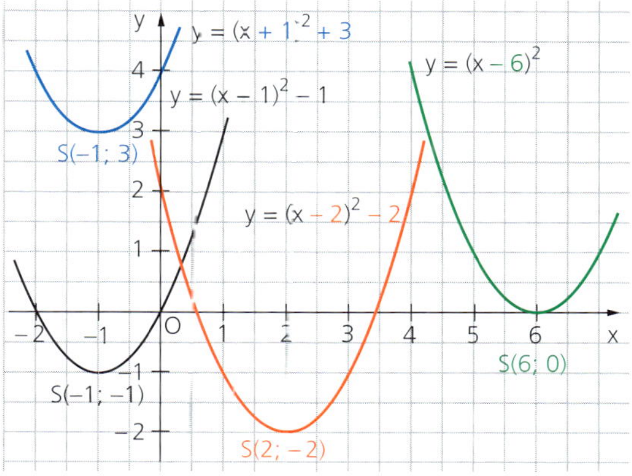

Quadratische Funktionen mit der Gleichung $y = f(x) = x^2 + px + q$

Der Graph der Funktion $y = f(x) = x^2 + px + q$ ist eine **Normalparabel.**
Ihr **Scheitelpunkt** hat die Koordinaten: $S\left(-\frac{p}{2}; -D\right)$ mit $D = \left(\frac{p}{2}\right)^2 - q$

Zum Zeichnen kann die Schablone für die Normalparabel verwendet werden.
Die Kontrolle kann mit der Punktprobe erfolgen.

Zeichne den Graphen der Funktion $y = x^2 + 3x - 2$!

$p = 3;\ q = -2$

$-\frac{p}{2} = -\frac{3}{2} = -1{,}5$

$D = \left(\frac{3}{2}\right)^2 + 2 = 2{,}25 + 2 = 4{,}25$

$S\left(-\frac{p}{2};\ -D\right)$, also $S\,(-1{,}5;\ -4{,}25)$

Punktprobe:

$-4{,}25 = (-1{,}5)^2 + 3 \cdot (-1{,}5) - 2 = 2{,}25 - 4{,}5 - 2$

$= -4{,}25$ (wahre Aussage)

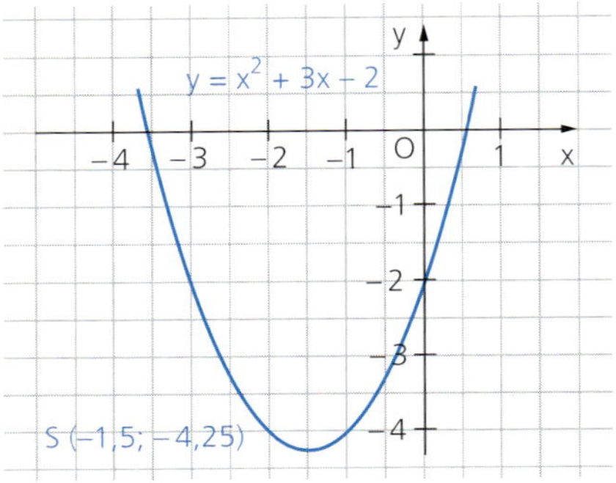

Zur Berechnung der Nullstellen wird in der Funktionsgleichung $y = 0$ gesetzt. Damit wird das Bestimmen der Nullstellen auf das Lösen der quadratischen Gleichung $0 = x^2 + px + q$ zurückgeführt:

Die Anzahl der Nullstellen und das Vorhandensein von Nullstellen der quadratischen Funktion ergibt sich aus dem Wert des Terms $\left(\frac{p}{2}\right)^2 - q$.

Die quadratische Funktion $y = f(x) = x^2 + px + q$ besitzt

- zwei Nullstellen, wenn $\left(\frac{p}{2}\right)^2 - q > 0$
- eine Nullstelle, wenn $\left(\frac{p}{2}\right)^2 - q = 0$
- keine Nullstelle, wenn $\left(\frac{p}{2}\right)^2 - q < 0$ ist.

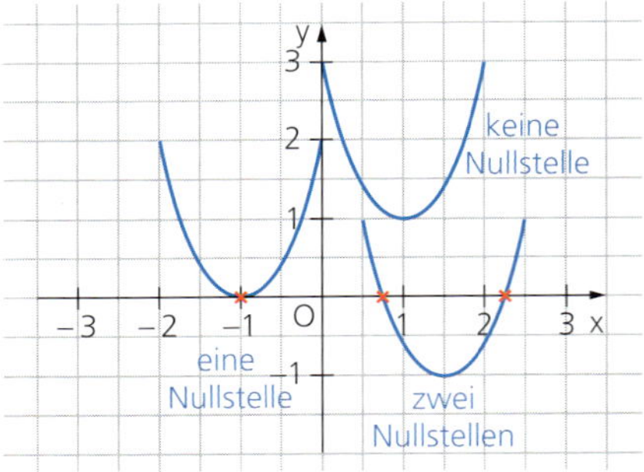

Potenzen und Potenzgesetze

Eine **Potenz** mit einer **natürlichen** Zahl n ($n \geq 2$) als Exponent ist eine Schreibweise für ein Produkt aus n gleichen Faktoren.

$a^n = a \cdot a \cdot a \cdot \ldots \cdot a = c \quad a \in \mathbb{R};\ n \in \mathbb{N};\ n \geq 2$

a … Basis n … Exponent c … Potenzwert

Um mit Potenzen mit beliebigen **ganzzahligen** Exponenten rechnen zu können, wird definiert:

$a^1 = a;\quad a^0 = 1;\quad a^{-n} = \frac{1}{a^n};\qquad a \in \mathbb{R};\ a \neq 0;\ n \in \mathbb{N}$

Zehnerpotenzen: 10^k; $k \in \mathbb{Z}$
Quadratzahlen: n^2; $n \in \mathbb{N}$
Kubikzahlen: n^3; $n \in \mathbb{N}$

$3^5 = 3 \cdot 3 \cdot 3 \cdot 3 \cdot 3 = 243$

$(-5)^3 = (-5) \cdot (-5) \cdot (-5) = -125$

$(4x)^2 = (4x) \cdot (4x) = 16x^2$

$2^1 = 2$ $\qquad 5^{-2} = \frac{1}{5^2} = \frac{1}{25}$

$(-10)^0 = 1$ $\qquad 10^{-2} = \frac{1}{10^2} = 0{,}01$

$10^5 = 100\,000$ $\qquad 10^{-4} = 0{,}0001$

$15^2 = 225$ $\qquad 25^2 = 625$

$2^3 = 8$ $\qquad 11^3 = 1\,331$

Unter dem Potenzieren einer reellen Zahl a > 0 mit einem rationalen Exponenten $\frac{m}{n}$ versteht man das Ziehen der n-ten Wurzel aus der Potenz a^m.

$$a^{\frac{m}{n}} = \sqrt[n]{a^m} \quad (a \in \mathbb{R};\ a > 0;\ n \in \mathbb{N};\ n \geq 2;\ m \in \mathbb{Z})$$

$4^{\frac{2}{3}} = \sqrt[3]{4^2} = \sqrt[3]{16} \approx 2{,}52$

$a^{-\frac{3}{4}} = \sqrt[4]{a^{-3}} = \sqrt[4]{\frac{1}{a^3}} = \frac{1}{\sqrt[4]{a^3}}$

$(a \in \mathbb{R};\ a > 0)$

Potenzgesetze

Es können nur Potenzen mit *gleicher* Basis und *gleichem* Exponenten zusammengefasst werden.

$4x^4 + 5x^4 - 8x^3 + 5x^3 = 9x^4 - 3x^3$

Für Potenzen mit *gleicher* Basis oder *gleichem* Exponenten gelten folgende Gesetze.

Für $a, b \in \mathbb{R};\ a > 0;\ b > 0;\ r, s \in \mathbb{Q}$ gilt:

(1) Multiplizieren von Potenzen: $a^r \cdot a^s = a^{r+s}$ — $5^{-3} \cdot 5^2 = 5^{-3+2} = 5^{-1}$

(2) Dividieren von Potenzen: $a^r : a^s = a^{r-s}$ — $5^2 : 5^3 = 5^{2-3} = 5^{-1}$

(3) Potenzieren von Potenzen: $(a^r)^s = a^{r \cdot s}$ — $(5^2)^{-3} = 5^{2 \cdot (-3)} = 5^{-6}$

(4) Potenzieren von Produkten: $(a \cdot b)^r = a^r \cdot b^r$ — $(-3x)^2 = (-3)^2 \cdot x^2 = 9x^2$

(5) Potenzieren von Quotienten: $(a : b)^r = a^r : b^r$ — $(\frac{x}{5})^3 = \frac{x^3}{5^3} = \frac{x^3}{125}$

Das 4. und 5. Gesetz werden in umgekehrter Richtung zum Vereinfachen von Termen verwendet.

$5^4 \cdot 2^4 = (5 \cdot 2)^4 = 10^4$

Ein Spezialfall der Potenzgesetze sind die **Wurzelgesetze.**
Für $a, b \in \mathbb{R};\ a, b > 0;\ m, n \in \mathbb{N};\ m, n \geq 2$ gilt:

(1) $\sqrt[n]{a \cdot b} = \sqrt[n]{a} \cdot \sqrt[n]{b}$ (2) $\sqrt[n]{\frac{a}{b}} = \frac{\sqrt[n]{a}}{\sqrt[n]{b}}$

(3) $\sqrt[n]{\sqrt[m]{a}} = \sqrt[n \cdot m]{a}$

$\sqrt[3]{8a^3b^6} = \sqrt[3]{8} \cdot \sqrt[3]{a^3} \cdot \sqrt[3]{b^6} = 2ab^2$

Logarithmen und Logarithmengesetze

Der Logarithmus einer Zahl z zu einer Basis b ist derjenige Exponent x, mit dem man die Basis b potenzieren muss, um die Zahl z zu erhalten.

$\log_2 8 = 3$ da $2^3 = 8$

$b^x = z$ mit $b, z \in \mathbb{R};\ b, z > 0$ *Schreibweise:* $x = \log_b z$

Kurzschreibweise bei der Basis 10:
$\log_{10} z = \lg z$

Für $z, z_1, z_2, b, r \in \mathbb{R};\ z, z_1, z_2, b > 0$ gilt:

$\log_b (z_1 \cdot z_2) = \log_b z_1 + \log_b z_2$ — $\log_2(4 \cdot 8) = \log_2 4 + \log_2 8 = 2 + 3 = 5$

$\log_b (\frac{z_1}{z_2}) = \log_b z_1 - \log_b z_2$ — $\log_2 \frac{4}{8} = \log_2 4 - \log_2 8 = 2 - 3 = -1$

$\log_b z^r = r \cdot \log_b z$ — $\log_2 4^8 = 8 \cdot \log_2 4 = 8 \cdot 2 = 16$

Aufgaben

Funktionen und Zusammenhänge

1. Gib die Funktionsgleichungen der Graphen an! Ermittle dazu deren Anstieg und ihren Schnittpunkt mit der y-Achse! Gib jeweils die Nullstellen an!

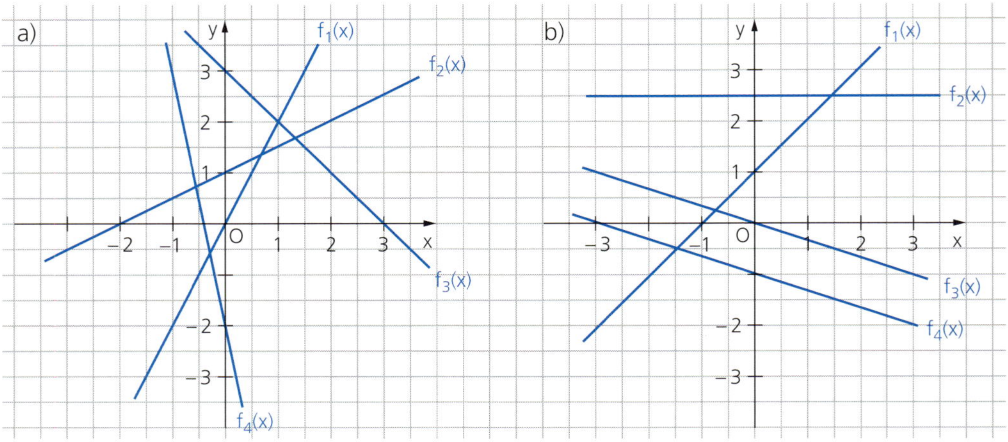

2. Markus hat eine sechsstündige Fahrradtour unternommen und dabei 80 km zurückgelegt.
a) Begründe, welche der vier Diagramme die Fahrradtour nicht beschreiben können!
b) Beschreibe den Verlauf einer Tour, die in den verbleibenden Diagrammen dargestellt ist!

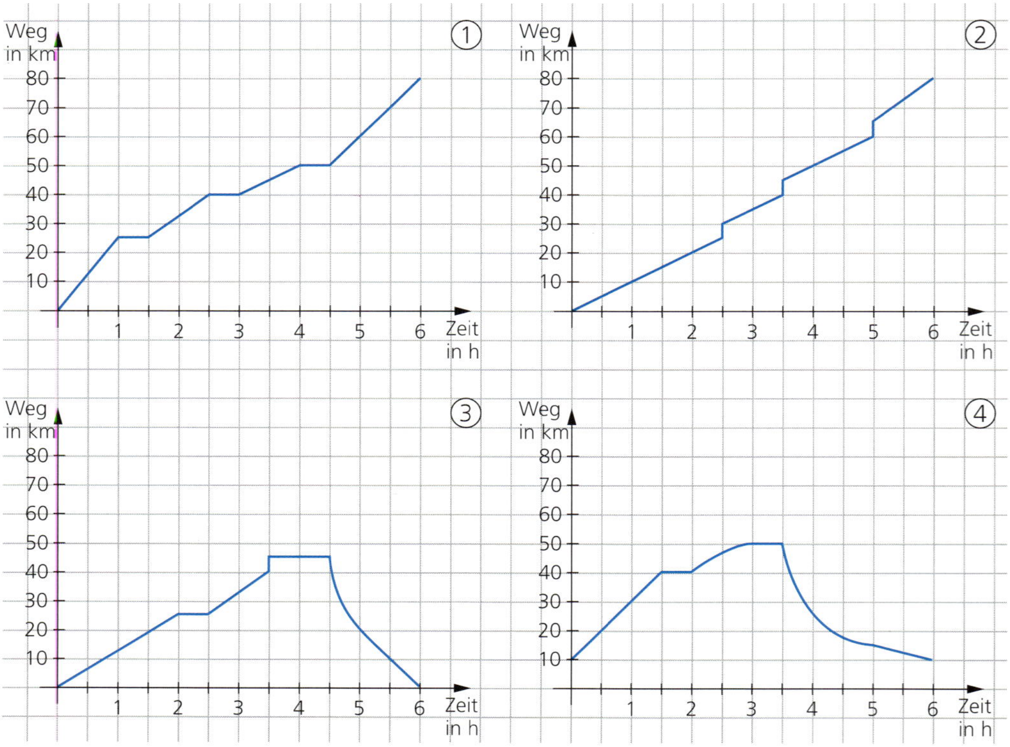

3. Stelle die Funktion $y = f(x)$ jeweils grafisch dar! Bestimme jeweils den Wertebereich, die Nullstellen, die Schnittpunkte mit den Koordinatenachsen, das Symmetrieverhalten und die Intervalle, in denen die Funktion monoton wachsend ist!

a) $y = 2x$ b) $y = -2x + 3$ c) $y = 3$ d) $y = 0{,}4x^2$
e) $y = -x^2$ f) $y = (x-1)^2$ g) $y = (x-3)^2 +$ ´ h) $y = (x+3)^2 - 1$

4. Gegeben sind die Funktionen $f(x)$ und $g(x)$.

a) Gib den Wertebereich von f und g an!
b) P und Q sind die Schnittpunkte der Parabel und der Geraden. Lies deren Koordinaten ab und überprüfe mithilfe der Punktprobe!
c) Gib die Nullstellen und die Schnittpunkte beider Funktionen mit den Koordinatenachsen an!
d) Gib die Intervalle an, in denen die Graphen fallen bzw. steigen!

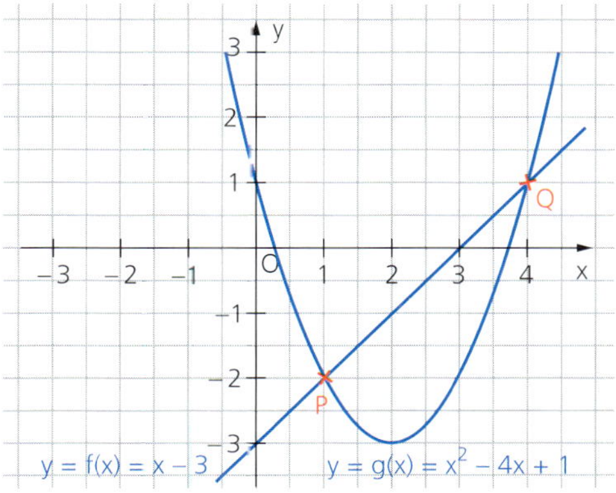

5. Die Lufttemperatur ist u. a. von der Höhe über dem Meeresspiegel abhängig. Bei normalen atmosphärischen Bedingungen sinkt die Temperatur bei einer Zunahme der Höhe von 1000 m um durchschnittlich 6,5 °C. Der Ort Affenhausen liege 500 m über dem Meeresspiegel.

a) Stelle die Abhängigkeit der Temperatur von der Höhe über dem Meeresspiegel für den Fall dar, dass im Ort Affenhausen 17 °C gemessen werden!
b) Gib eine Gleichung für die Funktion an, die die Abhängigkeit der Temperatur von der Höhe beschreibt!
c) Ein Flugzeug überfliegt den Ort Affenhausen in einer Höhe von 9600 m. Welche Temperatur hat die Luft in dieser Höhe?
d) In welcher Höhe beträgt die Lufttemperatur 0 °C?

6. Eine Gruppe Jugendlicher will mit dem Rad von Ammendorf zum 30 km entfernten Bahrendorf fahren. 30 Minuten nach dem Start fahren 3 Mopedfahrer in Ammendorf los. Die Radfahrer planen eine durchschnittliche Geschwindigkeit von 20 $\frac{km}{h}$ und die Mopedfahrer von 40 $\frac{km}{h}$ ein. Löse folgende Aufgaben grafisch!

a) Wann erreichen die Radfahrer die Stadt Bahrendorf?
b) Wann kommen die Mopedfahrer in Bahrendorf an?
c) Wann und wo überholen die Mopedfahrer die Radfahrer?
d) Löse die Aufgaben a) bis c) für den Fall, dass die Radfahrer eine durchschnittliche Geschwindigkeit von 25 $\frac{km}{h}$ und die Mopedfahrer von 45 $\frac{km}{h}$ einhalten!
e) Löse die Aufgaben a) bis c) für den Fall, dass die Mopedfahrer nur 20 Minuten später los fahren!

7. a) Lies die Koordinaten der Scheitelpunkte ab!
b) Gib die Funktionsgleichungen an, die zu den Graphen f_1 bis f_5 gehören!
c) Beschreibe das Monotonieverhalten der Funktionen!
d) Welchen Wertebereich besitzen die Funktionen?
e) Ermittle die Nullstellen aus der Zeichnung und durch Rechnung!
f) Lies die Koordinaten der Punkte näherungsweise ab, die $f_2(x)$ gemeinsam mit anderen Graphen besitzt!

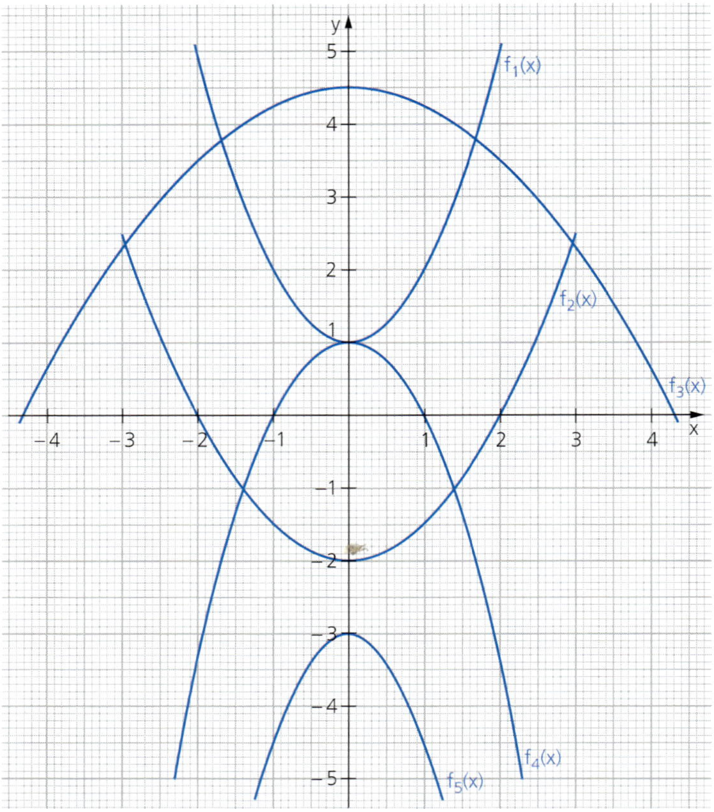

8. Die folgenden Graphen gehören zu Funktionen der Form $y = f(x) = (x + d)^2 + e$.

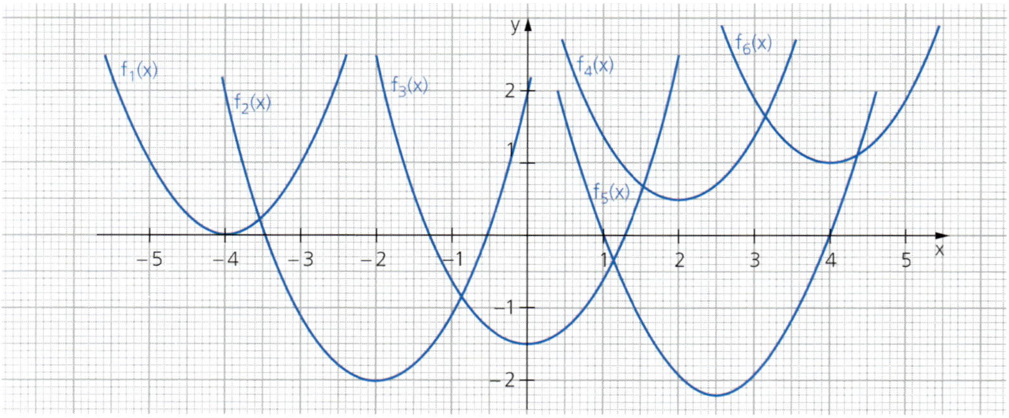

a) Welche Verschiebungen der Normalparabel $y = x^2$ führen zu den abgebildeten Graphen?
b) Gib die Scheitelpunkte und die Wertebereiche der Funktionen an!
c) Gib die Funktionsgleichungen an!
d) Welcher Zusammenhang besteht zwischen den Parametern d und e und dem Scheitelpunkt?
e) Berechne die Nullstellen der Funktionen!

Potenzen und Potenzgesetze

Hinweis: Wenn kein Grundbereich der Variablen angegeben ist, so ist immer der Bereich der reellen Zahlen gemeint. Alle Variablen in Basen von Potenzen sind größer als 0. Alle Variablen im Nenner sind ungleich 0.

9. Berechne und ordne! Achte auf negative Exponenten!

a) 10^2; 10^{-2}; -10^2; -10^{-2}; $(-10)^2$; $(-10)^{-2}$

b) -5^2; 5^{-2}; $(-5)^{-2}$; $(-5)^2$; -5^{-2}

*c) $(\frac{1}{2})^3$; $(\frac{1}{2})^{-3}$; $\frac{1}{2^{-3}}$; $(-\frac{1}{2})^{-3}$; $(-\frac{1}{2})^3$; $\frac{1}{(-2)^3}$

10. Schreibe ohne negativen Exponenten!

a) x^{-2} b) $(2a)^{-1}$ c) $(5x)^{-3}$

d) $(\frac{x}{y})^{-2}$ e) $\frac{a^{-3}}{b}$ f) $\frac{x^2}{y^{-3}}$

11. Verwende eine Schreibweise, in der kein Bruchstrich mehr auftaucht!

a) $\frac{1}{x^4}$ b) $\frac{1}{a^h}$ c) $\frac{x}{y}$ d) $\frac{1}{25x^2}$ e) $\frac{x^{-2}}{y^3}$ *f) $\frac{1}{a+b}$

12. Marco behauptet: $(\frac{a}{b})^{-n} = (\frac{b}{a})^n$!

a) Zeige, dass die Gleichung $(\frac{5}{4})^{-3} = (\frac{4}{5})^3$ gilt!

*b) Für welche a und b gilt die Behauptung nicht?

c) Beweise, dass für alle anderen Zahlen Marcos Behauptung gültig ist!

13. Fasse (wenn möglich) zusammen!

a) $3x^2 + 4x^2 - 5x^2$ b) $0{,}5a^3 - \frac{1}{4}a^3 + a^3$ c) $-m^4 + m^{-5} - 4m^{-5} + 5m^4$

d) $ab^2 + a^2b^2 + a^2b$ e) $3(x + y)^2 - 2(x + y)^2$ f) $2\sqrt{2} - 3\sqrt{2} + \sqrt{2}$

14. Multipliziere! Nutze die Potenzgesetze!

a) $10^3 \cdot 10^4$ b) $2^2 \cdot 2^3 \cdot 2^5$ c) $0{,}1^3 \cdot 0{,}1^4$ d) $12^2 \cdot 12^{-3}$ e) $(\frac{3}{4})^2 \cdot (\frac{3}{4})^{-2}$

f) $x^3 \cdot x^5$ g) $3^2 \cdot 3^x \cdot 3 \cdot 3^{4x}$ h) $10^r \cdot 10^{2r} \cdot 10^{-3r}$ i) $a^{2m} \cdot a$ *j) $a^{2k} \cdot a^{(2k+1)}$

15. Dividiere! Nutze die Potenzgesetze!

a) $10^7 : 10^3$ b) $3^4 : 3^3$ c) $(-5)^6 : (-5)^4$ d) $4^{-3} : 4^2$ e) $13^{-3} : 13^{-4}$

f) $d^4 : d^6$ g) $10^{3y} : 10^{2y}$ h) $7d^4 : d^3$ i) $x^r : x$ *j) $x^{(2k+1)} : x^{(2k-1)}$

16. Potenziere!

a) $(10^2)^4$ b) $(2^3)^2$ c) $(5\frac{a^2}{b})^3$ d) $(15^2)^{-1}$ e) $(0{,}2^{-3})^0$

f) $(x^3)^5$ g) $(5^r)^2$ h) $(10^x)^{-2}$ *i) $(10^2)^{(x+1)}$ *j) $(x^{2r})^r$

17. Übertrage in dein Heft und vervollständige zu wahren Aussagen (a, x, r > 0)!

a) $10^5 \cdot 10^{\square} = 10^9$ b) $10^{\square} \cdot 10^{-6} = 10^{-2}$ c) $10^5 : 10^3 = 10^{\square}$

d) $10^{-8} : 10^{\square} = 10^6$ e) $(10^{\square})^3 = 0{,}00001$ f) $10\,000 : 10^{\square} = 10^3$

g) $2^{-5} \cdot \square^6 = 2$ h) $5^{-3} : 5^4 = 5^{\square}$ i) $\square^2 \cdot \square^8 = 3^{10}$

j) $2^3 \cdot 5^3 = 10^{\square}$ k) $x^{-3} : x^2 = x^{\square}$ l) $(-a)^2 \cdot a^{\square} = a^{-5}$

m) $r^{\square} = \frac{1}{r^2}$ n) $(r^2)^{\square} = \frac{1}{r^2}$ o) $(3x)^{\square} \cdot \frac{1}{3}y^3 = 3x^2y^3$

18. Vereinfache so, dass im Ergebnis keine Potenz mit negativem Exponenten auftritt!

a) $\frac{10^4 \cdot 10^{-2}}{(10^3)^2}$ b) $5^{-4} \cdot 2^{-4} \cdot (-1)^{-4}$ c) $(4d^{-2})^3$ d) $\frac{3xy^{-3}}{y^5}$ e) $(\frac{2}{3})^{-4}$

f) $(\frac{5}{2}x)^{-3}$ g) $(\frac{7x}{4y})^{-2}$ h) $(x+1)^{-2}$ *i) $\frac{x-1}{x^2-1}$ *j) $\frac{x+1}{x^2-1}$

19. Nutze die Potenzgesetze und die Potenzschreibweise und „schaffe Ordnung"!

a) $(a+b) \cdot (a+b)^2$ b) $-m^2n \cdot 2 \cdot mn^2 \cdot 2$ c) $(\frac{p}{2})^2 + \frac{p^2}{4}$

d) $10^3 \cdot 10^5 \cdot 10m$ e) $9x^2y^3 : (3x^2y)$ f) $12m^5n^3 \cdot 0{,}2m^{-3}n$

g) $\frac{x^6 + 2x^6}{3x^2}$ h) $(-\frac{1}{2})^2 \cdot (\frac{1}{4})^2 \cdot 8^2$ i) $\frac{24x^{-3}z}{21y^5} \cdot \frac{3y^7z^{-2}}{48x^{-5}}$

20. Gib unter Verwendung von Zehnerpotenzen als Vielfache der Grundeinheiten an!

Beispiel: Kilovolt: $1\ kV = 10^3 \cdot 1\ V = 10^3\ V$

a) Kilometer b) Megavolt c) Milliampere d) Mikrofarad

e) Hektoliter f) Dezitonne g) Nanometer h) Gigahertz

21. Übertrage in dein Heft und vervollständige zu wahren Aussagen

a) $1{,}5 \cdot 10^3\ m = 1{,}5\ \square m$ b) $250 \cdot 10^6\ W = 250\ \square W$ c) $48 \cdot 10^{-2}\ m = 48\ \square m$

d) $6 \cdot 10^{-9}\ F = 6\ \square F$ e) $9{,}6\ hl = 9{,}6 \cdot \square$ Liter f) $23{,}5 \cdot 10^{-4}\ V = 2{,}35\ \square V$

22. Berechne die Terme unter Verwendung der abgetrennten Zehnerpotenzdarstellung! Überprüfe anschließend mit deinem Taschenrechner! Nutze die Tasten EEX bzw. Exp!

a) $0{,}004 \cdot 5000$ b) $8\,000\,000 : 0{,}0016$ c) $145 : 0{,}00015$

d) $\frac{8\,400\,000\,000}{21\,000 \cdot 200\,000}$ e) $\frac{12\,000\,000\,000 \cdot 30\,000\,000}{600\,000^2}$ *f) $(10^8 + 10^9)^2$

23. Berechne mit deinem Taschenrechner! Runde das Ergebnis auf Tausendstel!

a) $\sqrt{50}$ b) $\sqrt{120}$ c) $\sqrt{13^2 + 15^2}$

d) $\frac{1}{\sqrt{0{,}4}}$ e) $\sqrt{0{,}5 \cdot 1{,}7}$ f) $\sqrt{-225}$

g) $\sqrt{1{,}7 \cdot 10^5}$ h) $\sqrt{2{,}8 \cdot 10^{-4}}$ i) $\sqrt{(-2{,}8)^2}$

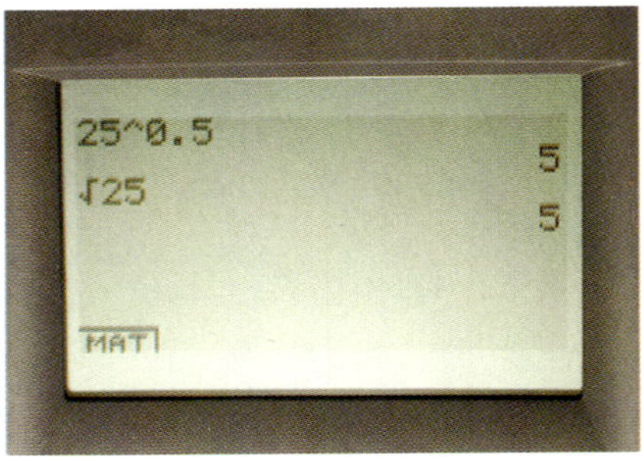

24. Berechne mit dem Taschenrechner! Runde auf 3 Dezimalstellen!

a) $2 \cdot \sqrt{3} - 4 \cdot \sqrt{7} + 8 \cdot \sqrt{11}$ b) $21 \cdot \sqrt{15} - 3 \cdot \sqrt{2{,}5} \cdot \sqrt{1{,}5}$

c) $(\sqrt{3{,}2 \cdot 1{,}8} - \sqrt{5}) \cdot (\sqrt{0{,}2} + \sqrt{72{,}9})$ d) $1{,}2 \cdot \sqrt{27} + 3 \cdot \sqrt{2{,}5^2} \cdot \sqrt{14{,}8}$

25. Berechne mit dem Taschenrechner! Schreibe mit abgetrennten Zehnerpotenzen!

a) $(2{,}9 \cdot 10^{-2})^3$ b) $(6{,}6 \cdot 10^{-5})^{-2}$ c) $(7{,}2 \cdot 10^4)^{-3}$ d) $(\sqrt{11{,}3} \cdot 10^{-7})^{-1}$

e) $\frac{(4 \cdot 10^{-2})^2 \cdot 1{,}21}{(11 \cdot 10^3)^3 \cdot 8}$ f) $\frac{13 \cdot 10^{-3}}{7 \cdot 10^2} \cdot 3 \cdot 10^4$ g) $\frac{7{,}2 \cdot 10^{-4} \cdot 3{,}6 \cdot 10^8}{2 \cdot 10^{10}}$ h) $\frac{\sqrt{6{,}3} \cdot 10^{-7}}{\sqrt{2{,}1} \cdot 10^{-5}}$

26. Berechne und schreibe das Ergebnis als Potenz ($x \neq 1$)!

a) $\frac{x^2y^3z}{x^{-1}y} \cdot \frac{y^{-2}}{x^3yz} =$ b) $\frac{28x^{-2}y}{32z^3} \cdot \frac{16z^{-3}}{14y^{-2}x} =$ c) $\frac{x^2y^3z}{x^{-1}y} : \frac{x^3yz}{y^{-2}} =$

d) $\frac{28ab^{-2}}{3c^{-4}} : \frac{7a^{-3}b^5}{12b^3} =$ *e) $\frac{1}{x^2} : \frac{(x+1)}{(x^2-1)} =$ *f) $(\frac{1}{g} + \frac{1}{b}) : \frac{(g^2-b^2)(g-b)}{4gb} =$

27. Berechne die Wurzelwerte ohne Hilfsmittel! Kontrolliere durch Berechnen der Potenzwerte!

a) $\sqrt[4]{16} =$ b) $\sqrt[5]{32} =$ c) $\sqrt[3]{0{,}027} =$ d) $\sqrt[3]{64} =$

e) $\sqrt[3]{0{,}008} =$ f) $\sqrt[4]{625} =$ g) $\sqrt{\frac{36}{81}} =$ h) $\sqrt{(-64)^2} =$

28. Schreibe die Potenzen als Wurzeln und umgekehrt (a; x > 0)!

Beispiel: $2^{\frac{3}{5}} = \sqrt[5]{2^3}$

a) $5^{\frac{2}{3}} =$ b) $a^{\frac{3}{4}} =$ c) $\sqrt{20} =$ d) $\sqrt[3]{5^2} =$

e) $\sqrt[4]{x^{-5}} =$ f) $\left(\frac{3}{4}\right)^{\frac{1}{2}} =$ g) $a^{-\frac{3}{2}} =$ h) $\sqrt{x^{-2}} =$

29. Wende die Potenzgesetze an (alle Variablen größer als 0)!

Beispiel: $5^{\frac{3}{2}} \cdot a^{\frac{3}{2}} = (5a)^{\frac{3}{2}} = \sqrt{(5a)^3} = \sqrt{125a^3}$

a) $b^{2,6} \cdot b^{2,4} =$ b) $(4c)^{-0,5} : c^{-0,5} =$ c) $(3d)^{\frac{2}{3}} \cdot \left(\frac{d}{3}\right)^{\frac{2}{3}} =$

d) $e^{\frac{1}{2}} \cdot \sqrt[3]{e^4} =$ e) $f^{-3,6} \cdot f^{3,6} =$ f) $\sqrt[3]{g^{-4}} \cdot g^{\frac{5}{6}} =$ g) $h^{0,5} : h^{\frac{1}{3}} =$

30. Vereinfache ohne Verwendung des Taschenrechners so weit wie möglich!

a) $\sqrt{\frac{35}{27}} \cdot \sqrt{\frac{21}{20}}$ b) $\sqrt[3]{56} : \sqrt[3]{7}$ c) $\sqrt[5]{3200} \cdot \sqrt[5]{1000}$ d) $\sqrt{2} \cdot \sqrt{4} \cdot \sqrt{5}$

31. Mache folgende Nenner rational!

a) $\frac{1}{\sqrt{3}} = \frac{\sqrt{3}}{\sqrt{3} \cdot \sqrt{3}} =$ b) $\frac{2}{\sqrt{5}} =$ c) $\frac{\sqrt{7}}{\sqrt{3}} =$ d) $\frac{1}{\sqrt[3]{5}} =$ e) $\frac{\sqrt[3]{4}}{\sqrt{2}} =$

32. Bestimme x bzw. y durch inhaltliche Überlegungen!

a) $\log_2 x = 6$ b) $\log_4 x = 0{,}5$ c) $\log_5 0{,}2 = y$ d) $\log_3 \frac{1}{9} = y$ e) $\log_5 625 = y$

33. Berechne die Logarithmen unter Anwendung eines Logarithmengesetzes im Kopf!

a) $\log_2(8 \cdot 16) =$ b) $\log_3 \frac{81}{27}$ c) $\lg 2 + \lg 5 =$ d) $\lg 10^{-8} =$ e) $\lg 700 - \lg 7 =$

34. Multipliziere aus und vereinfache (a, b > 0)

a) $(2^{-\frac{1}{2}} + 2^{\frac{1}{2}}) \cdot 2 =$ b) $(a^{\frac{1}{3}} - a^{\frac{1}{4}}) \cdot a^{\frac{1}{6}} =$ c) $(\sqrt{a} + a^{\frac{2}{3}})(a + a^{\frac{3}{4}}) =$

35. Vereinfache die Terme so weit wie möglich (x, y > 0)!

a) $\sqrt[3]{x^3y^3} =$ b) $x^{\frac{1}{3}} + x^{\frac{1}{3}} =$ c) $x^{\frac{1}{2}} \cdot x^{-1} =$

$\sqrt[3]{x+y} =$ $x^{\frac{1}{3}} \cdot x^{\frac{1}{3}} =$ $x^{\frac{1}{2}} : x^{-1} =$

$\sqrt[3]{x^3+y^3} =$ $(x^{\frac{1}{3}})^{\frac{1}{3}} =$ $x^{\frac{1}{2}} + x^{-1} =$

36. Berechne mithilfe der binomischen Formeln!

a) $(\sqrt[3]{4} + \sqrt{2})^2 =$ b) $(\sqrt{3} + \sqrt[3]{4})(\sqrt{3} - \sqrt[3]{4}) =$

c) $(\sqrt{3} + \sqrt[3]{4})(\sqrt{3} - \sqrt[3]{4}) =$ d) $(\sqrt{x} - \sqrt[3]{x^2})^2 =$

4.1 Potenz- und Wurzelfunktionen

Zu den Potenzfunktionen mit natürlichen Exponenten gehören die Funktionen $y = x$ und $y = x^2$.
Die Funktion $y = x$ ist ein Spezialfall der linearen Funktion $y = mx + n$ und die Funktion $y = x^2$ ist eine spezielle quadratische Funktion.

Potenzfunktionen mit natürlichen Exponenten

Vergleich quadratischer und kubischer Zusammenhänge zwischen zwei Größen

Zusammenhang zwischen der Seitenlänge a und dem Flächeninhalt A eines Quadrates:

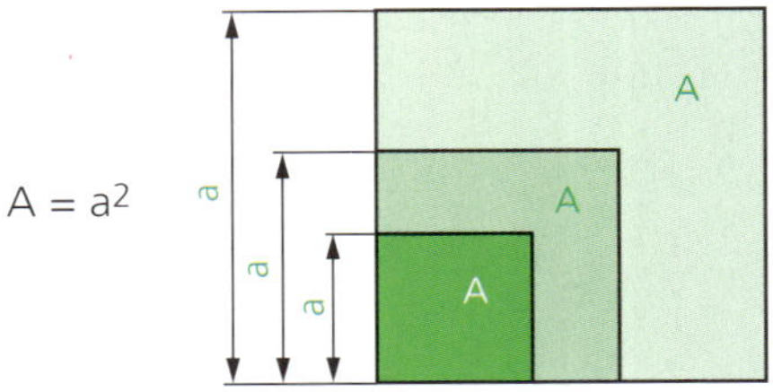

a in cm	0,5	1	1,5	2	3	4
A in cm^2	0,25	1	2,25	4	9	16
$\frac{A}{a^2}$	1	1	1	1	1	1

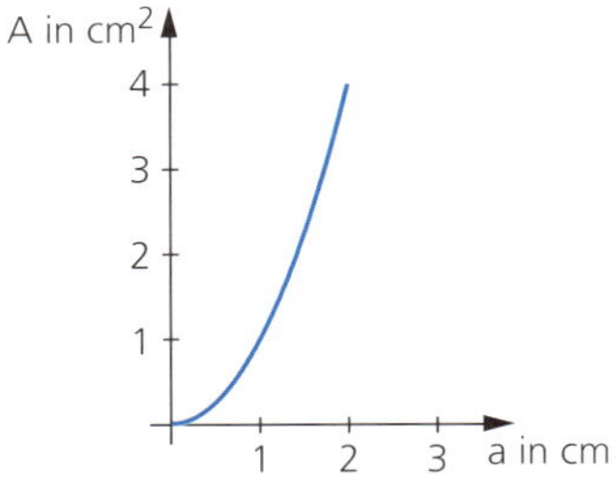

Der Flächeninhalt wächst quadratisch,
d. h. mit der 2. Potenz der Seitenlänge a.
Wird die Seitenlänge verdoppelt,
wird der Flächeninhalt vervierfacht.

Der Quotient $A : a^2$ ist konstant.

Zusammenhang zwischen der Kantenlänge a und dem Volumen V eines Würfels:

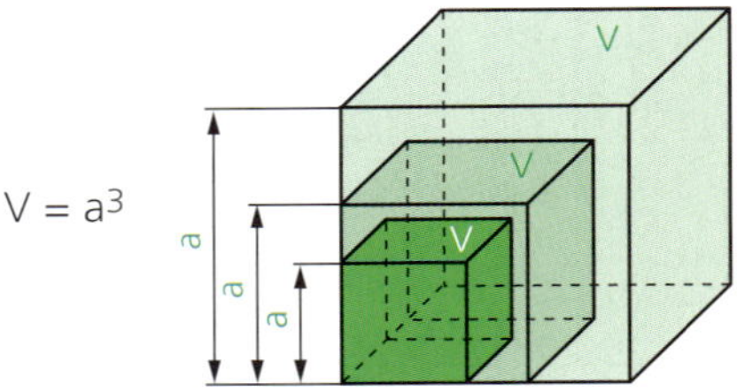

a in cm	0,5	1	1,5	2	3	4
V in cm^3	0,125	1	3,375	8	27	64
$\frac{V}{a^3}$	1	1	1	1	1	1

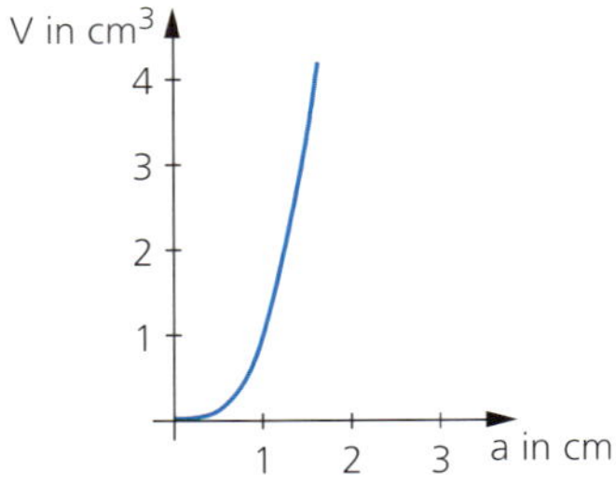

Das Volumen wächst kubisch,
d. h. mit der 3. Potenz der Kantenlänge a.
Wird die Kantenlänge verdoppelt,
wird das Volumen acht mal so groß.

Der Quotient $V : a^3$ ist konstant.

Funktionen mit der Gleichung $y = f(x) = x^n$ mit $n \in \mathbb{N}$ und $n \neq 0$ heißen **Potenzfunktionen mit natürlichen Exponenten.** Der Parameter n heißt **Grad** der Potenzfunktion.
Für $n \geq 2$ heißen die Graphen der Funktionen **Parabeln n-ten Grades.**

In der folgenden Übersicht sind die Eigenschaften der Potenzfunktionen mit geradem und ungeradem Exponenten zusammengestellt.

n ist ungerade

Beispiele: $y = x^3$ $y = x^5$

Wertetabelle:

x	–1,5	–1	–0,5	0	0,5	1	1,5
x^3	–3,4	–1	–0,13	0	0,13	1	3,4
x^5	–7,6	–1	–0,03	0	0,03	1	7,6

Graph:

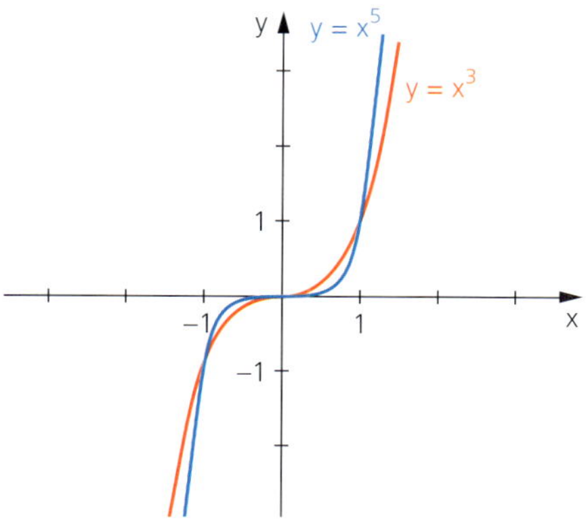

Definitions- und Wertebereich:
$x \in \mathbb{R}$; $y \in \mathbb{R}$

Einfluss der Parameter auf den Graphen:
$|x| > 1$: je größer n, desto dichter an y-Achse
$|x| < 1$: je größer n, desto dichter an x-Achse

Symmetrieeigenschaften:
punktsymmetrisch zu O(0; 0)

Nullstelle: $x = 0$

besondere Punkte: $P_1(-1; -1)$, $P_2(0; 0)$, $P_3(1; 1)$

Wachstumsverhalten:
wenn x wächst, wächst auch y

n ist gerade

Beispiele: $y = x^2$ $y = x^4$

Wertetabelle:

x	–1,5	–0,5	–1	0	0,5	1	1,5
x^2	2,3	0,25	1	0	0,25	1	2,3
x^4	5,1	0,06	1	0	0,06	1	5,1

Graph:

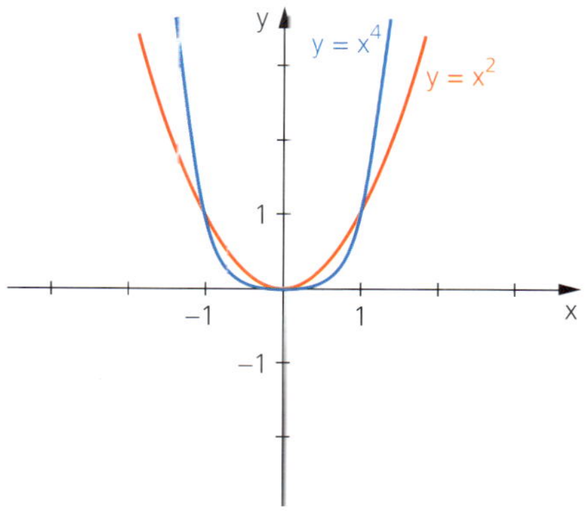

Definitions- und Wertebereich:
$x \in \mathbb{R}$; $y \in \mathbb{R}$, $y \geq 0$

Einfluss der Parameter auf den Graphen:
$|x| > 1$: je größer n, desto dichter an y-Achse
$|x| < 1$: je größer n, desto dichter an x-Achse

Symmetrieeigenschaften:
axialsymmetrisch zur y-Achse

Nullstelle: $x = 0$

besondere Punkte: $P_1(-1; 1)$, $P_2(0; 0)$, $P_3(1; 1)$

Wachstumsverhalten:
y fällt für $x < 0$; y wächst für $x > 0$

Präge dir die Graphen für die Funktionen $y = x^2$ und $y = x^3$ ein. Daran kannst du Eigenschaften der Potenzfunktionen mit natürlichen Exponenten ablesen.

Potenzfunktionen mit negativen ganzzahligen Exponenten

Funktionen mit der Gleichung $y = x^{-n} = \frac{1}{x^n}$ mit $x \neq 0$, $n \in \mathbb{N}$ und $n \geq 1$ heißen **Potenzfunktionen mit negativen ganzzahligen Exponenten.**
Die Graphen der Funktionen heißen **Hyperbeln.**
Der Teil des Graphen in einem Quadranten heißt **Hyperbelast.**

Zur Untersuchung der Eigenschaften der Funktionen werden ebenfalls zwei Fälle unterschieden.

n ist ungerade

Beispiele: $y = x^{-1} = \frac{1}{x}$ $\qquad y = x^{-3} = \frac{1}{x^3}$

Wertetabelle:

x	−2	−1	−0,5	0,5	1	2
x^{-1}	−0,5	−1	−2	2	1	0,5
x^{-3}	−0,13	−1	−8	8	1	0,13

Graph:

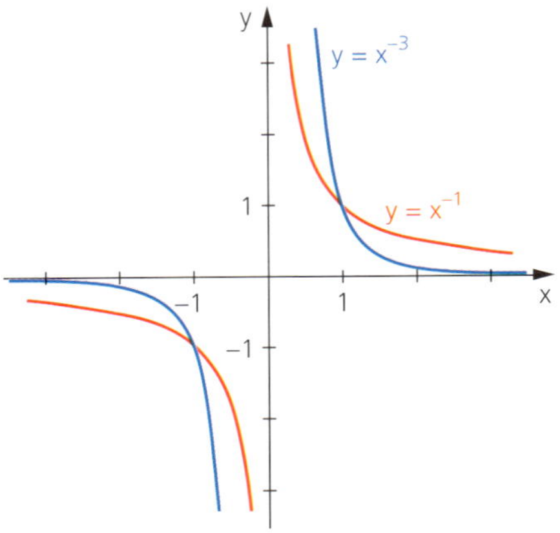

Definitions- und Wertebereich:
$x \in \mathbb{R}, x \neq 0, y \in \mathbb{R}, y \neq 0$

Einfluss der Parameter auf den Graphen:
$|x| > 1$: je größer n, desto dichter an x-Achse
$|x| < 1$: je kleiner n, desto dichter an y-Achse

Symmetrieeigenschaften:
punktsymmetrisch zu O(0; 0)

Nullstellen: keine

besondere Punkte: $P_1(-1; -1)$, $P_2(1; 1)$

Wachstumsverhalten:
wenn x wächst, fällt y

n ist gerade

Beispiele: $y = x^{-2} = \frac{1}{x^2}$ $\qquad y = x^{-4} = \frac{1}{x^4}$

Wertetabelle:

x	−2	−1	−0,5	0,5	1	2
x^{-2}	0,25	1	4	4	1	0,25
x^{-4}	0,06	1	16	16	1	0,06

Graph:

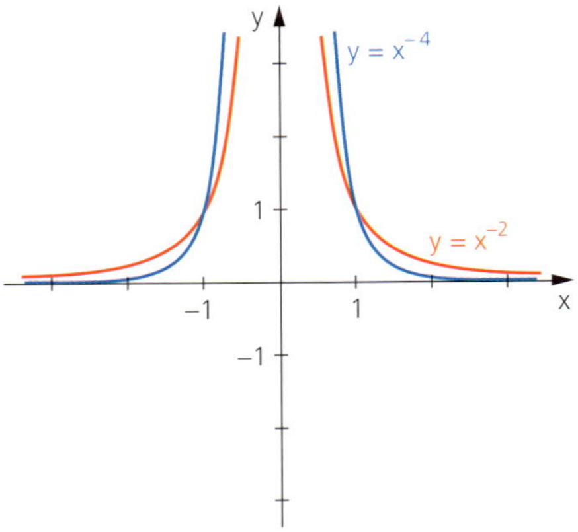

Definitions- und Wertebereich:
$x \in \mathbb{R}, x \neq 0, y \in \mathbb{R}, y > 0$

Einfluss der Parameter auf den Graphen:
$|x| > 1$: je größer n, desto dichter an x-Achse
$|x| < 1$: je kleiner n, desto dichter an y-Achse

Symmetrieeigenschaften:
axialsymmetrisch zur y-Achse

Nullstellen: keine

besondere Punkte: $P_1(-1; 1)$, $P_2(1; 1)$

Wachstumsverhalten:
y wächst für $x < 0$, y fällt für $x > 0$

Der Hyperbelast der Funktion $y = \frac{1}{x}$ im 1. Quadranten ist ein Spezialfall des Graphen eines umgekehrt proportionalen Zusammenhangs mit der allgemeine Gleichung $y = k \cdot \frac{1}{x}$, $k \in \mathbb{R}$, $k > 0$. Wie bei einem umgekehrt proportionalen Zusammenhang gilt auch hier:

Je größer x, desto kleiner y.

Der Graph „schmiegt" sich also immer weiter an die x-Achse an je größer x wird. Er kommt der Achse immer näher, ohne sie jemals zu berühren. Man spricht von einer **asymptotischen Annäherung** an die x-Achse und bezeichnet die x-Achse als **Asymptote** der Funktion.

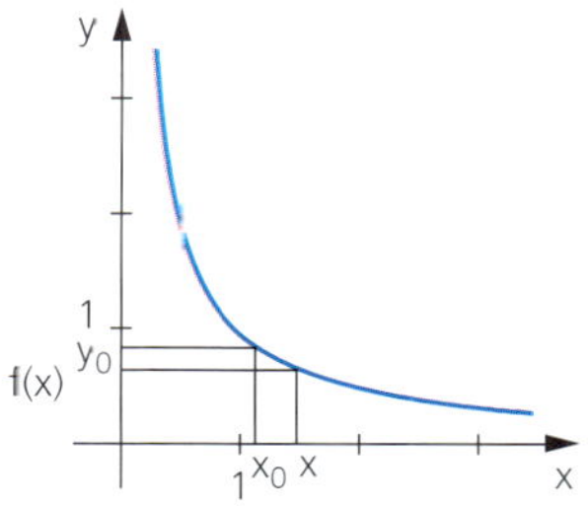

Um die anschauliche Vorstellung von der immer dichteren Annäherung mathematisch zu beschreiben, kann folgende Betrachtung verwendet werden:

Für jede noch so kleine positive Zahl y_0 gibt es eine Zahl x_0, sodass für alle $x > x_0$ gilt:

$f(x) < y_0$

Für $y_0 = 10^{-7}$ gilt: $x_0 = 10^7 = 10\,000\,000$; für alle $x > x_0$ ist $f(x) = \frac{1}{x} < 10^{-7} = y_0$

Analog kommen auch beide Hyperbeläste der y-Achse immer näher, je kleiner $|x|$ wird, d. h., die y-Achse ist ebenfalls eine Asymptote der Funktion $y = \frac{1}{x}$.

Achte beim Skizzieren einer Hyperbel darauf, dass sich der Graph nicht wieder von der x-Achse entfernt oder die Achse berührt

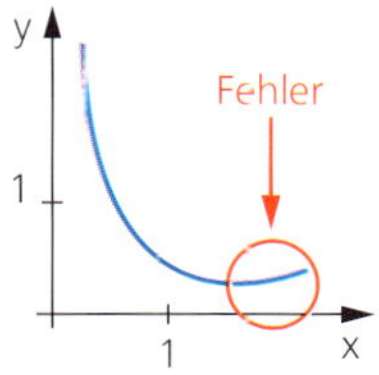

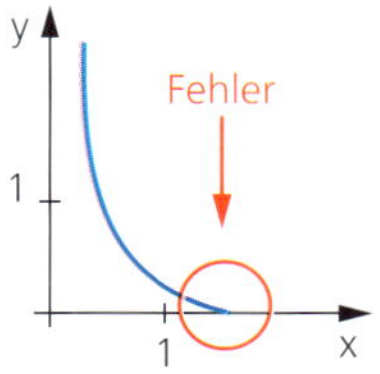

Potenzfunktionen mit rationalen Exponenten

Wurzelfunktionen

Funktionen mit der Gleichung $y = x^{\frac{1}{n}} = \sqrt[n]{x}$ mit $x \geq 0$, $n \in \mathbb{N}$ und $n > 1$, heißen **Wurzelfunktionen.**

$y = x^{\frac{1}{2}} = \sqrt{x}$ $y = x^{\frac{1}{3}} = \sqrt[3]{x}$

Wertetabelle:

x	0	0,5	1	2	4	6	8	9
$\sqrt{x}$	0	0,7	1	1,4	2	2,4	2,8	3
$\sqrt[3]{x}$	0	0,8	1	1,3	1,6	1,8	2	2,1

Irrationale Funktionswerte sind nur auf eine Dezimalstelle genau angegeben.

Definitions- und Wertebereich:
$x \in \mathbb{R}, x \geq 0; y \in \mathbb{R}, y \geq 0$

Symmetrieeigenschaften: keine

Nullstelle: $x = 0$

besondere Punkte: $P_1(0, 0), P_2(1; 1)$

Wachstumsverhalten: wenn x wächst, wächst auch y

Graph:

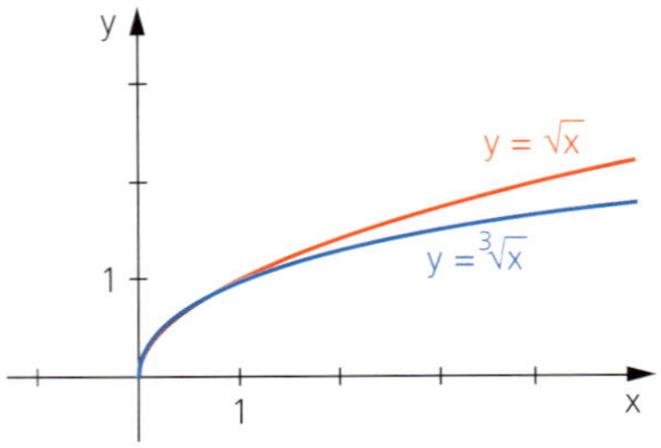

Die Wurzelfunktionen wachsen unbeschränkt, d.h., für jedes noch so große y_0 gibt es ein x_0, sodass für alle $x > x_0$ gilt:

$f(x) > y_0$

$f(x) = x^{\frac{1}{2}}$; $y_0 = 1000$: Für alle $x > x_0$ mit $x_0 = 1000\,000$ gilt $f(x) > 1000$

Potenzfunktionen mit natürlichem Exponenten und Wurzelfunktionen

Bei einigen funktionalen Zusammenhängen, bei denen eine Größe Y von einer Größe X abhängt, ist es sinnvoll, auch umgekehrt die Abhängigkeit der Größe X von der Größe Y zu untersuchen.

Es wird eine geradlinig gleichförmige Bewegung mit der Geschwindigkeit $v = 2\ \frac{km}{h}$ untersucht.

	Zusammenhang	umgekehrter Zusammenhang
verbale Beschreibung	Der zurückgelegte Weg hängt von der verflossenen Zeit ab. In einer Stunde werden 2 km zurückgelegt.	Die benötigte Zeit hängt vom zurückzulegenden Weg ab. Für einen Kilometer wird eine halbe Stunde benötigt.
Größengleichung	$s = 2\ \frac{km}{h} \cdot t$	$t = \frac{1}{2}\ \frac{h}{km} \cdot s$
grafische Darstellung	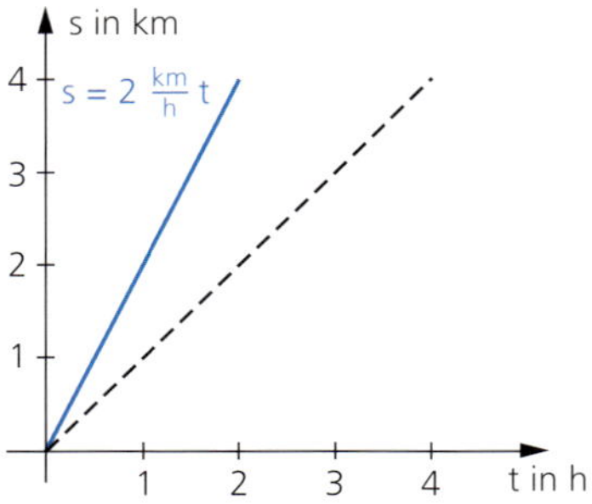	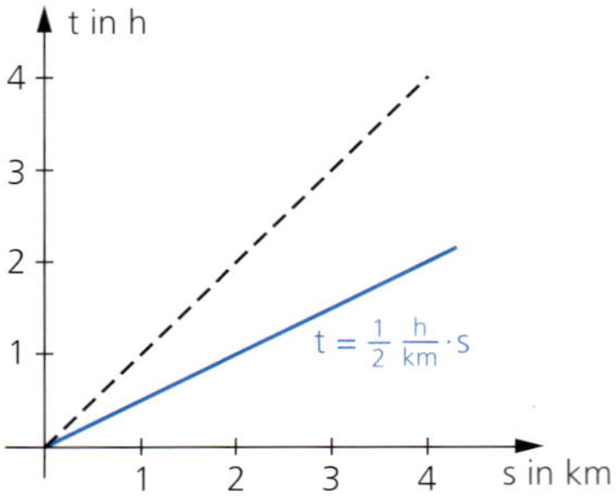
mathematische Beschreibung	$y = 2x$	$y = \frac{1}{2}x$

Man sagt, die Funktion $y = \frac{1}{2}x$ ist die **Umkehrfunktion** der Funktion $y = 2x$.

Der Graph der Umkehrfunktion ergibt sich durch Spiegelung am Graphen der Funktion $y = x$.

Im Unterschied zur Darstellung der Umkehrfunktion bei realen Zusammenhängen wird in der Mathematik die Bedeutung von x und y bzw. die Bezeichnung der Achsen nicht verändert, d. h., auch bei der Umkehrfunktion wird die Ordinatenachse mit y und die Abszissenachse mit x bezeichnet.

Zu einer Funktion gibt es nur dann eine Umkehrfunktion, wenn die Funktion eine eineindeutige Zuordnung ist, d.h., wenn es zu jedem Funktionswert nur ein Argument mit diesem Wert gibt.

Im Fall einer eineindeutigen Zuordnung erhält man die Umkehrfunktion in zwei Schritten:

Bestimmen einer Umkehrfunktion	Beispiel	
1. Umstellen der Funktionsgleichung nach x:	$y = 2x \quad \vert :2$	$x = \frac{1}{2}y$
2. Vertauschen der Variablen x und y:	$y = \frac{1}{2}x$	

Zur Funktion $y = x^2$, $x \in \mathbb{R}$, gibt es keine Umkehrfunktion, da es zu jedem y-Wert zwei Argumente gibt, nämlich $\sqrt{y}$ und $-\sqrt{y}$. Wenn man aber den Definitionsbereich auf $x \geq 0$ einschränkt, ist diese eingeschränkte Funktion umkehrbar.

Funktion:	$y = x^2,\ x \geq 0$	$y = x^3,\ x \geq 0$
Umstellen nach x:	$x = \sqrt{y}$	$x = \sqrt[3]{y}$
Vertauschen von x und y:	$y = \sqrt{x}$	$y = \sqrt[3]{x}$

Graphen:

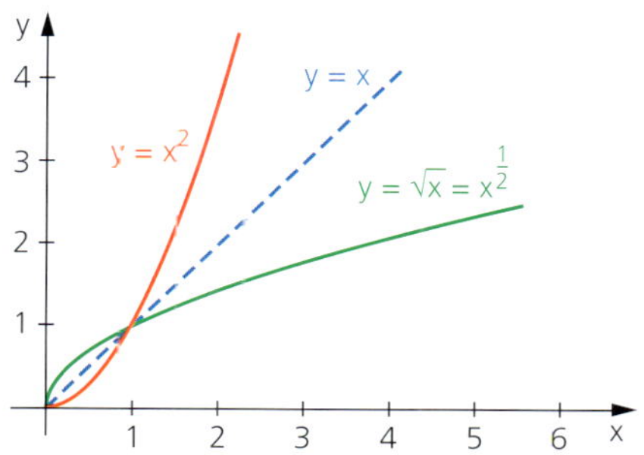

Der Graph von $y = \sqrt{x}$ ergibt sich aus dem Graphen von $y = x^2$ für $x \geq 0$ durch Spiegelung an der Geraden von $y = x$. Er ist also ein Teil einer Parabel und heißt **Parabelast.**

Potenzfunktionen mit beliebigen rationalen Exponenten

Auf der Grundlage der Definition einer Potenz mit rationalem Exponenten können auch Potenzfunktionen mit rationalen Exponenten definiert werden.

> Funktionen mit der Gleichung $y = x^{\frac{m}{n}}$ mit $x > 0$, $m \in \mathbb{Z}$, $m \neq 0$, $n \in \mathbb{N}$ und $n \geq 2$ heißen **Potenzfunktionen mit rationalen Exponenten.**

Da $x^{\frac{m}{n}} = \sqrt[n]{x^m} = (\sqrt[n]{x})^m$ kann man die Funktionen als Nacheinanderausführung einer Potenzfunktion mit ganzzahligen Exponenten und einer Wurzelfunktion bzw. umgekehrt auffassen. Definitions- und Wertebereich sind stets die Menge der positiven reellen Zahlen. Für $m > 0$ kann $f(0) = 0$ definiert werden.

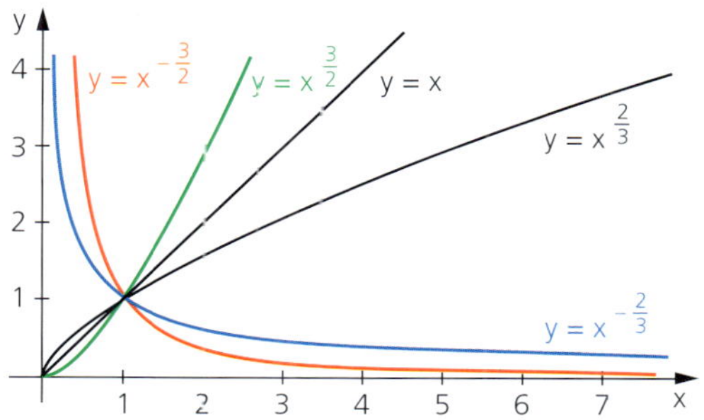

Funktionen mit der Gleichung $y = f(x) = a(x + d)^n + e$; $n \in \mathbb{Z}$

Der Einfluss der Parameter a, d und e auf den Graphen der Funktion $y = a(x + d)^n + e$ wurde für den Fall $n = 2$ der quadratischen Funktion bereits untersucht. Die Aussagen lassen sich für ein beliebiges $n \in \mathbb{Z}$ verallgemeinern.

Der Graph von $y = a(x + d)^n + e$ ergibt sich aus dem Graphen von $y = x^n$ durch:
- Streckung bzw. Stauchung mit dem Faktor $|a|$ in y-Richtung
- Spiegelung an der x-Achse, falls $a < 0$
- Verschiebung um e in Richtung der y-Achse
- Verschiebung um $-d$ in Richtung der x-Achse

$y = -2 \cdot x^4$

Strecken mit 2;
Spiegeln an der x-Achse

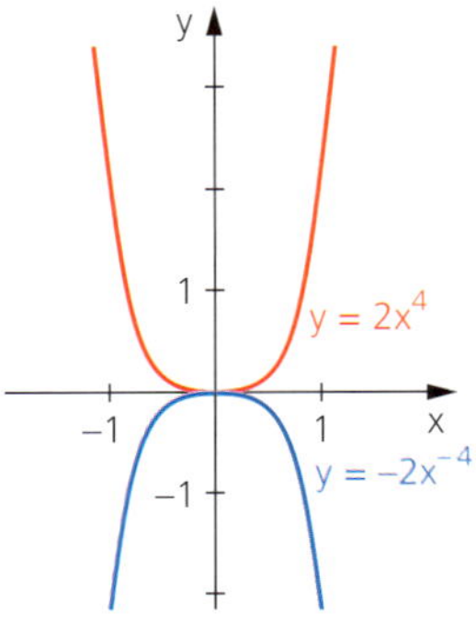

$y = x^3 + 1$

Verschieben um 1
in y-Richtung

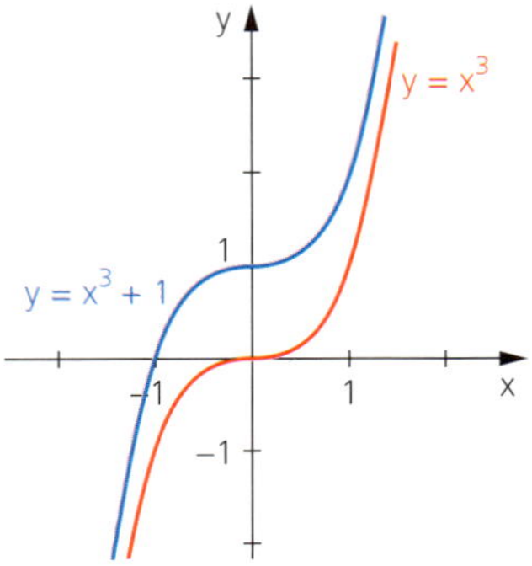

$y = (x + 1)^{-1}$; $x \neq -1$

Verschieben um -1
in x-Richtung

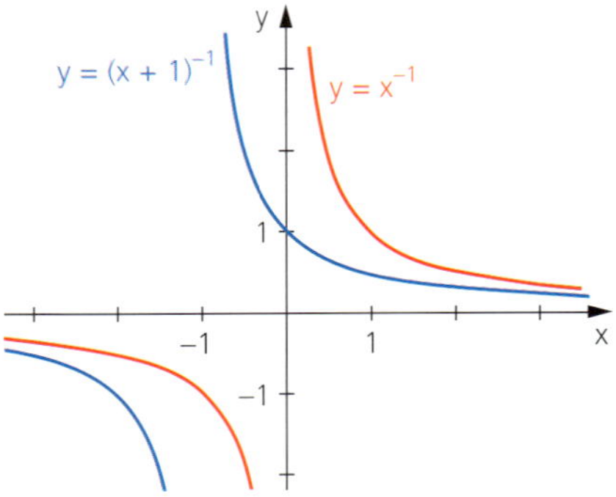

Berechnung von Funktionswerten, Argumenten und Nullstellen für $f(x) = (x - 2)^4 - 1$

Berechnung von Funktionswerten:

geg.: $x = 1{,}5$ *ges.:* $f(1{,}5)$

$f(1{,}5) = (1{,}5 - 2)^4 - 1 = (-0{,}5)^4 - 1 = -0{,}9375$

Zu einem Argument kann es nur einen Funktionswert geben.

Berechnung von Argumenten:

geg.: $f(x) = 3$ *ges.:* x

$3 = (x - 2)^4 - 1 \quad | + 1$

$4 = (x - 2)^4$

Lösung 1: $1{,}41 = x_1 - 2$, $x_1 = 3{,}41$ Lösung 2: $-1{,}41 = x_2 - 2$, $x_2 = 0{,}59$

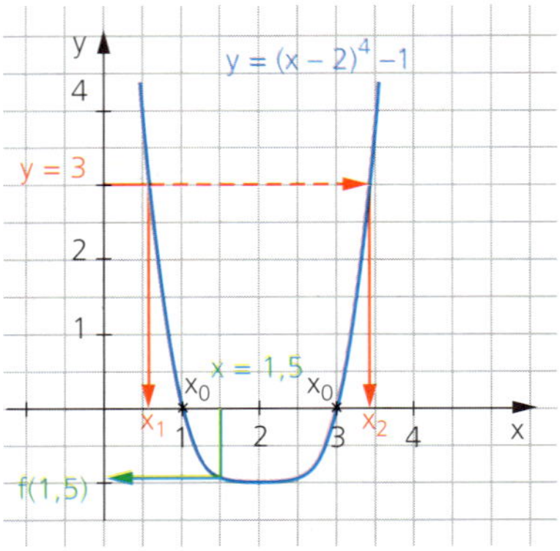

Berechnung von Nullstellen:

$0 = (x - 2)^4 - 1 \quad | + 1$

$1 = (x - 2)^4$

Lösung 1: $1 = x_0 - 2$, $x_0 = 3$ Lösung 2: $-1 = x_0 - 2$, $x_0 = 1$

Aufgaben

Durch die „reinen" Potenzfunktionen mit der Gleichung $y = x^n$, $n \in \mathbb{Z}$, lassen sich nur wenige reale Zusammenhänge beschreiben. Für Funktionen mit der Gleichung $y = a \cdot x^n$, $a \in \mathbb{R}$, $n \in \mathbb{Z}$, die man im weiteren Sinne auch als Potenzfunktionen bezeichnet, gibt es dagegen zahlreiche Anwendungen.

Welche der folgenden Zusammenhänge lassen sich durch Funktionen mit der Gleichung $y = a \cdot x^n$, $a \in \mathbb{R}$, $n \in \mathbb{Z}$, beschreiben? Gib jeweils die Gleichung an!

(1) Radius eines Kreises $\mapsto$ Flächeninhalt eines Kreises
(2) Kantenlänge $\mapsto$ Masse eines Stahlwürfels
(3) Geschwindigkeit $\mapsto$ benötigte Zeit für 100 km
(4) Grundkreisradius $\mapsto$ Höhe eines Zylinders mit einem Volumen von 10 dm^3
(5) Radius einer Kugel $\mapsto$ Volumen einer Kugel
(6) Anzahl der gebuchten Zimmer $\mapsto$ Personenzahl pro Zimmer bei insgesamt 100 Personen

Funktionen mit natürlichen Exponenten

1. Welche Funktionen sind Potenzfunktionen mit einem natürlichen Exponenten?
$y_1 = x^2$; $y_2 = x^5$; $y_3 = 2^x$; $y_4 = x$; $y_5 = x^{0,5}$; $y_6 = x^{-3}$; $y_7 = 3x^2$; $y_8 = x^3 + x^2$

2. Gegeben sei die Funktion mit der Gleichung $y = x^3$.
a) Prüfe, ob folgende Punkte auf dem Graphen der Funktion $y = x^3$ liegen!
A(1; –1), B(3; 27), C(–2; 8), D(5; 125), E(0; 0), F(–4; 16), G(0,25; 0,625)
b) Welche Funktionswerte haben die Argumente 2; 1,4; 0,3; –2,1?
c) Zu welchen Argumenten gehören die Funktionswerte –16; 0,125; –8; 1?
d) Wie verhalten sich die Funktionswerte bei sehr großen bzw. sehr kleinen Argumenten?
e) Welcher der folgenden Zusammenhänge gilt für alle x?
(1) $f(x) = -f(x)$ (2) $f(x) = f(-x)$ (3) $f(-x) = -f(x)$

3. Entscheide jeweils, ob es sich bei folgenden Zusammenhängen um einen linearen, einen quadratischen oder um einen kubischen Zusammenhang handeln kann!

	x	0	0,2	0,5	1	1,5	2	2,4	3	10
a)	y	0	0,008	0,125	1	3,375	9	13,824	27	1000
b)	y	0	0,04	0,25	1	2,25	4	5,76	9	100
c)	y	0	0,4	1	2	3	4	4,8	6	20

4. Wie ändern sich die Funktionswerte von $y = x^2$ bzw. $y = x^3$, wenn die Argumente verdoppelt, halbiert oder vervierfacht werden?

5. Es sei $f(x) = x^2$ und $g(x) = x^3$. Bestimme grafisch die folgenden Werte!
a) die Schnittpunkte der Graphen der beiden Funktionen
b) alle Argumente, für die gilt: $f(x) = 2$; $g(x) = 2$; $f(x) = -2$; $g(x) = -2$; $f(x) = 0$

6. Zeichne die Funktionen $f(x) = x^3$ und $g(x) = x$ in ein gemeinsames Koordinatensystem!
a) Beschreibe das Wachstumsverhalten beider Funktionen!
b) Lies die Schnittpunkte der beiden Graphen ab und prüfe sie rechnerisch!

7. Prüfe anhand von Funktionsgraphen die beiden folgenden Aussagen!
a) Die Zahl 1,5 ist einzige Lösung der Gleichung $x^3 = 3{,}375$.
b) Die Gleichung $x^4 = 5{,}0625$ hat neben $x = 1{,}5$ noch eine weitere Lösung.

8. Ein Stahlwürfel mit einem Volumen von 1 cm^3 habe eine Masse von 8 g. Bestimme daraus die Masse von Stahlwürfeln aus dem gleichen Stahl mit 2 cm, 5 cm und 10 cm Kantenlänge!

9. Finde Fehler!

a)	$1{,}5^0$	>	$1{,}5^1$	>	$1{,}5^2$	>	$1{,}5^3$	>	$1{,}5^4$	>	$1{,}5^5$
b)	$0{,}7^0$	>	$0{,}7^1$	>	$0{,}7^2$	>	$0{,}7^3$	>	$0{,}7^4$	>	$0{,}7^5$
c)	$(-0{,}7)^0$	>	$(-0{,}7)^1$	>	$(-0{,}7)^2$	>	$(-0{,}7)^3$	>	$(-0{,}7)^4$	>	$(-0{,}7)^5$
d)	$(-1{,}5)^0$	>	$(-1{,}5)^1$	>	$(-1{,}5)^2$	>	$(-1{,}5)^3$	>	$(-1{,}5)^4$	>	$(-1{,}5)^5$
e)	$-0{,}7^0$	>	$-0{,}7^1$	>	$-0{,}7^2$	>	$-0{,}7^3$	>	$-0{,}7^4$	>	$-0{,}7^5$
f)	$-1{,}5^0$	>	$-1{,}5^1$	>	$-1{,}5^2$	>	$-1{,}5^3$	>	$-1{,}5^4$	>	$-1{,}5^5$

10. a) Berechne mithilfe eines Taschenrechners für die Funktionen $f(x) = x^3$ und $g(x) = x^4$ eine Wertetabelle mit den x-Werten: –1,5; –1,3; –1; –0,5; –0,25; 0; 0,25; 0,5; 1; 1,3; 1,5!

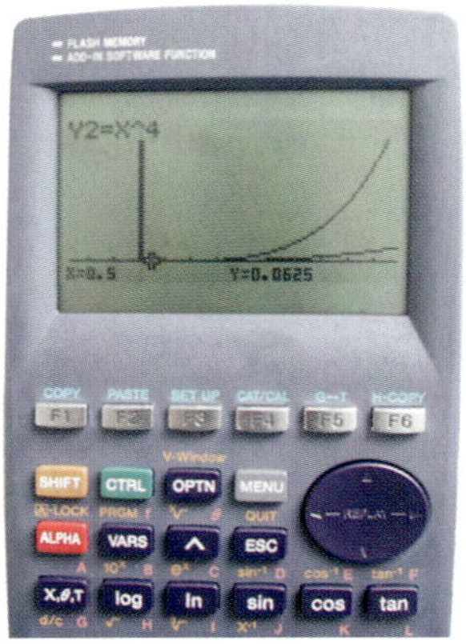

b) Stelle die Funktionen f und g grafisch dar!
c) Welches ist der größtmögliche Definitionsbereich der Funktionen f und g?
d) Ermittle die Nullstellen von f und g!
e) Welche Aussagen kannst du zu den Wertebereichen von f und g treffen?
f) Vergleiche die Funktionswerte f(0,5) und f(–0,5) miteinander! Was kannst du allgemein über die Funktionswerte f(x) und f(–x) aussagen?
g) Vergleiche die Funktionswerte g(0,5) und g(–0,5) miteinander! Was kannst du allgemein über die Funktionswerte g(x) und g(–x) aussagen?
h) Gib alle x-Werte an, bei denen die Funktion f bzw. g monoton wächst bzw monoton fällt!
i) Besitzen die Graphen von f bzw. g jeweils eine Symmetrieachse?
j) Gibt es einen größten (einen kleinsten) Funktionswert von f bzw. g?

11. Berechne jeweils die fehlende Koordinate des Punktes P so, dass P auf dem Graphen der Potenzfunktion $y = x^4$ liegt!
a) P(0,2; *) b) P(*; 2,0736) c) P(–0,5; *) d) P(*; 10000)
e) P(*; 0,0001) f) P(*; 1) g) P(–1; *) h) P(0,5; *)

12. A sei Punkt der Potenzfunktion $y = x^7$. Ermittle jeweils die fehlende Koordinate!
a) A(2; *) b) B(0,5; *) c) C(–3; *) d) D (*; –1)
e) E(*; 0) f) F(*; –128) g) G(*; –2187) h) H(8; *)

13. Bestimme die Gleichung einer Potenzfunktion $y = x^n$ mit $n \in \mathbb{N}$, die durch den angegebenen Punkt verläuft!
a) A(2; 8) b) F(1; 1) c) E(–1; 1) d) D(0; 0) e) C(0,5; 0,03125)

14. Folgende Wertetabellen gehören zu Funktionen.

x	0	1	2	4	6	9
y	0	1	1,4142	2	2,449	3

x	−2	−1	0	1	2	4
y	−8	−1	0	1	8	64

x	−2	−1	0	1	2	4
y	−32	−1	0	1	32	1024

x	−4	−1	0	1	2	3
y	8	0,5	0	0,5	2	4,5

a) Schließe die Funktionen aus, die keine Potenzfunktionen der Form $y = x^n$ mit $n \in \mathbb{N}$ sein können! Begründe deine Entscheidung!

b) Gib zu den verbleibenden Wertetabellen Funktionsgleichungen an!

15. Gib die Eigenschaften der Funktion $y = x^0$ an!

Potenzfunktionen mit negativen ganzzahligen Exponenten

16. Löse die Aufgaben im Kopf!

a) 4 Arbeiter brauchen für eine Arbeit 6 Stunden. Wie lange braucht 1 Arbeiter für dieselbe Arbeit?

b) Bei einer Durchschnittsgeschwindigkeit von 20 $\frac{km}{h}$ braucht ein Moped 40 Minuten für eine Strecke. Wie lange fährt das Moped, wenn es auf dieser Strecke eine Durchschnittsgeschwindigkeit von 40 $\frac{km}{h}$ hat?

c) Eine Pumpe füllt ein Becken in 6 Stunden. Wie lange brauchen 2 (bzw. 3; 4; 6) Pumpen mit derselben Leistung, um das Becken zu füllen?

d) Wenn Tom 5 € pro Tag ausgibt, reicht sein Urlaubsgeld 10 Tage. Wie lange reicht es, wenn er 2 € pro Tag ausgibt?

e) Eine Klasse besteht aus 30 Schülern. Wie viele Möglichkeiten gibt es, sie in gleich große Gruppen aufzuteilen?

f) Ein Fahrstuhl darf maximal mit 640 kg belastet werden. Welche durchschnittliche Masse dürfen die Personen besitzen, wenn 4 (bzw. 5; 6; 8; 10; 12; 16; 20) Personen in den Fahrstuhl steigen?

17. Berechne!

a) 2^{-1}; $(\frac{1}{2})^{-1}$; $(-2)^{-1}$; $(-\frac{1}{2})^{-1}$; -2^{-1}; $-(\frac{1}{2})^{-1}$; $-0{,}5^{-1}$; $(-0{,}5)^{-1}$

b) 2^{-2}; $(\frac{1}{2})^{-2}$; $(-\frac{1}{2})^{-2}$; $(-2)^{-2}$; -2^{-2}; $-\frac{1}{2^{-2}}$; $-(\frac{1}{2})^{-2}$; $2^{-2} \cdot (-2)^2$

18. Welche der folgenden Punkte liegen auf den Graphen der Funktionen $f(x) = x^{-1}$ bzw. $g(x) = x^{-2}$?

a) A(0,5; 4) b) B(5; 0,25) c) C(5; 0,2) d) D(1; [illegible])

e) E(10; 0,01) f) F(0; 0) g) G(−1; −1) h) H(−1; 1)

19. Die folgenden Punkte liegen auf den Graphen der Funktion $y = x^{-1}$. Bestimme die fehlenden Koordinaten!

a) A(0,1; *) b) B(3; *) c) C(*; 0,1) d) D(*; −1) e) E(*; $-\frac{1}{5}$)

20. Die folgenden Punkte liegen auf dem Graphen der Funktion $y = x^{-2}$.
Bestimme die fehlenden Koordinaten!
a) A(0,01; *) b) B(3; *) c) C(10; *) d) D(*; 4) e) E(*; 16)

21. Gib eine Potenzfunktion mit negativem ganzzahligen Exponenten an, deren Graphen durch folgenden Punkt verläuft!
a) A(2; 0,5) b) B(0,5; 2) c) C(–2; 0,25) d) D(–2; –0,125) e) E(–1; –1)

22. a) Berechne mithilfe des Taschenrechners für die Funktionen f mit $f(x) = x^{-1}$ und g mit $g(x) = x^{-2}$ eine Wertetabelle mit den x-Werten: –3; –2,5; –2; –1,5; –1; –0,5; 0,5; 1; 1,5; 2; 2,5; 3!
b) Stelle die Funktionen f und g grafisch dar!
c) Welches ist der größtmögliche Definitionsbereich der Funktionen f und g?
d) Ermittle die Schnittpunkte der Graphen von f und g!
e) Welche Aussagen kannst du zu den Wertebereichen von f und g machen?
f) Vergleiche die Funktionswerte f(3) und f(–3) miteinander! Was kannst du allgemein über die Funktionswerte f(x) und f(–x) aussagen?
g) Vergleiche die Funktionswerte g(3) und g(–3) miteinander! Was kannst du allgemein über die Funktionswerte g(x) und g(–x) aussagen?
h) Gib alle x-Werte an, für die die Funktionen f bzw. g monoton wachsen (monoton fallen)!
i) Besitzen die Graphen von f bzw. g jeweils eine Symmetrieachse?
j) Gibt es einen größten (einen kleinsten) Funktionswert von f bzw. g?

23. Formuliere mithilfe von Ungleichungen eine mathematische Beschreibung für die asymptotische Annäherung des Graphen der Funktion $y = f(x) = x^{-1}$ mit $x > 0$ an die positive y-Achse!

24. Bei einer geradlinig gleichförmigen Bewegung gilt für den Zusammenhang von Geschwindigkeit und Zeit für einen festen Weg s die Gleichung $v = \frac{s}{t}$.
a) Gib eine Mindestgeschwindigkeit v_1 an, sodass für alle $v > v_1$ die Zeit, die für eine Strecke von 90 km benötigt wird, höchstens 1 h (1,5 h; 2 h; 3 h; 30 min) beträgt!
b) Gib eine Mindestzeit t_1 an, sodass für alle $t > t_1$ die notwendige Geschwindigkeit für die Strecke von 90 km kleiner ist als $100\ \frac{km}{h}$ ($75\ \frac{km}{h}$; $60\ \frac{km}{h}$; $25\ \frac{km}{h}$)!

Potenzfunktionen mit rationalen Exponenten

25. Zeichne mithilfe einer Wertetabelle die Graphen folgender Funktionen im Intervall $0 \leq x \leq 1$ jeweils in ein gemeinsames Koordinatensystem und vergleiche die Graphen!
a) $y = x^2$ und $y = \sqrt{x}$ b) $y = x^3$ und $y = \sqrt[3]{x}$ c) $y = x^4$ und $y = \sqrt[4]{x}$

26. Die folgenden Punkte sollen auf dem Graphen einer Wurzelfunktion liegen. Gib jeweils 2 mögliche Funktionen und die fehlende(n) Koordinate(n) an!
a) A(2; *) b) B(*; 2) c) C($\sqrt{2}$; *) d) D(*; $\sqrt{2}$) e) E(e; e)

27. Beschreibe die Abhängigkeit der Größe Y von der Größe X durch eine Funktion! Untersuche, was es bedeutet, wenn man umgekehrt die Abhängigkeit der Größe X von der Größe Y betrachtet und gib eine Funktion für diesen Zusammenhang an!
a) X: Anzahl n von Mineralwasserflaschen zu 0,35 €; Y: Preis P für n Flaschen
b) X: Volumen V eines Eisenstücks; Y: Masse m des gleichen Eisenstücks
c) X: Leistung P einer Pumpe; Y: Zeit t zum Leeren eines Beckens von 100 m^3
d) X: Kantenlänge a eines Würfels; Y: Volumen V des Würfels

28. Welche der folgenden durch eine Gleichung, einen Graphen oder eine Wertetabelle dargestellten Funktionen sind eineindeutige Zuordnungen?

a) $y = x^4$ b) $y = x^5$ c) $y = x^{-3}$

d)
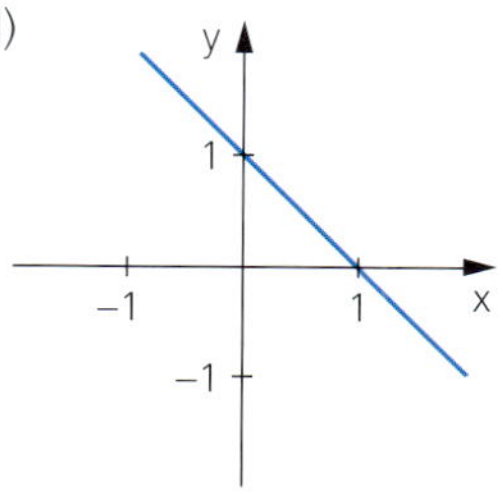

e)
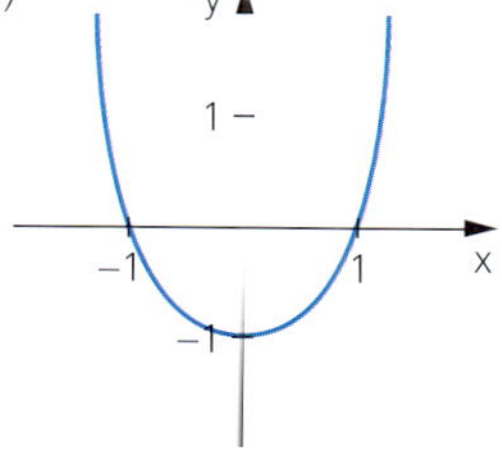

f)
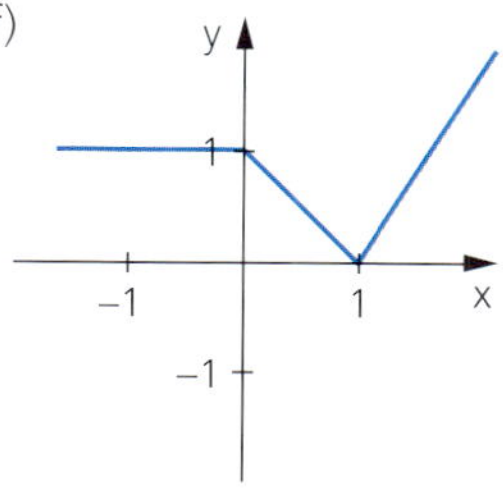

g)

x	−2	−1	1	2
y	2	4	6	8

h)

x	−2	−1	1	2
y	4	1	1	4

i)

x	−2	−1	1	2
y	2	1	1	4

29. Gib zu folgenden Funktionen die Umkehrfunktion an! Stelle jeweils die Funktion und die Umkehrfunktion in einem Koordinatensystem dar!

a) $y = x + 1$ b) $y = 3x$ c) $y = 4x - 6$ d) $y = \frac{1}{2}x + 1$

e) $y = x^2;\ x \geq 0$ f) $y = 0{,}25 \cdot x^2;\ x \geq 0$ g) $y = (x - 1)^2;\ x \geq 1$ *h) $y = x^3$

30. Untersuche, ob die Funktion g eine Umkehrfunktion der Funktion f ist!

a) $f(x) = x + 2$, $g(x) = x - 2$
b) $f(x) = x^2;\ x \geq 0$, $g(x) = x^{-2};\ x \geq 0$
c) $f(x) = x$, $g(x) = \frac{1}{x}$
d) $f(x) = x^2 + 1;\ x \geq 0$, $g(x) = \sqrt{x - 1};\ x \geq 1$

31. Gib folgende Eigenschaften von Potenzfunktionen mit rationalen Exponenten $y = x^{\frac{m}{n}}$ an! Überlege dir eine geeignete Fallunterscheidung für die Parameter m und n!

a) Einfluss der Parameter m und n b) Nullstellen c) besondere Punkte
d) Wachstumsverhalten e) Asymptoten f) Wertebereich

32. Zeichne folgende Funktionen mithilfe einer Wertetabelle im Intervall $0 < x \leq 4$!

a) $y = x^{1,7}$ b) $y = x^{-1,7}$ c) $y = x^{0,7}$ d) $y = x^{-0,7}$

33. Die folgenden Punkte liegen auf dem Graphen der Funktion $y = x^{2,5}$.
Gib die fehlende Koordinate mit 3 wesentlichen Ziffern an!

a) A(4; *) b) B(*; 243) c) C(2; *) d) D(*; 1) e) E(−1; *)

34. Gib die Gleichung einer Potenzfunktion mit rationalem Exponenten an, die durch folgenden Punkt verläuft!

a) A(4; 8) b) B(9; 27) c) C(4; 0,125) d) D(0,25; 8) e) E(0,36; 0,7776)

Funktionen mit der Gleichung $y = f(x) = a(x + d)^n + e$

35. a) Skizziere die folgenden Funktionen in einem Koordinatensystem!

$f_1(x) = (x + 3)^5 + 2$ $f_2(x) = \frac{1}{(x - 4)^2} - 3$

b) Berechne jeweils x bzw. y!

$f_1(-3)$; $f_1(0)$; $f_1(-2)$; $f_1(x) = 34$ $f_2(3)$; $f_2(0)$; $f_2(x) = -2{,}75$

c) Bestimme die Nullstellen der beiden Funktionen!

36. Der Graph einer Potenzfunktion 4. Grades wird so entlang der y-Achse verschoben, dass sie die Nullstellen $x_1 = 1$ und $x_2 = -1$ hat. Bestimme die Funktionsgleichung!

37. Bestimme die Nullstellen folgender Funktionen!
a) $y = (x + 4)^4 - 1$ b) $y = (x - 3)^3 - 1$ c) $y = (x - 2)^4 + 3$ d) $y = (x - 1)^3 + 4$
e) $y = x^{-1} + 3$ f) $y = x^{-2} + 3$ g) $y = \frac{1}{4}x^3 - 2$ h) $y = \frac{2}{x^2} - 0{,}5$

38. Skizziere die Graphen der Funktionen in einem gemeinsamen Koordinatensystem!
a) $f_1(x) = x^4 - 3$ b) $f_2(x) = x^4 + 1{,}5$ c) $f_3(x) = (x - 4)^4$ d) $f_4(x) = (x + 5)^4$

39. Beschreibe die Lage der Geraden, die Asymptoten der Graphen folgender Funktionen sind!
a) $y = 2 \cdot x^{-1}$ b) $y = x^{-2} + 3$ c) $y = \frac{1}{x^2} - 1$ d) $y = \frac{10}{x^3}$
e) $y = \frac{1}{x + 4}$ f) $y = (x - 3)^{-2}$ g) $y = (x + 2)^{-1} + 1$ h) $y = \frac{1}{x - 3} + 4$

40. Bilde Funktionsgleichungen zu folgenden Sachverhalten!
a) Die Potenzfunktion 3. Grades wird gespiegelt und danach um 3 Einheiten nach oben verschoben.
b) Die Wurzelfunktion 4. Grades wird mit dem Faktor 2 gestreckt, gespiegelt und dann um 1,5 Einheiten nach unten verschoben.
c) Die Potenzfunktion mit dem Grad $n = -6$ wird mit $\frac{1}{2}$ gestaucht, um 4 Einheiten nach rechts und um 2 Einheiten nach oben verschoben.
d) Eine Potenzfunktion mit dem Grad $n = -2$ hat die Asymptoten $x = -3$ und $y = 4$.

41. Gib die Definitionsbereiche und die Wertebereiche folgender Funktionen an!
a) $f_1(x) = x^2 + 2$ b) $f_2(x) = \sqrt[4]{x - 3}$ c) $f_3(x) = \frac{1}{(x - 2)^3}$

42. Welche der folgenden Aussagen sind falsch?
Verbessere die Fehler bzw. schreibe exakter, wenn es notwendig ist!
a) Die Funktion $f(x) = \sqrt{x}$ ist im gesamten Definitionsbereich monoton wachsend.
b) Die Funktion $g(x) = x^{-4}$ ist monoton wachsend für $x \in \mathbb{R}$.
c) Die Funktion $h(x) = (x - 2)^3 - 1$ hat bei S(–1; 2) ihren Scheitelpunkt und in $x_0 = 3$ ihre Nullstelle.

43. Um eine Punktladung wird die Stärke des elektrischen Feldes E in verschiedenen Abständen r gemessen.

Abstand r in m	Feldstärke E in $\frac{V}{m}$
0,1	100000
0,2	25000
0,3	11000
0,4	6250
0,5	4000
1	1000
2	250

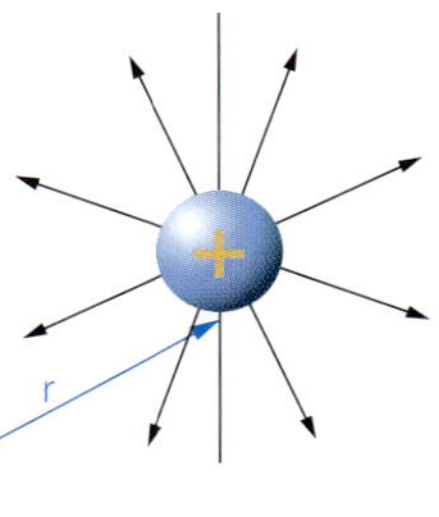

a) Stelle die Abhängigkeit der Feldstärke E vom Abstand r grafisch dar!
b) Suche eine Gleichung der Form $y = a \cdot x^n$ mit $n \in \mathbb{Z}$, die den Zusammenhang beschreibt! Zeichne dann den Graphen der Funktion in das Diagramm mit den Messwerten ein!

4.2 Exponential- und Logarithmusfunktionen

Grits Taschengeldzahlungen für die nächsten 8 Monate sollen neu geregelt werden.
Variante 1: Sie bekommt ab sofort 20 € und dann an jedem Monatsersten 2 € mehr.
Variante 2: Sie bekommt ab sofort 1 € und an jedem Monatsersten verdoppelt sich der Betrag.

Lineares und exponentielles Wachstum

Das **lineare Wachstum** einer Größe y in der Zeit t wird durch die Funktionsgleichung
$\mathbf{y = f(t) = a + m \cdot t}$ mit $a, m \in \mathbb{R}$, $m > 0$, beschrieben.
Dabei ist a der Anfangswert und m ist der Zuwachs pro Zeiteinheit.
Wenn t um eine Zeiteinheit wächst, wächst y um m.

Das **exponentielle Wachstum** einer Größe y in der Zeit t wird durch die Funktionsgleichung
$\mathbf{y = f(t) = a \cdot b^t}$ mit $a, b \in \mathbb{R}$, $a > 0$, $b > 1$, beschrieben.
Dabei ist a der Anfangswert und $b > 1$ der Wachstumsfaktor pro Zeiteinheit.
Wenn t um eine Zeiteinheit wächst, vervielfacht sich y um den Faktor b.

lineares Wachstum:

Anfangswert 20 €, monatlich 2 € mehr

Monat	0	1	2	3	4	5	6	7	8
Euro	20	22	24	26	28	30	32	34	36

Graph:

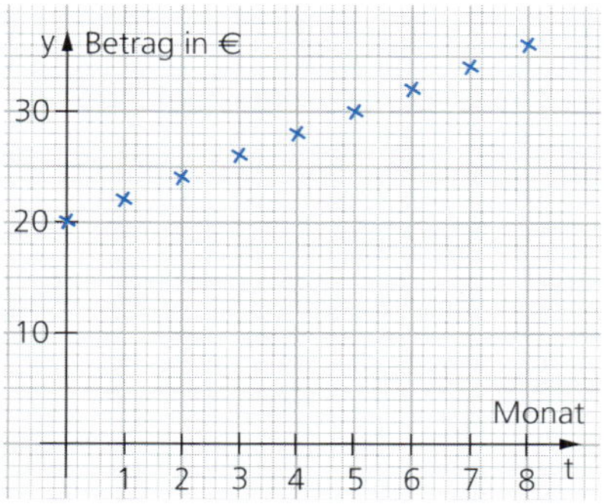

Gleichung: $y = 20\,€ + 2\,€ \cdot t$

wörtliche Beschreibung:

Der Anfangswert des Taschengeldes zum Zeitpunkt $t = 0$ beträgt 20 €. Es erhöht sich monatlich um 2 €. Der Betrag des Taschengeldes wächst linear.

Die Summe der Beträge ergibt 252 €.

exponentielles Wachstum:

Anfangswert 1 €, monatlich doppelt so viel

Monat	0	1	2	3	4	5	6	7	8
Euro	1	2	4	8	16	32	64	128	256

Graph:

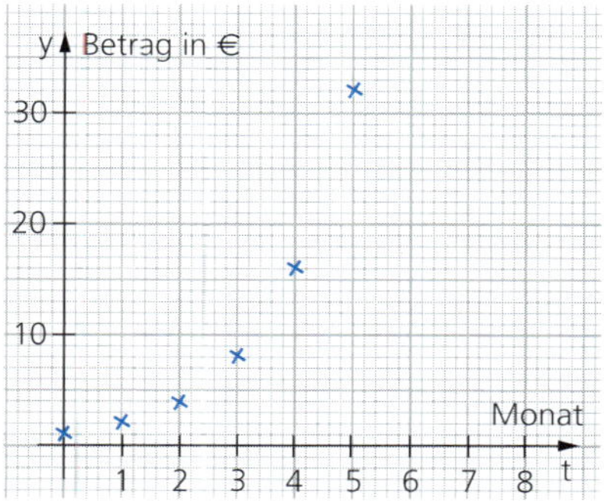

Gleichung: $y = 1\,€ \cdot 2^t$

wörtliche Beschreibung:

Der Anfangswert des Taschengeldes zum Zeitpunkt $t = 0$ beträgt 1 €. Es verdoppelt sich monatlich, d.h., es wird mit 2 multipliziert. Der Betrag des Taschengeldes wächst exponentiell.

Die Summe der Beträge ergibt 511 €.

Prozentuale Wachstumsraten

Wenn eine Größe in gleichen Zeiteinheiten immer um den gleichen Prozentsatz wächst, so wächst die Größe exponentiell.

Herr Müller legt für seinen Sohn 1000 € für 3 Jahre an. Er bekommt jährlich 5% Zinsen, die dem Konto gutgeschrieben werden.

Anfangswert: 1000 €
nach dem 1. Jahr: $1000\,€ + 0{,}05 \cdot 1000\,€ = 1000\,€ \cdot (1 + 0{,}05) = 1000\,€ \cdot 1{,}05 = 1050\,€$
nach dem 2. Jahr: $1050\,€ + 0{,}05 \cdot 1050\,€ = 1050\,€ \cdot (1 + 0{,}05) = 1050\,€ \cdot 1{,}05 = 1102{,}50\,€$
nach dem 3.Jahr: $1102{,}5\,€ + 0{,}05 \cdot 1102{,}50\,€ = 1102{,}50\,€ \cdot (1 + 0{,}05) = 1157{,}625\,€$

Der Kontostand nach dem 3. Jahr beträgt $1000\,€ \cdot 1{,}05^3 = 1158\,€$.

Dem prozentualen Wachstum um 5% entspricht ein exponentielles Wachstum mit dem Wachstumsfaktor $1 + 0{,}05 = 1{,}05$.

Wächst eine Größe y vom Anfangswert a aus pro Zeiteinheit jeweils um p %, so wächst sie exponentiell nach der Gleichung $\mathbf{y = f(t) = a \cdot (1 + p\,\%)^t}$ mit $a > 0$.

Lineare und exponentielle Abnahme

Die **lineare Abnahme** einer Größe y in der Zeit t wird durch die Funktionsgleichung $\mathbf{y = f(t) = a - m \cdot t}$ mit $m > 0$, beschrieben.
Dabei ist a der Anfangswert und m ist die Abnahme pro Zeiteinheit.
Wenn t um eine Zeiteinheit wächst, fällt y um m.

Die **exponentielle Abnahme** einer Größe y in der Zeit t wird durch die Funktionsgleichung $\mathbf{y = f(t) = a \cdot b^t}$ mit $a > 0$, $0 < b < 1$ beschrieben.
Dabei ist a der Anfangswert und $b < 1$ der Abnahmefaktor pro Zeiteinheit.
Wenn t um eine Zeiteinheit wächst, verringert sich y um den Faktor b.

Die Mutter von Ole verwahrt für ihren Sohn 400 €, die er in den nächsten Monaten ausgeben will. Sie bietet ihm 2 Varianten an. Entweder erhält er monatlich 80 €, oder er darf monatlich über die Hälfte des noch vorhandenen Geldes verfügen.

lineare Abnahme:

Anfangswert 400 €, monatlich 80 € weniger

Wertetabelle:

Monat	0	1	2	3	4	5	6
Rest in €	400	320	240	160	80	0	0

exponentielle Abnahme:

Anfangswert 400 €, monatlich die Hälfte

Wertetabelle:

Monat	0	1	2	3	4	5	6
Rest in €	400	200	100	50	25	12,5	6,25

Graph:

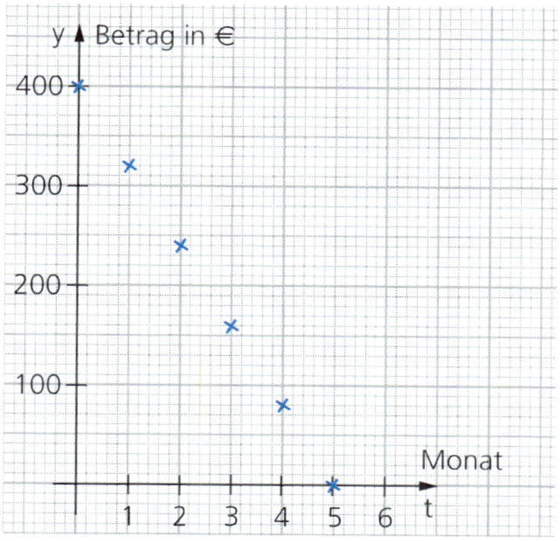

Gleichung: $y = 400\text{ €} - 80\text{ €} \cdot t$

wörtliche Beschreibung: Der Anfangswert des Geldbetrages bei $t = 0$ beträgt 400 €. Der Betrag verringert sich monatlich um 80 €. Er fällt linear.

Nach 5 Monaten sind die 400 € verbraucht.

Graph:

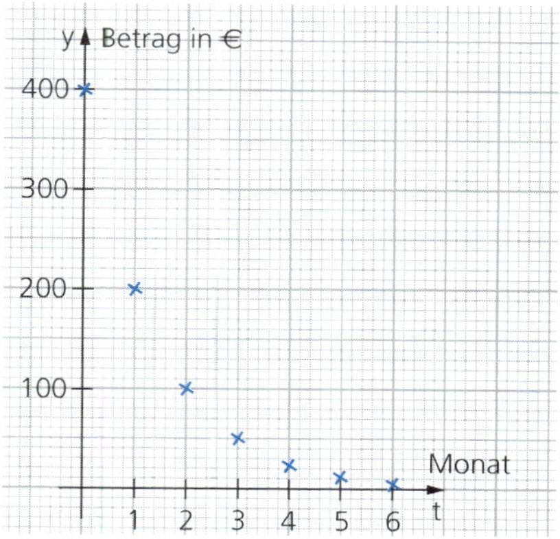

Gleichung: $y = 400\text{ €} \cdot 0{,}5^t$

wörtliche Beschreibung: Der Anfangswert des Geldbetrages bei $t = 0$ beträgt 400 €. Der Betrag wird monatlich halbiert, d. h. mit dem Faktor 0,5 multipliziert. Er fällt exponentiell.

Die 400 € werden theoretisch nie verbraucht.

Analog zum exponentiellen Wachstum kann die exponentielle Abnahme durch einen Faktor oder durch eine prozentuale Rate beschrieben werden. Häufig nennt man den Abnahmefaktor auch **Zerfallsfaktor** und die Rate **Zerfallsrate.**

Fällt eine Größe y vom Anfangswert a aus pro Zeiteinheit jeweils um p %, so fällt sie exponentiell nach der Gleichung $\mathbf{y = f(t) = a \cdot (1 - p\,\%)^t}$ mit $a > 0$.

Berechnungen bei exponentiellen Wachstums- und Abnahmeprozessen

Alle Berechnungen für Vorgänge mit exponentiellem Wachstum bzw. exponentieller Abnahme können mit der Gleichung $y = f(t) = a \cdot b^t$ durchgeführt werden. Statt t kann auch eine andere Größe als Variable vorkommen. Die Gleichung muss dann entsprechend umgestellt werden.

Berechnung des Anfangswertes a

Die von der „Killeralge" verseuchte Fläche verzehnfacht sich jährlich. Von 1984 bis 1992, also in 8 Jahren, überwucherte sie 427 ha. Wie groß war etwa die Fläche zu Anfang?

gegeben: $t = 8$ Jahre; $y = f(8) = 427$ ha; $b = 10$ *gesucht:* Anfangsfläche in ha

Ausgangsgleichung: $y = a \cdot b^t$

Einsetzen der gegebenen Werte: $427\text{ ha} = a \cdot 10^8 \quad | \cdot 10^{-8}$

Umstellen nach a: $a = 427\text{ ha} \cdot 10^{-8}$

$a = 0{,}00000427\text{ ha} = 427\text{ cm}^2$

Die Algenplage begann 1984 mit einer Fläche von 427 cm^2.

Berechnung des Wachstumsfaktors bzw. der Wachstumsrate

Ein Aktionär kaufte seine Aktien vor 10 Jahren für 5000 €. Derzeit sind sie 10 794,60 € wert. Welcher durchschnittlichen jährlichen Wachstumsrate entspricht dies?

gegeben: y = f(10) = 10 794,60 €; a = 5000 €; t = 10 Jahre *gesucht:* p in %

Ausgangsgleichung: $y = a \cdot (1 + p\,\%)^t$

Einsetzen der gegebenen Werte: $10\,794{,}60\text{ €} = 5\,000\text{ €} \cdot (1 + p\,\%)^{10}$ | : 5000 €

Umstellen nach p %: $(1 + p\,\%)^{10} = 10\,794{,}60 : 5000 = 2{,}15892$

$1 + p\,\% = \sqrt[10]{2{,}15892} \approx 1{,}08$ | – 1

$p\,\% = 0{,}08 = 8\,\%$

Der Wert der Aktien wuchs im Durchschnitt jährlich um 8 %.

Berechnung von Zeiten

Einem Patienten wurden um 8:00 Uhr für eine medizinische Untersuchung 100 mg eines Mittels gespritzt, das die Fahrtauglichkeit beeinflusst. Es wird im Körper des Patienten stündlich um 15 % abgebaut. Der Patient darf wieder ein Auto führen, wenn das Mittel auf 20 mg abgebaut ist. Wann ist der Patient wieder fahrtauglich?

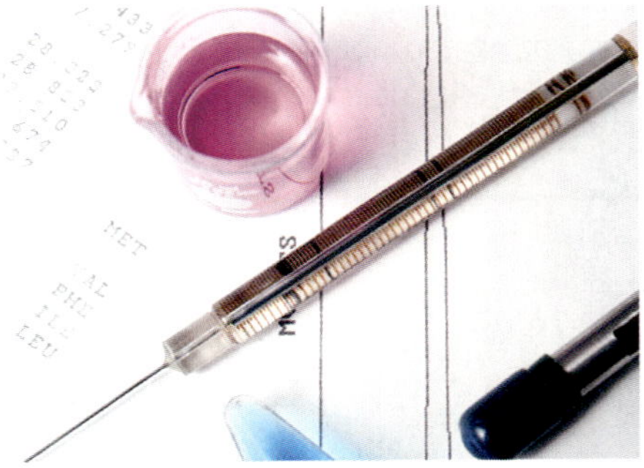

gegeben: a = 100 mg; p = 15 % pro Stunde

gesucht: t in Stunden mit y(t) = 20 mg

Lösung:

Ausgangsgleichung: $y = a \cdot (1 - p\,\%)^t$

Einsetzen der gegebenen Werte: $20 = 100\,(1 - 0{,}15)^t$ | : 100

Umstellen nach t: $0{,}85^t = 0{,}2$ | Logarithmieren der Gleichung

$\lg 0{,}85^t = \lg 0{,}2$

$t \cdot \lg 0{,}85 = \lg 0{,}2$ | : lg 0,85

$t \approx 9{,}9$

Nach etwa 10 Stunden, d. h. ab 18:00 Uhr ist der Patient wieder fahrtauglich.

Exponentialfunktionen

Die Gleichungen, die zur Beschreibung des exponentiellen Wachstums bzw. der exponentiellen Abnahme verwendet wurden, sind Gleichungen von Exponentialfunktionen.

Funktionen mit der Gleichung $y = a \cdot b^x$, mit $a \neq 0$; $b > 0$ und $b \neq 1$; $a, b \in \mathbb{R}$ heißen **Exponentialfunktionen.**

Der Definitionsbereich der Exponentialfunktionen sind die reellen Zahlen, d.h., der Exponent der Potenz b^x kann auch eine irrationale Zahl sein.

Potenzen mit irrationalen Exponenten können wie jede reelle Zahl durch eine Intervallschachtelung mit beliebiger Genauigkeit bestimmt werden.

Intervallschachtelung für $\sqrt{2}$	Intervallschachtelung für $3^{\sqrt{2}}$		
$1 < \sqrt{2} < 2$	$3^1 = 3$	$< 3^{\sqrt{2}} <$	$3^2 = 9$
$1{,}4 < \sqrt{2} < 1{,}5$	$3^{1{,}4} = 4{,}6\ldots$	$< 3^{\sqrt{2}} <$	$3^{1{,}5} = 5{,}1\ldots$
$1{,}41 < \sqrt{2} < 1{,}42$	$3^{1{,}41} = 4{,}70\ldots$	$< 3^{\sqrt{2}} <$	$3^{1{,}42} = 4{,}75\ldots$
$1{,}414 < \sqrt{2} < 1{,}415$	$3^{1{,}414} = 4{,}727\ldots$	$< 3^{\sqrt{2}} <$	$3^{1{,}415} = 4{,}732\ldots$
$1{,}4142 < \sqrt{2} < 1{,}4143$	$3^{1{,}4142} = 4{,}7287\ldots$	$< 3^{\sqrt{2}} <$	$3^{1{,}4143} = 4{,}7292\ldots$

Um die Eigenschaften von Exponentialfunktionen zu beschreiben ist es sinnvoll, die Fälle $b > 1$ (exponentielles Wachstum) und $b < 1$ (exponentielle Abnahme) zu unterscheiden.
Es sei zunächst $a = 1$.

$y = b^x$, $b > 1$

Beispiele: $y = 2^x$ $\quad y = 3^x$

x	−3	−2	−1	0	1	2
$y = 2^x$	0,13	0,25	0,5	1	2	4
$y = 3^x$	0,03	0,11	0,33	1	3	9

Graph:

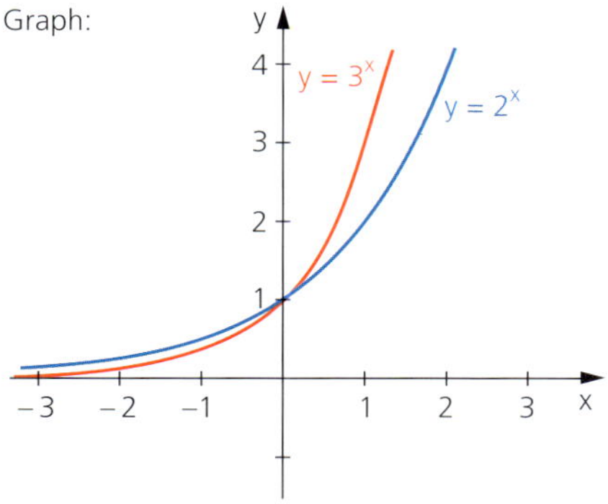

Definitions- und Wertebereich:
$x \in \mathbb{R}$, $y \in \mathbb{R}$, $y > 0$

Einfluss der Parameter:
Je größer b um so dichter liegt die Kurve an der y-Achse bzw. an der x-Achse.

Symmetrieeigenschaften: keine

Nullstellen: keine

besondere Punkte: $P_1(0;\,1)$, $P_2(1;\,b)$, $P_3(-1;\,\frac{1}{b})$

Wachstumsverhalten:
wenn x wächst, wächst auch y

$y = b^x$, $0 < b < 1$

Beispiele: $y = \left(\frac{1}{2}\right)^x = 2^{-x}$ $\quad y = \left(\frac{1}{3}\right)^x = 3^{-x}$

x	−2	−1	0	1	2	3
$y = 2^{-x}$	4	2	1	0,5	0,25	0,13
$y = 3^{-x}$	9	3	1	0,33	0,11	0,03

Graph:

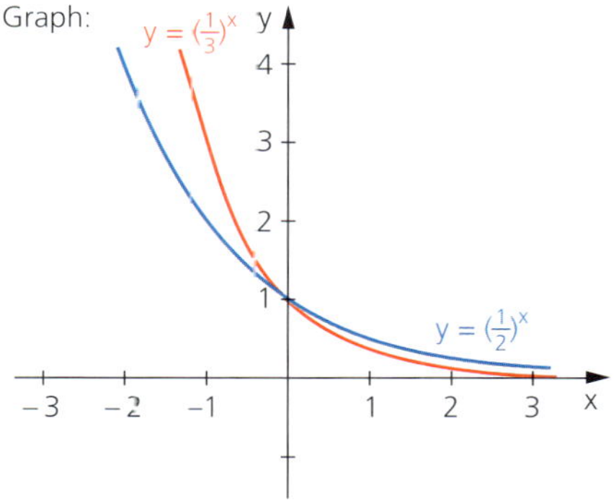

Definitions- und Wertebereich:
$x \in \mathbb{R}$, $y \in \mathbb{R}$, $y > 0$

Einfluss der Parameter:
Je kleiner b um so dichter liegt die Kurve an der y-Achse bzw. an der x-Achse.

Symmetrieeigenschaften: keine

Nullstellen: keine

besondere Punkte: $P_1(0;\,1)$, $P_2(1;\,b)$, $P_3(-1;\,\frac{1}{b})$

Wachstumsverhalten:
wenn x wächst, fällt y

In beiden Fällen ist die x-Achse eine Asymptote der Funktion.

Der Graph von $y = b^{-x}$ geht durch Spiegelung an der y-Achse aus dem Graphen von $y = b^x$ hervor.

Der Parameter a in der Funktionsgleichung $y = a \cdot b^x$ bewirkt analog zum Einfluss des Parameters a bei den Potenzfunktionen $y = a \cdot x^n$ mit $n \in \mathbb{Z}$ eine Streckung in Richtung der y-Achse bzw. für $a < 0$ zusätzlich eine Spiegelung an der x-Achse.

Für $a > 0$ kann man a stets als Potenz mit der Basis b darstellen. Es gilt: $a = b^{\log_b a}$

Deshalb gilt auch $y = a \cdot b^x = b^{\log_b a} \cdot b^x = b^{x + \log_b a}$. Der Graph der Funktion $y = b^{x + \log_b a}$ ergibt sich aus dem Graph von $y = b^x$ analog zu den Potenzfunktionen durch Verschieben um $-\log_b a$ in Richtung der x-Achse. Eine Streckung der Exponentialfunktion $y = b^x$ mit dem Faktor $a > 0$ ist also gleichbedeutend mit einer Verschiebung des Graphen um $-\log_b a$ in x-Richtung.

Beispiele:

$y = 2^x$ $\qquad y = 2 \cdot 2^x = 2^{x+1}$ $\qquad y = -\left(\frac{1}{2}\right)^x = -2^{-x}$ $\qquad y = -\frac{1}{2} \cdot \left(\frac{1}{2}\right)^x = -\left(\frac{1}{2}\right)^{x+1} = -2^{-(x+1)}$

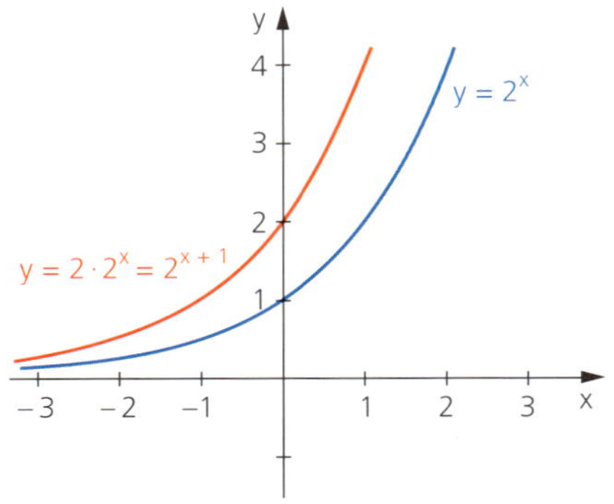

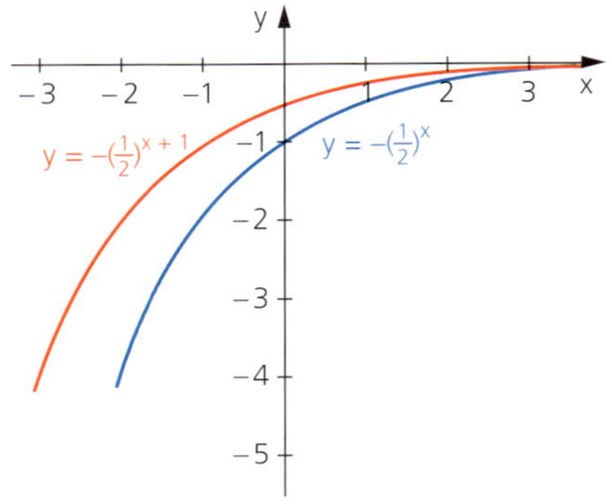

Eine Exponentialfunktion ist durch 2 Punkte eindeutig bestimmt.

Bestimme die Exponentialfunktion, die durch die Punkte P(–1; 1,5) und Q(2; 12) verläuft und gib die entsprechende Gleichung an!

Ansatz:	$y = a \cdot b^x$		
Einsetzen der Koordinaten:	$1{,}5 = a \cdot b^{-1}$	und	$12 = a \cdot b^2$
Berechnen von b (Einsetzungsverfahren):	$a = 1{,}5b$		$12 = 1{,}5b \cdot b^2$
			$8 = b^3$
			$b = 2$
Berechnen von a:	$1{,}5 = a \cdot 2^{-1}$		
	$a = 1{,}5 \cdot 2$		
	$a = 3$		
Gleichung der Funktion:	$y = 3 \cdot 2^x$		
Punktprobe:	$3 \cdot 2^{-1} = 3 \cdot \frac{1}{2} = 1{,}5$		
	$3 \cdot 2^2 = 3 \cdot 4 = 12$		

Logarithmusfunktionen

Hängt eine Größe Y exponentiell von einer Größe X ab, so ist es in einigen Fällen sinnvoll, den umgekehrten Zusammenhang zu untersuchen.
Der Luftdruck p nimmt mit zunehmender Höhe h exponentiell ab. Bei einer mittleren Temperatur von 0° C zwischen der Höhe NN (Höhe des Meeresspiegels) und der Höhe h gilt die Gleichung $p = p_0 \cdot 0{,}882^h$. Dabei wird h in Kilometer angegeben. p_0 ist der Druck in Höhe des Meeresspiegels (Höhe NN). Wird umgekehrt gefragt, wie hoch man ist, wenn der Druck p herrscht, so muss die Gleichung nach h umgestellt werden.

Nach den Logarithmengesetzen gilt: $\lg p = \lg p_0 + h \cdot \lg 0{,}882$

$$h \cdot \lg 0{,}882 = \lg p - \lg p_0 = \lg \frac{p}{p_0}$$

Daraus folgt: $h = -18{,}3 \cdot \lg \frac{p}{p_0}$ oder $h = 18{,}3 \cdot \lg \frac{p_0}{p}$

Mit dieser Gleichung, die barometrische Höhenformel heißt, kann bei bekanntem Druck p die aktuelle Höhe bestimmt werden. So genannte Höhenmessgeräte, die man bei Wanderungen im Gebirge benutzten kann, messen den Luftdruck und berechnen daraus die erreichte Höhe.

Mit den Bezeichnungen x bzw. y für die unabhängige bzw. die abhängige Variable und mit $p_0 = 1$ ergeben sich folgende Funktionsgleichungen:

$y = 0{,}882^x$ und $y = \frac{1}{\lg 0{,}882} \cdot \lg x = -18{,}3 \cdot \lg x$

Die zweite Funktion ist die Umkehrfunktion der ersten Funktion. Ihre Graphen gehen durch Spiegelung an der Geraden $y = x$ auseinander hervor.

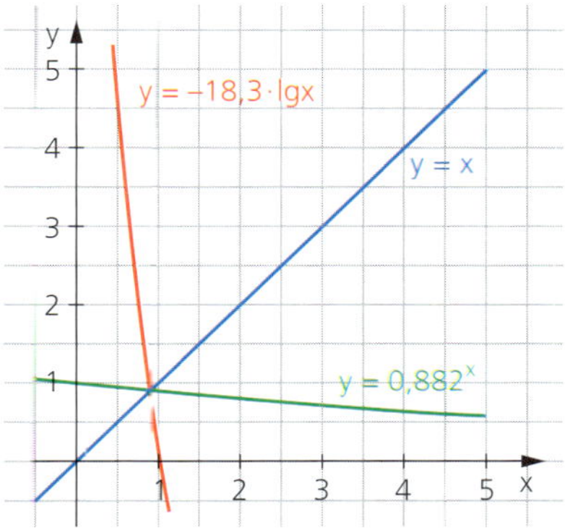

> Funktionen mit der Gleichung $y = \log_b x$ mit $x > 0$, $x \in \mathbb{R}$, $b > 0$, $b \neq 1$ heißen **Logarithmusfunktionen.**

Die Logarithmusfunktionen sind die Umkehrfunktionen der Exponentialfunktionen $y = b^x$. Deshalb ergeben sich einige ihrer Eigenschaften aus denen der Exponentialfunktionen.

Eigenschaften der Logarithmusfunktionen $y = \log_b x$ $(x > 0, b > 0, b \neq 1)$

$y = \log_2 x$

$y = \log_3 x$

$y = \log_{\frac{1}{2}} x = -\log_2 x$

$y = \log_{\frac{1}{3}} x = -\log_3 x$

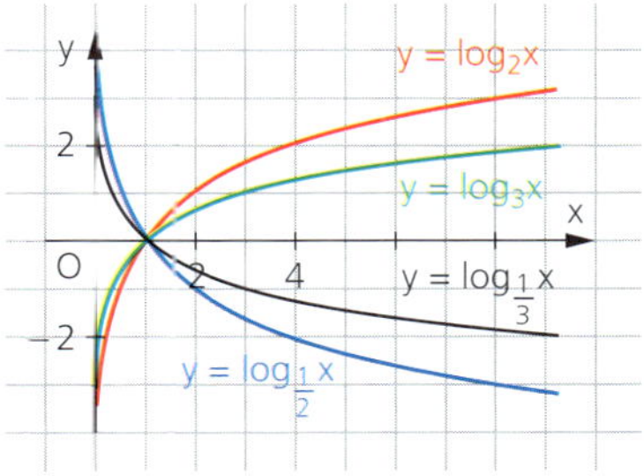

Definitions- und Wertebereich: $x \in \mathbb{R}, y \in \mathbb{R}, x > 0$

Einfluss der Parameter:
Für b > 1 gilt:
Je größer b, um so dichter liegt die Kurve an der y-Achse bzw. an der x-Achse.
Für b < 1 gilt:
Je kleiner b, um so dichter liegt die Kurve an der y-Achse bzw. an der x-Achse.

Symmetrieeigenschaften: keine
Nullstellen: x = 1
besondere Punkte: $P_1(1; 0)$, $P_2(b; 1)$
Wachstumsverhalten: Für b > 1 gilt: Wenn x wächst, wächst y.
Für b < 1 gilt: Wenn x wächst, fällt y.

Die y-Achse ist eine Asymptote der Funktionen. Die Graphen von $y = \log_b x$ und $y = \log_{\frac{1}{b}} x$ gehen durch Spiegelung an der x-Achse auseinander hervor, da $\log_{\frac{1}{b}} x = \frac{\log_b x}{\log_b \frac{1}{b}} = -\log_b x$

Aufgaben

Beim Bau eines 5,3 km langen Tunnels dringen die Arbeiter täglich 20 m vor. 3 Monate vor dem Fertigstellungstermin sind bereits 2,9 km gebaut.

a) Warum schaffen die Arbeiter bei gleichem Bautempo den Bau nicht termingerecht?
b) Auf welchen Wert müsste sich das Bautempo steigern, wenn der ursprüngliche Termin gehalten werden soll?
c) Um wie viele Tage verschiebt sich die Fertigstellung bei gleichem Bautempo?

Exponentielles Wachstum

1. Entscheide, ob lineares oder exponentielles Wachstum vorliegt! Bestimme jeweils eine Gleichung, die die zeitliche Entwicklung der Größe beschreibt!

Zeit t in h	0	1	2	3	4	5
Masse m in g	30	48	76,8	122,88	196,6	314,573
Länge l in cm	25	28,5	32	35,5	39	42,5
Höhe h in cm	10	11,1	12,2	13,3	14,4	15,5
Fläche A in cm^2	2	2,2	2,42	2,662	2,9282	3,221

2. Nach dem Verzehr von Süßigkeiten verdoppeln sich die Bakterien des Zahnbelages in 15 min, nach dem Zähneputzen nur alle 120 min. Wie viele Bakterien entstehen in beiden Fällen innerhalb von 12 Stunden aus einer einzigen Bakterie?

3. Anne und Tom haben unterschiedliche Sparmodelle. Anne hat bereits 300 € auf dem Konto. Monatlich erhöht sie ihren Kontostand um 5 €. Tom hat 500 € auf dem Konto und legt es für 10 Jahre mit einem jährlichen Zinssatz von 5% an. *Hinweis:* Löse diese Aufgabe grafisch!
a) Wessen Kontostand ist nach 10 Jahren höher?
b) Wann haben beide ungefähr den gleichen Kontostand?

4. Penizillinspritzen sind schmerzhaft aber hochwirksam bei der Bekämpfung von Infektionskrankheiten. 1928 erkannte A. FLEMING, dass Stoffwechselprodukte verschiedener Pilze schädliche Bakterien und Viren im Körper abtöten. Seither wird der Pilzschimmel Penicillium notatum zur Herstellung des Antibiotikums gezüchtet. Bestimme die Anzahl der Pilze, die aus 5 Pilzen entstehen, wenn sie sich täglich verdoppeln!
a) nach 1 Tag b) nach einer Woche c) nach einem Monat

5. Jeder Mensch hat 2 Eltern und 4 Großeltern.
a) Wie viele Urgroßeltern hat jeder Mensch?
b) Wie viele Vorfahren hast du, wenn du 40 Generationen berücksichtigst?
c) 40 Generationen entsprechen etwa 1 000 Jahren. Im Jahre 1 000 gab es auf der Erde nur etwa 500 Mill. Menschen. Vergleiche mit dem Ergebnis von Aufgabe b)!

6. Falte ein Blatt Papier des Formats A3 in der Mitte!
a) Falte erneut und schätze, wie oft du diesen Vorgang wiederholen kannst!
b) Das Papier ist 0,1 mm dick. Wie dick ist es nach 10-maligem Falten?

7. Berechne jeweils den jährlichen Wachstumsfaktor und die Wachstumsrate unter der Annahme exponentiellen Wachstums!
a) Die Bevölkerung einer Stadt wuchs in einem Jahr von 25 731 auf 26 246.
b) Die Erträge stiegen in 4 Jahren von 24 500 dt auf 30 931 dt.
c) Eine Algenart verbreitete sich in 5 Jahren von 34 ha auf 47,7 ha

8. Berechne die Ausgangsgröße oder die Endgröße!
a) Katrin ist 1,36 m groß. Sie wuchs in den vergangenen 6 Jahren jährlich um 5 cm.
b) Ronny legt 2 000 € zu einem Zinssatz von 3% für 2 Jahre an.
c) Eine Pilzkultur hat sich in 10 d auf 400 cm^2 bei einer Verdopplungszeit von 2 d ausgebreitet.

9. Milchsäurebakterien vermehren sich in nicht homogenisierten Milchprodukten bei warmem Wetter so schnell, dass sich ihre Anzahl in 40 Minuten verdoppelt. Bei der Käse- und Joghurtherstellung sind diese Bakterien wichtig, Frische Milch wird jedoch sauer. In frisch gemolkener Milch befinden sich 8 000 Bakterien pro Liter. Auf welchen Wert kann die Zahl der Bakterien ansteigen, wenn die Milch eine Stunde (bzw. 30 Minuten; 4 Stunden) nicht gekühlt wird?

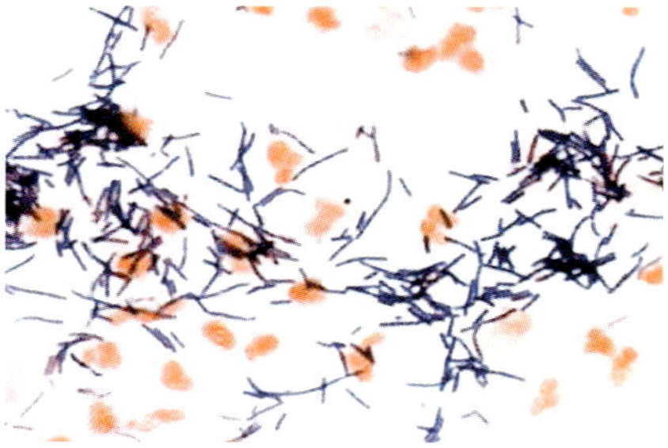

10. Salmonellen sind Bakterien, die sich in warmen Speisen (Kartoffelsalat, Hähnchen) schnell vermehren. Schon nach 20 Minuten kann sich ihre Anzahl jeweils verdoppeln. Besonders im Sommer erleiden viele Menschen Salmonellenvergiftungen, weil sie Speisen zu sich nehmen, die über einen längeren Zeitraum ungekühlt waren. In frischem Kartoffelsalat wurden 500 Bakterien nachgewiesen. Berechne die Anzahl der daraus entstehenden Bakterien, wenn der Salat 2 bzw. 4 oder 8 Stunden ungekühlt steht!

11. Eltern legen für ihr Neugeborenes 1 000 € auf einem Sparbuch mit einem Zinssatz von 4 % an.
a) Auf welche Summe ist das Guthaben angewachsen, wenn das Kind 14 bzw. 27 Jahre alt ist?
b) Wie lange muss das Geld auf dem Konto bleiben, wenn es sich verdoppeln soll?
c) Welche Summe müssen die Eltern anlegen, wenn bei gleichem Zinssatz am 18. Geburtstag des Kindes 10 000 € zur Verfügung stehen sollen?

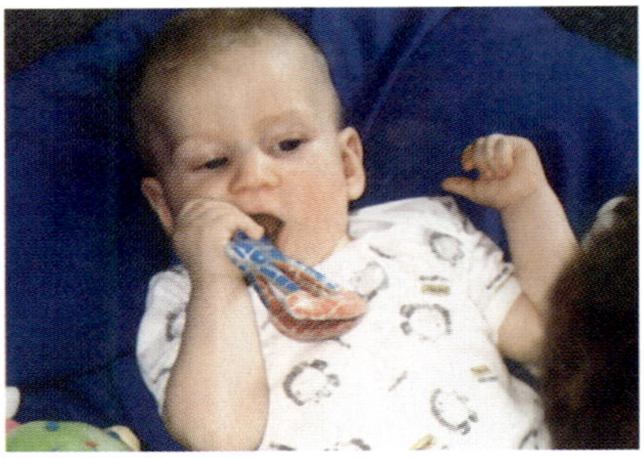

Exponentielle Abnahme

12. Entscheide, ob lineare oder exponentielle Abnahme vorliegt! Bestimme jeweils eine Gleichung, die den Vorgang beschreibt!

Zeit t in h	0	2	4	6	8	10
Masse m in mg	30	26	22	18	14	10
Länge l in m	25	6,25	1,5625	0,39	0,098	0,0244
Fläche A in m^2	4	3,2	2,56	2,048	1,6384	1,31
Höhe h in m	21	18,5	16	13,5	11	8,5

13. Eine Firma verspricht, dass man 3 kg pro Woche abnimmt, wenn man sich an ihre Diät hält.
a) Ein 114 kg schwerer Mann will seine ideale Masse von 75 kg erreichen. Wie lange wird das bei dieser Diät dauern?
b) Eine 125 kg schwere Frau hält die Diät 12 Wochen durch. Wie schwer ist sie danach?
c) Eine 98 kg schwere Frau ernährt sich 6 Wochen nach dieser Diät und wiegt danach 83 kg. Wurde die Versprechung eingehalten?

14. Berechne die Ausgangs- bzw. die Endgröße!
a) Die Anzahl verringert sich täglich um 2. Nach 3 Wochen sind es nur noch 40.
b) Die Dosis verringert sich täglich um 2 %. Nach 3 Wochen beträgt sie 20 ml.
c) Die Anzahl verringert sich jährlich um 1000. Vor 20 Jahren waren es 84 000.

15. Berechne jeweils den Abnahmefaktor und die Abnahmerate unter der Bedingung exponentieller Abnahme!
a) Die Radioaktivität sinkt in 5 Jahren auf 80 % des Ausgangswertes.
b) Die Lichtintensität sinkt in 3 Metern Meerestiefe auf 34,3 % ab.
c) Der Wert des Geldes sank in 10 Jahren auf 80 % des Ausgangswertes.

16. Beim Durchgang radioaktiver Strahlen durch Beton nimmt die Intensität exponentiell mit der Dicke der Betonmauer ab. Für eine Dicke von 1,00 m sinkt die Intensität auf 10 % des ursprünglichen Wertes. Bei welcher Dicke einer Betonmauer würde die Intensität auf 1 % bzw auf die Hälfte reduziert werden?

17. Die D-Mark hat jährlich rund 2,6 % ihrer Kaufkraft verloren, seit sie 1948 eingeführt wurde.
a) Welchen Prozentsatz ihres anfänglichen Wertes ihrer Kaufkraft erreichte sie im Jahr der deutschen Einheit bzw. bei Einführung des Euro?
b) In welchen Jahren sank die Kaufkraft unter 50 % bzw. 25 % ihres ursprünglichen Wertes?

18. Ein Patient bekommt eine Spritze mit 10 mg eines hochwirksamen Antibiotikums. Im Körper werden im Laufe eines Tages 30 % des Medikamentes abgebaut.

a) Wie viel Milligramm des Medikaments sind am 2., am 3. bzw. am 10. Tag nach der Spritze noch im Körper vorhanden?

b) Wenn im Körper nur noch 0,1 mg vorhanden sind, wird dieser Rest ausgeschieden. Wann ist dieser Zeitpunkt erreicht?

Exponentialfunktionen

19. Fertige für folgende Funktionen eine Wertetabelle an und zeichne die Graphen in ein gemeinsames Koordinatensystem! Beschreibe die typischen Eigenschaften der Graphen und vergleiche sie miteinander!

a) $f_1(x) = 2^x$; $f_2(x) = 4^x$; $f_3(x) = 5^x$

b) $f_1(x) = 0{,}5^x$; $f_2(x) = 0{,}25^x$; $f_3(x) = 0{,}2^x$

20. Vergleiche die Graphen folgender Funktionen! Erläutere ihre Symmetrieeigenschaften!

a) $f_1(x) = 3^x$ und $f_2(x) = \left(\frac{1}{3}\right)^x$ b) $f_1(x) = \left(\frac{4}{3}\right)^x$ und $f_2(x) = \left(\frac{3}{4}\right)^x$

21. Welche der folgenden Gleichungen beschreiben die gleiche Funktion?

A: $y = \left(\frac{2}{3}\right)^x$ B: $y = \frac{2}{3^x}$ C: $y = \left(\frac{3}{2}\right)^{-x}$ D: $y = \frac{2^x}{3^x}$ E: $y = \frac{2^x}{3}$ F: $y = 2 \cdot 3^{-x}$

22. Bestimme die Exponentialfunktion $y = b^x$, die durch den angegebenen Punkt verläuft!

a) P(1; 6) b) P(2; 9) c) P(0,5; 3) d) P(–2; 16) e) P(0; 1) f) P(–3; 0,125)

23. Bestimme die fehlende Koordinate eines Punktes, der auf dem Graphen der Funktion $y = 0{,}25^x$ liegt!

a) A(*; 1) b) B(4; *) c) C(*; 4) d) D(*; $\frac{1}{64}$) e) E(*; 0,5) f) F(*; $\sqrt{2}$)

24. Gegeben sei die Funktion mit der Gleichung $y = 2^x$.

a) Zeige, dass für diese Funktion $f(x + 1) = 2 \cdot f(x)$ gilt! Berechne dazu f(–1); f(0); f(1); f(2); f(3); f(4) und veranschauliche diesen Zusammenhang grafisch!

b) Leite den entsprechenden Zusammenhang für die Funktionen mit den Gleichungen $y = 3^x$ bzw. $y = 0{,}5^x$ her!

c) Verallgemeinere diese Eigenschaft für eine beliebige Exponentialfunktion $y = b^x$!

25. Beschreibe den Einfluss des Parameters a auf den Graphen der Funktion $y = a \cdot 2^x$! Skizziere die Graphen in ein gemeinsames Koordinatensystem!

a) a = 3 b) a = 0,2 c) a = –1 d) a = –0,4 e) a = –5

26. Zeichne die Graphen der folgenden Funktionen in ein gemeinsames Koordinatensystem und gib die Symmetrien der Graphen untereinander an! Begründe diese Beziehungen mit den Funktionsgleichungen!

a) $f_1(x) = 2^x$ b) $f_2(x) = \left(\frac{1}{2}\right)^x$ c) $f_3(x) = -2^x$ d) $f_4(x) = -\left(\frac{1}{2}\right)^x$

27. Der Graph der Funktion $y = \left(\frac{5}{3}\right)^x$ wird in der angegebenen Weise gespiegelt. Gib die Funktionsgleichungen der dabei entstehenden Funktionen an!

a) an der y-Achse
b) an der y-Achse und danach an der x-Achse
c) an der x-Achse
d) an der x-Achse und danach an der y-Achse
e) an der Geraden y = x
f) an der Geraden y = 0

28. Welche der folgenden Terme beschreiben die gleiche Funktion?
a) $f_1(x) = 4 \cdot \left(\frac{1}{3}\right)^x$ b) $f_2(x) = \left(\frac{4}{3}\right)^x$ c) $f_3(x) = \frac{4}{3^x}$ d) $f_4(x) = \frac{4 \cdot 1}{3^x}$
e) $f_5(x) = -\frac{1}{4^x}$ f) $f_6(x) = \left(-\frac{1}{4}\right)^x$ g) $f_7(x) = -1 \cdot \left(\frac{1}{4}\right)^x$ h) $f_8(x) = -\left(\frac{1}{4}\right)^x$

29. Bestimme die fehlende Koordinate eines Punktes, der auf dem Graphen der Funktion $y = -0{,}25 \cdot 2^x$ liegt!
a) A(–1; *) b) B(4; *) c) C(*; –4) d) $D(*; -\frac{1}{64})$ e) E(*; –0,5) f) $F(*; -\sqrt{2})$

30. Bestimme die Exponentialfunktion $y = a \cdot b^x$, deren Graph durch die angegebenen Punkte verläuft!
a) $P_1(1; 6)$, $P_2(0; 2)$ b) $P_1(1; 3)$, $P_2(-2; \frac{1}{72})$ c) $P_1(0{,}5; 1)$, $P_2(2; 27)$

31. Begründe, dass der Zusammenhang $f(x + 1) = b \cdot f(x)$ für beliebige Exponentialfunktionen der Form $y = a \cdot b^x$ gilt!

32. Beschreibe die folgenden Vorgänge durch eine Exponentialfunktion! Gib jeweils die Größen mit ihren Einheiten an, die den Definitions- bzw. den Wertebereiche bilden!
a) Eine Bakterienkultur verdoppelt sich stündlich. Zum Zeitpunkt t = 0 gab es 5 Bakterien.
b) 200 € werden mit einem Zinssatz von 3 % für 8 Jahre angelegt.
c) Von dem radioaktiven Material Bi-212 mit der Ausgangsmasse 200 g zerfällt pro Stunde die Hälfte der noch vorhandenen Kerne.
d) Das radioaktive Isotop Cs-137 hat eine Halbwertzeit von 30 Tagen. Zum Zeitpunkt t = 0 sind 2 kg dieses radioaktiven Cäsiums vorhanden.

33. Gegeben seien die Funktionen $f_1(x) = 3^x$; $f_2(x) = 3^x + 2$ und $f_3(x) = 3^x - 1{,}5$.
a) Skizziere die Graphen der Funktionen in ein gemeinsames Koordinatensystem!
b) Finde Gemeinsamkeiten und Unterschiede zwischen den Graphen!
c) Beschreibe die Lage der Asymptoten aller Funktionsgraphen!
d) Durch welche Bewegung sind die Graphen von f_2 und f_3 aus dem Graphen von f_1 hervorgegangen?

34. Skizziere die Graphen folgender Funktionen, indem du zuerst die Asymptote und dann typische Punkte einträgst!
a) $f_1(x) = 4^{-x} + 1$ b) $f_2(x) = -2^x - 3$ c) $f_3(x) = 0{,}5 \cdot 4^x + 1$

35. Gegeben seien die Funktionen mit den Gleichungen $f_1(x) = 2^x$; $f_2(x) = 2^{x-1}$ und $f_3(x) = 2^{x+3}$.
a) Stelle für die drei Funktionen eine gemeinsame Wertetabelle auf!
b) Zeichne die drei Graphen der Funktionen in ein gemeinsames Koordinatensystem!
c) Durch welche Bewegungen sind die Graphen von f_2 und f_3 aus dem Graphen von f_1 hervorgegangen?

36. Skizziere die Graphen der folgenden Funktionen!
a) $f_1(x) = 3^{x-2}$ b) $f_2(x) = 0{,}25^{x+4}$ c) $f_3(x) = 2^{-x-1}$ d) $f_4(x) = 4^{x-3} + 2$

37. a) Vergleiche die Graphen der Funktionen $f_1(x) = \frac{1}{2} \cdot 2^x$ und $f_2(x) = 2^{x-1}$!
b) Übertrage die in a) gefundene Eigenschaft auf $f(x) = 3 \cdot \left(\frac{1}{3}\right)^x$!

38. Beschreibe die Bewegungen, durch die die Graphen der Funktionen aus der Exponentialfunktion $y = 3^x$ hervorgehen!
a) $y = 3^{x+4}$ b) $y = -3^{x-2}$ c) $y = -3^x + 2$ d) $y = 3^{-x}$ e) $y = 0{,}25 \cdot 3^x + 6$

39. Bestimme die Funktionsgleichungen!

a) Eine Exponentialfunktion mit der Basis 3 wird um 3,5 Einheiten nach oben verschoben.

b) Eine Exponentialfunktion mit der Basis 0,4 wird an der x-Achse gespiegelt und mit dem Faktor 2 gestreckt.

c) Ein exponentieller Zerfallsprozess hat den Anfangswert 100 und nimmt pro Zeiteinheit um 5 % ab.

d) Eine Exponentialfunktion mit der Basis 6 wird um 4 Einheiten nach oben und um 2 Einheiten nach links verschoben.

Logarithmusfunktionen

40. Skizziere die Graphen folgender Logarithmusfunktionen in ein gemeinsames Koordinatensystem und vergleiche sie miteinander!

a) $y = \log_3 x$ b) $y = \log_5 x$ c) $y = \lg x$ d) $y = \log_{0,5} x$ e) $y = \log_{0,1} x$

41. Begründe, warum als Basis der Logarithmusfunktionen nur positive reelle, von 1 verschiedene Basen möglich sind!

42. Lies aus den Graphen der Funktionen die Funktionsgleichungen der Logarithmusfunktionen der Form $y = f(x) = \log_b x$ ab! Begründe, warum ein Punkt ausreichend ist, um die Basis eindeutig zu bestimmen. Welcher Punkt darf es aber nicht sein?

43. Bestimme die Logarithmusfunktion der Form $y = \log_b x$, die durch den angegebenen Punkt P verläuft!

a) P(64; 3) b) P(100; 2) c) P(8; −3) d) P(1; 0) e) P(0,125; 3)

44. Beschreibe und begründe die Symmetrieeigenschaften der Graphen folgender Funktionen!

a) $f_1(x) = 2^x$ und $f_2(x) = \log_2 x$ b) $f_1(x) = 0{,}5^x$ und $f_2(x) = \log_{0,5} x$

45. Bestimme die fehlende Koordinate eines Punktes, der auf dem Graphen der Funktion $y = \log_{0,25} x$ liegt!

a) $A(\frac{1}{16}; *)$ b) B(64; *) c) C(3; *) d) D(256; *) e) E(*; 0)

46. Gegeben sei die Funktion mit der Gleichung $y = \log_3 x$. Ihr Graph sei g. Zwei weitere Funktionen seien gegeben durch die Gleichungen $f_1(x) = 2 \cdot \log_3 x$ und $f_2(x) = \frac{1}{2} \cdot \log_3 x$.

a) Berechne Wertetabellen für die drei Funktionen!
Benutze mindestens die Argumente 0,1; 0,5; 0,8; 1; 2; 3; 6; 8 und 10!

b) Zeichne die Graphen der Funktionen in ein gemeinsames Koordinatensystem!

c) Wodurch gehen die Graphen der Funktionen f_1 und f_2 aus g hervor?
Formuliere den Zusammenhang allgemein für $f(x) = a \cdot \log_b x$!

d) Skizziere nun die Graphen der Funktionen $f(x) = -2 \cdot \log_3 x$ und $f(x) = -\frac{1}{2} \cdot \log_3 x$ ohne eine Wertetabelle zu berechnen!

*e) Skizziere nun die Graphen der Funktionen $f(x) = -3 \cdot \log_2 x$ und $f(x) = -\frac{1}{3} \cdot \log_2 x$ ohne eine Wertetabelle zu berechnen!

47. Fertige für folgende Funktionen eine Wertetabelle an und zeichne die Graphen in ein gemeinsames Koordinatensystem!
Beschreibe die typischen Eigenschaften der Graphen und vergleiche sie miteinander!
a) $f_1(x) = \log_2 x$; $f_2(x) = \log_4 x$; $f_3(x) = \lg x$
b) $f_1(x) = \log_{0,5} x$; $f_2(x) = \log_{0,25} x$; $f_3(x) = \log_{0,1} x$

48. Bestimme aus dem Graphen der Funktionen die zugehörige Gleichungen der folgenden Form:
$y = a \cdot \log_b x$
Wie viele Punkte sind für die Bestimmung von einem Graphen ausreichend?

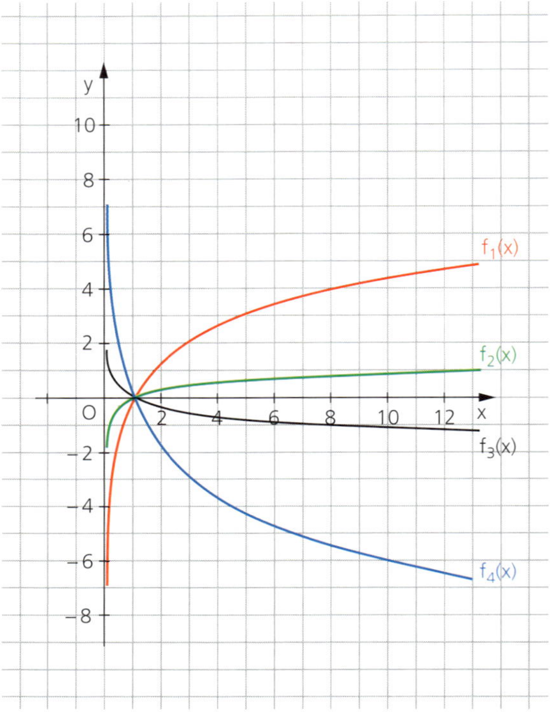

49. Bestimme die Funktionsgleichung zu dem beschriebenen Graphen!
a) Die Logarithmusfunktion zur Basis 3 wird mit dem Faktor 4 gestreckt.
b) Die Logarithmusfunktion zur Basis 0,5 wird gespiegelt und auf die Hälfte gestaucht.
c) Die Logarithmusfunktion zur Basis 10 wird mit dem Faktor 20 gestreckt.
d) Die Logarithmusfunktion zur Basis 5 wird mit dem Faktor 10 gestreckt und gespiegelt.
*e) Die Logarithmusfunktion zur Basis 10 wird mit dem Faktor 5 gestreckt und um 4 Einheiten nach oben verschoben.

4.3 Wurzel, Exponential- und Logarithmusgleichungen

Viele Funktionen können durch eine Gleichung mit zwei Variablen dargestellt werden.
Beim Arbeiten mit diesen Funktionen sind oft Gleichungen zu lösen, so z. B. bei der Berechnung von Nullstellen oder von anderen Argumenten zu gegebenen Funktionswerten.

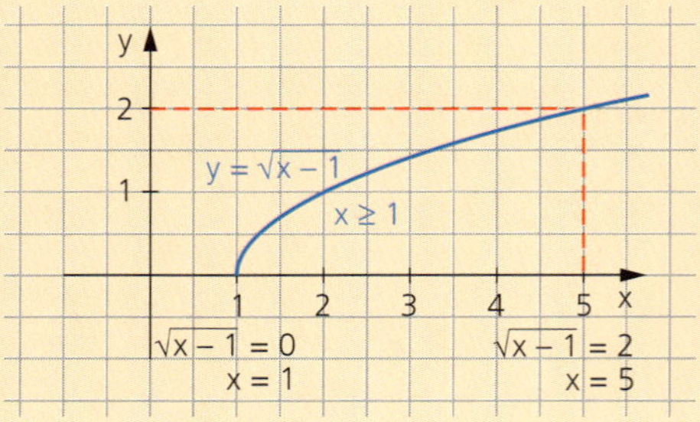

Beim Arbeiten mit Wurzel-, Exponential- und Logarithmusfunktionen treten spezielle Gleichungstypen auf.

In einer **Wurzelgleichung** tritt eine Variable im Radikanden einer Wurzel auf.

In einer **Exponentialgleichung** tritt eine Variable im Exponenten einer Potenz auf.

In einer **Logarithmusgleichung** tritt eine Variable als Argument eines Logarithmus auf.

$\sqrt{x-1} = 2$	$\sqrt{x-1} = x-3$	$x \in \mathbb{R},\ x \geq 1$
$3^x = 27$	$2^{2x} - 5 \cdot 2^x + 4 = 0$	$x \in \mathbb{R}$
$\lg x = 2$	$\lg x = 3 \cdot \lg 2x$	$x \in \mathbb{R},\ x > 0$

Um Gleichung zu lösen, ist es oft günstig, diese zunächst umzuformen. Dabei muss beachtet werden, ob es sich um Umformungen handelt, die stets zu **äquivalenten Gleichungen** führen oder ob die umgeformte Gleichung auch nicht äquivalent zur Ausgangsgleichung sein kann.

Zwei Gleichungen sind **zueinander äquivalent,** wenn sie den gleichen Variablengrundbereich und die gleiche Lösungsmenge besitzen.

Wird im Folgenden kein Variablengrundbereich angegeben, ist immer die Menge $\mathbb{R}$ der reellen Zahlen gemeint.

Beim Lösen von linearen und quadratischen Gleichungen wurden bereits folgende Umformungen verwendet, die zu äquivalenten Gleichungen führen. Sie gelten auch für beliebige Gleichungen.

(1) Auf beiden Seiten einer Gleichung kann derselbe Term addiert oder subtrahiert werden, wenn dieser Term für alle Elemente des Variablengrundbereiches definiert ist.

(2) Beide Seiten einer Gleichung können mit demselben Term multipliziert bzw. durch denselben Term dividiert werden, wenn dieser Term für kein Element des Variablengrundbereiches den Wert 0 annimmt.

Da die Logarithmusfunktion eine umkehrbar eindeutige Funktion ist, gilt für zwei beliebige Terme $T_1(x)$ und $T_2(x)$, die für beliebige x stets positiv sind, und für eine beliebige Basis $b > 0$:

$T_1(x) = T_2(x)$ genau dann, wenn $\log_b T_1(x) = \log_b T_2(x)$

Daraus ergibt sich eine dritte Äquivalenzumformung:

(3) Beide Seiten einer Gleichung können zur gleichen Basis logarithmiert werden, wenn die Terme auf beide Seiten für alle Elemente des Variablengrundbereiches positiv sind.

Aus (3) ergibt sich insbesondere, dass für beliebige Terme $T_1(x)$ und $T_2(x)$ und $a > 0$ die Gleichung $a^{T_1(x)} = a^{T_2(x)}$ äquivalent zur Gleichung $T_1(x) = T_2(x)$ ist (Exponentenvergleich).

Das *Quadrieren* bzw. das *Potenzieren* beider Seiten einer Gleichung ist im Allgemeinen *keine* äquivalente Umformung.

Im Grundbereich $\mathbb{R}$ ist die Gleichung $x = 2$ nicht äquivalent zur Gleichung $x^2 = 4$, da diese die beiden Lösungen $x_1 = 2$ und $x_2 = -2$ hat.

Ist x_1 eine Lösung der Gleichung $T_1(x) = T_2(x)$, so ist x_1 auch eine Lösung der Gleichung $(T_1(x))^2 = (T_2(x))^2$. Durch Quadrieren können nur Lösungen hinzukommen, keine verloren gehen.

Werden beide Seiten einer Gleichung quadriert oder potenziert und wird anschließend die Lösungsmenge der umgeformten Gleichung bestimmt, so muss für alle Elemente der Lösungsmenge der umgeformten Gleichung überprüft werden, ob sie auch Lösung der Ausgangsgleichung sind.

Die Probe hat in diesem Fall also nicht nur die Funktion der Kontrolle, sondern ist auch aus mathematischer Sicht erforderlich.

Ausgangsgleichung:	$\sqrt{x^2+5} = 1{,}5x$	$\mid$ Quadrieren
Umgeformte Gleichung:	$x^2 + 5 = 2{,}25x^2$	$\mid -x^2$
	$5 = 1{,}25x^2$	$\mid : 1{,}25$
	$x^2 = 4$	
Lösungen der neuen Gleichung:	$x_1 = 2$	$x_2 = -2$
Überprüfen an der Ausgangsgleichung:	$\sqrt{2^2+5} = 1{,}5 \cdot 2$	$\sqrt{(-2)^2+5} = 1{,}5 \cdot (-2)$
	$3 = 3$	$3 = -3$
	wahre Aussage	falsche Aussage

Lösungsmenge der Ausgangsgleichung: $x = 2$

Im Unterschied zu linearen und quadratischen Gleichungen gibt es für Wurzel-, Exponential- und Logarithmusgleichungen wie auch für die goniometrischen Gleichungen keine allgemeingültigen algorithmischen Lösungsverfahren. Man kann die Lösungen nur auf folgende Weisen gewinnen:

- Durchführen inhaltlicher Überlegungen
- Zurückführen auf lineare oder quadratische Gleichungen
- Grafisches Lösen
- Lösen mithilfe eines rechnerischen Näherungsverfahrens

Lösen von Wurzelgleichungen

Wurzelgleichungen können in einigen Fällen durch Quadrieren auf lineare oder quadratische Gleichungen zurückgeführt werden. Beim Quadrieren sollte auf jeder Seite möglichst nur ein Wurzelausdruck vorkommen.

$\sqrt{x-1} = x - 3;\ x \geq 1$	$\mid$ Quadrieren
$x - 1 = x^2 - 6x + 9$	$\mid -x + 1$
$x^2 - 7x + 10 = 0$	
$x_{1;2} = 3{,}5 \pm \sqrt{12{,}25 - 10}$	
$x_1 = 5$ $\quad x_2 = 2$	
Probe: $\sqrt{5-1} = 5 - 3$	w. A.
$\sqrt{2-1} = 1 - 3$	f. A.
Lösung: $x = 5$	

$2 = \sqrt{x-1} + \sqrt{x+2};\ x \geq 1$	$\mid -\sqrt{x+2}$
$2 - \sqrt{x+2} = \sqrt{x-1}$	$\mid$ Quadrieren
$4 - 4\sqrt{x+2} + x + 2 = x - 1$	$\mid +4\sqrt{x+2} - x + 1$
$7 = 4\sqrt{x+2}$	$\mid$ Quadrieren
$49 = 16(x + 2) = 16x + 32$	
$x = \frac{17}{16}$	
Probe: $2 = \sqrt{\frac{1}{16}} + \sqrt{\frac{49}{16}} = \frac{1}{4} + \frac{7}{4}$	w. A.

Lösen von Exponentialgleichungen

Exponentialgleichungen können in einfachen Fällen durch Überlegungen zur Bedeutung der Potenzschreibweise, durch Anwenden von Potenzgesetzen oder durch Vergleich der Exponenten bei gleichen Basen gelöst werden.

Gleichung	Überlegungen
$3^x = 27$	Die Zahl 27 muss als Potenz zur Basis 3 dargestellt werden. Da $27 = 3^3$, ist $x = 3$.
$9^x = 27^{x-1}$	Es kann versucht werden, beide Potenzen mit der gleichen Basis darzustellen. Da $9 = 3^2$ und $27 = 3^3$, ergibt sich $(3^2)^x = (3^3)^{x-1}$, also $3^{2x} = 3^{3(x-1)}$ Die Exponenten müssen gleich sein, also $2x = 3(x-1)$, d. h. $x = 3$. Probe: $9^3 = 27^2$; (wahre Aussage)

In einigen Fällen ist es möglich, das Problem auf die Lösung einer linearen oder quadratischen Gleichung zurückzuführen, indem eine Potenz durch eine geeignete Hilfsvariable ersetzt wird.

Gleichung: $2^{2x} - 5 \cdot 2^x + 4 = 0$

Da $2^{2x} = (2^x)^2$, ist es günstig, die Hilfsvariable $z = 2^x$, $z \in \mathbb{R}$, $z > 0$, einzuführen.
Auf diese Weise lässt sich die Exponentialgleichung
$(2^x)^2 - 5 \cdot 2^x + 4 = 0$
in die quadratische Gleichung
$z^2 - 5z + 4 = 0$
überführen.

Lösen der Hilfsgleichung: $z_{1;2} = 2{,}5 \pm \sqrt{6{,}25 - 4} = 2{,}5 \pm 1{,}5$ $\quad z_1 = 4 \quad z_2 = 1$

Bestimmen von x aus der Gleichung $z = 2^x$: $4 = 2^x$, d. h. $x_1 = 2$ $\quad 1 = 2^x$, d. h. $x_2 = 0$

Probe: $2^{2 \cdot 2} - 5 \cdot 2^2 + 4 = 16 - 20 + 4 = 0$ w. A.
$2^{2 \cdot 0} - 5 \cdot 2^0 + 4 = 1 - 5 + 4 = 0$ w. A.

Exponentialgleichungen lassen sich auch durch Logarithmieren lösen.

$$10^{2x+1} = 2 \quad | \text{Logarithmieren}$$
$$\lg 10^{2x+1} = \lg 2$$
$$(2x+1) \cdot \lg 10 = \lg 2$$
$$2x + 1 = \lg 2$$
$$x = \frac{1}{2}(\lg 2 - 1) \approx -0{,}349$$

Lösen von Logarithmusgleichungen

Logarithmusgleichungen können in einfachen Fällen durch Überlegungen zur Bedeutung des Logarithmus, durch Anwenden von Logarithmengesetzen oder durch Vergleich der Argumente bei gleichen Basen gelöst werden, wobei sich auch lineare oder quadratische Gleichungen ergeben können.

Gleichung	Überlegungen
$\lg x = 2;\ x > 2$	x ist der Wert einer Potenz mit der Basis 10 und dem Exponenten 2: $x = 10^2 = 100$
$\lg x = 3 \cdot \lg 2x;\ x > 0$	Anwenden der Logarithmengesetze: $\lg x = \lg (2x)^3$ Die Argumenten müssen gleich sein: $x = (2x)^3 = 8x^3$ Da $x > 0$ folgt $x^2 = \frac{1}{8}$ und damit $x = \sqrt{\frac{1}{8}} = \frac{1}{2\sqrt{2}} = \frac{\sqrt{2}}{4}$
$\lg x + \lg(x + 2) = \frac{1}{2};$ $x > 0$	Anwendung eines Logarithmengesetzes ergibt: $\lg x + \lg(x + 2) = \lg x(x + 2) = \frac{1}{2}$ Also ist $x(x + 2) = 10^{\frac{1}{2}} = \sqrt{10}$ Die quadratische Gleichung $x^2 + 2x - \sqrt{10}$ hat die Lösungen $x_1 \approx 1{,}040$ und $x_2 \approx -3{,}040$, von denen wegen der Bedingung $x > 0$ nur x_1 auch Lösung der Ausgangsgleichung ist.

Grafisches Lösen von Gleichungen

Gleichungen mit einer Variablen können näherungsweise grafisch gelöst werden, indem man beide Seiten als einen Funktionsterm auffasst.

Die beiden Funktionen können in einem Koordinatensystem darstellt und die x-Koordinaten der Schnittpunkte der Graphen abgelesen werden.

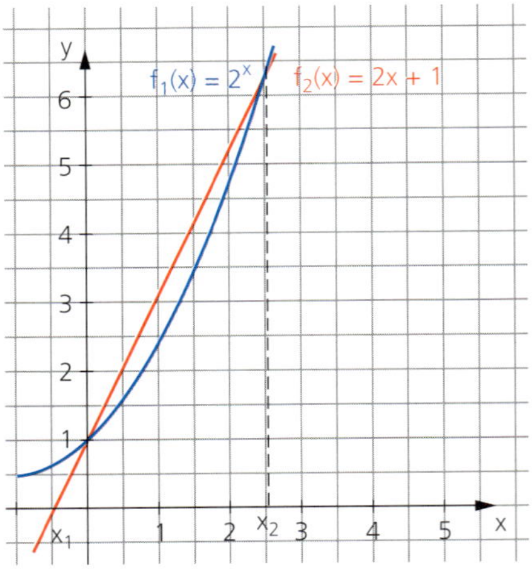

Gleichung: $2^x = 2x + 1$
Funktionen: $f_1(x) = 2^x$ $f_2(x) = 2x + 1$
x-Koordinaten der Schnittpunkte: $x_1 = 0$ $x_2 \approx 2{,}7$

Lösen von Gleichungen mit einem rechnerischen Näherungsverfahren

Zur rechnerischen Ermittlung der Lösungen von Gleichungen, die sich nicht exakt angeben lassen, wurden verschiedene Näherungsverfahren entwickelt.
Mit ihnen es möglich, schrittweise eine beliebig genaue Annäherung an die Lösungen zu erreichen.

Ein mögliches Vorgehen ist die Anwendung einer Intervallschachtelung, wie sie z. B. bei der beliebig genauen Annäherung an eine reelle Zahl verwendet wurde. Die Gleichung, deren Lösungen bestimmt werden sollen, wird dazu zunächst in der Form $T(x) = 0$ dargestellt. Der Term $T(x)$ wird als Funktionsterm aufgefasst. Mithilfe von Wertetabellen wird die Lage einer Nullstelle schrittweise immer genauer eingegrenzt.

Beispiel: Gleichung: $2^x = 2x + 1$ Funktion: $f(x) = 2^x - 2x - 1$

1. Schritt: Intervalllänge 1

x	−2	−1	0	1	2	3	4	5
f(x)	3,25	1,5	0	−1	−1	1	7	21

Eine Nullstelle und damit eine Lösung der Gleichung ist offensichtlich 0 und somit $x_1 = 0$. Die andere Nullstelle liegt zwischen 2 und 3. Als Näherungswert wird das arithmetische Mittel gewählt, d.h. $x_2 \approx 2{,}5$.

2. Schritt: Intervalllänge 0,1

x	2	2,1	2,2	2,3	2,4	2,5	2,6	2,7	2,8	2,9	3
f(x)	−1	−0,9	−0,8	−0,7	−0,5	−0,3	−0,1	0,1	0,4	0,7	1,0

Daraus ergibt sich als zweiter Näherungswert für x_2: $x_2 \approx 2{,}65$

3. Schritt: Intervalllänge 0,01

x	2,6	2,61	2,62	2,63	2,64	2,65	2,66	2,67
f(x)	−0,1371	−0,1150	−0,0925	−0,0697	−0,0467	−0,0233	0,0003	0,0243

Daraus ergibt sich als dritter Näherungswert für x_2: $x_2 \approx 2{,}655$

Aufgaben

Gib jeweils konkrete Aufgabenstellungen an, bei denen in den folgenden Sachverhalten Wurzel- bzw. Exponentialgleichungen entstehen.

Für die aktuelle Geschwindigkeit v eines Körpers zum Zeitpunkt t, der sich zum Zeitpunkt t = 0 mit der Anfangsgeschwindigkeit v_0 und mit einem Winkel α zur Waagerechten bewegt, gilt bei Vernachlässigung des Luftwiderstandes folgende Gleichung (g ist die Fallbeschleunigung):

$$v = \sqrt{v_0^2 + g^2 \cdot t^2 - 2v_0 \cdot g \cdot t \cdot \sin\alpha}$$

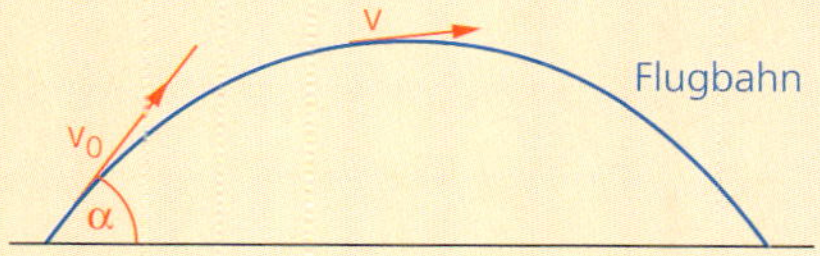

Zahlreiche biologische Wachstumsvorgänge, wie z. B. die Größe des Kopfdurchmessers eines Kindes in der Schwangerschaft können näherungsweise durch eine Funktion der Form

$y = c \cdot \frac{a^{t-w}}{1 + a^{t-w}}$ beschrieben werden.

Dabei ist y die beobachtete Größe, t die verflossene Zeit, c ist die Wachstumsgrenze und w ist die Stelle, an der das progressive Wachstum in ein degressives übergeht. Diese Art des Wachstums wird als logistisches Wachstum bezeichnet.

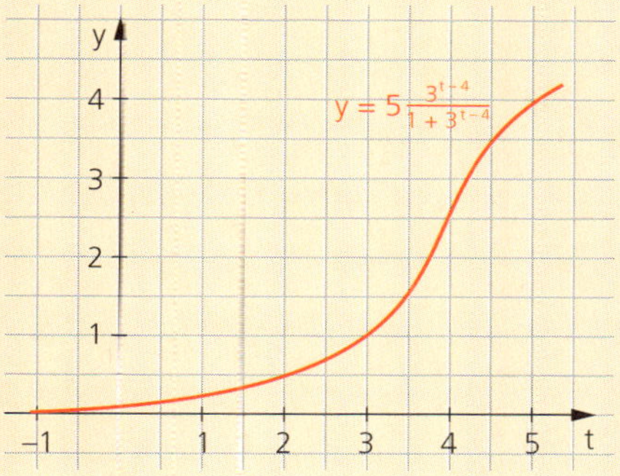

1. Löse die Gleichungen ($x > 0$)!

a) $x^{\frac{1}{2}} = 0{,}3$ b) $x^{\frac{1}{3}} = 0{,}2$ c) $x^{\frac{2}{3}} = 9$ d) $x^{\frac{2}{3}} = 1$ e) $x^{-\frac{1}{3}} = 0{,}1$ f) $x^{-3} = 8$

2. Gib alle Lösungen der Wurzelgleichungen an! Bestimme vorher den Variablengrundbereich!

a) $\sqrt{x} = 7$ b) $\sqrt{x+2} = 4$ c) $\sqrt{x-1} = 6$ d) $\sqrt{x-3} = -1$
e) $\sqrt{x-2} = 0$ f) $\sqrt{x^2} = 2$ g) $\sqrt[3]{x} = 4$ h) $\sqrt[3]{1-x} = -2$

3. Gib die Lösungsmengen an! Bestimme vorher den Variablengrundbereich!

a) $\sqrt{4x+5} = x + 2$ b) $\sqrt{x^2+2} = 3x$ c) $x + 5 - \sqrt{4x+41} = 0$
d) $\sqrt{x-1} = \sqrt{2x+3}$ e) $\sqrt{2x+8} - \sqrt{5+x} = 1$ f) $x - \sqrt{x+5} - 1 = 0$
g) $\sqrt{x^2+3x} = 1 - \sqrt{x^2+x}$ h) $\sqrt{x+1} = 1 + \sqrt{x-4}$ i) $\sqrt{x^2-x} = \sqrt{x^2+x} - \sqrt{2}$

4. Löse die Gleichungen! Schreibe dazu jeweils als Potenzen mit gleicher Basis!

a) $4^x = 64$ b) $2^{-x} = 32$ c) $3^{-x} = 81$ d) $64^x = \frac{1}{8}$ e) $125^x = \frac{1}{5}$
f) $8^x = 32$ g) $4 \cdot 3^x = 108$ h) $\left(\frac{1}{2}\right)^x = 16$ i) $\left(\frac{1}{3}\right)^x = 3 \cdot \sqrt{3}$ j) $\left(\frac{1}{25}\right)^x = 125$

5. Löse folgende Gleichungen durch inhaltliche Überlegungen zur Bedeutung der Logarithmen!

a) $\log_2 x = 3$ b) $\log_3 x = -1$ c) $\log_{\frac{1}{2}} x = -2$ d) $\log_5 x = 1$
e) $\log_{\frac{1}{5}} x = -3$ f) $\lg x = \frac{1}{2}$ g) $\log_{\sqrt{2}} x = 3$ h) $\log_{\frac{1}{4}} x = -\frac{1}{2}$

6. Löse die Gleichungen durch Zusammenfassen der Potenzen bzw. Logarithmen!

a) $4^x + 4^{(x+1)} = 320$ b) $3^{(x+1)} + 3^x = 324$ c) $8^x - 8^{(x-1)} = 7$
d) $5^{(x+2)} + 2 \cdot 5^{(x+1)} = \frac{7}{5}$ e) $3\log_3 x = 4 \cdot \log_3 x - 3$ f) $7\log_2 x - 3\log_8 64 = 4\log_2 x$

7. Löse folgende Logarithmusgleichungen!

a) $\lg x + \lg (x + 10) = 2$ b) $\lg(7x + 2) = 1 + \lg(x - 4)$

8. Berechne die Lösungen der Gleichungen auf 3 Dezimalstellen genau!

a) $10^x = 200$ b) $10^{5x} = 4$ c) $5^{(2x+1)} = 100$
d) $7^{(-x-3)} = 27$ e) $10^{(5-3x)} = 19$ f) $4^{(2x-7)} = 28$

9. Löse die Gleichungen! (Genauigkeit: 3 Dezimalstellen)

a) $6^{(x+1)} = 2 \cdot 9^x$ b) $4^{(x+1)} = 3 \cdot 2^{(x-1)}$ c) $3^{(x+1)} - 7 \cdot 3^{2x} = 0$
d) $5^{2x} - 2 \cdot 3^{(x+3)} = 0$ *e) $15 \cdot 2^{(5x-1)} = 5^{(2x-1)}$ *f) $3 \cdot 7^{(x^2-1)} = 7 \cdot 3^{(2x+1)}$

10. Löse folgende Exponentialgleichungen!

a) $2^x + 2^{(x+1)} + 2^{(x+2)} = 3^x + 3^{(x+1)} + 3^{(x+2)}$ b) $7 \cdot 4^{(x+1)} + 4 \cdot 5^{(x+2)} = 3 \cdot 4^{(x+1)} + 5^{(x+3)}$

11. Löse durch Einführen einer geeigneten Hilfsvariablen (auf 3 Dezimalstellen genau)!

a) $3^{2x} + 3^x = 90$ b) $7^{2x} - 7^{(x+1)} + 2 = 0$ c) $3x + 9x = \sqrt{3}\,(\sqrt{3} + 1)$
d) $(\lg x)^2 - \lg x - 2 = 0$ e) $(\log_2 x)^2 - 3 \cdot \log_2 x + 2 = 0$ f) $25^x = 15 \cdot 5^x - 50$

12. Löse die folgenden Gleichungen grafisch (Längeneinheit 1 cm)!

a) $2^x = x^2$ b) $1{,}5^x = 2 - x^2$ c) $3^x = x + 2$ d) $\left(\frac{1}{2}\right)^x = -x + 2$

13. Löse die Gleichungen aus Aufgabe 12 durch schrittweise Näherung mithilfe einer Intervallschachtelung auf 2 Dezimalstellen genau!

4.4 Gemischte Aufgaben

Beim Start eines Flugzeuges wurden Luftdruck und Geschwindigkeit in Abhängigkeit von der Höhe ermittelt.

Höhe h in m über NN	0	500	1000	1500	2000	2500	3000
Druck p in hPa	1025	963	905	850	797	750	703
Geschwindigkeit v in $\frac{km}{h}$	300	330	360	390	420	450	480

a) Stelle beide Zusammenhänge in getrennten Diagrammen grafisch dar!

b) Gib die zu den Zusammenhängen gehörende Gesetzmäßigkeiten in Gleichungen an!

c) Die Gleichungen gelten bis zu einer Höhe von 10 000 m.
Bestimme den Luftdruck und die Geschwindigkeit in einer Flughöhe von 9 500 m!

d) Bestimme den Luftdruck auf dem Mount Everest und auf dem Montblanc!

Funktionen in der Mathematik

1. Durch welche Graphen wird direkte bzw. umgekehrte Proportionalität dargestellt?

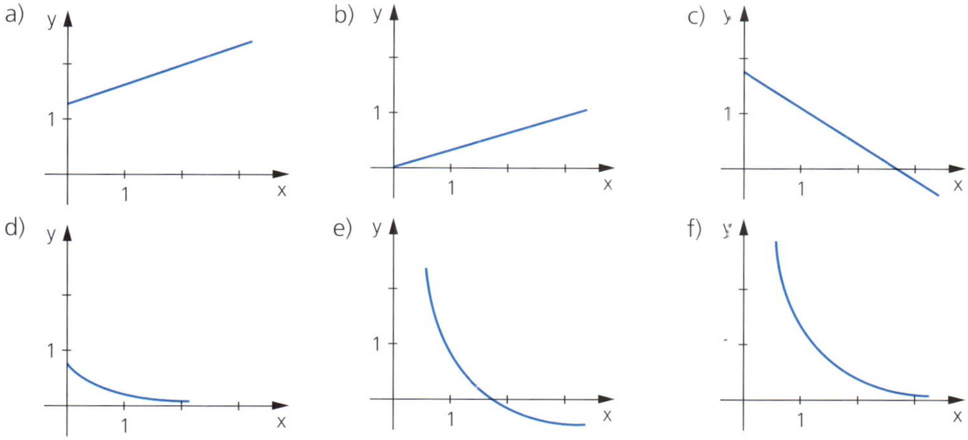

2. Zeichne die Graphen folgender Funktionen für $x \geq 0$ in ein gemeinsames Koordinatensystem!
(1) $f_1(x) = 2x$; (2) $f_2(x) = x^2$; (3) $f_3(x) = 2^x$

a) Vergleiche die drei Graphen miteinander!

b) Beschreibe den Verlauf der drei Graphen mit eigenen Worten!

c) Gib die Schnittpunkte der Graphen mit den Koordinatenachsen an!

d) Gib die Schnittpunkte an, die die Graphen miteinander haben!
Kontrolliere durch Rechnung!

3. Ordne den Graphen die richtige Funktionsgleichung (1) bis (6) zu!

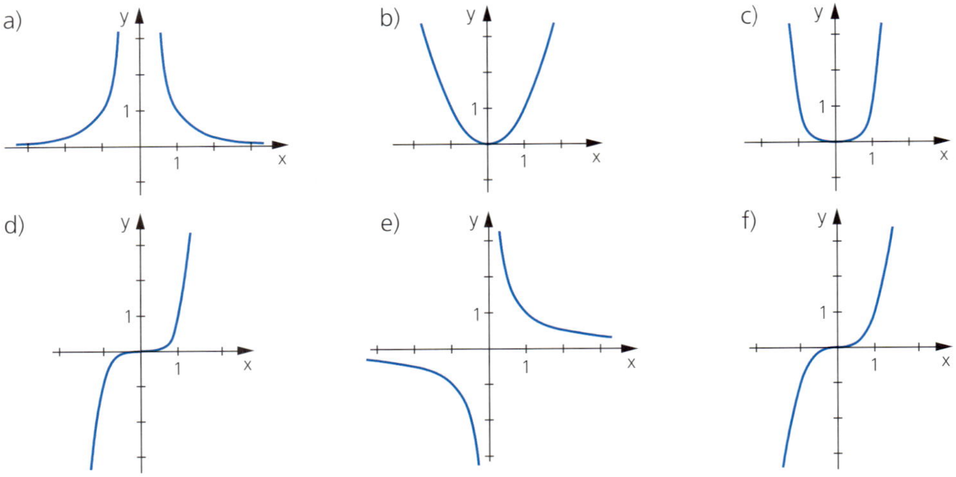

(1) $y = x^2$ (3) $y = x^3$ (5) $y = x^5$

(2) $y = x^4$ (4) $y = x^{-2}$ (6) $y = x^{-1}$

4. Skizziere die Graphen der Funktionen in ein gemeinsames Koordinatensystem! Gib auch ihre Definitionsbereiche, Wertebereiche und Nullstellen an!

a) $f_1(x) = (x - 4)^4 - 1$ b) $f_2(x) = (x + 3)^3 + 1$ c) $f_3(x) = -0{,}5x^6$

5. Untersuche, ob die angegebenen Wertepaare zu einer Potenzfunktion mit ganzzahligen Exponenten gehören! Gib in diesem Fall die Funktionsgleichung an!

a)

x	−3	−2	−1	0	0,5	4
y	−54	−16	−2	0	0,25	128

b)

x	−3	−0,5	1	2,5	5
y	$-\frac{1}{3}$	−72	9	0,576	0,072

6. Welche der folgenden Aussagen sind falsch? Berichtige die Fehler!

a) Die Funktion $y = 3x^{-2}$ ist im gesamten Definitionsbereich streng monoton wachsend.

b) Die Funktion $y = (x - 6)^4 - 5$ hat ihren Scheitelpunkt bei S(6; 5). Sie hat eine Nullstelle.

7. Löse inhaltlich! Ermittle die Lösungen näherungsweise grafisch! Fasse die Seiten der Gleichung als Funktionsterme auf! Zeichne die entsprechenden Graphen!

a) $2x = 2^x$ b) $2^x = 0{,}5x + 3$ c) $x = 3^x$ d) $\lg x = x - 9$

8. Gegeben seien zwei Exponentialfunktionen $y = 4^x$ und $y = 0{,}25^x$. Ihre Graphen seien g_1 und g_2.

a) Bestimme die typischen Punkte dieser Exponentialfunktionen und zeichne ihre Graphen! Entwickle aus den Graphen die Umkehrfunktionen durch Spiegelung am Graphen der Funktion $y = x$! Nutze die typischen Punkte!

b) Bestimme die Gleichungen der Umkehrfunktionen durch Rechnung!

c) Bestimme die Definitions- und Wertebereiche der Exponentialfunktionen und ihrer Umkehrfunktionen!

d) Lies das Monotonieverhalten der Graphen ab! Entwickle eine begründete Vermutung über das Monotonieverhalten einer beliebigen Funktion und ihrer Umkehrfunktion! Prüfe diese Vermutung anhand selbstgewählter Beispiele!

9. Eine häufig verwendete Basis bei Exponentialfunktionen ist die irrationale Zahl $e = 2{,}71828\ldots$, die eulersche Zahl. An die Exponentialfunktionen $y = 2^x$ und $y = e^x$ wurden in den Punkten P und Q die Tangenten gezeichnet. Bestimme jeweils den Anstieg der beiden Tangenten und vergleiche ihn mit den Funktionswerten an den entsprechenden Stellen! Was stellst du fest?

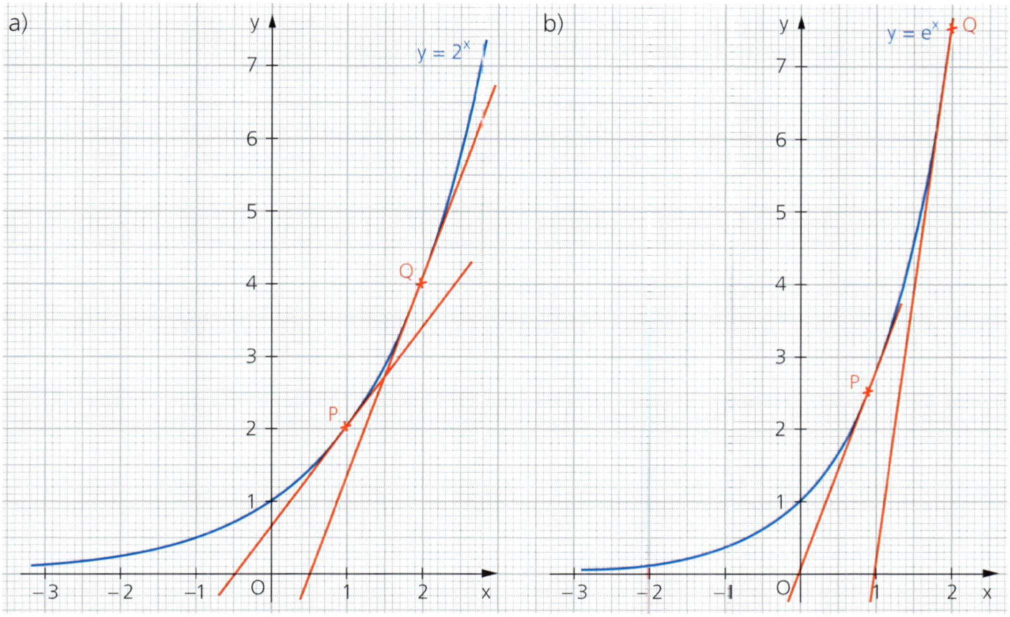

10. Löse die Gleichungen bzw. Ungleichungen für $x \in \mathbb{N}$; $x > 0$!

a) $10^x = 10\,000$ b) $x^2 = 36$ c) $x^3 = 64$ d) $10^x = 0{,}001$ e) $2^x < 32$

f) $4 \cdot 10^x = 400$ g) $3^x = \frac{1}{9}$ h) $5^{-3} = \frac{1}{x}$ i) $-2^x = -8$ j) $\frac{1}{36} = 6^x$

k) $8^x < 64$ l) $6^x \leq 216$ m) $x^x \leq 27$ n) $10^x = 1$ o) $x^{-1} = \frac{1}{x}$

11. Löse folgende Gleichungen!

a) $125^{(x+1)} = 5^{(3+2x)}$ b) $7^{(x+1)} - 7^{(x-1)} = 336$ c) $12 \cdot 2^{(3x-2)} - 16 = 8^x$

d) $2^{(x^2-3)} = 0{,}25$ e) $2^{(1-5x)} = 0{,}5$ f) $a^{(2-x)} = a^{(3x-2)}$; $a > 0$

12. Löse folgende Logarithmusgleichungen ($x > 0$)!

a) $\lg(\lg(\lg x)) = 0$ b) $\log_4(\log_3(\log_2 x)) = 1$

c) $\log_{81} x + \log_9 x + \log_3 x = 7$ d) $2^{\lg(x-1)} + 2^{\lg(x+2)} = 3^{\lg(x-1)} + 3^{\lg x}$

13. Begründe, dass gilt: $\lg(\sin 89°) \cdot \lg(90°) \cdot \lg(\sin 91°) = 0$!

14. Löse folgende Gleichungen ($x > 0$)!

a) $2x^x - 3x^{(x+1)} + x^{(x+2)} = 0$ b) $x^{\lg x} + x^{-\lg x} = 2$

15. Löse folgende Gleichungen! Bestimme vorher den Grundbereich!

a) $2^x = 8^{(x-2)}$ b) $3^x \cdot 5^{(x-1)} = 5$ c) $4^{(2x-3{,}5)} \cdot 32^{(1-x)} = \frac{1}{8}$

d) $4 \cdot 2^{\sqrt{x}} = 0{,}5^{-x}$ e) $5^{(x^2+3)} = 25 \cdot 0{,}2^{(x-1)}$ f) $5^{2x} - 5^x = 6$

g) $4\sqrt{2x+6} = 3\sqrt{4x+10}$ h) $\sqrt{3-3x} = \sqrt{3x-9}$

Funktionen im Finanzwesen

16. Andreas hat sich 600 € von seinem Freund geborgt. Dieser verlangt 5 % Zinsen und will das Geld nur in einem Betrag zurückgezahlt haben. Andreas kann monatlich nur 50 € sparen. Wann kann Andreas das Geld an seinen Freund zurückzahlen?

17. Ein Geldbetrag wurde vor 5 Jahren mit einem Zinssatz von 4 % angelegt. Derzeit beläuft sich das Kapital auf 14599,80 €. Gib die Exponentialfunktion an, die die Entwicklung des Kapitals beschreibt! Berechne die Beträge, die vor 1; 2; 3; 4 bzw. 5 Jahren auf dem Konto waren! Wie entwickelt sich das Kapital, wenn es weitere 5 Jahre bei gleichen Konditionen auf dem Konto verbleibt?

18. Für den Kauf eines 3 Jahre alten Gebrauchtwagens möchte Herr Hennig einen Kredit über 8 000 € mit einem Zinssatz von 9,9 % bei einer Bank aufnehmen.

a) Bestimme die Zinsen, die innerhalb von 4 Jahren an die Bank gezahlt werden müssten, wenn Herr Hennig den Kredit nicht tilgen würde!

b) Bestimme die Zinsen, die Herr Hennig jeweils in den 4 Jahren an die Bank zahlen muss, wenn er jährlich 2 000 € tilgt! Berechne die durchschnittliche Monatsrate, die er über 4 Jahre zahlen müsste, um das Auto abzuzahlen!

c) Der Autohändler bietet nur für Neuwagen Kredite mit einem Zinssatz von 0,99 % und Laufzeiten von 4 Jahren. Der preiswerteste Neuwagen kostet 10 000 €. Herr Hennig überlegt, ob sich der Kauf eines Neuwagens lohnt. Was sagst du dazu?

19. Für den Bau eines Hauses nimmt Familie Klemm ein Darlehen von 100 000 € mit einer Laufzeit von 10 Jahren und einem festen Zins von 7 % auf. Sie zahlen in Monatsraten die jährlichen Zinsen zuzüglich 5 % des jeweiligen Restwertes des Darlehens als Abzahlung.

a) Berechne die Monatsraten im 1. Jahr!

b) Berechne die Monatsraten im 5. Jahr!

c) Berechne die Monatsraten im 10. Jahr!

d) Berechne die Summe, die nach 10 Jahren noch vom Darlehen übrig ist!

e) Was würde sich bei der Abzahlung ändern, wenn Familie Klemm 10 Jahre lang monatlich 1000 € einzahlen würde?

Funktionen im Alltag

20. Ein Kuchen, der in der 20 °C warmen Küche aus dem Backofen genommen wird, hat eine Oberflächentemperatur von 160 °C. In jeder Minute kühlt sich die Oberfläche des Kuchens so ab, dass der Temperaturunterschied von anfangs 140 Grad um 10 % sinkt.

a) Wie warm ist der Kuchen an der Oberfläche nach 1 min, nach 10 min bzw. nach 1 h?

b) Ronny kommt von der Schule und sieht den frisch gebackenen Kuchen. Kann er von der Temperatur des Kuchens, die gerade 37 °C beträgt, auf den Zeitpunkt des Herausnehmens des Kuchens aus dem Ofen schließen? Suche auch eine allgemeine Lösung auf diese Frage!

21. Alkohol im Blut wird so von der Leber abgebaut, dass der Alkoholgehalt des Blutes stündlich um 0,2 Promille sinkt. Um 1 Uhr geht ein Zecher mit einem Blutalkoholgehalt von 2,5 Promille schlafen.

a) Welchen Blutalkoholgehalt hat dieser Mann um 7.00 Uhr?

b) Wann ist der Alkoholgehalt kleiner als 0,5 ‰?

c) Wann beträgt der Alkoholgehalt wieder 0 ‰?

22. Das Diagramm zeigt, wie schnell sich eine Brausetablette in einem Glas Wasser auflöst, wenn man nicht umrührt.

a) Wann hat sich die Hälfte der Tablette aufgelöst?
Welcher Anteil der Tablette hat sich in der ersten Minute aufgelöst?

b) Kann man das Auflösen mit einer exponentiellen Abnahme beschreiben?

c) Untersuche das Auflösen von Brausetabletten in kaltem und warmem Wasser!

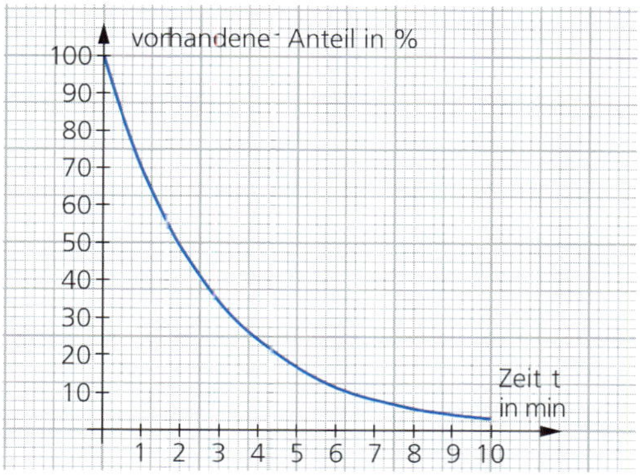

23. Der Lautstärkepegel L_N, der in Phon gemessen wird, beschreibt das subjektive Hörempfinden des Menschen. Die Intensität I des Schalls, der das Hörempfinden auslöst, wächst bei steigender Lautstärke viel schneller als die Empfindung des Menschen. Der Zusammenhang wird durch folgende Gleichung beschrieben.

$L_N = 10 \cdot \lg\left(\frac{I}{I_0}\right)$, wobei I_0 die Schallintensität an der Hörschwelle ist.

Mit der Maßzahl $I_0 = 10^{-12}\ \frac{W}{m^2}$ zu rechnen ist nicht nötig, da jeder seine individuelle Vorstellung von der Hörschwelle besitzt. Wichtig ist das Verhältnis der Schallintensität eines Reizes zur Schallintensität an der Hörschwelle $\frac{I}{I_0}$.

a) Beweise, dass der Lautstärkepegel an der Hörschwelle 0 Phon beträgt!

b) Zeige, dass der Erhöhung des Hörempfindens um 20 Phon eine Vervielfachung des Reizes mit dem Faktor 100 zugrunde liegt!

c) Die Lautstärke von Disco-Musik liegt ungefähr bei 100 Phon.
Mit welchem Faktor wurde die Schallintensität der Flüstersprache (des normalen Sprechens) vervielfacht?

Art des Schalls	Phon
Hörschwelle	0
Flüstersprache	20
Normales Sprechen	40
Lautsprechermusik	60
Sehr lauter Straßenlärm	80
Nietarbeiten in einer Fabrikhalle	100
Flugzeugmotor in 4 m Abstand	120
Schmerzschwelle	130

24. Der nebenstehende Artikel erschien am 3. August 2001 in einer Tageszeitung.

a) Welches Taschengeld erhielten 14-jährige Jungen bzw. Mädchen durchschnittlich 1998?

b) Bestimme das Taschengeld (auf ganze Euro gerundet), das 14-jährige Jungen und Mädchen im Jahr 2002 bei der Währungsumstellung bekämen!
Berechne ihr Taschengeld in diesem Jahr unter der Bedingung, dass die Wachstumsrate gleich bliebe!

c) Kann die Entwicklung so weitergehen?

Taschengeld stieg rasch an

Münster (AP) Schulkinder sind im Verhandeln offenbar gewiefter als Gewerkschafter: Seit 1998 stieg ihr Taschengeld jährlich um 10 % – und damit deutlich stärker als die Löhne und Gehälter der Eltern. Das geht aus einer 2001 veröffentlichten Untersuchung der Bausparkasse LBS hervor. Durchschnittlich erhält ein Neunjähriger danach 2001 24 Mark Taschengeld im Monat, ein 14-Jähriger kommt schon auf 47 Mark. Wie im Berufsleben erhalten Mädchen weniger Geld als Jungen: Im Durchschnitt beträgt der Abschlag 5 Mark. Nur 1 % der Kinder erhalten nie Taschengeld.

25. Von den 6,3 Milliarden Menschen im Jahre 2 000 lebten 30 % in den reicheren und 70 % in den ärmeren Ländern. Nach Prognosen bis zum Jahr 2020 rechnet man mit einer jährlichen Wachstumsrate von 0,35 % in den reicheren und 1,75 % in den ärmeren Ländern.

a) Berechne die Bevölkerungszahlen in den ärmeren und reicheren Ländern in den Jahren 2000 und 2020!

b) Leben auch 2020 noch 70 % der Weltbevölkerung in den ärmeren Ländern?

c) 1980 lebten 4,354 Milliarden Menschen auf der Erde und die jährliche Bevölkerungszunahme wurde mit 1,73 % vorhergesagt.
Vergleiche die Prognose mit der tatsächlichen Bevölkerungszahl im Jahre 2000!

26. Die folgende Tabelle enthält die Bevölkerung ausgewählter Länder in den Jahren 1950 und 1996 sowie eine Prognose für das Jahr 2050.

Land	Bevölkerung 1950	Bevölkerung 1996	Prognose 2050
Indien	358 000 000	945 000 000	1 533 000 000
USA	158 000 000	269 000 000	348 000 000
Russland	102 000 000	148 000 000	114 000 000
Japan	84 000 000	125 000 000	110 000 000
Indonesien	80 000 000	200 000 000	318 000 000
Deutschland	68 000 000	82 000 000	70 000 000
Brasilien	54 000 000	161 000 000	243 000 000
Pakistan	40 000 000	140 000 000	357 000 000
Nigeria	33 000 000	115 000 000	339 000 000
Mexiko	28 000 000	93 000 000	154 000 000
Ägypten	22 000 000	68 000 000	115 000 000
Äthiopien	18 000 000	58 000 000	213 000 000

a) Suche das Land mit der größten bzw. mit der kleinsten Wachstumsrate in den Jahren 1950 bis 1996 bzw. 1996 bis 2050 heraus!

b) Gibt es Länder, bei denen die Bevölkerungszahl erst wächst und dann fällt?

c) Erstelle alle Wachstumsraten mithilfe eines Tabellenkalkulationsprogramms!

d) Suche Ursachen für die unterschiedliche Bevölkerungsentwicklung!
Trenne evtl. nach „ärmeren“ und „reicheren“ Ländern!

e) Suche im Internet weitere Zahlen und Fakten zur Bevölkerung dieser Länder und stelle sie grafisch dar!

f) Welche Länder zeigen gleiche Tendenzen bei der Entwicklung der Bevölkerungszahlen?

Funktionen in der Natur

27. Dringt Licht ins Meerwasser ein, so nimmt die Lichtintensität je Meter Wassertiefe um 12 % ab. Über dem Meer beträgt die Lichtintensität 100 %.

a) Mandy taucht 5 m tief.
Auf wie viel Prozent ist die Lichtintensität in dieser Tiefe abgesunken?

b) In welcher Tiefe befindet sich ein Sporttaucher bei einer Lichtintensität von 2 % des Ausgangswertes?

c) In verschmutztem Meerwasser ist die Lichtintensität schon in 3 m Tiefe auf 25 % abgesunken. Berechne den Abnahmefaktor pro Meter Wassertiefe!

28. Bei täglichen Windmessungen auf der Insel Rügen während eines Jahres hat eine Schülergruppe eine interessante Entdeckung gemacht. Sie stellte fest, dass bei allen Messungen die Windgeschwindigkeit v in Abhängigkeit von der Höhe h etwa logarithmisch ansteigt.

a) So berechnete nach Eingabe der Messwerte am 14.11. 2000 in Bergen der Computer mit einem Näherungsverfahren die dargestellte Logarithmusfunktion.
Berechne die Abweichungen der Messwerte von den Funktionswerten!

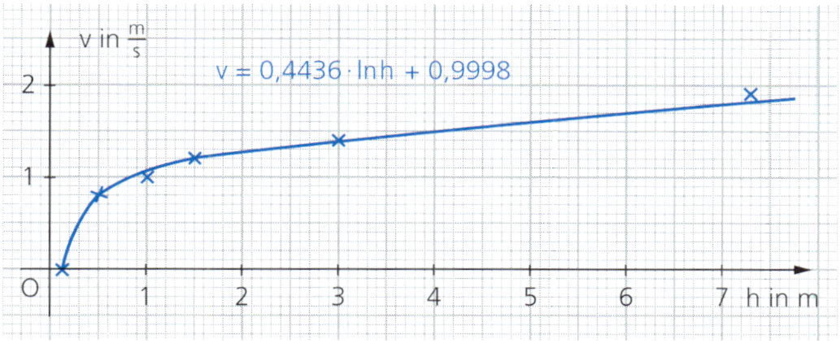

h in m	v in $\frac{m}{s}$
0,12	0
0,5	0,8
1,0	1,0
1,5	1,2
3,0	1,4
7,3	1,9

b) Bei einer weiteren Messung in Gingst erzielten die Schüler die angegebene Messwertreihe. Der Computer ermittelte als Näherungsfunktion:
$y = 0{,}6200 \cdot \ln x + 2{,}6465$
Stelle die Näherungsfunktion möglichst genau in einem Koordinatensystem dar und trage die Messwerte ein!
Welche Windgeschwindigkeit herrschte voraussichtlich in 30 m Höhe?

c) Da die Windgeschwindigkeit unterhalb der Vegetationshöhe gleich 0 ist, geben die Nullstellen der Logarithmusfunktionen die Höhe des Bewuchses am Messort an. Wie hoch war die Vegetation an den Messstellen in Bergen bzw. Gingst?

Gingst, 22.11.00

h in m	v in $\frac{m}{s}$
0,12	1,4
0,5	1,9
1,0	2,8
1,5	3,0
3,2	3,4
4,2	3,6
5,0	3,7
8,3	3,8

29. Der Luftdruck nimmt bei einer durchschnittlichen Temperatur von 0 °C mit zunehmender Höhe über dem Erdboden entsprechend der barometrischen Höhenformel $h = 18300 \cdot \lg\left(\frac{p_0}{p}\right)$ ab.

Dabei ist h die Höhe in Meter über NN, p_0 der Luftdruck in hPa auf NN und p der Luftdruck in hPa in der Höhe h. Mithilfe eines Barometers kann man also bei einer Bergwanderung feststellen, auf welcher Höhe man sich befindet.

a) Zu Beginn betrug der Luftdruck auf NN 1000 hPa. Lege eine Wertetabelle für die Höhe in Abhängigkeit vom Luftdruck an! Beginne bei p = 1000 hPa und gehe bis zu p = 500 hPa!

b) Zeichne diesen Zusammenhang in ein geeignetes Koordinatensystem!

c) Wie hoch befinden sich die Bergwanderer bei ihrer ersten Rast, wenn der Luftdruck dort 960 hPa beträgt? Markiere den entsprechenden Punkt im Graphen!

d) Die nächste Rast wollen die Wanderer einlegen, wenn sie weitere 40 hPa „geschafft" haben. Auf welcher Höhe befinden sie sich dann? Markiere auch diesen Punkt im Graphen!

e) Die Tagestour ist beim Barometerstand von 840 hPa beendet. Auf welcher Höhe übernachten die Bergwanderer? Zeichne den „Übernachtungspunkt" in den Graphen!

30. Radioaktive Atomkerne haben die Eigenschaft, sich spontan in andere Atomkerne umzuwandeln. Dabei senden sie radioaktive Strahlen aus. Jodkerne wandeln sich z. B. unter Aussendung von β^--Strahlung in stabile Xenonkerne um. Dabei halbiert sich die Zahl der vorhandenen Jodkerne stets in 8 Tagen.

a) Berechne die Anzahl der Jodkerne und der Zenonkerne, die nach 8; 16; 24 und 32 Tagen vorhanden sind, wenn es zu Beginn 32 Jodkerne waren.
Gib die Anzahl der Jod- und Xenonkerne absolut und in Prozent an!

b) Stelle den prozentualen Anteil der Jodkerne und der Xenonkerne in einem Diagramm dar!

c) Gib eine Gleichung für die Anzahl N_J der Jodkerne nach t Tagen an, wenn zu Beginn N_0 Kerne vorhanden sind!

d) Gib den Anteil der Jod- bzw. Xenonkerne nach t Tagen an!

e) Radioaktives Jod wird bei Untersuchungen der Schilddrüse gespritzt, da Jod von der Schilddrüse aufgenommen wird. Anhand der von der Schilddrüse abgegebenen radioaktiven Strahlung kann man während der Untersuchung feststellen, ob die Schilddrüse normal, über- oder unterfunktioniert.
Berechne, welcher Anteil der gespritzten Jodmenge im Körper des Patienten nach 1; 2; 10 und nach 20 Tagen noch vorhanden ist! Vergleiche mit der Grafik aus Aufgabe b)!

31. Beim Durchgang durch Gestein nimmt eine bestimmte radioaktive Strahlung pro Meter Gestein um 15% ihrer Intensität ab.

a) Stelle eine Gleichung für die Strahlungsintensität I in Abhängigkeit von der Gesteinsdicke d (in Metern) auf, wenn I_0 die Ausgangsintensität ist!

b) Stelle die Abhängigkeit der relativen Strahlungsintensität von der Gesteinsdicke d in einem Koordinatensystem dar!
Fertige zuvor eine Wertetabelle für Gesteinsdicken von 0 bis 10 m an!

c) Lies aus dem Diagramm ab, welche relative Strahlungsintensität bei einer Gesteinsdicke von 8,5 m vorliegt und welche Dicke eine Mauer haben muss, damit die Intensität der Strahlung auf 50 % sinkt.

d) Häufig kann die Gesteinsdicke nicht direkt gemessen werden. Die relative Strahlungsintensität der radioaktiven Strahlung ist aber direkt bestimmbar. Zeichne aus den berechneten Werten der Wertetabelle den Graphen für die umgekehrte Zuordnung! Gib eine Gleichung für die Funktion und ihren Definitionsbereich an!

Funktionen in der Physik

32. Beim freien Fall werden ungefähr die Geschwindigkeiten und die Fallwege erreicht, die in der Tabelle angegeben sind.

Fallzeit in Sekunden	0	1	2	3	4	5	...
Fallgeschwindigkeit in Meter pro Sekunde	0	10	20	30	40	50	...
Fallweg in Meter	0	5	20	45	80	125	...

a) Wie wachsen die Fallgeschwindigkeiten? Finde eine Gleichung!

b) Berechne die Fallgeschwindigkeit nach 10 (nach 20; 30 bzw. nach n) Sekunden!

c) Wie wachsen die Fallwege?

d) Berechne den Fallweg nach 10 (nach 20; 30 bzw. nach n) Sekunden!

33. Eine innere Spule ist von einer äußeren Spule umgeben. In der inneren Spule wird eine Spannung induziert, wenn sich die Stromstärke in der äußeren Spule ändert. Je stärker die Änderung der Stromstärke, desto mehr Spannung wird induziert. In der äußeren Spule wird die Stromstärke wie in den Diagrammen dargestellt verändert. Stelle den qualitativen Verlauf der zeitlichen Änderung der Induktionsspannung in einem Diagramm dar! Die induzierte Spannung beträgt zu Beginn bei Aufgabe a) 1 V, bei b) 2 V und bei c) 3 V.

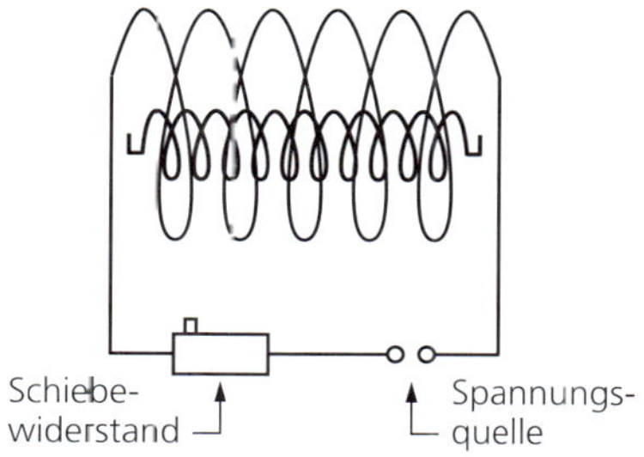

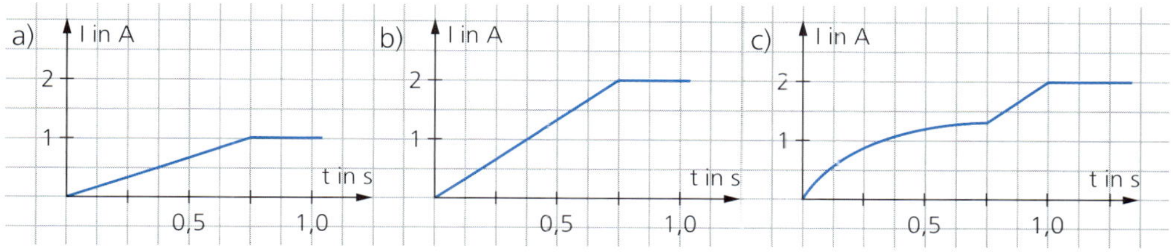

34. Die Darstellungen zeigen Abhängigkeiten zwischen zwei physikalischen Größen. Vergleiche jeweils die drei Prozesse miteinander, die den Diagrammen zugrunde liegen! Beschreibe!

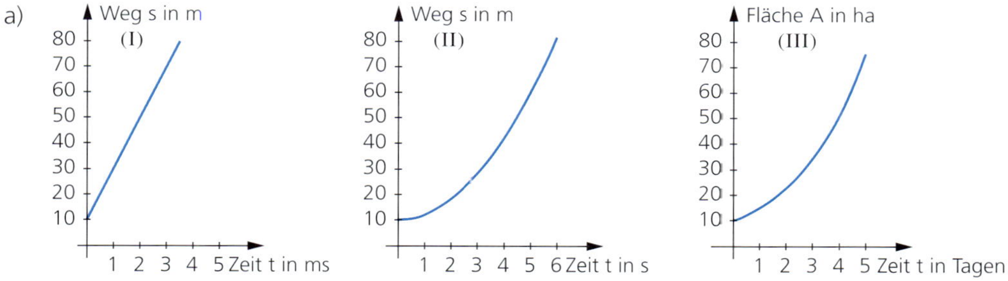

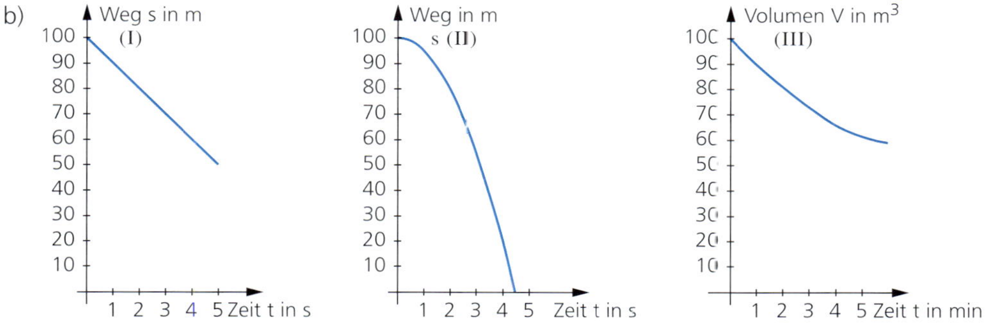

35. Die Steighöhe h bei einem senkrechten Wurf nach oben hängt von der Abwurfgeschwindigkeit v ab. Unter idealen Bedingungen werden folgende Steighöhen erreicht.
Gib eine Formel an, mit der die Abhängigkeit beschrieben werden kann!

v in $\frac{m}{s}$	0	1	2	3	4	5	10	20
h in m	0	0,05	0,2	0,45	0,8	1,25	5	20

36. Aus einem zylindrischen Gefäß fließt die Flüssigkeit durch eine kapillare Ausflussöffnung hinaus. In Abhängigkeit von der Zeit wurde die Höhe des Wasserstandes gemessen.

t in Sekunden	0	5	10	15	20
h in Millimeter	180	135	100	75	55

a) Ermittle eine Gleichung zur Berechnung der Höhe des Wasserstandes!
b) Wie groß ist die Höhe des Wasserstandes nach 40 s?
c) Wann ist die Höhe geringer als 1 mm?
d) Wann ist das Gefäß leer?
e) Entwickle eine Grafik, aus der das abgeflossene Flüssigkeitsvolumen zu einem beliebigen Zeitpunkt abgelesen werden kann!

37. An einen elektrischen Plattenkondensator wurde eine Spannung von 20 V angelegt und die Feldstärke E bei verschiedenen Plattenabständen s gemessen.

Plattenabstand s in m	Feldstärke E in $\frac{V}{m}$
0,1	200
0,2	100
0,3	67
0,4	50
0,5	40
1	20
2	10

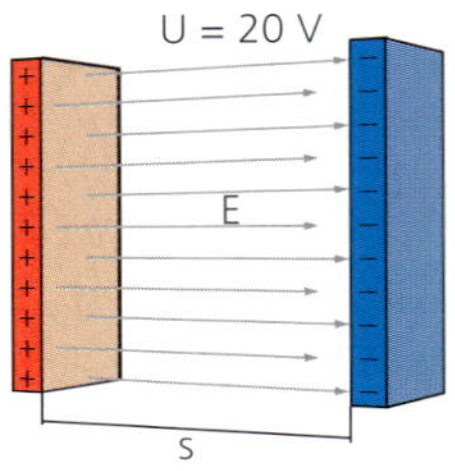

a) Stelle die Abhängigkeit der Feldstärke vom Abstand der Platten grafisch dar!
b) Suche eine Funktion der Form $y = a \cdot x^n$, $n \in \mathbb{Z}$, mit der der Zusammenhang beschrieben werden kann! Zeichne den Graphen in das Diagramm mit den Messwerten ein!

38. Die wirkende Kraft F zwischen zwei elektrischen Ladungen hängt von der Entfernung r der Ladungen ab. In einem Experiment wurden folgende Wertepaare ermittelt. Gib eine Gleichung für den Zusammenhang an!

r in m	0,5	0,7	0,8	1	1,5	2
F in N	36	18,4	14,1	9	4	2,25

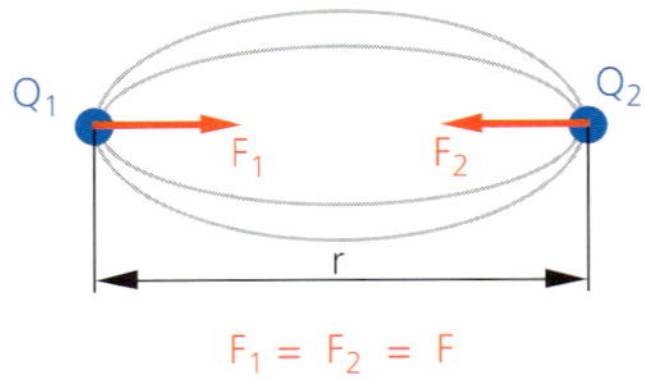

39. 1 mm dicke Bleiplatten schwächen Röntgenstrahlung um 5 % ab.

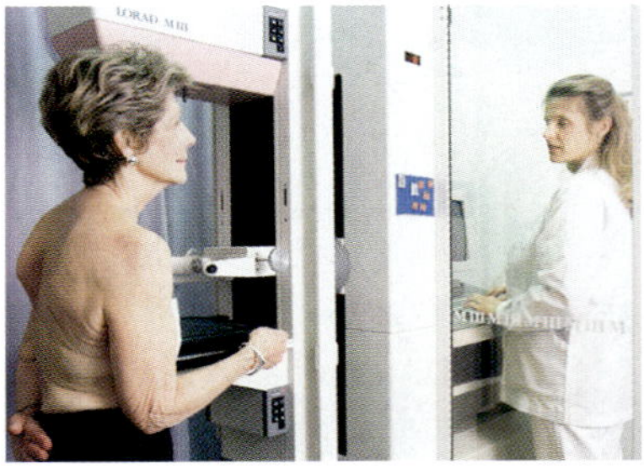

a) Um Schädigungen zu vermeiden, bekam Paula eine 4 mm dicke Bleischürze, als ihr Kopf geröntgt wurde. Auf wie viel Prozent der Ausgangsstärke sank die Röntgenstrahlung dadurch?
b) Wie dick müsste die Schürze sein, damit die Strahlenstärke unter 50 % sinkt? Bewerte diese Aussage!
c) Eine 5 cm dicke Bleitür soll die Arbeit der Radiologen sicher machen. Auf wie viel Prozent sinkt die Strahlungsintensität dadurch?
d) Welche Materialien könnte man außer Blei noch verwenden, um Röntgenstrahlen abzuschirmen? Informiere dich im Internet bzw. in Nachschlagewerken!

Experimente zu exponentiellen Vorgängen

1. Abnahme der Temperatur:

a) Entnimm der Wasserleitung oder einer Thermoskanne ungefähr 200 ml heißes Wasser! Miss nach 10 s; 20 s; 30 s und 60 s und dann nach jeder Minute die Temperatur des Wassers! (Rühre dabei ab und zu um!) Trage die Messwertpaare in ein Diagramm ein!

b) Hülle den Wasserbehälter in wärmedämmende Stoffe wie Styropor, Dämmwolle, Wolle o. ä. und führe den Versuch erneut durch! Trage die Meßwertpaare andersfarbig in dasselbe Diagramm ein!

c) Untersuche, ob es sich bei der Abkühlung um eine lineare oder eine exponentielle Abnahme handelt!

d) Zusätzlich kannst du den Versuch mit wärmeleitenden Behältern (z. B. aus Metall) durchführen!

2. Schwingung einer Feder:
Ein Wägestück, das an einer Feder hängt, wird durch einen einmaligen Zug nach unten zum Schwingen gebracht. Die maximale Auslenkung wird bei jeder Schwingung etwas kleiner. Untersuche, ob es sich um eine exponentielle Abnahme handelt!
Hinweis: Probiere verschiedene Wägestücke an einer Feder, bis eine schöne Schwingung erreicht wird! Miss die jeweilige maximale Auslenkung stets bis zur Gleichgewichtslage. Markiere dafür die Gleichgewichtslage durch eine Klammer am Lineal!

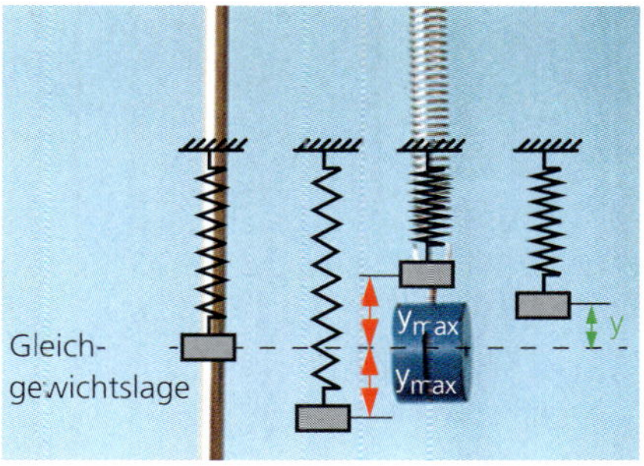

3. Wachstumsprozesse in der Biologie:
Lege in einer Petrischale eine Bakterien- oder Pilzkultur an! Beobachte täglich das Wachstum der Kultur bei optimalen Bedingungen! Kläre vorher, ob der Radius, die Fläche oder das Volumen ein Maßstab für die Größe der Kultur ist! Der Tag der Anlage ist die Zeit t = 0.
Untersuche das Wachstum der Bakterien- oder Pilzkultur unter verschiedenen Bedingungen (z. B. Temperatur, Nährstoffe …)!

4. Die Periodendauer T eines Fadenpendels ist die Zeit, die das Pendel für eine volle Periode benötigt. Zur Ermittlung misst man die Zeit, die das Pendel für ein zehnmaliges Hin- und Herschwingen benötigt und dividiert diesen Wert dann durch 10. Untersuche, wie die Periodendauer eines Fadenpendels von seiner Länge abhängt! Bestimme dann rechnerisch die Länge eines Pendels für eine Periodendauer T = 1 s bzw. für eine Periodendauer T = 2 s! Bei welchen Geräten treten solche Periodendauern auf?

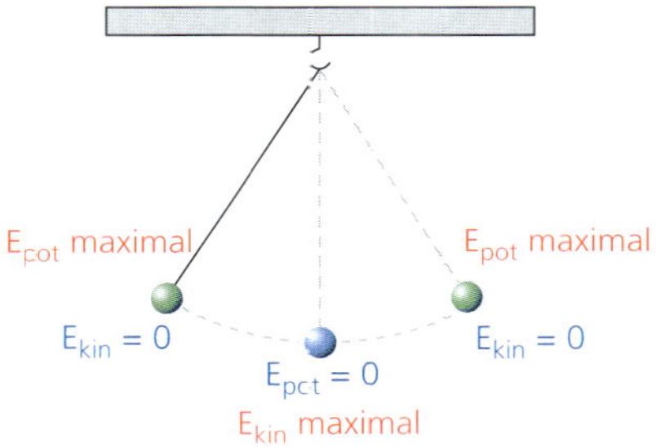

Das Wachstum von Funktionen für positive x-Werte

1. Wie ändert sich y, wenn x wächst?

mögliche Aussagen:
- y wird größer
- y wächst
- y steigt
- f ist monoton steigend

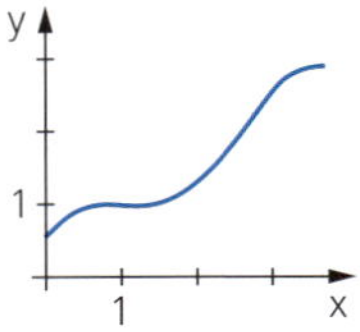

mögliche Aussagen:
- y wird kleiner
- y fällt
- f ist monoton fallend

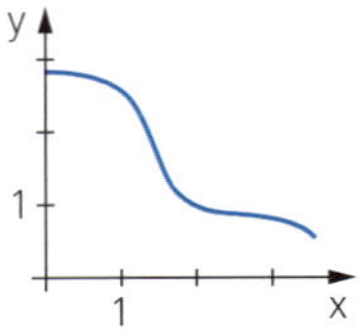

2. Wie ändert sich y, wenn x um 1 wächst?

lineares Wachstum:

y wächst um m

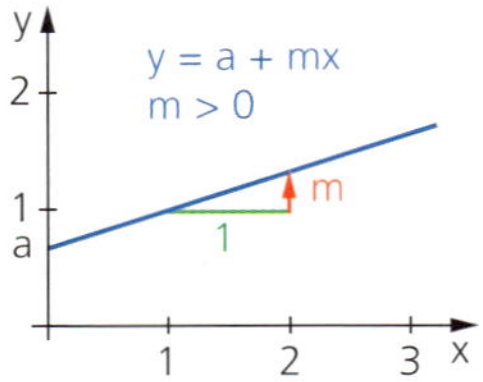

lineare Abnahme:

y fällt um m

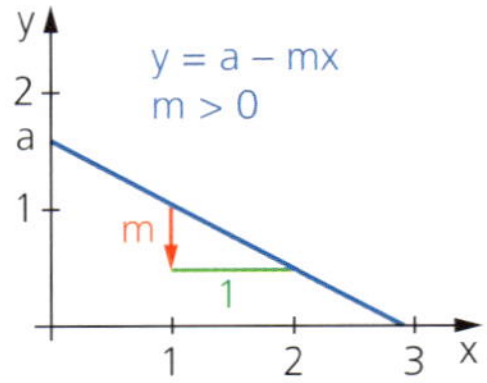

exponentielles Wachstum:

y vervielfacht sich um b

y nimmt um p % zu

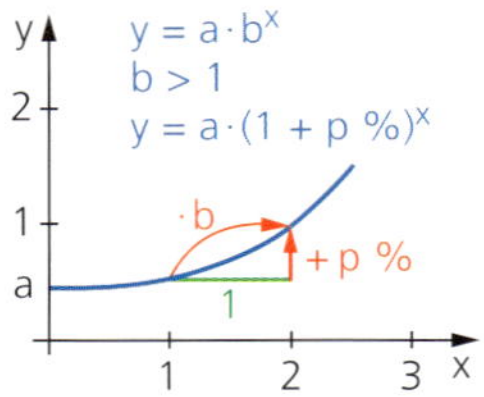

exponentielle Abnahme:

y vervielfacht sich um b

y nimmt um p % ab

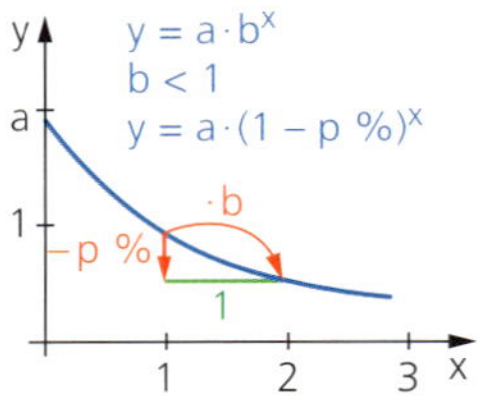

3. Wie ändert sich y, wenn x vervielfacht wird?

proportionales lineares Wachstum:

wird x verdoppelt, so verdoppelt sich auch y

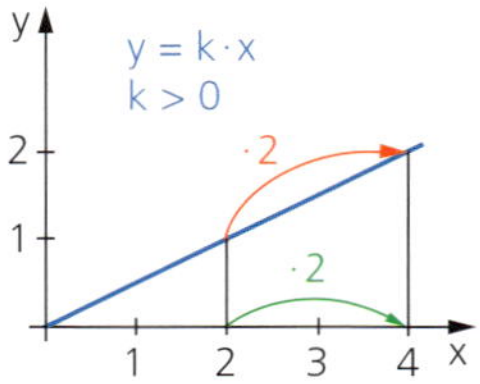

umgekehrt proportionale lineare Abnahme:

wird x verdoppelt, so wird y halbiert

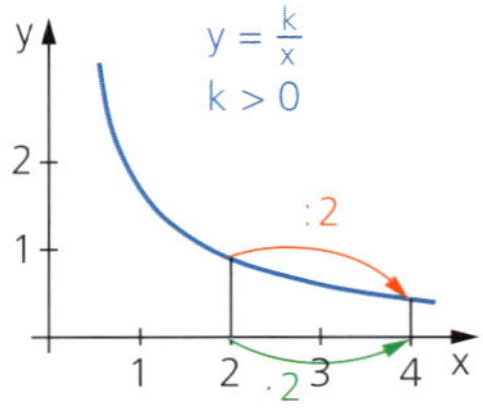

proportionales quadratisches Wachstum:

wird x verdoppelt, so vervierfacht sich y

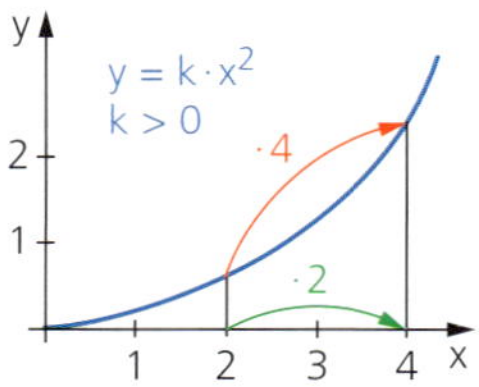

umgekehrt proportionale quadratische Abnahme:

wird x verdoppelt, so wird y geviertelt

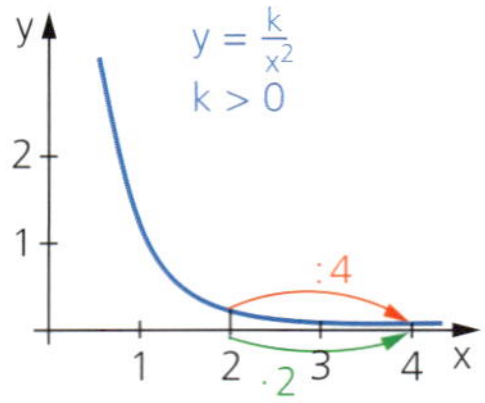

5 Zahlenfolgen

Im Jahre 1202 erschien mit dem „Liber abaci“ ein Buch, dessen Hauptziel es war, die Überlegenheit des arabischen Zahlensystems gegenüber dem römischen aufzuzeigen. Autor war LEONARDO VON PISA, besser bekannt unter dem Namen FIBONACCI (d. h. Sohn des BONACCI), der etwa 1175 in Pisa geboren wurde und dort auch ca. 1230 starb. In dem Buch findet sich folgende Problemstellung, welche als „Kaninchenaufgabe“ bekannt wurde:

Jemand sperrt ein Kaninchenpaar in ein ringsherum verschlossenes Gehege, um zu ermitteln, wie viele Nachkommen dieses Paar innerhalb eines Jahres haben wird. Dabei wird vorausgesetzt, dass die Kaninchen in jedem Monat ein weiteres Paar erzeugen, dass die Jungen wiederum nach zwei Monaten selbst Nachkommen hervorbringen und dass alle Tiere am Leben bleiben.

LEONARDO FIBONACCI

Monate / Paare	1.	2.	3.	4.	5.	6.	7.	…
bisherige P.	0	1	1	2	3	5	8	…
neue P.	1	0	1	1	2	3	5	…
Gesamtzahl	1	1	2	3	5	8	13	…

5 Zahlenfolgen

Rückblick

Fortsetzen von Zahlenfolgen

Aus einem Anfangswert und mit einer bestimmten Vorschrift zur Bildung weiterer Zahlen können Zahlenfolgen erzeugt werden.

Sind einige aufeinander folgende Zahlen gegeben, kann durch Probieren eine mögliche Bildungsvorschrift gefunden werden.
Dazu kann man Differenzen oder Quotienten aufeinander folgender Glieder berechnen, Teilfolgen untersuchen oder die Glieder der Folge in Faktoren oder Summen zerlegen.

Anfangswert: 5
Bildungsvorschrift: Addiere stets 2!
Zahlenfolge: 5; 7; 9; 11; 13; 15; …

Zahlenfolge: 5; 7; 10; 14; 19; …
+ 2 + 3 + 4 + 5
Bildungsvorschrift: Addiere zuerst 2 und erhöhe den Zuwachs dann stets um 1.

Zahlenfolge: 1; 3; 9; 27; …
· 3 · 3 · 3
Bildungsvorschrift: Multipliziere stets mit 3!

Umformungsregeln für Ungleichungen

Für Ungleichungen gilt:
Werden die Seiten vertauscht, muss das Relationszeichen umgekehrt werden.

Auf beiden Seiten kann der gleiche Term addiert bzw. subtrahiert werden, wenn er definiert ist.

Beide Seiten können mit dem gleichen Term (ungleich 0) multipliziert, bzw. durch den gleichen Term (ungleich 0) dividiert werden. Ist der Term kleiner als 0, wird das Relationszeichen umgekehrt.

$n > 7$
$7 < n$

$1 - 3n < 2n + 5 \quad | + 3n - 5$
$1 - 5 < 2n + 3n$

$-3 < -\frac{150}{n} \quad | \cdot n;\ n > 0$
$-3n < -150 \quad | : (-3)$
$n > 50$

Ungleichungen mit Beträgen

Ungleichungen mit Beträgen können inhaltlich gelöst werden, indem man den Betrag als Abstand auf der Zahlengeraden interpretiert.
Die Lösungsmengen können auf der Zahlengeraden veranschaulicht werden.

Um zu kennzeichnen, ob die Endpunkte der Intervalle zur Lösungsmenge dazugehören, werden oft eckige Klammern verwendet.

Ungleichung: $|x| > 3$
Der Abstand zu 0 ist größer als 3.
Lösungsmenge:

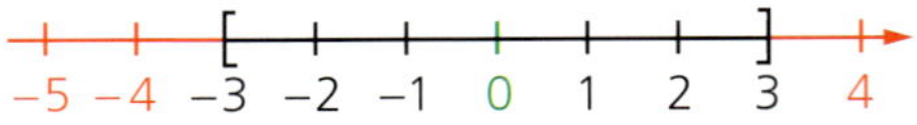

Ungleichung: $|x - 2| \leq 3$
Der Abstand zu 2 ist kleiner gleich 3.
Lösungsmenge:

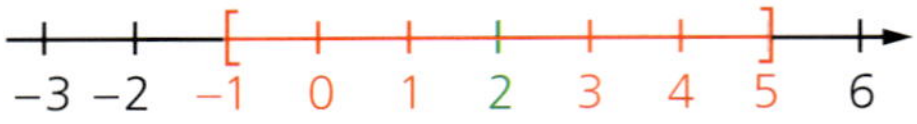

Man kann Betragsungleichungen auch mithilfe des folgenden Satzes lösen:
Es sei T(x) ein Term mit der Variablen $x \in \mathbb{R}$, und a sei eine positive reelle Zahl.
Wenn $|T(x)| \leq a$, dann ist $-a \leq T(x) \leq a$.
Wenn $|T(x)| \geq a$, dann ist $T(x) \leq -a$ und $T(x) \geq a$.

$|x| > 3$
daraus folgt: $x < -3$ und $x > 3$

$|x - 2| \leq 3$
daraus folgt: $-3 \leq x - 2 \leq 3 \quad | + 2$
also: $-1 \leq x \leq 5$

Addieren und Subtrahieren von Quotienten

1. Gemeinsamen Nenner bestimmen.
2. Erweiterungsterme bestimmen.
3. Brüche auf gemeinsamen Nenner erweitern, Zähler addieren bzw. subtrahieren, Nenner beibehalten.

$\frac{n+1}{n+2} - \frac{n}{n+1}$

gemeinsamer Nenner: $(n + 2)(n + 1)$

$\frac{n+1}{n+2}$ mit $(n + 1)$ erweitern

$\frac{n}{n+1}$ mit $(n + 2)$ erweitern

$$\frac{n+1}{n+2} - \frac{n}{n+1} = \frac{(n+1)\cdot(n+1) - n\cdot(n+2)}{(n+2)\cdot(n+1)}$$

Monotonieverhalten von Funktionen

Es sei f eine Funktion, die in einem Intervall I definiert ist und es seien x_1 und x_2 zwei Argumente aus diesem Intervall mit $x_1 < x_2$.

Dann heißt die Funktion f in dem Intervall
monoton wachsend, wenn $f(x_1) \leq f(x_2)$,
streng monoton wachsend, wenn $f(x_1) < f(x_2)$,
monoton fallend, wenn $f(x_1) \geq f(x_2)$,
streng monoton fallend, wenn $f(x_1) > f(x_2)$.

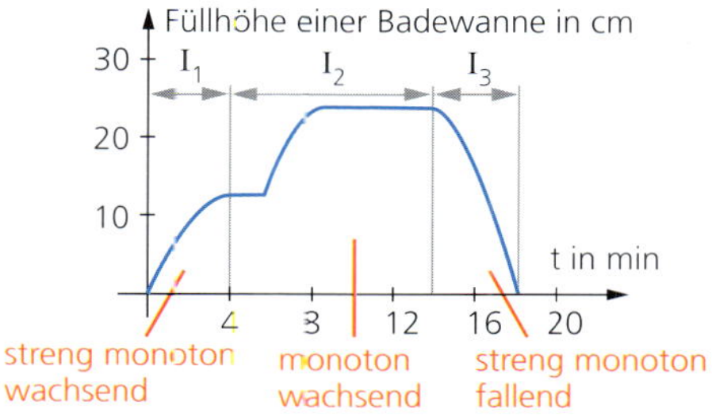

Aufgaben

1. Ermittle eine mögliche Bildungsvorschrift und setze damit jede Folge um vier Glieder fort!
a) 15; 23; 31; 39; 47; … b) 2; 6; 12; 20; 30; … c) 3; 6; 12; 24; 48; …
d) 5; 20; 45; 80; 125; … e) −7; −3; 1; 5; … f) 2; 5, 10; 17; …
g) 33; 8; 44; 10; 55; … h) 2; 6; 24; 120; … *i) 1; 1; 2; 3; 5; 8; 13; …

2. Löse folgende Ungleichungen für $x \in \mathbb{R}$!
a) $x - 2{,}3 \leq 5{,}7$ b) $10 - x > 5$ c) $-7 > 2 + x$
d) $2x + 6 > 8$ e) $3x - 5 < 4x + 3$ f) $14 + 2x < 16 - 2x$
g) $3(2 + x) \geq 15$ h) $(x + 5)(x - 3) \leq (x + 2)^2$ i) $(3x - 4)^2 > (2 - 3x)^2$

3. Beweise, dass für alle natürlichen Zahlen $n \geq 1$ folgende Ungleichungen gelten!
a) $\frac{3}{n} < 4$ b) $\frac{n^2}{n^2+1} < 1$ c) $2 + \frac{n-2}{n+2} < 3$ d) $\frac{4n-7}{3n+5} \leq 2$

4. Überprüfe, ob für alle $n \in \mathbb{N}$ folgende Ungleichungen gelten!
a) $\frac{2n-1}{n+1} < \frac{2n+1}{n+2}$ b) $\frac{3n+2}{2n+2} > \frac{3n-1}{2n}$ c) $\frac{5n+8}{3^{n+1}} < \frac{5n+3}{3^n}$ d) $\frac{2^n}{1+3n} < \frac{2^{n+1}}{4+3n}$

5. Subtrahiere die Brüche!

a) $\frac{1}{n} - \frac{1}{n+1}$ b) $\frac{1}{2^n} - \frac{1}{2^{n+1}}$ c) $\frac{n+3}{2n} - \frac{1}{2}$ d) $\frac{n-2}{n+1} - \frac{1}{n}$

6. Löse die folgenden Bruchgleichungen im Bereich $\mathbb{R}$!

a) $\frac{8}{5x} - \frac{14}{10x} = \frac{1}{5}$ b) $\frac{4}{x-2} = \frac{1}{x}$ c) $\frac{x}{x-1} + \frac{2}{x-2} = \frac{1}{x-1} + \frac{x}{x-2}$

7. Löse folgende Betragsungleichungen mithilfe einer Zahlengeraden und veranschauliche die Lösungsmenge!

a) $|x| > 2$ b) $|x| \leq 3{,}5$ c) $|x-1| \geq 2{,}5$ d) $|x-3| < 1$

8. Löse folgende Betragsungleichungen!

a) $|2x+3| < 5$ b) $|3x-2| \geq 2$ c) $|-5x+3| \leq 4$ *d) $|x \cdot (x-2)| < 2$

9. Bestimme alle natürlichen Zahlen, für die folgende Ungleichungen gelten!

a) $\frac{5}{n} < 0{,}1$ b) $\frac{3}{2(n+1)} < 0{,}01$ c) $\frac{7}{2(2n-1)} < \frac{1}{1000}$ d) $\frac{n}{2(n+1)} - \frac{1}{2} < 10^{-5}$

10. Beschreibe das Monotonieverhalten der dargestellten Funktionen!
Gib Intervalle an, in denen die Funktion (streng) monoton wachsend bzw. (streng) monoton fallend ist.

a)

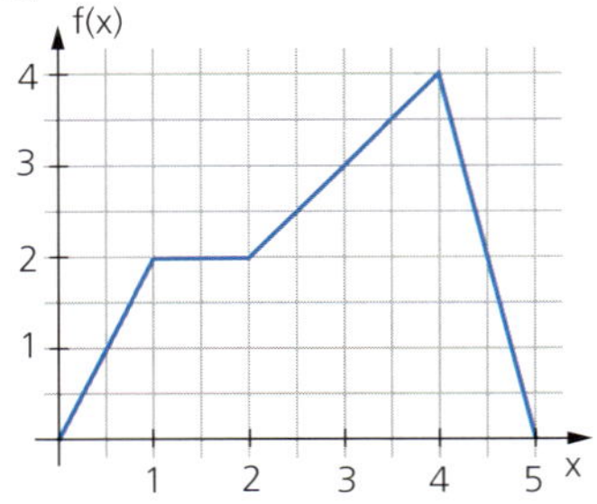

b)

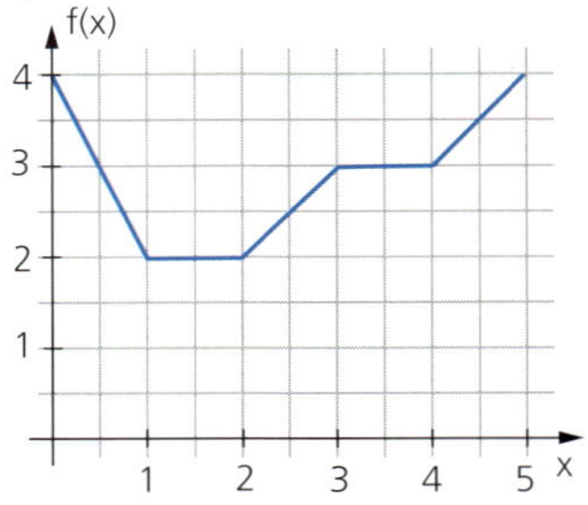

c)

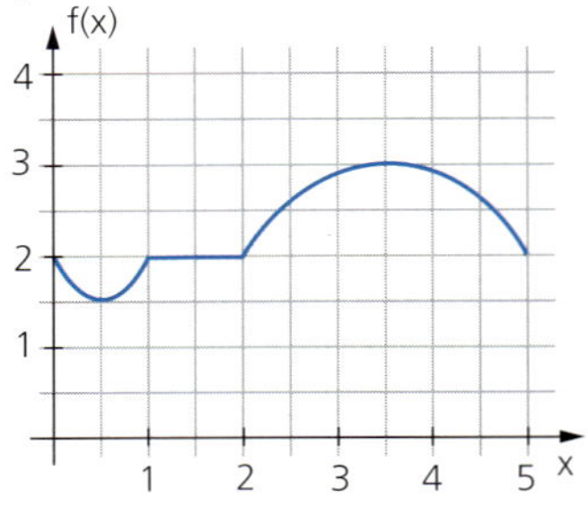

d)

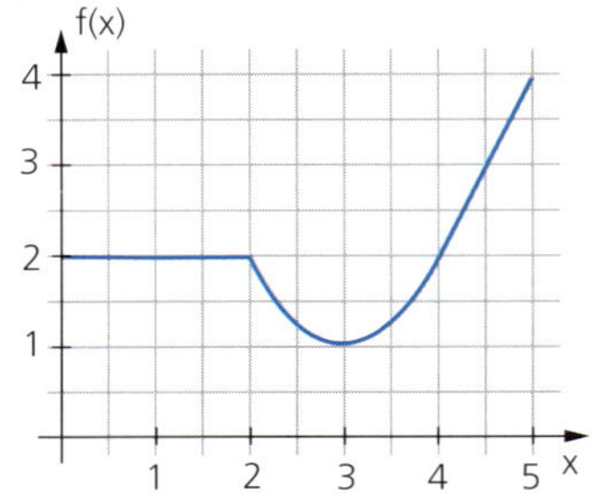

e)

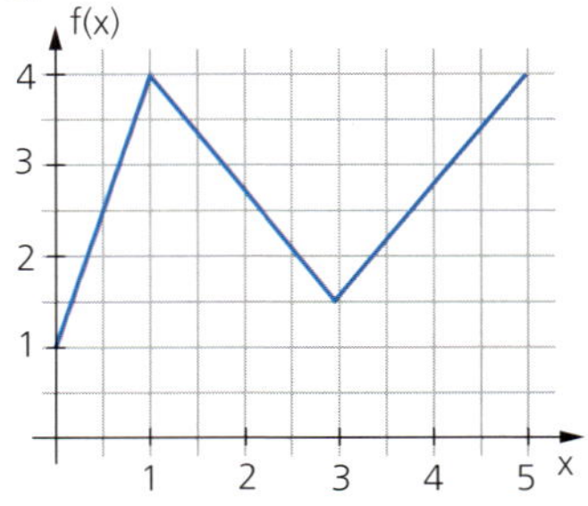

f)

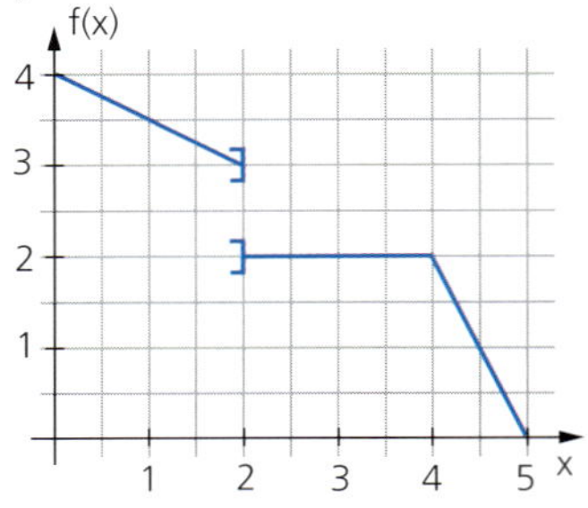

11. Skizziere im Intervall von 0 bis 5 den Graph einer Funktion, die in dem gesamten Intervall folgende Wachstumseigenschaft hat!

a) Die Funktion ist monoton wachsend aber nicht streng monoton wachsend.
b) Die Funktion ist streng monoton fallend. Die Funktionswerte sind alle größer als 3.
c) Die Funktion ist sowohl monoton wachsend als auch monoton fallend.
d) Die Funktion ist weder monoton wachsend noch monoton fallend.

5.1 Zahlenfolgen

Ein Patient muss über 3 Wochen lang morgens täglich eine Tablette mit 4,5 mg eines Medikamentes einnehmen. An jedem Tag werden dann 60 % des Medikamentes im Körper wieder abgebaut.
Es sei a_n die Menge des Medikamentes, die sich am n-ten Tag unmittelbar nach der Einnahme im Körper befindet.
Dann gilt (mit sinnvoller Genauigkeit):

1. Tag: $a_1 = 4,5$ mg
2. Tag: $a_2 = 4,5$ mg $- 0,6 \cdot 4,5$ mg $+ 4,5$ mg $= 6,3$ mg
3. Tag: $a_3 = 7,0$ mg *4. Tag:* $a_4 = 7,3$ mg
5. Tag: $a_5 = 7,4$ mg *6. Tag:* $a_5 = 7,5$ mg
ab 7. Tag: $a_7 = a_8 = \ldots = a_{21} = 7,5$ mg

Begriff einer Zahlenfolge

Wird diese Medikamenteneinnahme durch ein mathematisches Modell beschrieben, in dem alle Werte exakt sind und die Anzahl der Tage unbegrenzt wachsen kann, ergibt sich eine unendliche Folge a_1; a_2; a_3; … von reellen Zahlen, die durch folgende Gleichungen beschrieben wird:

$a_1 = 4,5$ $\qquad a_{n+1} = 0,4 \cdot a_n + 4,5$ für n = 1; 2; 3; 4; …

Die ersten Folgenglieder sind:

$a_1 = 4,5$; $\quad a_2 = 6,3$; $\quad a_3 = 7,02$; $\quad a_4 = 7,308$; $\quad a_5 = 7,4232$; $\quad a_6 = 7,46928$

Die Glieder der Folge wachsen beständig, ohne je die Zahl 7,5 zu überschreiten.

Eine **reelle Zahlenfolge** ist eine geordnete Menge reeller Zahlen. Die Elemente der Menge heißen **Glieder** der Zahlenfolge. Jedem Glied ist eine Nummer zugeordnet, die als Index angegeben wird. Die Menge der Folgenglieder kann endlich oder unendlich sein. Das n-te Glied a_n einer unendlichen Zahlenfolge wird als **allgemeines Glied** bezeichnet.

Schreibweisen: a_1; a_2; a_3; … oder (a_n) mit $n \in \mathbb{N}$ und $n \neq 0$

Hinweise:
- Anstelle „reelle Zahlenfolge“ wird im Folgenden nur kurz „Zahlenfolge“ oder „Folge“ gesagt.
- Wenn kein Zusatz erfolgt, wird unter einer Folge stets eine unendliche Folge verstanden.
- In der Schreibweise (a_n) bedeuten die Klammern nicht das Einklammern des Gliedes a_n, sondern stehen als Abkürzung für eine geordnete Menge von Zahlen.
- Als Abkürzung für die Menge aller natürlichen Zahlen außer 0 wird $\mathbb{N}^*$ verwendet.

Malfolge der 7:	7; 14; 21; 28; …; 7n; …
Folge der Stammbrüche:	1; $\frac{1}{2}$; $\frac{1}{3}$; $\frac{1}{4}$; $\frac{1}{5}$; …; $\frac{1}{n}$; …
Ziffernfolge des Dezimalbruchs 0,625:	0; 6; 2; 5
Ziffernfolge des Dezimalbruchs $\sqrt{2}$:	1; 4; 1; 4; 2; 1; …; z_n; …

Jede Zahlenfolge kann als eine Funktion aufgefasst werden, deren Definitionsbereich die Menge $\mathbb{N}^*$ (oder eine Teilmenge von $\mathbb{N}^*$) und deren Wertebereich eine Teilmenge der reellen Zahlen ist.

Man kann schreiben: $a_n = f(n)$ mit $n \in \mathbb{N}^*$

Darstellung von Zahlenfolgen

Eine konkrete Zahlenfolge kann auf verschiedene Weise angegeben werden.

– *Angabe durch Aufzählen aller Glieder oder der ersten Glieder einer Folge:*
  Das Aufzählen aller Glieder ist nur bei endlichen Folgen möglich. Durch die Angabe der ersten Glieder einer Folge wird die Folge nur unvollständig und nicht eindeutig beschrieben.
– *Angabe einer expliziten Bildungsvorschrift für das Glied a_n.*
  (explizit – ausdrücklich, deutlich, Gegensatz zu implizit)
  Eine explizite Bildungsvorschrift gibt an, wie jedes Glied a_n aus seiner Nummer n ermittelt werden kann.

$a_n = 7n$ mit $n \in \mathbb{N}^*$; $a_n = \frac{1}{n}$ mit $n \in \mathbb{N}^*$

– *Angabe des ersten Gliedes (oder der ersten Glieder) und einer rekursiven Bildungsvorschrift für das Glied a_{n+1}.*
  (rekursiv – zurückgehend zu bekannten Werten)
  Eine rekursive Bildungsvorschrift gibt an, wie ein Folgenglied aus dem vorherigen Glied (oder aus vorherigen Gliedern) ermittelt wird.

$a_1 = 4{,}5$ $\Leftrightarrow$ $a_{n+1} = 0{,}4 \cdot a_n + 4{,}5$ mit $n \in \mathbb{N}^*$
$a_1 = 1;\ a_2 = 1$ $\Leftrightarrow$ $a_{n+1} = a_n + a_{n-1}$ mit $n \in \mathbb{N}^*$ und $n \neq 1$

Eine Bildungsvorschrift kann auch verbal angegeben werden.

a_n: Anzahl der Teiler der Zahl n $a_1 = 1;\ a_2 = 2;\ a_3 = 2;\ a_4 = 3;\ a_5 = 2;\ a_6 = 4;\ \ldots$

Um aus einer expliziten Bildungsvorschrift eine rekursive Bildungsvorschrift zu erhalten bzw. umgekehrt gibt es kein allgemeines Verfahren. Man kann aber immer die ersten Folgenglieder berechnen, eine Vermutung für die jeweils andere Darstellungsform suchen und diese dann beweisen.

explizite Vorschrift: $x_n = 2^n - 1$
Wertetabelle:

n	1	2	3	4	5
x_n	1	3	7	15	31

+ 2, + 4, + 8, + 16

Vermutung:
$x_1 = 1$ und $x_{n+1} = x_n + 2^n$
oder
$x_1 = 1$ und $x_{n+1} = 2x_n + 1$

rekursive Vorschrift: $x_1 = 1;\ x_{n+1} = x_n + 2n + 1$
Wertetabelle:

n	1	2	3	4	5
x_n	1	4	9	16	25

$1 = 1^2$ $4 = 2^2$ $9 = 3^2$ $16 = 4^2$ $25 = 5^2$

Vermutung:
$x_n = n^2$

Beweis:

$x_{n+1} = 2^{n+1} - 1 = 2 \cdot 2^n - 1$ (nach Vorauss.)

$x_{n+1} = 2^n + 2^n - 1 = 2^n + x_n = x_n + 2^n$

oder

$x_{n+1} = 2(2^n - 1) + 1 = 2x_n + 1$

Beweis:

$x_1 = 1^2 = 1$

$x_{n+1} = (n+1)^2 = n^2 + 2n + 1$

$= x_n + 2n + 1$

Zur grafischen Darstellung einer Folge kann man sie als Menge reeller Zahlen durch Punkte auf einer Zahlengeraden oder als Funktion in einem Koordinatensystem darstellen.

Zum mathematischen Modell einer Medikamenteneinnahme (↗ 197)

$a_1 = 4,5$

$a_{n+1} = 0,4a_n + 4,5$

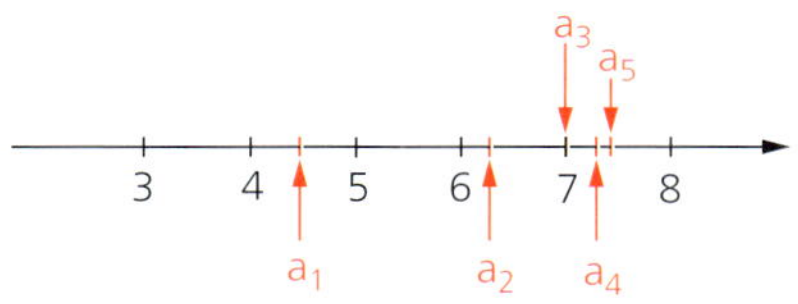

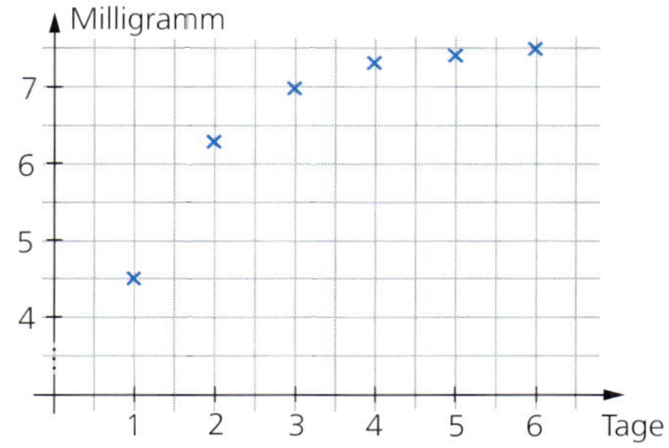

Wachstumseigenschaften von Folgen

Die Wachstumseigenschaften von Folgen entsprechen denen von Funktionen.

Eine Folge (a_n) heißt **monoton wachsend,** wenn $a_n \leq a_{n+1}$ für alle $n \in \mathbb{N}^*$.

Eine Folge (a_n) heißt **streng monoton wachsend,** wenn $a_n < a_{n+1}$ für alle $n \in \mathbb{N}^*$.

Eine Folge (a_n) heißt **monoton fallend,** wenn $a_n \geq a_{n+1}$ für alle $n \in \mathbb{N}^*$.

Eine Folge (a_n) heißt **streng monoton fallend,** wenn $a_n > a_{n+1}$ für alle $n \in \mathbb{N}^*$.

Das Monotonieverhalten erkennt man auch aus der grafischen Darstellung einer Folge in einem Koordinatensystem.

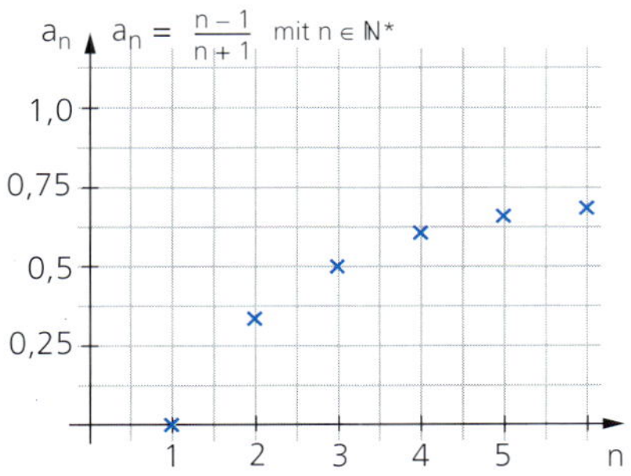

streng monoton wachsend

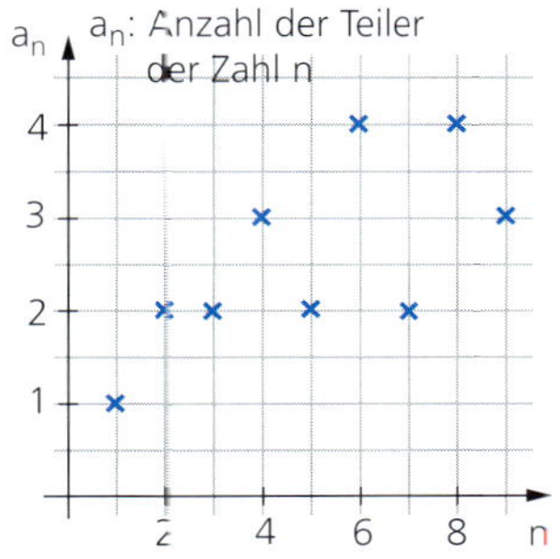

weder fallend noch wachsend

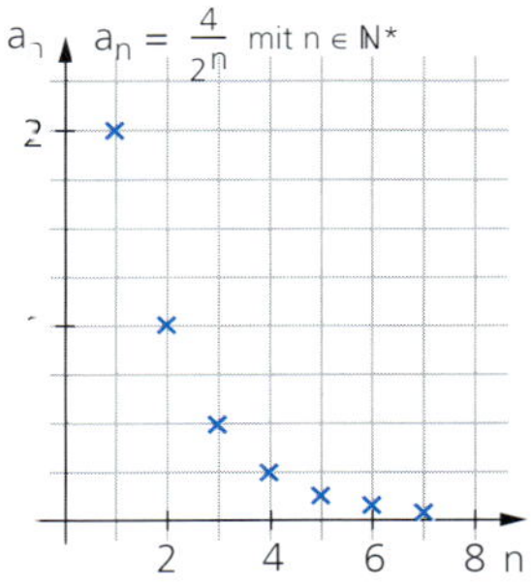

streng monoton fallend

Zum Nachweis der Monotonie betrachtet man die Differenzen $a_{n+1} - a_n$. Man untersucht, ob sie für alle $n \in \mathbb{N}^*$ stets größer als (bzw. größer gleich) oder kleiner als (bzw. kleiner gleich) Null sind.

(1) Es sei $a_n = \frac{4}{2^n}$ mit $n \in \mathbb{N}^*$. Dann gilt für alle $n \in \mathbb{N}^*$:

$a_{n+1} - a_n = \frac{4}{2^{n+1}} - \frac{4}{2^n} = \frac{4}{2^{n+1}} - \frac{4 \cdot 2}{2^{n+1}} = \frac{4-8}{2^{n+1}} = -\frac{4}{2^{n+1}} < 0$, da 2^{n+1} stets positiv ist.

Die Folge (a_n) ist also streng monoton fallend.

(2) Es sei $a_n = \frac{n-1}{n+1}$ mit $n \in \mathbb{N}^*$. Dann gilt für alle $n \in \mathbb{N}^*$:

$a_{n+1} - a_n = \frac{(n+1)-1}{(n+1)+1} - \frac{n-1}{n+1} = \frac{n}{n+2} - \frac{n-1}{n+1} = \frac{n \cdot (n+1) - (n-1) \cdot (n+2)}{(n+2) \cdot (n+1)} =$

$= \frac{n^2 + n - (n^2 + n - 2)}{(n+2) \cdot (n+1)} = \frac{2}{(n+2) \cdot (n+1)} > 0$, da $(n + 2)(n + 1)$ stets positiv ist.

Die Folge (a_n) ist also streng monoton wachsend.

Man kann die Monotonieeigenschaften aber auch durch funktionale Betrachtungen ermitteln.

(1) Es sei $a_n = \frac{4}{2^n}$ mit $n \in \mathbb{N}^*$. Dann gilt stets:

Wird n größer, dann wird der Nenner 2^n auch größer und damit wird der Bruch kleiner.

(2) Es sei $a_n = \frac{n-1}{n+1}$ mit $n \in \mathbb{N}^*$. Dann gilt für alle $n \in \mathbb{N}^*$: $a_n = \frac{n-1}{n+1} = \frac{n+1-2}{n+1} = 1 - \frac{2}{n+1}$

Wird n größer, wird der Nenner $n + 1$ größer, der Bruch $\frac{2}{n+1}$ wird kleiner und $1 - \frac{2}{n+1}$ wird größer.

Zahlenfolgen, bei denen die Folgenglieder abwechselnd positiv bzw. negativ sind, heißen **alternierende Zahlenfolgen.**

$a_n = (-1)^n \cdot \frac{1}{n}$ mit $n \in \mathbb{N}^*$; $(a_n) = \{-1; \frac{1}{2}; -\frac{1}{3}; \frac{1}{4}; -\frac{1}{5}; \ldots\}$

Eine Zahlenfolge heißt
nach oben beschränkt, wenn es eine Zahl $s \in \mathbb{R}$ gibt, sodass $a_n \leq s$ für alle $n \in \mathbb{N}^*$,
nach unten beschränkt, wenn es eine Zahl $s \in \mathbb{R}$ gibt, sodass $a_n \geq s$ für alle $n \in \mathbb{N}^*$,
beschränkt, wenn es eine Zahl $s \in \mathbb{R}$ gibt, sodass $|a_n| \leq s$ für alle $n \in \mathbb{N}^*$.

Die Zahl s heißt dann **obere Schranke, untere Schranke** bzw. **Schranke** der Zahlenfolge.

a) Die Folge (a_n) mit $a_n = n^2$; $n \in \mathbb{N}^*$, hat die untere Schranke 1 aber keine obere Schranke.

b) Die Folge (a_n) mit $a_n = (-2)^n$; $n \in \mathbb{N}^*$, hat weder eine obere noch eine untere Schranke.

c) Die Folge (a_n) mit $a_n = \frac{n}{n+1}$; $n \in \mathbb{N}^*$, hat die untere Schranke $\frac{1}{2}$ und die obere Schranke 1, d. h., sie ist beschränkt mit der Schranke $s = \frac{1}{2}$.

Zum Beweis kann man von der Behauptung ausgehen und sie solange äquivalent umformen bis man eine wahre Aussage erhält:

$\frac{1}{2} \leq \frac{n}{n+1} \leq 1 \iff n + 1 \leq 2n \leq 2n + 2 \iff 1 \leq n \leq n + 2$; (wahre Aussage)

Arithmetische und geometrische Folgen

Eine Folge heißt
arithmetische Folge, wenn $\mathbf{a_{n+1} = a_n + d}$ für alle $n \in \mathbb{N}^*$ und $d \in \mathbb{R}$
geometrische Folge, wenn $\mathbf{a_{n+1} = q \cdot a_n}$ für alle $n \in \mathbb{N}^*$ und $q \in \mathbb{R}$, $q \neq 0$, $a_1 \neq 0$.

Bei einer arithmetischen Folge ist die *Differenz* zweier aufeinander folgender Glieder stets konstant.
Bei einer geometrischen Folge ist der *Quotient* zweier aufeinander folgender Glieder stets konstant.

(1) *arithmetische Folge:*
Folge der geraden Zahlen: 0; 2; 4; 6; …
$a_1 = 0$; $a_{n+1} = a_n + 2$; $a_{n+1} - a_n = 2$

(2) *geometrische Folge:*
Folge der Zehnerpotenzen: 1; 10; 100; …
$a_1 = 1$; $a_{n+1} = 10 \cdot a_n$; $\frac{a_{n+1}}{a_n} = 10$

Ist (a_n) eine arithmetische Folge, so gilt: $\mathbf{a_n = a_1 + (n-1) \cdot d}$ für alle $n \in \mathbb{N}^*$.
Ist (a_n) eine geometrische Folge, so gilt: $\mathbf{a_n = a_1 \cdot q^{n-1}}$ für alle $n \in \mathbb{N}^*$.

Beweis, dass die explizite Bildungsvorschrift die rekursive Bildungsvorschrift erfüllt:

(1) arithmetische Folge: $a_1 = a_1 + (1-1) \cdot d$
$$a_{n+1} - a_n = a_1 + n \cdot d - (a_1 + (n-1) \cdot d) = n \cdot d - (n-1) \cdot d = d$$

(2) geometrische Folge: $a_1 = a_1 \cdot q^0$
$$\frac{a_{n+1}}{a_n} = \frac{a_1 \cdot q^n}{a_1 \cdot q^{n-1}} = q$$

(1) Folge der geraden Zahlen: $a_n = 2(n-1)$ (2) Folge der Zehnerpotenzen: $a_n = 10^{n-1}$

Mit einer arithmetischen Folge können lineare Wachstumsprozesse beschrieben werden.
Mit einer geometrischen Folge können exponentielle Wachstumsprozesse beschrieben werden.

Firmen können einen Teil der Anschaffungskosten für mehrjährig nutzbare Anlagegüter jährlich von der Steuer absetzen. Derartige Abschreibungen entsprechen dem Wertverlust. Jährlich kann entweder ein fester Betrag (lineare Abschreibung) oder ein fester Anteil des Restwertes (degressive Abschreibung) abgesetzt werden.

Ein Transportmittel mit 80 000 € Anschaffungskosten hat eine Nutzungsdauer von 5 Jahren.

lineare Abschreibung: jährlich 16 000 €

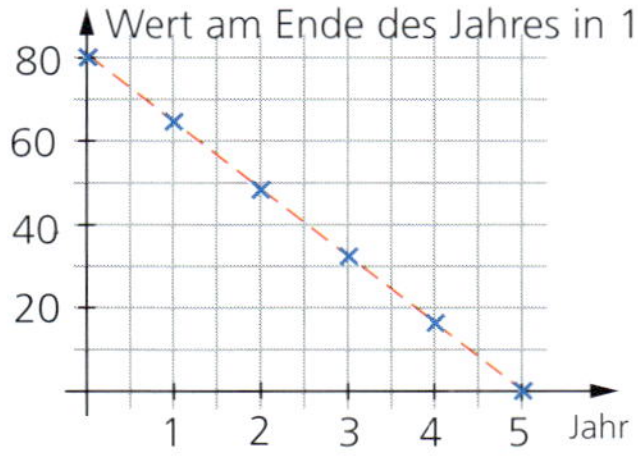

arithmetische Folge:
$a_1 = 80000$; $a_{n+1} = a_n - 16000$
$a_n = 80000 - (n-1) \cdot 16000$; $n = 1; 2; 3; 4; 5; 6$

degressive Abschreibung: jährlich 30 %

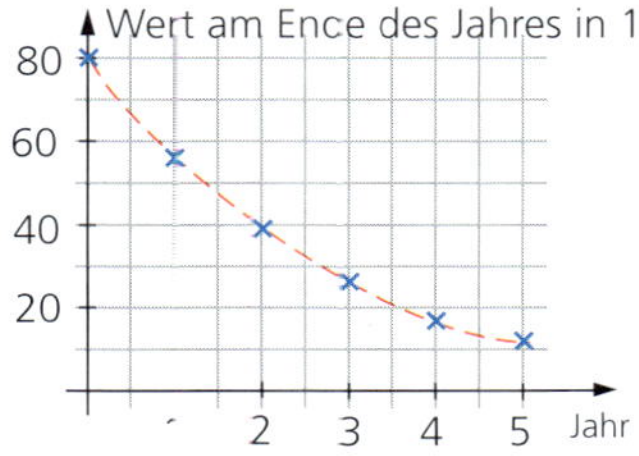

geometrische Folge:
$a_1 = 80000$; $a_{n+1} = 0{,}7 \cdot a_n$
$a_n = 80000 \cdot 0{,}7^{n-1}$; $n = 1; 2; 3; 4; 5; 6$

Hinweis:
Bei Wachstumsprozessen ist es oft günstig, die Nummerierung der Folgenglieder mit 0 zu beginnen, damit der Index mit dem betreffenden Zeitpunkt übereinstimmt.
Die Beschreibungen des Wertverlustes im obigen Beispiel lauten mit dieser Vereinbarung:

Lineare Abschreibung: $a_0 = 80000$; $a_n = 80000 - n \cdot 16000$; $n = 0; 1; 2; 3; 4; 5$

Degressive Abschreibung: $a_0 = 80000$; $a_n = 80000 \cdot 0{,}7^n$; $n = 0; 1; 2; 3; 4; 5$

Mit geometrischen Folgen kann das Wachstum von Zinsen beschrieben werden, wenn die angefallenen Zinsen stets wieder angelegt und somit mitverzinst werden (Zinseszins).

Ein Anfangskapital K_0 wird für mehrere Jahre fest angelegt.
Der Zinssatz p % ist in allen Jahren konstant und die Zinsen werden am Jahresende berechnet.
Dann gilt für das Kapital K_{n+1} nach (n + 1)-Jahren:
$K_{n+1} = K_n + p\ \% \cdot K_n = K_n(1 + p\ \%)$ für $n = 0; 1; 2; \ldots$
Das ist eine *geometrische Folge* mit der *expliziten Bildungsvorschrift:*
$K_n = K_0 \cdot (1 + p\ \%)^n$ für $n \in \mathbb{N}$
Diese Bildungsvorschrift heißt **Zinseszinsformel** und der Faktor $q = 1 + p\ \%$ heißt **Aufzinsfaktor.**

Mit geometrischen Folgen können (so wie mit der Exponentialfunktion) auch Zerfallsprozesse beschrieben werden.

Durch Kernzerfall verringert sich die Masse des radioaktiven Isotops Jod 131 pro Tag um 9,5 %, d. h., die Masse an einem bestimmten Tag ist jeweils gerade 90,5 % der Masse des Vortages.

a) Welche Masse an Jod 131 ist nach einem Tag, nach 2, 3, 4 bzw. 5 Tagen von den ursprünglich 1000 mg noch vorhanden?
b) Der Zerfallsprozess lässt sich durch eine geometrische Folge beschreiben. Gib die rekursive und explizite Darstellung an!
c) Nach wie viel Tagen ist auf Grund des Kernzerfalls nur die Hälfte der Ursprungsmasse vorhanden (so genannte Halbwertzeit)?

a) Die vorhandene Masse an den ersten fünf Tagen ist:

$a_1 = 1000$ mg; $a_2 = 1000 \text{ mg} \cdot \frac{90{,}5}{100} \approx 905$ mg; $a_3 = 905 \text{ mg} \cdot \frac{90{,}5}{100} \approx 819{,}0$ mg;

$a_4 = 819 \text{ mg} \cdot \frac{90{,}5}{100} \approx 741{,}2$ mg; $a_5 = 741{,}2 \text{ mg} \cdot \frac{90{,}5}{100} \approx 670{,}8$ mg

b) Mit $a_1 = 1000$ mg und $q = 0{,}905$ erhält man:
rekursive Darstellung: $a_{n+1} = 0{,}905 \cdot a_n$ *explizite Darstellung:* $a_n = 1000 \cdot 0{,}905^{n-1}$

c) Zu bestimmen ist n für $a_n = \frac{a_1}{2}$:
Aus $\frac{a_1}{2} = a_1 \cdot q^{n-1}$ folgt nach Division durch a_1 und Logarithmieren $\ln \frac{1}{2} = \ln \cdot q^{n-1}$ bzw. (nach den Logarithmengesetzen) $\ln 0{,}5 = (n - 1) \cdot \ln q$.

Also: $n - 1 = \frac{\ln 0{,}5}{\ln 0{,}905} \approx 6{,}94$ und damit $n \approx 8$.

Etwa nach dem 8. Tag ist die Ausgangsmasse auf die Hälfte zerfallen, d. h., die Halbwertzeit von Jod 131 beträgt 8 Tage.

Aufgaben

Das Schachspiel wurde in Indien erfunden. Der indische Kaiser SHERAM soll von diesem Spiel so begeistert gewesen sein, dass er ZETA, dem Erfinder des Spiels, belohnen wollte. ZETA soll sich als Belohnung folgende Menge Weizenkörner erbeten haben:
Auf dem ersten Feld sollte ein Korn, auf dem zweite Feld sollten 2 Körner, auf dem dritten Feld 4 Körner und auf jedem weiteren Feld doppelt so viele Körner wie auf dem vorhergehenden Feld liegen.

a) Beschreibe mit einer Folge die Anzahl der Körner auf jedem Feld!
b) Berechne näherungsweise die Anzahl der Körner auf dem letzen der 64 Felder und vergleiche mit der heutigen Weltjahresproduktion von Weizen (ca. 320 Mill. t), wenn 25 Körner etwa 1 g wiegen!
c) Welches Feld würde der heutigen Weltjahresweizenproduktion entsprechen?

1. Gegeben ist die Folge (a_n) durch das allgemeine Glied $a_n = n^2 - 5n$ $(n \in \mathbb{N}^*)$.
a) Gib die ersten sieben Folgenglieder an!
b) Berechne das 20. Folgenglied!
c) Stelle die ersten 7 Glieder der Folge (a_n) in einem Koordinatensystem grafisch dar!

2. Bestimme die Glieder a_1; a_2; a_3; a_4; a_9; a_{15} und a_{30} einer Zahlenfolge mit dem allgemeinen Glied a_n!
a) $a_n = 2n + 3$ b) $a_n = 6 - \frac{1}{2} \cdot n$ c) $a_n = (n+1)(n-2)$ d) $a_n = (-1)^n \cdot 2^{n-1}$

3. Bestimme die ersten 5 Glieder und das allgemeine Glied a_n der Zahlenfolgen!
a) Jeder natürlichen Zahl $n > 0$ wird ihr um 2 vermindertes Quadrat zugeordnet.
b) Jeder natürlichen Zahl wird der Quotient aus ihrem um 5 vermehrten Dreifachen und aus ihrem Doppelten zugeordnet.
c) Jeder natürlichen Zahl $n \in \mathbb{N}$ (mit $n \geq 2$) wird das Reziproke aus dem Produkt von ihr und ihrem unmittelbaren Vorgänger zugeordnet.
d) Jeder natürlichen Zahl $n \in \mathbb{N}^*$ wird die Zahl zugeordnet, die auf folgende Weise entsteht: Die Summe aus der Zahl 1 und dem Reziproken der natürlichen Zahl wird mit der um 1 vermehrten natürlichen Zahl potenziert.

4. Setze die nachstehenden Zahlenfolgen um vier weitere Glieder fort und gib jeweils eine Bildungsvorschrift in expliziter oder in rekursiver Form an!
a) 7; 9; 11; 13; … b) 3; 9; 27; 81; … c) $\frac{1}{2}$; $\frac{1}{4}$; $\frac{1}{8}$; $\frac{1}{16}$; …
d) $\frac{3}{2}$; 3; $\frac{9}{2}$; 6; … e) +4; −1; −2; +5; −3; … f) $\frac{7}{2}$; −3; $\frac{5}{2}$; −2; …

5. Ermittle eine mögliche Bildungsvorschrift für die nachstehenden Zahlenfolgen und gib sie in expliziter und rekursiver Darstellung an!
a) 2; 5; 8; 11; 14; … b) 1; 3; 9; 27; … c) $\sqrt{2}$; 2; $2\sqrt{2}$; 4; …
d) 1; −1; 1; −1; 1; … e) $-\frac{1}{2}$; $\frac{2}{3}$; $-\frac{3}{4}$; $\frac{4}{5}$; $-\frac{5}{6}$; … f) 2; 5; 10; 17; …

6. Gib für die explizit gegebenen Folgen eine rekursive Bildungsvorschrift an!

a) $a_n = 5 \cdot 3^n$ mit $n \in \mathbb{N}$ b) $a_n = 2^{n+5}$ mit $n \in \mathbb{N}$; $n > 1$ c) $a_n = 2^n - n^2$ mit $n \in \mathbb{N}^*$

7. Der unendliche periodische Dezimalbruch $0,\overline{3}$ kann durch folgende unendliche Folge endlicher Dezimalbrüche beliebig genau angenähert werden:
0,3; 0,33; 0,333; 0,3333; ....

a) Gib eine rekursive Bildungsvorschrift für die Folge an!
b) Gib eine explizite Bildungsvorschrift für die Folge an! (*Hinweis:* $0,3 = \frac{1}{3} \cdot 0,9$)

8. Untersuche, welche der angegebenen Zahlen Glieder der jeweiligen Zahlenfolge sind!

a) $a_n = 8 - 5n$; -117 und -3225 b) $a_n = 7n - n^2$; -450 und -30

c) $a_n = \frac{12 + 3n}{6n^2}$; 10 und $\frac{1}{18}$ d) $a_n = (-1)^n \cdot 2^{-n}$; -2 und $\frac{1}{64}$

9. Berechne fünf Folgenglieder!
Gib jeweils eine explizite Bildungsvorschrift an, sofern dies möglich ist!

a) $a_1 = 7$; $a_{n+1} = a_n - 3$ b) $a_1 = 1$; $a_{n+1} = 3a_n + 1$

c) $a_1 = -4$; $a_n = a_{n-1} + 5$ d) $a_1 = 1$; $a_{n+1} = a_n + n$

e) $a_1 = 3$; $a_{n+2} = 5a_n$ f) $a_1 = 1$; $a_{n+1} = a_n^2$

10. Die folgende Tabelle enthält Zuordnungsvorschriften für Zahlenfolgen (a_n).
Gib jeweils die ersten 6 Folgenglieder an und beurteile das Monotonieverhalten von (a_n)!

a) $a_n = 2n$	b) $a_n = 3n - 7$	c) $a_n = 10 - n$	d) $a_n = (n - 3)^2$
e) $a_n = (n + 3)^2$	f) $a_n = (n - \frac{3}{2})^2$	g) $a_n = \frac{2}{n^2 + n}$	h) $a_n = (-\frac{1}{n})^n$
i) $a_n = (-2)^n$	j) $a_n = (-\frac{1}{2})^{n+1}$	k) $a_n = 1$	l) $a_n = \frac{n}{2n - 1}$

11. Untersuche die Zahlenfolgen mit folgenden allgemeinen Gliedern auf Monotonie durch Auswertung der jeweiligen Differenz $a_{n+1} - a_n$!

a) $a_n = 2n^2 - 2$	b) $a_n = \frac{1}{4n - 3}$	c) $a_n = \frac{n}{2n^2 - n}$
d) $a_n = (5n - 3)^2$	e) $a_n = (n - 6)^2 + 5$	f) $a_n = \frac{3n - 3}{n + 2}$

12. Gegeben ist die Zahlenfolge $(a_n) = (\frac{3n - 2}{n})$.

a) Berechne die Folgenglieder a_1 bis a_8! Veranschauliche diese in einem Koordinatensystem!
b) Gib 3 Zahlen an, die kleiner oder gleich dem kleinsten Folgenglied sind!
Wie nennt man solche Zahlen?
c) Gib 3 Zahlen an, die größer oder gleich dem größten Folgenglied sind!
Wie nennt man solche Zahlen?
d) Vervollständige nachstehenden Satz zu einer wahren Aussage:
Die Zahlenfolge (a_n) ist nach oben ..., weil sie ... besitzt, und sie ist ..., weil ....

13. Die folgende Tabelle enthält Zuordnungsvorschriften für Zahlenfolgen (a_n).
Gib jeweils die ersten sechs Folgenglieder an und mache Angaben zur Beschränktheit der Zahlenfolgen!

a) $a_n = 4n$	b) $a_n = 3 - 5n$	c) $a_n = (-3)^n$	d) $a_n = 1 + (-1)^n$
e) $a_n = \frac{12}{n}$	f) $a_n = \frac{n^2}{n^2 + 1}$	g) $_n = (\frac{n - 4}{n + 3})^2$	h) $a_n = 2 + \frac{n - 2}{n + 2}$
i) $a_n = \sin n$ *(n im Bogenmaß angegeben)*		j) $a_n = \tan n$ *(n im Bogenmaß angegeben)*	

14. Untersuche nachstehende Aussagen auf ihre Allgemeingültigkeit! Begründe!

a) Jede monoton wachsende Zahlenfolge ist nach unten beschränkt.

b) Eine nach oben beschränkte Zahlenfolge ist monoton fallend.

c) Nicht monotone Zahlenfolgen sind nach oben und unten unbeschränkt.

d) Alternierende Zahlenfolgen sind stets beschränkt.

e) Jede monoton fallende Zahlenfolge ist nach oben beschränkt.

15. Gib je ein Beispiel für eine Zahlenfolge an, für die gilt:

a) Die Zahlenfolge ist monoton wachsend sowie nach oben und nach unten beschränkt.

b) Die Zahlenfolge ist monoton fallend und nach unten unbeschränkt.

c) Die Zahlenfolge ist monoton fallend und nach unten beschränkt.

d) Die Zahlenfolge ist monoton wachsend und die Zahl 3 ist obere Schranke.

e) Die Zahlenfolge ist monoton fallend und hat die Zahl 1 als untere Schranke.

f) Die Zahlenfolge ist alternierend sowie nach oben und nach unten beschränkt.

16. Ermittle die ersten acht Glieder nachstehender Folgen (a_n):

a) a_n = Anzahl der Teiler von n

b) a_n = Anzahl der Diagonalen eines konvexen n-Ecks $(n \geq 3)$

17. Untersuche das Monotonieverhalten der Folgen für $n \geq 1$!

a) $a_n = 2^n - n$

b) $a_n = \tan(3n)$

c) a_n mit $a_1 = 1$ und $a_{n+1} = a_n + \frac{1}{a_n}$

18. a) Untersuche die Monotonie der Folge (a_n) mit $a_n = n^2 - 3n$ mit $n \in \mathbb{N}^*$!

b) Gib Teilmengen der Menge $\mathbb{N}^*$ an, in denen die Folge monoton ist!

19. Beweise indirekt, dass die Folge (a_n) mit $a_n = n^2$ nicht beschränkt ist!

20. Begründe, dass jede arithmetische Folge eine lineare Funktion ist!
Gib den Definitionsbereich und die Parameter m und n der linearen Funktion $f(x) = mx + n$ an!

21. Begründe, dass jede geometrische Folge mit $q > 0$ und $q \neq 1$, eine Exponentialfunktion ist.
Gib den Definitionsbereich und die Parameter a und b der Exponentialfunktion $f(x) = a \cdot b^x$ an!

22. Gegeben ist die Zahlenfolge 3; 4,5; 6; 7,5; 9; …

a) Bestimme jeweils die Differenz benachbarter Folgenglieder!
Welche Eigenschaften besitzt die Folge (a_n)?

b) Stelle für die Folge (a_n) eine rekursive Bildungsvorschrift auf und bestimme damit die Folgenglieder a_6 bis a_{10}!

c) Ermittle für die Zahlenfolge (a_n) eine explizite Bildungsvorschrift!
Bestimme mit dieser die Glieder a_{15}; a_{23}; a_{38} und a_{50}!

23. Untersuche die Zahlenfolgen wie in Aufgabe 22!

a) 7; 4; 1; −2; −5; …

b) −4; −9; −14; −19; −24; …

c) $\frac{11}{3}$; $4\frac{1}{6}$; $4\frac{2}{3}$; $\frac{31}{6}$; $5\frac{4}{6}$; …

d) $-\sqrt{2}$; $\sqrt{2}$; $3\sqrt{2}$; $5\sqrt{2}$; $7\sqrt{2}$; …

24. Gib die Folgenglieder a_{10} und a_{20} der nachstehend gekennzeichneten arithmetischen Zahlenfolgen an! Wie lautet die explizite Bildungsvorschrift?

a) $a_2 = 6$; $d = -2$

b) $a_7 = 0$; $d = 12$

c) $a_4 = -23$; $d = -12$

d) $a_6 = 19$; $a_9 = 14{,}5$

e) $a_3 = -6$; $a_{22} = -9$

f) $a_{13} = 5$; $a_{19} = 9$

25. Ermittle für eine arithmetische Zahlenfolge mit $a_1 = 4$ und $d = 3$ die Bildungsvorschrift! Gib die ersten 5 Glieder und das 41. Glied an!

26. Übertrage die Tabelle arithmetischer Zahlenfolgen in dein Heft und vervollständige sie!

	a_1	a_2	a_3	a_4	a_{10}	a_{17}	a_{25}	d	a_n
a)	1	5	9						
b)		−5	−7	−9					
c)	$2\frac{1}{10}$		$\frac{53}{10}$		$16\frac{1}{2}$				
d)				−8				$-\frac{1}{3}$	
e)						36	68		
f)					$-\frac{1}{3}$			$\frac{2}{5}$	
g)									$\frac{4n^2 - 7n}{3n}$

27. Bestimme die Folgenglieder a_5 und a_{15} der nachstehend gekennzeichneten geometrischen Zahlenfolgen und gib eine explizite Bildungsvorschrift an!
a) $a_1 = 0{,}7$; $q = 2$ b) $a_2 = 5$; $a_4 = 45$ $(q > 0)$ c) $a_3 = 2$; $q = -1$ d) $a_3 = -1$; $a_4 = \frac{1}{4}$

28. Setze die nachstehenden geometrischen Zahlenfolgen um 3 Folgenglieder fort! Gib die explizite Bildungsvorschrift an!
a) 1; 3; 9; 27; … b) -2; -1; $-\frac{1}{2}$; $-\frac{1}{4}$; … c) 2; -1; $\frac{1}{2}$; $-\frac{1}{4}$; …

29. Übertrage die Tabelle geometrischer Zahlenfolgen in dein Heft und vervollständige sie!

	a_1	a_2	a_3	a_5	a_8	a_{11}	q	a_n
a)	6	3	1,5					
b)		$\frac{9}{4}$	$-\frac{3}{4}$	$-\frac{1}{12}$				
c)					−800		−2,5	
d)				$\frac{3}{80}$		$\frac{5}{12}$	… > 0	
e)								$2^{n-4} \cdot 5^{2-n}$

30. Untersuche das Monotonieverhalten einer arithmetischen Folge mit dem Anfangsglied a_1 und der Bildungsvorschrift $a_{n+1} = a_n + d$, $n \in \mathbb{N}^*$, $d \in \mathbb{R}$, in Abhängigkeit von dem Parameter d!

31. Untersuche das Monotonieverhalten einer geometrischen Folge mit dem Anfangsglied a_1 und der Bildungsvorschrift $a_{n+1} = q \cdot a_n$, $n \in \mathbb{N}^*$, $q \neq 0$ in Abhängigkeit von dem Parameter q!

32. Beweise!
a) Für $n > 1$ ist jedes Glied einer arithmetischen Folge (a_n) das arithmetische Mittel seiner Nachbarglieder.
b) Für $n > 1$ ist jedes Glied einer geometrischen Folge (a_n) das geometrische Mittel seiner Nachbarglieder.
Das geometrische Mittel zweier positiver Zahlen ist die Wurzel aus dem Produkt der Zahlen.

33. Ein Angestellter erhält im ersten Jahr seiner Einstellung monatlich 1400,00 €. Es wird angenommen, dass sich sein Gehalt in jedem Jahr um 75,00 € erhöht. Welches Einkommen hätte er im 10. Jahr? Wie viele Jahre müsste er tätig sein, um auf 2450,00 € monatlich zu kommen?

34. Eine Anpflanzung von Obstbäumen an einem Hang umfasst 30 Reihen Bäume. In der ersten Reihe befinden sich 12 Bäume, in jeder folgenden Reihen dann immer 6 Bäume mehr als in der vorhergehenden Reihe. Wie viele Bäume hat die letzte Reihe?

35. Bei den folgenden Teilaufgaben wird der Zins jährlich dem Kapital zugeschlagen (Zinseszins).
a) Welches Endkapital ergibt sich, wenn 5000 € über 10 Jahre mit 7 % verzinst werden?
b) Nach wie viel Jahren verdoppelt sich ein Kapital bei einem Zinssatz von 5 %?
c) Ein Aktienkapital hat sich durch den Wertzuwachs der Papiere in 5 Jahren von 20000 € auf 30000 € erhöht. Welchem Zinssatz entspricht das?

36. Berechne unter Verwendung der Zinseszinsformel jeweils die fehlende Größe!
a) $K_0 = 125000$ €, $p = 7$ %, $n = 5$ Jahre
b) $K_n = 500000$ €, $p = 6$ %, $n = 25$ Jahre
c) $K_0 = 200000$ €, $K_n = 300000$ €, $n = 15$ Jahre
d) $K_0 = 1000000$ €, $K_n = 2158925$ €, $p = 8$ %

37. Ein Saisonarbeiter schlägt seinem Arbeitgeber scherzhaft folgende Entlohnung vor:
Für den ersten Tag 1 Cent, für den zweiten Tag 3 Cent, für den dritten Arbeitstag 9 Cent usw., d. h. jeweils das Dreifache des Lohns vom vorherigen Arbeitstag.
Wie viel Lohn würde der Saisonarbeiter nach 15 Arbeitstagen erhalten?

38. Bei den folgenden Zinseszinsaufgaben wird eine jährliche Verzinsung angenommen.
a) Welches Kapital ergibt sich, wenn 4000 € genau 10 Jahre mit 5 % verzinst werden?
b) Zu wie viel Prozent Zinsen war ein Kapital von 80000 € ausgeliehen, das nach genau 3 Jahren ein Endkapital von 91293,29 € aufwies?
c) Wann hat sich ein Kapital K_0 bei durchgehend 8,75 % Verzinsung verdoppelt?
d) Wie hoch muss ein Kapital sein, damit es bei einer festen Verzinsung von 6 % nach genau 10 Jahren die Höhe von 12000 € erreicht hat?

39. Ein Blatt Papier mit einer Stärke von 0,1 mm wird einmal gefaltet. Die entstehende „Doppellage" wird wieder gefaltet. Dieser Vorgang wird immer weiter fortgesetzt.
a) Wie stark ist die Lage nach 10 derartigen Faltungen?
b) Wie oft wurde gefaltet, wenn die Lage 104,8576 m stark ist?

40. Geologische Untersuchungen haben ergeben, dass die Temperatur des Gesteins zum Erdinnern hin um etwa 3 Grad je 100 m Tiefe zunimmt. In Mitteleuropa herrscht in 25 m Tiefe eine Temperatur von etwa 10 °C. (Luftdruckänderungen sollen unberücksichtigt bleiben.)
a) Welche Temperatur herrscht in 10 km Tiefe?
b) In welcher Tiefe würde Wasser sieden?
c) Aus welcher Tiefe kommt das Wasser einer 45 °C warmen Thermalquelle?

41. In einer Nährlösung befinden sich ungefähr 1000 Einzeller einer Art, bei der es im Durchschnitt alle 30 Minuten zu einer Teilung kommt.
a) Gib eine Folge an, die das explosive Wachstum dieser Art beschreibt!
b) Berechne, wie viele Einzeller nach 24 Stunden entstanden sind! Welche Länge ergäbe sich, wenn man diese Einzeller aneinander legt? (Die Länge eines Einzellers betrage $\frac{1}{1000}$ mm.)
c) Nach welcher Zeit sind etwa 10 Millionen Einzeller vorhanden?
d) Welche Faktoren begrenzen das Wachstum?

5.2 Grenzwerte von Zahlenfolgen

HERON VON ALEXANDRIA (1. Jh.), ein bekannter Mathematiker und Physiker der Antike, entwickelte u. a. ein Verfahren zur rekursiven Berechnung von Quadratwurzeln durch folgende Überlegung:
Ein Quadrat mit dem Flächeninhalt A hat die Seitenlänge $\sqrt{A}$.
Ein Rechteck mit den Seitenlängen x und $\frac{A}{x}$ hat auch den Flächeninhalt A. Die Seitenlängen des Rechtecks sind Näherungswerte für $\sqrt{A}$. Das arithmetische Mittel der beiden Seitenlängen ist dann ein neuer Näherungswert. Daraus entsteht die Rekursionsformel:
$x_{n+1} = \frac{1}{2}(x_n + \frac{A}{x_n})$
Die so definierte Folge (x_n) nähert sich dem Wert von $\sqrt{A}$ mit beliebiger Genauigkeit.

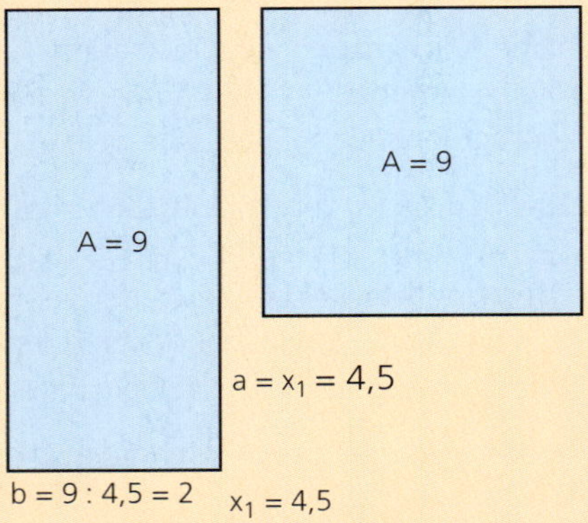

$x_1 = 4{,}5$
$x_2 = \frac{1}{2}(4{,}5 + 2) = 3{,}25$
$x_3 = \frac{1}{2}(3{,}25 + \frac{9}{3{,}25}) = 3{,}0096$

Hat eine Zahlenfolge eine obere Schranke, dann hat sie auch unendlich viele obere Schranken. Es entsteht die Frage, ob es auch eine kleinste obere Schranke gibt.

Die kleinste obere Schranke einer nach oben beschränkten Zahlenfolge heißt **obere Grenze.**

Die größte untere Schranke einer nach unten beschränkten Zahlenfolge heißt **untere Grenze.**

Die Glieder der Folge (a_n) mit $a_n = \frac{n}{n+1}$ und $n \in \mathbb{N}^*$, sind alle kleiner als 1, da $n < n + 1$.
Die Zahl 1 ist also eine obere Schranke.

Der Beweis, dass 1 auch die kleinste obere Schranke ist, kann indirekt erfolgen:

Annahme:		*Beispiel:*
Es gibt eine Zahl $g < 1$, die eine obere Schranke von (a_n) ist.		$g = 0{,}999$
Dann muss gelten:	$\frac{n}{n+1} < g$ für alle n	$\frac{n}{n+1} < 0{,}999$
Daraus folgt:	$n < (n+1)g$	$n < (n+1) \cdot 0{,}999$
	$n - ng < g$	$n - n \cdot 0{,}999 < 0{,}999$
	$n(1-g) < g \quad \mid :(1-g);\ 1-g > 0$, da $g < 1$	$n(1 - 0{,}999) < 0{,}999$
	$n < \frac{g}{1-g}$	$n < \frac{0{,}999}{0{,}001} = 999$

Das ist ein Widerspruch, da n beliebig groß werden kann.

Jede Zahl, die kleiner als 1 ist, wird also irgendwann von einem Folgenglied überschritten.
Da die Folge streng monoton wachsend ist, sind auch alle weiteren Folgenglieder größer als diese Zahl. Der Abstand der Folgenglieder zu 1 wird immer kleiner, ohne jemals die Zahl 1 selbst zu erreichen.
In jeder noch so kleinen Umgebung der Zahl 1 liegen unendlich viele Folgenglieder.

Konvergenz einer Zahlenfolge

Man sagt, eine Zahlenfolge (a_n) **konvergiert gegen eine Zahl g,** wenn der Abstand der Folgenglieder zur Zahl g mit wachsendem n beliebig klein wird.
Man kann in diesem Fall zu jeder noch so kleinen positiven reellen Zahl ε einen Index k berechnen, sodass der Abstand aller weiteren Folgenglieder a_{k+1}; a_{k+2}; a_{k+3}; …
zu g kleiner ist als ε, d. h., es gilt:

Für alle $\varepsilon > 0$ gibt es ein $k(\varepsilon) \in \mathbb{N}$, sodass $|a_n - g| < \varepsilon$ für alle $n > k(\varepsilon)$.

Das Intervall $g - \varepsilon < a_n < g + \varepsilon$ heißt
ε-Umgebung der Zahl g.

Die Zahl g heißt **Grenzwert** der Zahlenfolge (a_n).

Die Zahlenfolge (a_n) heißt **konvergent.**

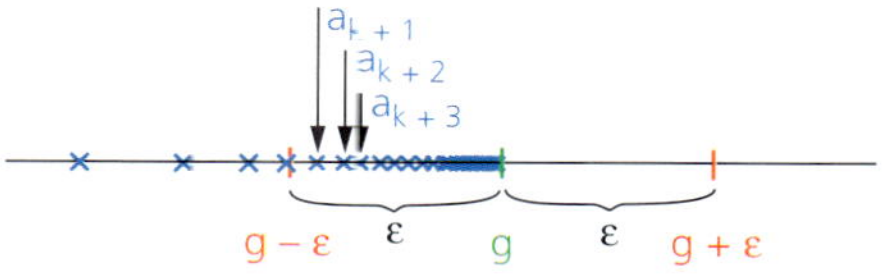

Schreibweise: $\lim\limits_{n \to \infty} a_n = g$

lies: Limes von a_n für n gegen unendlich ist gleich g.

Konvergieren heißt: *sich einander annähern*

(limes, lat. Grenze)

Mit dieser Definition der Konvergenz einer Zahlenfolge wird die inhaltliche Vorstellung von der beliebig genauen Annäherung an einen festen Wert mathematisch korrekt und überprüfbar formuliert, indem diese Eigenschaft mithilfe von Aussagen über Ungleichungen beschrieben wird.

Eine Grundlage der Definition, um überhaupt von dem Grenzwert einer Zahlenfolge sprechen zu können, ist der folgende Satz über die Eindeutigkeit des Grenzwertes.

Eine Zahlenfolge (a_n) kann höchstens gegen eine Zahl konvergieren.

Der Beweis dieses Satzes kann durch eine indirekte Überlegung erfolgen:

Angenommen, die Folge (a_n) konvergiere gegen zwei Grenzwerte g_1 und g_2 mit $g_1 \neq g_2$.

Als Abstand ε wird nun bei beiden Grenzwerten eine Zahl kleiner als die Hälfte von $|g_1 - g_2|$ gewählt.

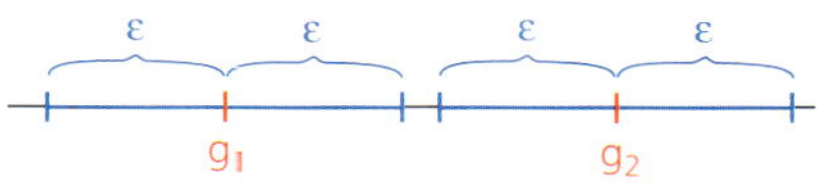

In diesen ε-Umgebungen müssen nun von einem Index $k_1(\varepsilon)$ bzw. $k_2(\varepsilon)$ an, *jeweils alle weiteren* Folgenglieder liegen.

Spätestens ab dem Index $k = \text{Max}(k_1, k_2)$ ist dies aber nicht möglich, da ein Folgenglied immer nur in einer der beiden Umgebungen liegen kann.

Mit der Definition der Konvergenz kann der Grenzwert einer Zahlenfolge nicht berechnet werden. Man kann aber in vielen Fällen von einer Zahl entscheiden, ob sie Grenzwert der Folge ist oder nicht. Eine Vermutung für den Grenzwert erhält man, wenn man möglichst viele Folgenglieder berechnet bzw. grafisch dargestellt.

$a_n = \frac{3n+2}{2n-1}$; $n \in \mathbb{N}^*$

Wertetabelle:

n	1	2	3	4	5	6	7	8	9	10
a_n	5	2,67	2,2	2	1,89	1,82	1,77	1,73	1,71	1,68

Vermutung: Die Folge konvergiert gegen die Zahl 1,5.

Untersuchung der Vermutung mit der Definition der Konvergenz:

$$\left|\frac{3n+2}{2n-1} - 1{,}5\right| = \left|\frac{3n+2}{2n-1} - \frac{1{,}5(2n-1)}{2n-1}\right| = \left|\frac{3n+2-3n+1{,}5}{2n-1}\right| = \left|\frac{3{,}5}{2n-1}\right| = \frac{3{,}5}{2n-1}\text{, da } 2n-1>0$$

Bestimmung eines $k(\varepsilon)$:

$$\frac{3{,}5}{2n-1} < \varepsilon \text{ für } n > k(\varepsilon)$$

$$\Leftrightarrow 3{,}5 < \varepsilon(2n-1)\text{, da } 2n-1>0$$

$$\Leftrightarrow 3{,}5 < 2\varepsilon n - \varepsilon$$

$$\Leftrightarrow 3{,}5 + \varepsilon < 2\varepsilon n \quad |:2\varepsilon;\ 2\varepsilon > 0$$

$$\Leftrightarrow \frac{3{,}5+\varepsilon}{2\varepsilon} = \frac{3{,}5}{2\varepsilon} + \frac{1}{2} < n$$

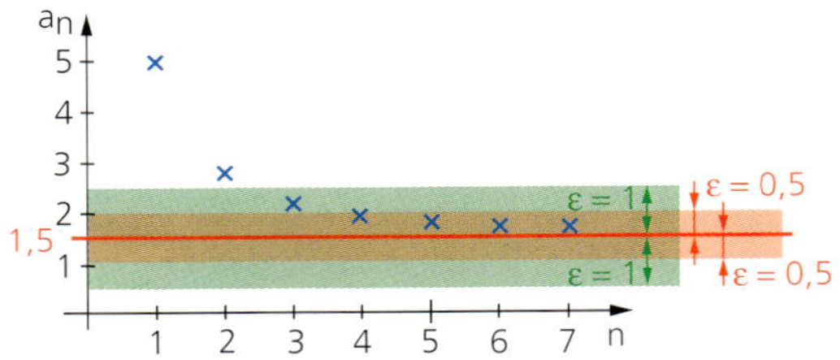

Als $k(\varepsilon)$ wird die nächst größere ganze Zahl von $\frac{3{,}5}{2\varepsilon} + \frac{1}{2}$ gewählt. Es gilt $\frac{3{,}5}{2n-1} < \varepsilon$ für $n > k(\varepsilon)$.

Beispiele:

$\varepsilon = 0{,}5$

$\frac{3{,}5}{2\varepsilon} + \frac{1}{2} = \frac{3{,}5}{2 \cdot 0{,}5} + \frac{1}{2} = 4$

$k(\varepsilon) = 4$

$\left|\frac{3n+2}{2n-1} - 1{,}5\right| < 0{,}5$ für $n > 4$

$\varepsilon = 0{,}01$

$\frac{3{,}5}{2\varepsilon} + \frac{1}{2} = \frac{3{,}5}{2 \cdot 0{,}01} + \frac{1}{2} = 175{,}5$

$k(\varepsilon) = 176$

$\left|\frac{3n+2}{2n-1} - 1{,}5\right| < 0{,}01$ für $n > 176$

Bei der Darstellung einer Folge in einem Koordinatensystem kann eine ε-Umgebungen als Streifen veranschaulicht werden, dessen Breite beliebig klein werden kann.

Wäre man von einer anderen Vermutung über den Grenzwert ausgegangen, so hätte sich nicht für alle ε ein $k(\varepsilon)$ berechnen lassen.

Beispiel:

Vermutung: $g = 1$

Dann gilt: $\left|\frac{3n+2}{2n-1} - 1\right| = \left|\frac{3n+2}{2n-1} - 1{,}5 + 0{,}5\right| = \left|\frac{3{,}5}{2n-1} + 0{,}5\right| = \frac{3{,}5}{2n-1} + 0{,}5$

Die Ungleichung $\frac{3{,}5}{2n-1} + 0{,}5 < \varepsilon$ ist für alle $\varepsilon \leq 0{,}5$ nicht mehr erfüllbar, da $\frac{3{,}5}{2n-1} > 0$ für alle n.

In jeder ε-Umgebung um den Grenzwert einer Folge liegen unendlich viele Folgenglieder und außerhalb der Umgebung liegen stets nur endlich viele. In der Mathematik bedeutet die Sprechweise „fast alle Elemente einer unendlichen Menge“, dass alle Elemente bis auf endliche viele Ausnahmen gemeint sind. Mit dieser Sprechweise kann die Konvergenz einer Folge auch auf zwei andere Arten definiert werden:

- Eine Folge konvergiert gegen die Zahl g, wenn in jeder ε-Umgebung fast alle Folgenglieder liegen.
- Eine Folge konvergiert gegen die Zahl g, wenn außerhalb jeder ε-Umgebung nur endlich viele Folgenglieder liegen.

Das Gegenteil der Konvergenz einer Folge ist die Divergenz.

Eine Zahlenfolge heißt divergent wenn sie nicht konvergent ist.

Divergieren heißt: auseinander streben; voneinander abweichen

$a_n = 2^n$ für $n \in \mathbb{N}^*$

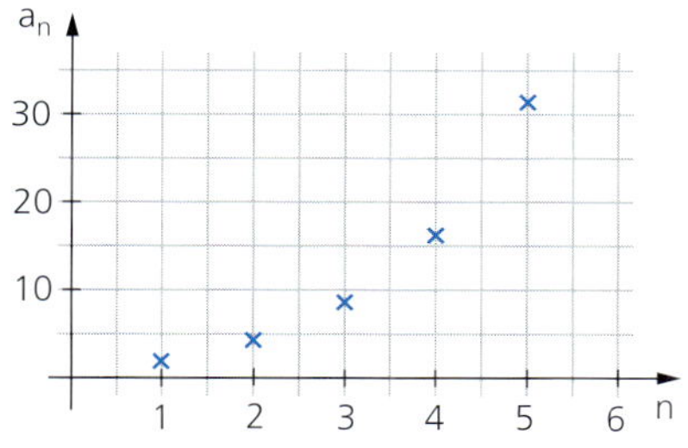

Die Folge (a_n) wächst unbegrenzt.
Man sagt:
Für n gegen unendlich strebt a_n auch gegen unendlich. Die Folge ist divergent.
Schreibweise:

$$\lim_{n \to \infty} a_n = \infty$$

$a_n = (-1)^n \cdot \frac{n+1}{n}$ für $n \in \mathbb{N}^*$

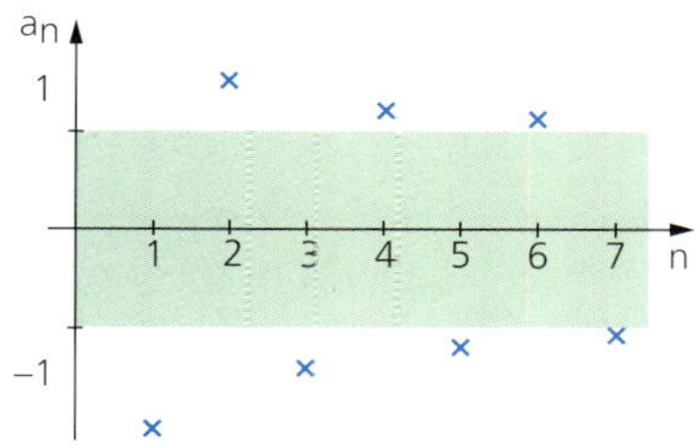

Ist n gerade, so ist $a_n = \frac{n+1}{n}$ und konvergiert gegen 1.
Ist n ungerade, so ist $a_n = -\frac{n+1}{n}$ und konvergiert gegen –1.
Die Folge (a_n) enthält zwar zwei konvergente Teilfolgen, ist aber selbst nicht konvergent und somit divergent.

Hinweis:
Die Schreibweise $\lim_{n \to \infty} a_n = \infty$ hat nur symbolischen Charakter. Das Zeichen ∞ hat an beiden Stellen die Bedeutung *„wird unendlich groß"*. Es steht nicht für eine Zahl oder einen Term, d. h. man kann mit ihm nicht rechnen. Deshalb ist die Schreibweise auch nicht als Gleichung aufzufassen.

Grenzwertsätze

Grenzwerte können auch mithilfe von Sätzen direkt berechnet werden. Dabei spielen Folgen, die den Grenzwert 0 besitzen, eine besondere Rolle.

Eine Zahlenfolge mit dem Grenzwert 0 heißt **Nullfolge.**

Der Nachweis, dass eine Folge eine Nullfolge ist, ist oft bereits durch eine funktionale Betrachtung möglich. Wenn der Nenner eines Bruches gegen unendlich strebt, d. h. beliebig groß werden kann und der Zähler konstant ist, wird der Bruch beliebig klein, d. h. er strebt gegen 0.

Mit dieser Überlegung kann nachgewiesen werden, dass Zahlenfolgen mit den nachstehenden allgemeinen Gliedern Nullfolgen sind ($n \in \mathbb{N}^*$):

$a_n = \frac{1}{n}$; $a_n = \frac{-2}{n+3}$; $a_n = \frac{1}{n^2}$; $a_n = \frac{3}{\sqrt{n}}$; $a_n = \frac{1}{2^n}$; $a_n = \frac{(-1)^n}{2n}$

Eine Zahlenfolge (a_n) hat genau dann den Grenzwert g, wenn die Zahlenfolge $(a_n - g)$ eine Nullfolge ist.

Mit der Kenntnis von Nullfolgen, können so leichter vermutete Grenzwerte überprüft werden.

Prüfe, ob die folgende Zahlenfolge den Grenzwert 1 hat!

$a_n = \frac{n}{n+1}$ mit $n \in \mathbb{N}^*$

Nachweis: $\lim\limits_{n \to \infty} (\frac{n}{n+1} - 1) = \lim\limits_{n \to \infty} \frac{n - n + 1}{n+1} = \lim\limits_{n \to \infty} \frac{-1}{n+1} = 0$

Ergebnis: Die Zahlenfolge ist eine Nullfolge. Sie hat den Grenzwert 0.

Mit folgenden Sätzen können Grenzwerte aus bekannten Grenzwerten berechnet werden.

Grenzwertsätze für Zahlenfolgen

Es gelte: $\lim\limits_{n \to \infty} a_n = g_1$ und $\lim\limits_{n \to \infty} b_n = g_2$

Dann gilt:

$$\lim_{n \to \infty} (a_n + b_n) = \lim_{n \to \infty} a_n + \lim_{n \to \infty} b_n = g_1 + g_2$$

$$\lim_{n \to \infty} (a_n - b_n) = \lim_{n \to \infty} a_n - \lim_{n \to \infty} b_n = g_1 - g_2$$

$$\lim_{n \to \infty} (a_n \cdot b_n) = \lim_{n \to \infty} a_n \cdot \lim_{n \to \infty} b_n = g_1 \cdot g_2$$

$$\lim_{n \to \infty} (a_n : b_n) = \frac{\lim\limits_{n \to \infty} a_n}{\lim\limits_{n \to \infty} b_n} = \frac{g_1}{g_2}$$, wenn $b_n \neq 0$, $n \in \mathbb{N}^*$ und $g_2 \neq 0$

Da: $\lim\limits_{n \to \infty} 2 = 2$; $\lim\limits_{n \to \infty} 3 = 3$; $\lim\limits_{n \to \infty} \frac{1}{n} = 0$ und $\lim\limits_{n \to \infty} = \frac{5}{n} = 0$

gilt: $\lim\limits_{n \to \infty} (2 + \frac{1}{n}) \cdot (3 - \frac{5}{n}) = \lim\limits_{n \to \infty} (2 + \frac{1}{n}) \cdot \lim\limits_{n \to \infty} (3 - \frac{5}{n})$

$= (\lim\limits_{n \to \infty} 2 + \lim\limits_{n \to \infty} \frac{1}{n}) \cdot (\lim\limits_{n \to \infty} 3 - \lim\limits_{n \to \infty} \frac{5}{n}) = 2 \cdot 3 = 6$

Wenn das allgemeine Glied einer Folge ein Bruch ist und im Zähler und Nenner Potenzen von n auftreten, ist es günstig, zur Anwendung der Grenzwertsätze die höchste Potenz von n auszuklammern und zu kürzen.

$$a_n = \frac{4n^2 + 5n + 7}{5n^2 - n + 3} = \frac{n^2\left(4 + \frac{5}{n} + \frac{7}{n^2}\right)}{n^2\left(5 - \frac{1}{n} + \frac{3}{n^2}\right)} = \frac{4 + \frac{5}{n} + \frac{7}{n^2}}{5 - \frac{1}{n} + \frac{3}{n^2}}$$

Dann gilt mit den Grenzwertsätzen:

$$\lim_{n \to \infty} a_n = \frac{4 + 0 + 0}{5 - 0 + 0} = \frac{4}{5}$$

Aufgaben

Der Rechenmeister und Kaufmann *Leonardo von Pisa* (1170 bis 1240), auch FIBONACCI genannt, entdeckte eine Zahlenfolge, zu der es überraschenderweise viele Anwendungen in der Natur gibt. So treten die Zahlen z. B. bei der Vermehrung von Kaninchen und anderen Säugetieren oder bei der Anordnung von Blättern an Bäumen auf. Die rekursive Bildungsvorschrift der *Fibonacci*-Folge lautet:

$a_1 = 1;\ a_2 = 1;\ a_{n+2} = a_{n+1} + a_n$, für $n \in \mathbb{N}^*$

Die explizite Bildungsvorschrift hat eine erstaunliche Form:

$a_n = \frac{1}{\sqrt{5}}\left(\left(\frac{1+\sqrt{5}}{2} - \frac{1-\sqrt{5}}{2}\right)^n\right)$ für $n \in \mathbb{N}^*$

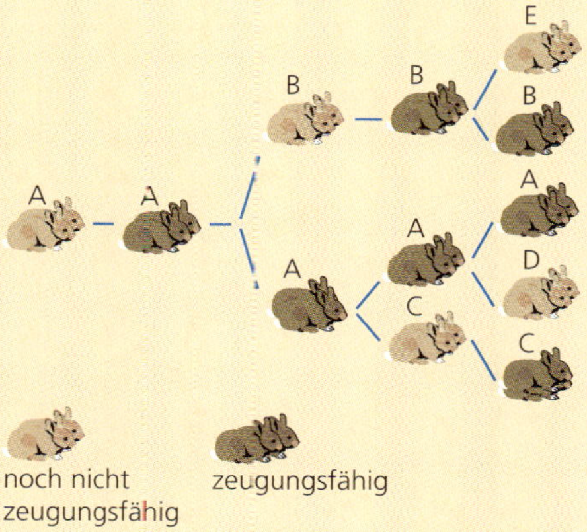

a) Berechne die ersten 10 Glieder der Folge mit der rekursiven und der expliziten Vorschrift und vergleiche!

b) Bilde die Quotienten $\frac{a_{n+1}}{a_n}$ zweier aufeinander folgender Glieder und stelle eine Vermutung über die Konvergenz dieser Quotientenfolge auf!

c) Versuche nachzuweisen, dass der Grenzwert $\lim\limits_{n \to \infty} \frac{a_{n+1}}{a_n}$ dem Verhältnis des goldenen Schnittes $(\frac{1}{2}(1 + \sqrt{5}))$ entspricht!

1. Untersuche, welche und wie viele Glieder der Folge (a_n) mit $a_n = -\frac{n+1}{n}$ und $n \in \mathbb{N}^*$ einen Abstand von $g = -1$ haben, der folgende Bedingung erfüllt!

a) Es ist kleiner als $\frac{1}{10}$. b) Er ist kleiner als $\frac{1}{100}$. c) Er ist kleiner als $\frac{1}{1000}$.

2. Gegeben ist die Zahlenfolge $a_n = 2 + \frac{1}{n}$ mit $n \in \mathbb{N}^*$.

a) Berechne die Folgenglieder a_1 bis a_{10}! Veranschauliche diese in einem Koordinatensystem!

b) Welcher Zahl nähern sich die Folgenglieder a_n, wenn man n weiter vergrößert?

c) Trage in das Koordinatensystem die ε-Umgebung dieser Zahl für $\varepsilon = \frac{1}{4}$ (bzw. für $\varepsilon = \frac{1}{10}$) ein und bestimme die Anzahl der Folgenglieder außerhalb dieser ε-Umgebung!

d) Wie viele Folgenglieder liegen außerhalb der ε-Umgebung dieser Zahl für $\varepsilon = \frac{1}{10000}$?

e) Ab welchem n liegen die Folgenglieder in der $\frac{1}{10^6}$-Umgebung dieser Zahl?

3. Untersuche nachstehende Zahlenfolgen für $n \in \mathbb{N}^*$ wie in der vorhergehenden Aufgabe!

a) $a_n = \frac{2n-1}{2n}$ b) $b_n = (-1)^n \cdot \frac{2}{n}$ c) $c_n = \frac{4n-3}{3n}$ d) $d_n = \frac{4-n}{2n}$

4. Untersuche mithilfe der Definition der Konvergenz, ob die angegebene Zahl w_i Grenzwert der zugehörigen Zahlenfolge für $n \in \mathbb{N}^*$ ist!

a) $a_n = \frac{5n+3}{2n};\ w_1 = 2{,}5$ b) $a_n = \frac{7}{3} - \frac{4}{3n};\ w_2 = \frac{7}{3}$ c) $a_n = \frac{4-3n}{5n};\ w_3 = \frac{3}{5}$

d) $a_n = \frac{10+n}{n^2};\ w_4 = 0$ e) $a_n = \frac{9n+7}{8n};\ w_5 = 1$

5. Bestimme das Konvergenzverhalten der nachstehenden Folgen, indem du mithilfe einer Wertetabelle eine Vermutung über einen möglichen Grenzwert aufstellst und diese Vermutung dann mit der Definition der Konvergenz untersuchst!

a) $a_n = \frac{2n+3}{n}$ mit $n \in \mathbb{N}^*$ b) $a_n = \frac{n-1}{n}$ mit $n \in \mathbb{N}^*$ c) $a_n = (-1)^n \cdot \frac{1}{n}$ mit $n \in \mathbb{N}^*$

6. Untersuche das Verhältnis der Begriffe obere/untere Schranke und Grenzwert, indem du die folgenden Fragen beantwortest! (Überlege dir jeweils ein Beispiel oder Gegenbeispiel.)

a) Kann eine untere oder obere Schranke einer Folge (a_n) auch Grenzwert der Folge sein?
b) Ist die obere oder untere Schranke einer Folge (a_n) immer auch Grenzwert der Folge?
c) Kann der Grenzwert einer Folge (a_n) auch obere bzw. untere Schranke der Folge sein?
d) Ist der Grenzwert einer Folge (a_n) immer auch obere bzw. untere Schranke der Folge?

7. Mit dem HERON-Verfahren kann man die Quadratwurzel aus einer positiven Zahl a mit beliebiger Genauigkeit berechnen. Die rekursive Bildungsvorschrift der Folge der Näherungswerte lautet: $x_{n+1} = \frac{1}{2}(x_n + \frac{a}{x_n})$, wobei ein geeigneter Startwert x_1 zu wählen ist.

a) Berechne mit der Rekursionsformel die Quadratwurzeln aus den Zahlen 2; 5 und 7. Wähle als Startwerte 1; 4 bzw. 7!
b) Weise unter Annahme der Konvergenz der Folge nach, dass die folgende Gleichung gilt!
$\lim\limits_{n \to \infty} x_n = \sqrt{a}$

8. Ermittle unter Nutzung der Grenzwertsätze die Grenzwerte der nachstehenden Zahlenfolgen!

a) $\lim\limits_{n \to \infty} \frac{2n+3}{n}$ b) $\lim\limits_{n \to \infty} \frac{8}{4n}$ c) $\lim\limits_{n \to \infty} \frac{2-3n}{n}$ d) $\lim\limits_{n \to \infty} \frac{6n-1}{3n+3}$

e) $\lim\limits_{n \to \infty} \frac{n^2+n+1}{n^2}$ f) $\lim\limits_{n \to \infty} \frac{5n^2+3n+1}{4n^2}$ g) $\lim\limits_{n \to \infty} \frac{4n^2-3n-2}{2n^2}$ h) $\lim\limits_{n \to \infty} \frac{(2n-3)^2}{(n+2)^2}$

i) $\lim\limits_{n \to \infty} \frac{(n+3)\cdot(n-1)}{3n^2}$ j) $\lim\limits_{n \to \infty} \frac{7n^3+3n^2-5}{2n^4+4n^2-2}$ k) $\lim\limits_{n \to \infty} \frac{n^2-n}{n^2+n}$ l) $\lim\limits_{n \to \infty} \frac{8-n^3+3n^5}{5+3n^2-4n^5}$

9. Untersuche unter Verwendung der Grenzwertsätze die Zahlenfolgen auf Konvergenz!

a) $\left(\frac{n^2-3n+1}{2+n-n^2}\right)$ b) $\left(\frac{3n+4}{n-1}\right)$ c) $\left(\frac{1}{2^n}\right)$ d) $\left(\frac{n^2-1}{n+1}\right)$

e) $\left(\frac{(n^2+3)^2}{(2-2n)^2}\right)$ f) $\left(\frac{(n-3)\cdot(n^2+1)}{(n+2)\cdot(n-4)}\right)$ g) $\left(\frac{8n^5-3n^3+n}{2n^5+n^4-3n}\right)$ h) $\left(\frac{n^2\cdot(2-n)}{n^3\cdot(n-1)}\right)$

10. Bestimme durch Anwenden der Grenzwertsätze die Grenzwerte der Folgen!

a) $a_n = (2 + \frac{1}{n})\cdot(2 - \frac{1}{n})$ b) $a_n = \left(\frac{3n^2+4n+7}{9n^2+7n}\right)$ c) $a_n = \left(\frac{3n}{3^n}\right)$

11. Bestimme die Grenzwerte nachstehender Zahlenfolgen mithilfe der Grenzwertsätze!

a) $a_n = \frac{2}{n} + \frac{1}{n^2}$ b) $a_n = \frac{3n+1}{n+2}$ c) $a_n = \frac{8n+2}{n^2+n}$ d) $a_n = \frac{n^2+n+4}{n(n+2)}$

e) $a_n = (4 - \frac{1}{n^2})\cdot(\frac{n+1}{n})$ f) $a_n = \frac{n - \frac{1}{n}}{n^2 - \frac{1}{n^2}}$ g) $a_n = \frac{2n+3}{3n-1}$ h) $a_n = \frac{6n-2}{2n^2-n+1}$

12. Bestimme jeweils die Grenzwerte der nachstehenden Folgen (a_n) und (b_n), der Differenzfolgen $(a_n - b_n)$, der Produktfolgen $(a_n \cdot b_n)$ und der Quotientenfolgen $(\frac{a_n}{b_n})$, sofern dies möglich ist!

a) $a_n = 2 - \frac{3}{n}$; $b_n = 1 - \frac{3}{n}$ b) $a_n = 3 + \frac{1}{n}$; $b_n = 2 - \frac{1}{n}$

c) $a_n = 3$; $b_n = 4 + \frac{2}{n}$ d) $a_n = 1 - \frac{(-1)^n}{n}$; $b_n = \frac{1}{n}$

5.3 Partialsummen

Bereits in der Antike stieß man beim Untersuchen von unendlich kleinen Größen auf Widersprüche zwischen mathematischen Betrachtungen und realen Tatsachen. Der griechische Philosoph ZENON VON ELEA hat dies in einem berühmten Paradoxon beschrieben, dass sich im Prinzip auf jeden Bewegungsvorgang übertragen lässt. *(Paradoxon: scheinbar falsche Aussage, die bei genauer Betrachtung auf eine „höhere" Wahrheit hinweist)*

ZENON stellt das Problem in Form eines fiktiven Wettlaufes des trojanischen Helden ACHILLES mit einer Schildkröte dar. Zu Beginn des Wettlaufes hatte die Schildkröte einen Vorsprung von 1 Stadion (griech. Längenmaß, 192,27 m). Wenn ACHILLES diese Strecke zurückgelegt hat, ist die Schildkröte aber schon weiter gekrochen und hat erneut einen Vorsprung. Hat ACHILLES auch diese Strecke zurückgelegt, ist die Schildkröte wieder ein Stück vorangekommen. Dies lässt sich unendlich oft fortsetzen.

Der Vorsprung der Schildkröte wird zwar immer kleiner, aber ACHILLES kann sie nie einholen.

Die Berechnung des Gesamtweges von ACHILLES führt auf eine unendliche Summation von positiven Streckenlängen. Eine mathematisch korrekte Beschreibung dieses Phänomens gelang erst im 19. Jahrhundert. Der Grenzwertbegriff und der Begriff der Partialsumme sind dabei wichtig.

Es sei eine Zahlenfolge (a_n) gegeben. Dann heißen die Summen

$s_1 = a_1$;	$s_2 = a_1 + a_2$;	$s_3 = a_1 + a_2 + a_3$;	…;	$s_n = a_1 + a_2 + \ldots + a_n$
erste,	zweite,	dritte,	…,	n-te

Partialsumme von (a_n). Die Folge s_1; s_2; s_3; … wird **Partialsummenfolge von (a_n)** genannt.

Um den Erfolg seiner Mobilfunkfirma beurteilen zu können, notiert ein Unternehmer jeweils zum Monatsende den erzielten Umsatz (in 10000 €):

Monat	1	2	3	4	5	6	7	8	9	10	11	12
Umsatz	5,43	4,25	4,98	5,31	6,97	6,41	6,58	5,71	7,16	6,78	8,59	9,37

Um Informationen über die Geschäftsentwicklung, etwa im Vergleich zum Vorjahr oder im Vergleich verschiedener Quartale zu erhalten, werden ausgehend von diesen Daten nun die kumulativen Umsatzzahlen gebildet, d. h., es wird jeweils der Umsatz (in 10000 €) vom Jahresbeginn bis zum jeweiligen Monat ermittelt.

Monat	1	2	3	4	5	6	7	8	9	10	11	12
summierter Umsatz	5,43	9,68	14,66	19,97	26,94	33,35	39,93	45,64	52,80	59,58	68,17	77,54

Durch diese Summation ist aus der Zahlenfolge der Monatszahlen eine neue Zahlenfolge entstanden, die die Partialsummenfolge der ersten Folge ist.

Für das Arbeiten mit Summen, die aus vielen Summanden bestehen, verwendet man zweckmäßigerweise die abgekürzte Schreibweise mit dem Summenzeichen Σ.
Das Zeichen Σ ist der griechische Buchstabe Sigma, entspricht dem lateinische Buchstaben S und wurde von LEONHARD EULER (1707 bis 1783) zur abgekürzten Schreibweise für Summen eingeführt.

Für die n-te Partialsumme $s_n = a_1 + a_2 + \ldots + a_n$ schreibt man kurz $\sum_{i=1}^{n} a_i$.
gelesen: Summe aller a_i von $i = 1$ bis n

Für das Rechnen mit Summen ist zu beachten:
- Der Buchstabe für den Laufindex kann man beliebig wählen. Es ist $\sum_{i=1}^{n} a_i = \sum_{m=1}^{n} a_m = \sum_{p=1}^{n} a_p$.
- Bei manchen Berechnungen kann es zweckmäßig sein, den Laufindex zu verschieben.
  So beschreiben beispielsweise $\sum_{i=1}^{n} a_i$; $\sum_{i=-5}^{n-6} a_{i+6}$; $\sum_{i=10}^{n+9} a_{i-9}$ die gleiche Partialsumme.
- Ist $k \in \mathbb{R}$ eine konstante Zahl, so gilt:
  $\sum_{i=1}^{n} k = n \cdot k$ und $\sum_{i=1}^{n} k \cdot a_i = k \cdot \sum_{i=1}^{n} a_i$
- $\sum_{i=1}^{n} (a_i \pm b_i) = \sum_{i=1}^{n} a_i \pm \sum_{i=1}^{n} b_i$

Durch Einsetzen erhält man:

a) $\sum_{i=1}^{6} (i + 1) = 2 + 3 + 4 + 5 + 6 + 7 = 27$

b) $\sum_{k=1}^{5} (k^2 - 3) = -2 + 1 + 6 + 13 + 22 = 40$

c) $\sum_{n=0}^{3} (-1)^n \cdot (\frac{2}{3})^n = 1 - \frac{2}{3} + \frac{4}{9} - \frac{8}{27} = \frac{13}{27}$

Wenn das Bildungsgesetz einer Zahlenfolge bekannt ist, lässt sich oft auch eine Formel für die n-te Partialsumme angeben.

Partialsumme einer arithmetischen Zahlenfolge

Ist (a_n) eine arithmetische Zahlenfolge mit der Differenz d, so gilt für deren n-te Partialsumme $s_n = \sum_{k=1}^{n} (a_1 + (k-1)d) = na_1 + \frac{n(n-1)d}{2}$

Dieser Satz kann bewiesen werden, wenn man beispielsweise die „Strategie" des deutsche Mathematikers CARL FRIEDRICH GAUSS (1777 bis 1855) anwendet, der schon als neunjähriger Schüler die Summe der natürlichen Zahlen von 1 bis 100 ermittelt haben soll. Der Lehrer hatte gehofft, seine Schüler mit diesem Problem eine Weile beschäftigt zu haben. Der junge GAUSS erledigte die Aufgabe jedoch innerhalb kurzer Zeit, indem er wie folgt rechnete:

$$s_{100} = 1 + 2 + 3 + \ldots + 98 + 99 + 100 = \underbrace{(1 + 100) + (2 + 99) + (3 + 98) + \ldots}_{\text{50 Summanden}} = 50 \cdot 101 = 5050$$

Für die allgemeine arithmetische Zahlenfolge lässt sich diese Idee analog verwenden.

Hier gilt dann:

$s_n = a_1 + [a_1 + d] + [a_1 + 2d] + \ldots + [a_1 + (n-3)\cdot d] + [a_1 + (n-2)\cdot d] + [a_1 + (n-1)\cdot d]$

bzw. nach Umordnung:

$$s_n = \underbrace{\{a_1 + [a_1 + (n-1)\cdot d]\} + \{[a_1 + d] + [a_1 + (n-2)\cdot d]\} + \{[a_1 + 2d] + [a_1 + (n-3)\cdot d]\} + \ldots}_{\frac{n}{2}\text{ Summanden}}$$

Ist n eine ungerade Zahl, so wird das in der Mitte stehende Folgenglied bei der Partialsummenbildung doppelt genommen. Jeder der Terme in geschweiften Klammern lässt sich zu $2a_1 + (n-1)\cdot d$ zusammenfassen. Damit erhält man:

$$s_n = \frac{n}{2}(2a_1 + (n-1)\cdot d) = na_1 + \frac{n(n-1)d}{2}$$

Gib für die durch $a_1 = 7$; $d = 1{,}5$ gegebene arithmetische Zahlenfolge nachstehende Werte an!

a) die Bildungsvorschrift

b) die ersten 6 Glieder

c) k, wenn $a_k = 29{,}5$

c) die Summe s_n der ersten 100 Glieder

Lösung:

a) Aus $a_1 = 7$ und $d = 1{,}5$ ergibt sich sofort das Bildungsgesetz $a_n = 5{,}5 + 1{,}5n$.

b) 7; 8,5; 9; 10,5; 12; 13,5

c) Durch Einsetzen in die explizite Bildungsvorschrift $a_n = a_1 + (n-1)\cdot d$ erhält man:
$29{,}5 = 7 + (k-1)\cdot 1{,}5$ bzw. $29{,}5 = 5{,}5 + 1{,}5k$.

Daraus folgt: $1{,}5k = 24$, also $n = 16$

d) $s_{100} = \sum_{i=1}^{100}(5{,}5 + 1{,}5i) = 100\cdot 7 + \frac{100\cdot 99\cdot 1{,}5}{2} = 8125$

Von einer arithmetischen Zahlenfolge ist bekannt: $a_{20} = 79$ und $a_{45} = 179$

Gib ist die Partialsumme s_{45} an!

Lösung:

Es müssen zunächst a_1 und d bestimmt werden.

Es gilt:

(I) $79 = a_1 + 19\cdot d$

(II) $179 = a_1 + 44\cdot d$

Die Lösung dieses linearen Gleichungssystems ist $a_1 = 3$ und $d = 4$.
Das Bildungsgesetz der Folge lautet also $a_n = 3 + (n-1)\cdot 4 = 4n - 1$.

Damit ergibt sich:

$$s_{45} = \sum_{i=1}^{45}(4i - 1) = 45\cdot 3 + \frac{45\cdot 44\cdot 4}{2} = 135 + 3960 = 4095$$

Auch für eine geometrische Zahlenfolge lässt sich eine Formel für die n-te Partialsumme gewinnen.

Partialsumme einer geometrischen Zahlenfolge

Ist (a_n) eine geometrische Zahlenfolge mit $a_n = a_1 \cdot q^{n-1}$, so gilt für deren n-te Partialsumme:

$$s_n = \sum_{k=1}^{n} a_1 q^{k-1} = a_1 \cdot \frac{q^n - 1}{q - 1} \quad \text{mit } q \neq 1$$

Ein Beweis der Formel ist durch folgende Überlegungen möglich:

Es ist: $a_n = a_1 \cdot q^{n-1}$

Dann gilt:

$$\begin{aligned}
s_1 &= a_1 &&= a_1 \\
s_2 &= a_1 + a_2 &&= a_1 + a_1q \\
s_3 &= a_1 + a_2 + a_3 &&= a_1 + a_1q + a_1q^2 \\
s_4 &= a_1 + a_2 + a_3 + a_4 &&= a_1 + a_1q + a_1q^2 + a_1q^3 \\
&\vdots \\
s_n &= a_1 + a_2 + a_3 + \ldots + a_n &&= a_1 + a_1q + a_1q^2 + a_1q^3 + a_1q^4 + \ldots + a_1q^{n-2} + a_1q^{n-1}
\end{aligned}$$

Diese n-te Partialsumme s_n wird mit q multipliziert und das Produkt $q \cdot s_n$ wird von s_n subtrahiert.

Also:

$$s_n = a_1 + a_1q + a_1q^2 + a_1q^3 + a_1q^4 + \ldots + a_1q^{n-2} + a_1q^{n-1}$$

$$q \cdot s_n = a_1q + a_1q^2 + a_1q^3 + a_1q^4 + \ldots + a_1q^{n-2} + a_1q^{n-1} + a_1q^n$$

$$s_n - q \cdot s_n = a_1 - a_1q^n = a_1(1 - q^n)$$

Bei Division beider Seiten der Gleichung durch $(1 - q)$ mit $q \neq 1$ folgt daraus:

$$s_n = a_1 \cdot \frac{1 - q^n}{1 - q} \quad \text{bzw. bei Erweiterung mit } (-1); \quad s_n = a_1 \cdot \frac{q^n - 1}{q - 1}$$

Bestimme die Summe der ersten n Potenzen von 2 für $n \in \mathbb{N}^*$!

Lösung: $a_1 = 2;\ q = 2 \Rightarrow s_n = 2 \cdot (2^n - 1) = 2^{n+1} - 2$

Ermittle folgende Angaben für die geometrische Zahlenfolge (a_n) mit $a_1 = -1$ und $q = 1{,}5$!

a) die explizite Bildungsvorschrift b) das Folgenglied a_5 c) die Partialsumme s_5

Lösung:

a) $a_n = -1 \cdot (1{,}5)^{n-1}$

b) Für $n = 5$ folgt: $a_5 = -1 \cdot (1{,}5)^4 = -5{,}0625$

c) Für s_5 gilt nach der Formel für die Partialsumme einer geometrischen Folge:

$$s_5 = \sum_{k=1}^{5} (-1) \cdot (1{,}5)^{k-1} = (-1) \cdot \frac{(1{,}5)^5 - 1}{1{,}5 - 1} = -\,13{,}1875$$

Um den Grenzwert der Partialsummenfolge einer geometrischen Folge zu ermitteln, ist der folgende Satz von Bedeutung.

Die Folge (q^n) ist eine Nullfolge, wenn $|q| < 1$ ist.

Der Beweis kann durch inhaltliche Überlegungen erfolgen:

1. Fall: $q = 0 \quad \Rightarrow \quad q^n = 0$ für alle $n \in \mathbb{N}^*$

2. Fall: $0 < |q| < 1$, dann gibt es ein Zahl $x > 1$ mit $|q| = \frac{1}{x}$.
Für n gegen unendlich geht x^n auch gegen unendlich und $|q|^n$ geht gegen 0. Wenn $|q|^n$ eine Nullfolge ist, ist auch q^n eine Nullfolge.

Damit lässt sich der folgende Satz beweisen:

Es sei (a_n) eine geometrische Folge mit $a_n = a_1 q^{n-1}$ mit $|q| < 1$ und (s_n) sei die Folge der Partialsummen der Folge (a_n). Dann gilt: $\lim\limits_{n \to \infty} s_n = a_1 \cdot \frac{1}{1-q}$

Zur geometrischen Folge $\frac{1}{2}; \frac{1}{4}; \frac{1}{8}; \frac{1}{16}; \ldots$ mit dem allgemeinen Glied $a_n = \left(\frac{1}{2}\right)^n$ für $n \in \mathbb{N}^*$ gehört die Partialsummenfolge: $s_1 = \frac{1}{2}$; $s_2 = \frac{1}{2} + \frac{1}{4} = \frac{3}{4}$; $s_3 = \frac{1}{2} + \frac{1}{4} + \frac{1}{8} = \frac{7}{8}$; …

Die n-te Partialsumme ist: $s_n = \frac{1}{2} \cdot \frac{\left(\frac{1}{2}\right)^n - 1}{\frac{1}{2} - 1} = 1 - \left(\frac{1}{2}\right)^n$, a so gilt $\lim\limits_{n \to \infty} s_n = 1$, da $q = \frac{1}{2} < 1$

Das gleiche Resultat ergibt sich aus der Formel: $\lim\limits_{n \to \infty} s_n = a_1 \cdot \frac{1}{1-q} = \frac{1}{2} \cdot \frac{1}{1 - \frac{1}{2}} = 1$

Die Folge der Partialsummen kann durch fortgesetztes Halbieren einer Strecke der Länge 1 und Aneinanderreihung der Teilstrecken gedeutet werden. Die Summe der Teilstrecken ist nie größer als 1, obwohl bei dem theoretisch unendlichen Prozess der Halbierung des restlichen Abstandes zu 1 jeweils immer noch eine Teilstrecke hinzukommt.

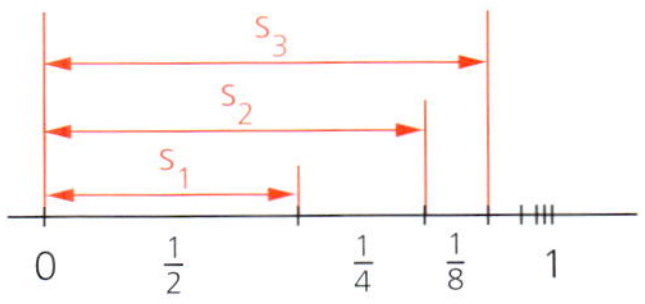

Ein Gummiball fällt aus einer Höhe von 2,00 m auf eine Betonplatte. Nach jedem Aufprall erreicht er noch 85 % seiner vorherigen Höhe. Welchen Weg legt er theoretisch bis zur Ruhe zurück?

Lösung:
Die Sprunghöhen bilden eine geometrische Folge mit:
$a_1 = 2{,}00$ m und $q = 0{,}85$;
$a_2 = 1{,}7$ m; $a_3 = 1{,}45$ m; $a_4 = 1{,}23$ m; $a_5 = 1{,}05$ m
allgemein: $a_n = a_1 \cdot q^{n-1} = 2 \cdot 0{,}85^{n-1}$.

Für die zurückgelegten Wege gilt:
Es ist $s_1 = a_1 = 2{,}00$ m; $s_2 = a_1 + 2 \cdot a_2 = 5{,}4$ m; $s_3 = a_1 + 2a_2 + 2a_3 = 8{,}3$ m.
Dabei ist zu berücksichtigen, dass jeder Weg außer dem ersten zweimal zurückgelegt wird.

$s_n = 2 \cdot 2 \cdot \frac{1 - 0{,}85^n}{1 - 0{,}85} - 2$ Daraus ergibt sich: $\lim\limits_{n \to \infty} s_n = 4 \cdot \frac{1}{0{,}15} - 2 = 24\frac{2}{3}$

Der Gummiball legt also bis zur Ruhe einen Weg von etwa 25 m zurück.

Aufgaben

ACHILLES und eine Schildkröte starten gleichzeitig zu einem Wettlauf (↗ 215). Die Schildkröte hat am Start einen Vorsprung von 1 Stadion (192,27 m). ACHILLES läuft 12-mal so schnell wie die Schildkröte. Wann hat ACHILLES die Schildkröte eingeholt?

a) Löse die Aufgabe mithilfe linearer Gleichungen!

b) Deute die Darstellung des Bewegungsvorganges im Koordinatensystem! Löse die Aufgabe als Schnittpunktproblem linearer Funktionen!

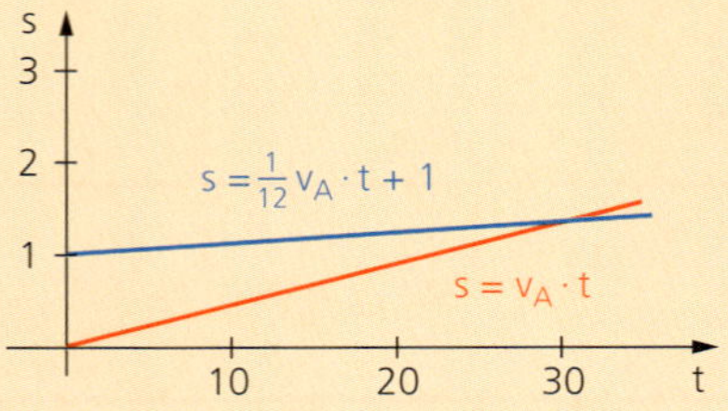

c) Stelle den zurückgelegten Weg von ACHILLES als Partialsummenfolge einer geometrischen Folge von Teilstrecken dar!

d) Berechne den Grenzwert der Partialsummenfolge! Vergleiche mit dem in a) ermittelten Wert.

1. Schreibe ausführlich!

a) $\sum_{n=1}^{4} \frac{1}{n} =$ b) $\sum_{k=3}^{6} (-k + k^2) =$ c) $\sum_{m=0}^{4} a^2 m =$ d) $\sum_{n=1}^{4} (-1)^n \cdot \frac{n}{n+1} =$ e) $\sum_{r=0}^{3} cr^2 \cdot c^r =$

2. Gib eine verkürzte Schreibweise unter Verwendung des Summenzeichens an!

a) $1 + 4 + 9 + \ldots + (k-1)^2 =$ b) $1 - 4 + 9 - 16 + 25 =$

c) $1 + \frac{1}{4} + \frac{1}{9} + \frac{1}{16} + \ldots + \frac{1}{1024} =$ d) $-3 + \frac{3}{10} - \frac{3}{100} + \frac{3}{1000} - \frac{3}{10000} =$

e) $0 + \frac{1}{2} + \frac{1}{2}\sqrt{3} + 1 + \frac{1}{2}\sqrt{3} + \frac{1}{2} + 0 =$ f) $\frac{3}{2} + \frac{5}{2} + \frac{9}{2} + \frac{17}{2} + \frac{33}{2} =$

3. Gegeben ist die arithmetische Zahlenfolge $(a_n) = (3n - 2)$. Berechne a_1; a_2; a_3; a_4; a_5! Berechne folgende Partialsummen!

a) $s_1 = a_1$ b) $s_2 = a_1 + a_2$ c) $s_3 = a_1 + a_2 + a_3$ d) $s_4 = \sum_{i=1}^{4} a_i$ e) $s_5 = \sum_{i=1}^{5} a_i$

f) Bestimme das allgemeine Folgenglied s_n der berechneten Partialsummenfolgen!

4. Die Partialsummenfolge (s_n) einer arithmetischen Zahlenfolge (a_n) sei gegeben durch $s_n = 2n^2 - 5n$. Berechne s_1 bis s_5!
Bestimme a_1 bis a_5 und das allgemeine Folgenglied a_n der zugehörigen Folge (a_n)!

5. Wie viele Glockenschläge hört man bei einer Turmuhr in 24 Stunden?

a) Sie schlägt nur zu vollen Stunden.

b) Sie schlägt zur vollen Stunde und alle Viertelstunden mit je 1; 2; 3 bzw. 4 Schlägen.

6. 10 Maß Getreide sollen unter 10 Personen so aufgeteilt werden, dass jede folgende Person $\frac{1}{8}$ Maß weniger erhält als die vorhergehende Person. Gib die Verteilung des Getreides an!

7. Die Formel für die n-te Partialsumme einer geometrischen Folge $s_n = a_1 \cdot \frac{q^n - 1}{q - 1}$ gilt nicht für q = 1. Diskutiere den Spezialfall q = 1!

8. Berechne die Folgenglieder a_1 bis a_5 sowie die Partialsummen s_1 bis s_5 und gib das allgemeine Glied s_n der Partialsummenfolge (s_n) an!

a) $a_n = (\frac{1}{2})^{n-1}$ b) $a_n = \frac{3}{8} \cdot 4^n$ c) $a_n = (2\sqrt{2})^{n+1}$ d) $a_n = \frac{1}{2^n}$

9. Gegeben sei ein gleichseitiges Dreieck mit einer Seitenlänge von 24 cm. Durch Verbinden der Mittelpunkte der Seiten wird ein zweites gleichseitiges Dreieck hergestellt. Diese Konstruktion wird n-mal fortgesetzt. Bestimme die ersten 5 Glieder folgender Folgen!

a) von den Seitenlängen der Dreiecke
b) von den Umfängen der Dreiecke
c) von den Flächeninhalte der Dreiecke
d) Überprüfe, ob a) bis c) geometrische Folgen sind!

10. Bei den folgenden Halbkreisen ist der Radius des Nachfolgehalbkreises jeweils halb so groß wie der des unmittelbaren Vorgängers. Der 1. Halbkreis habe den Radius $r_1 = 2$ cm.

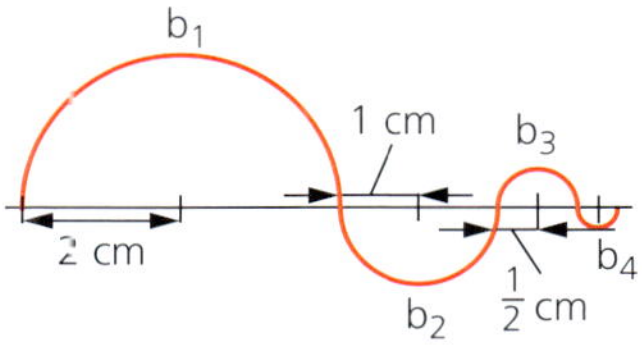

a) Berechne die Längen der Halbkreisbögen b_1 bis b_4!
b) Die Maßzahlen der Längen der Halbkreisbögen bilden eine Zahlenfolge (b_n). Gib eine explizite Zuordnungsvorschrift für (b_n) an!
c) Weise nach, dass die Folge (b_n) eine geometrische Zahlenfolge ist!
d) Berechne die Summe der Folgenglieder $\sum_{n=1}^{6} b_n$! Gib eine explizite Zuordnungsvorschrift für die Partialsummenfolge s_n an!

11. Ein Vater eröffnet seinem Sohn zu dessen 1. Geburtstag ein Konto auf einer Bank und zahlt 5 € ein. An jedem weiteren Geburtstag wird das Konto um jeweils den doppelten Betrag der im Vorjahr eingezahlten Summe aufgestockt.
a) Welche Gesamtsumme hat der Vater bis zum 10. Geburtstag seines Sohnes eingezahlt? (Zinsen bleiben unberücksichtigt.)
b) Bis zu welchem Geburtstag hat der Vater eine Gesamtsumme von 163 835 € eingezahlt?

5.4 Gemischte Aufgaben

1. Eine Schnecke kriecht eine 5 m hohe Mauer hoch. Am Tage kriecht sie immer 5 cm nach oben und nachts rutscht sie dann wieder 3 cm nach unten. Beschreibe diesen Vorgang mit einer arithmetischen Folge! Gib eine explizite Bildungsvorschrift für die Folge an und berechne, an welchem Tag die Schnecke den oberen Rand der Mauer erreicht hat!

2. In einem Einstellungstest wird dem Kandidaten die Aufgabe gestellt, die Zahlenfolge 3; 6; 11; 18; 27 in sinnvoller Weise um weitere vier Zahlen fortzusetzen.
a) Löse diese Aufgabe und gib eine passende Bildungsvorschrift an!
b) Kommentiere den Lösungsvorschlag: 3; 6; 11; 18; 27; 1; 1; 1; 1!

3. Mit der rekursiven Bildungsvorschrift $a_{n+1} = 0{,}4a_n + 4{,}5$ und dem Anfangswert $a_1 = 4{,}5$ kann die Menge eines Medikamentes beschrieben werden, die ein Patient am n-ten Tag bei täglicher Aufnahme von 4,5 mg aufgenommen hat.
Explizite Bildungsvorschrift: $a_n = 7{,}5 - 3 \cdot e^{-(n-1) \cdot \ln 2{,}5}$
a) Berechne die ersten 6 Glieder der Folge (a_n) mit der rekursiven und mit der expliziten Bildungsvorschrift! Vergleiche und beweise, dass die Folge (x_n) mit $x_n = e^{-(n-1) \cdot \ln 2{,}5}$ eine Nullfolge ist!
c) Berechne den Grenzwert der Folge (a_n)!

4. Eine degressive Abschreibung ist zu Beginn der Nutzungsdauer von Anlagegütern günstiger als eine lineare Abschreibung und wird deshalb meist von den Firmen gewählt.
Die Steuergesetze erlauben es, während der Nutzungsdauer einmal von der degressiven Abschreibungsmethode zur linearen zu wechseln. Dieser Wechsel ist für eine Firma in dem Jahr günstig, in dem die linearen Abschreibungssätze, die sich zu diesem Zeitpunkt aus der Division des Restwertes durch die Restnutzungsdauer ergeben, größer als die weiteren degressiven Abschreibungssätze sind.
Die Anschaffungskosten eines Betriebsmittels betragen 100000 €, die Nutzungsdauer 10 Jahre und der Abschreibungssatz 30 %.

a) Berechne die Restwerte am Ende eines jeden Jahres, wenn durchgängig eine lineare bzw. eine degressive Abschreibungsmethode gewählt wird!
b) Die Firma beginnt mit einer degressiven Abschreibung. Ermittle das Jahr, in dem ein Wechsel zur linearen Abschreibung des verbliebenen Restwertes (verteilt auf die restlichen Jahre) günstig ist!
c) Vergleiche die von der Steuer absetzbaren Beträge bei den drei Methoden (durchgängig linear, durchgängig degressiv, erst degressiv und dann linear)!
d) Untersuche bei den betrachteten Anschaffungskosten und dem Abschreibungssatz den Zusammenhang zwischen der Nutzungsdauer und dem Zeitpunkt für einen Wechsel!

5. Ein Geldbetrag von 3300,00 € soll unter 5 Personen so aufgeteilt werden, dass jede folgende Person einen bestimmten Betrag weniger erhält als die vorhergehende Person.
Die erste Person erhält 1020,00 €. Wie viel Euro empfängt die letzte Person?

6. Zwischen einem Gläubiger und einem Schuldner wird ein Vertrag mit folgendem Inhalt abgeschlossen:
Der Schuldner zahlt seine Schuld von 16000,00 € in Monatsraten ab. Die erste Rate beträgt 1125,00 €. Jede folgende Rate sei um 250,00 € höher als die vorhergehende Rate.
Wie viel Ratenzahlungen sind zu tätigen, bis die Schuld getilgt ist?
Wie groß ist die letzte Rate?

7. Spiritus ist ein Gemisch aus Ethylalkohol und Wasser. Ein Gefäß von 50 Liter Inhalt sei mit 80-prozentigem Spiritus gefüllt. Wie viel Liter an reinem Ethylalkohol sind noch in dem Gefäß, nachdem man 20-mal 1 Liter der vorhandenen Flüssigkeit abgegossen und dafür jedes Mal 1 Liter Wasser hineingegossen hat?

8. Eine Bakterienkultur verdoppelt ihren Bestand in 30 Stunden.
Um wie viel Prozent p wächst der Bestand in einer Stunde?
Hinweis: Es handelt sich um eine geometrische Folge: $q = 1 + \frac{p}{100}$

9. Ein Pendel wird 30 cm nach rechts aus seiner Ruhelage bewegt und dann losgelassen. Der Betrag einer Amplitude (der maximale Ausschlag) soll 75 % des Betrages der vorhergehenden Amplitude sein.

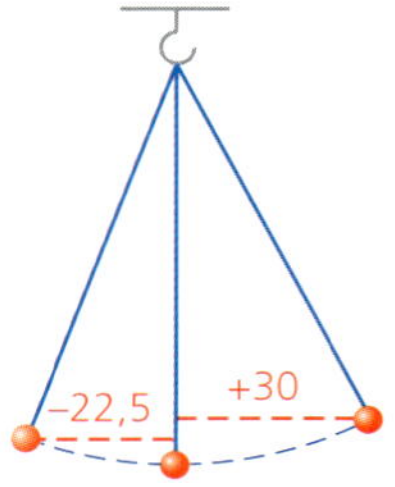

a) Gib eine explizite Bildungsvorschrift für die durch die Ausschläge bestimmte geometrische Folge an!
b) Berechne die ersten 5 Glieder!
c) Berechne den Weg, den die Kugel bis zur vollständigen Ruhe zurücklegt!

10. Die Flüssigkeit in einem verbundenen Gefäß wird um 40 cm aus dem Gleichgewicht gebracht. Die Flüssigkeit führt danach Schwingungen aus, deren Amplituden eine geometrische Folge bilden. Gib eine explizite Bildungsvorschrift für diese Folge an! Bestimme die ersten 5 Ausschläge betragsmäßig unter der Annahme, dass die Amplitude immer annähernd $\frac{2}{3}$ des vorhergehenden Ausschlags beträgt!

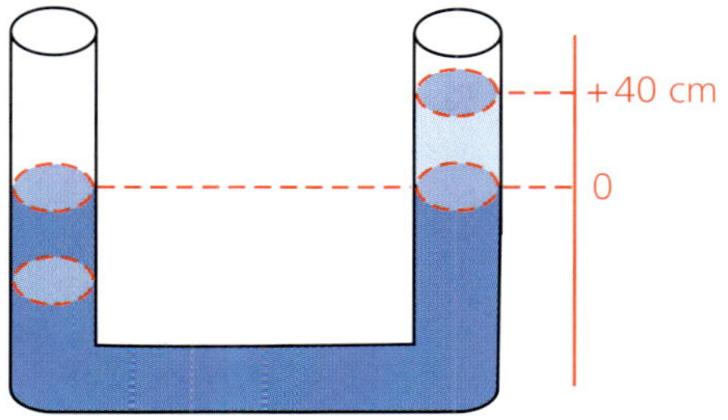

11. Vier Zahlen bilden eine arithmetische Folge. Wenn man zur dritten Zahl 4 und zur vierten Zahl 16 addiert, erhält man eine geometrische Folge. Wie heißen die vier Zahlen?

12. Der Schweizer Mathematiker LEONHARD EULER (1707 bis 1783), der als bedeutendster Mathematiker des 18. Jahrhunderts angesehen wird, bewies als erster, dass die Folge (a_n) mit $a_n = (1 + \frac{1}{n})^n$ einen Grenzwert besitzt. Der Grenzwert ist eine irrationale Zahl, die nach EULER mit dem Buchstaben e abgekürzt und als **eulersche Zahl** bezeichnet wird.
Die ersten 10 Ziffern von e sind 2,718281828. Die Zahl e tritt an mehren Stellen in der Mathematik auf, so als Basis der wichtigen Exponentialfunktion $f(x) = e^x$ (↗ 183) und als Basis der so genannten natürlichen Logarithmen $\log_e z = \ln z$.

a) Berechne mit einem Taschenrechner die ersten 5 Glieder der Folge (a_n) sowie die Folgenglieder a_{100}; a_{1000}; und a_{100000} und vergleiche jeweils mit der Zahl e!

b) Die eulersche Zahl ist auch Grenzwert der Partialsummenfolge (s_n) mit $s_n = \sum_{k=0}^{n} \frac{1}{k!}$.
($k! = 1 \cdot 2 \cdot \ldots \cdot k$)
Berechne die ersten Glieder von (s_n) bis die Differenz zu e kleiner als 10^{-4} ist!

13. Die Summe der ersten drei Glieder einer geometrischen Folge, in der alle Glieder positive Zahlen sind, beträgt 221. Das dritte Glied dieser Folge ist um 136 größer als das erste Glied. Ermittle die Summe der ersten sechs Glieder der Folge!

14. Die Summe einer unendlichen fallenden geometrischen Folge beträgt 6.
Die Summe ihrer ersten vier Glieder ist $5\frac{5}{8}$. Wie heißt das erste Glied dieser Folge?

15. An einem Schenkel eines Winkels von 45° ist in einer Entfernung a vom Scheitel ein Punkt eingezeichnet. Von diesem Punkt aus ist ein Lot auf den anderen Schenkel des Winkels gefällt und von dem Fußpunkt des Lotes wird ein neues Lot auf den ersten Schenkel gefällt usw. Ermittle den Grenzwert der Partialsummenfolge für die Längen dieser Lote!

16. Einem Quadrat mit der Seitenlänge a und dem Flächeninhalt A_1 ist ein zweites so einbeschrieben, dass dessen Ecken in der Mitte der Seiten des ersten Quadrats liegen. Dieser Prozess wird fortgesetzt. Berechne den Grenzwert der Partialsummenfolge A_1; $A_1 + A_2$; ... !

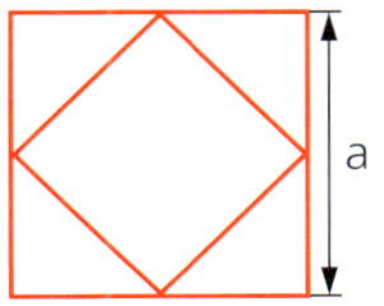

17. Einem Quadrat mit der Seitenlänge a ist ein Kreis, diesem wieder ein Quadrat usw. einbeschrieben. Ermittle die Grenzwerte der entstehenden Partialsummenfolgen für:

a) die Umfänge der Quadrate
b) die Kreisumfänge
c) die Quadratflächeninhalte
d) die Kreisflächeninhalte

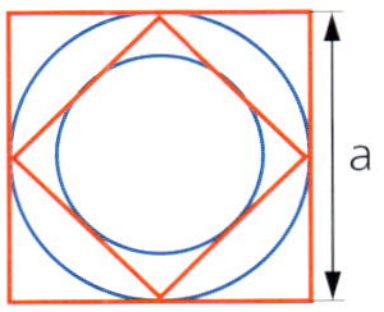

Zahlenfolgen

Begriff:

Eine **reelle Zahlenfolge** ist eine geordnete Menge reeller Zahlen, die nach einer Vorschrift gebildet wird.

Schreibweise: (a_n) mit $n = 1; 2; 3; \ldots$ oder $n \in \mathbb{N}^*$

Beispiel: $2;\ 4;\ 6;\ 8;\ 10;\ \ldots$ $a_1; a_2; a_3; a_4; a_5; \ldots; a_n; \ldots$

Bildungsvorschriften:

Rekursive *Bildungsvorschrift:* $a_{n+1} = f(a_n);$ $a_1 = 2;$ $a_{n+1} = a_n + 2$

Explizite *Bildungsvorschrift:* $a_n = f(n)$ mit $n \in \mathbb{N}^*;$ $a_n = 2n$

Konvergenz und Divergenz:

Eine Zahlenfolge (a_n) **konvergiert** gegen einen **Grenzwert** g, wenn für jede noch so kleine positive Zahl ε ein Index $k(\varepsilon)$ berechnet werden kann, sodass gilt:

$|a_n - g| < \varepsilon$ für alle $n > k(\varepsilon)$

Schreibweise: $\lim\limits_{n \to \infty} a_n = g$

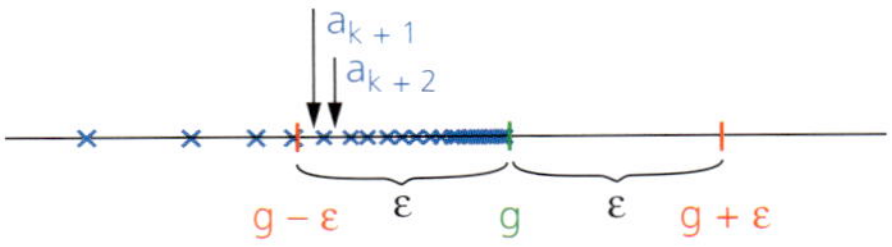

Eine Zahlenfolge heißt **divergent,** wenn sie nicht konvergent ist.

Arithmetische Folgen	Geometrische Folgen
$a_{n+1} = a_n + d;$ $a_n = a_1 + (n-1) \cdot d$ mit $n \in \mathbb{N}^*$ und $d \in \mathbb{R}$	$a_{n+1} = q \cdot a_n;$ $a_n = a_1 \cdot q^{n-1}$ mit $n \in \mathbb{N}^*; q \in \mathbb{R}, q \neq 0; a_1 \neq 0$
n-te Partialsumme:	*n-te Partialsumme:*
$s_n = \sum\limits_{k=1}^{n} (a_1 + (k-1) \cdot d)$	$s_n = \sum\limits_{k=1}^{n} a_1 \cdot q^{k-1}$
$s_n = na_1 + \frac{n(n-1)d}{2}$	$s_n = a_1 \frac{q^n - 1}{q - 1}$
$a_1 = 0;$ $a_{n+1} = a_n + \frac{1}{2};$ $a_n = \frac{1}{2} \cdot (n-1)$	$a_1 = 1;$ $a_{n+1} = \frac{1}{2} \cdot a_n;$ $a_n = \left(\frac{1}{2}\right)^{n-1}$
$s_n = \frac{1}{4} n(n-1)$	$s_n = 2\left(1 - \left(\frac{1}{2}\right)^n\right)$
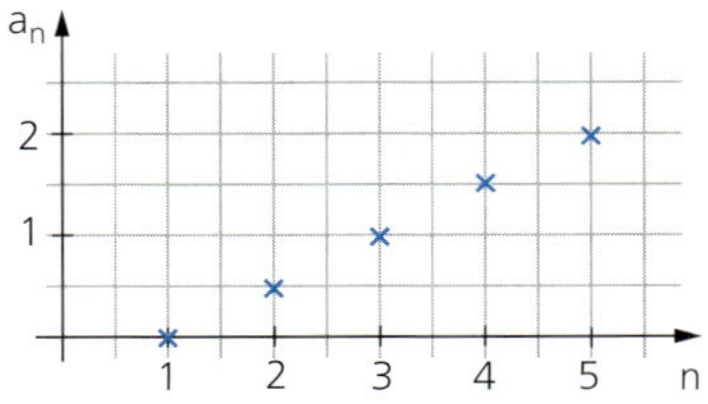	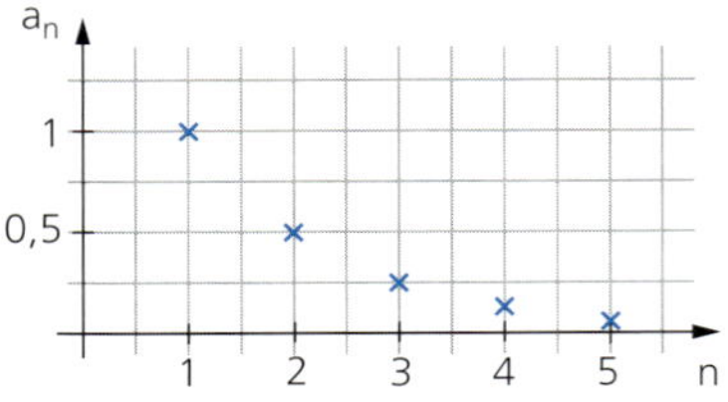
$\lim\limits_{n \to \infty} \frac{1}{2}(n-1) = \infty;$ $\lim\limits_{n \to \infty} \frac{1}{4}n(n-1) = \infty$	$\lim\limits_{n \to \infty} \left(\frac{1}{2}\right)^{n-1} = 0;$ $\lim\limits_{n \to \infty} 2\left(1 - \left(\frac{1}{2}\right)^n\right) = 2$

6

Geometrische Konstruktionen und Beweise

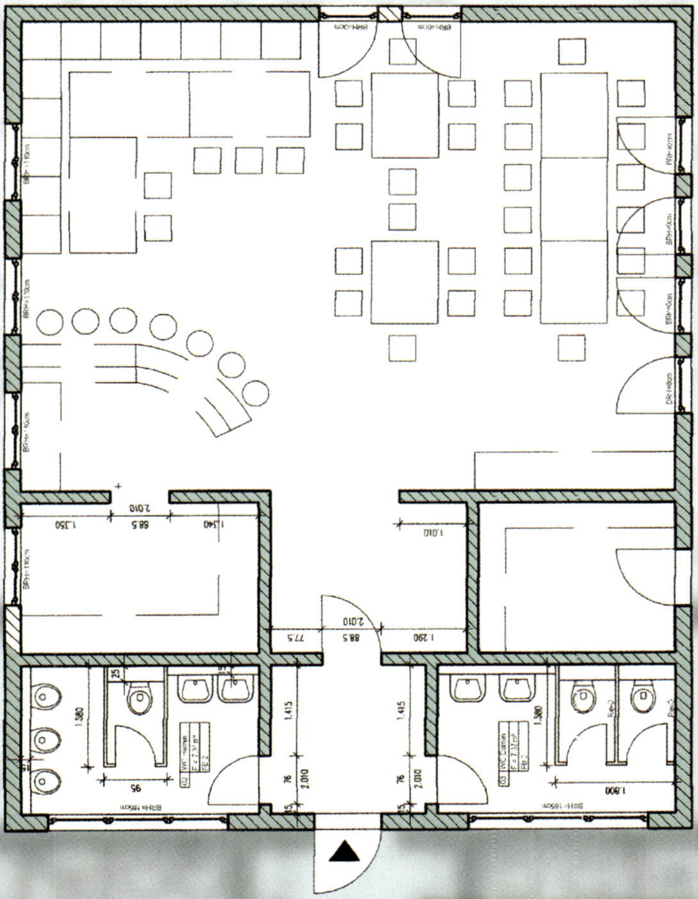

Zeichnungen werden heute auch mithilfe von CAD-Programme angefertigt, in denen viele Teilkonstruktionen als Module vorgegeben sind.
(CAD: Computer Aided Design – rechnerunterstütztes Konstruieren).
Mit diesen Programmen können auf einfache Art sowohl ebene (zweidimensionale: 2D) als auch räumliche (dreidimensionale: 3D) Darstellungen angefertigt werden.

6 Geometrische Konstruktionen und Beweise

Rückblick

Sätze am Kreis

Satz des Thales

Jeder Peripheriewinkel über einem Durchmesser ist ein rechter Winkel.

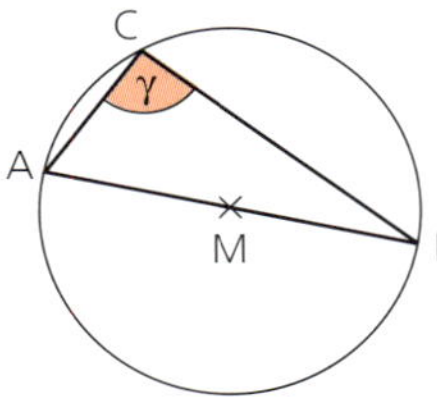

Es gilt: $\gamma = 90°$

Peripheriewinkelsatz

Alle Peripheriewinkel über demselben Kreisbogen sind gleich groß.

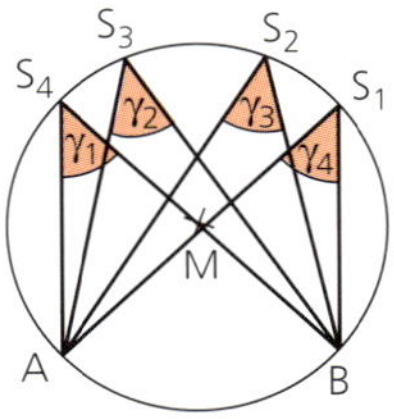

Es gilt: $\gamma_1 = \gamma_2 = \gamma_3 = \gamma_4$

Zentriwinkel-Peripheriewinkel-Satz

Jeder Peripheriewinkel ist halb so groß wie der **Zentriwinkel** über demselben Kreisbogen

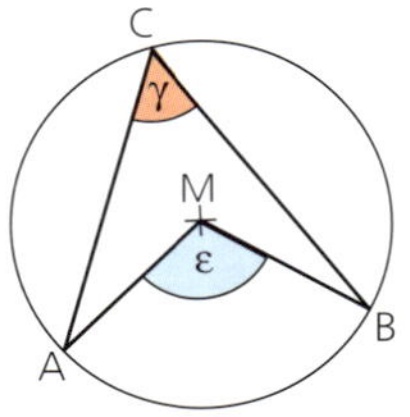

Es gilt: $\varepsilon = 2\gamma$

Strahlensätze

1. Strahlensatz:
In einer Strahlensatzfigur ist das Verhältnis zweier Strahlenabschnitte auf einem Strahl genauso groß wie das Verhältnis der gleich liegenden Strahlenabschnitte auf dem anderen Strahl.

Es gilt z. B.: $\frac{\overline{ZA}}{\overline{ZB}} = \frac{\overline{ZC}}{\overline{ZD}}$ und $\frac{\overline{ZA}}{\overline{AB}} = \frac{\overline{ZC}}{\overline{CD}}$

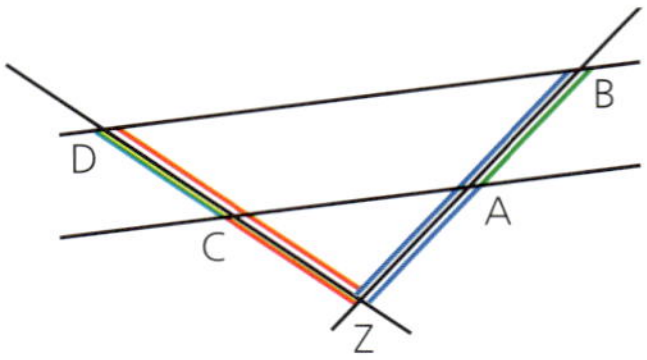

Umkehrung des 1. Strahlensatzes: Werden zwei Strahlen mit einem gemeinsamen Anfangspunkt durch zwei Geraden geschnitten und ist das Verhältnisse zweier Strahlenabschnitte auf dem einen Strahl genauso groß wie das Verhältnis der gleichliegenden Strahlenabschnitte auf dem anderen Strahl, so sind die schneidenden Geraden parallel zueinander.

2. Strahlensatz
In einer Strahlensatzfigur ist das Verhältnis der Parallelenabschnitte genauso groß wie das Verhältnis der zugeordneten Strahlenabschnitte auf demselben Strahl.

Es gilt z. B.: $\frac{\overline{AC}}{\overline{BD}} = \frac{\overline{ZA}}{\overline{ZB}}$ und $\frac{\overline{BD}}{\overline{AC}} = \frac{\overline{ZD}}{\overline{ZC}}$

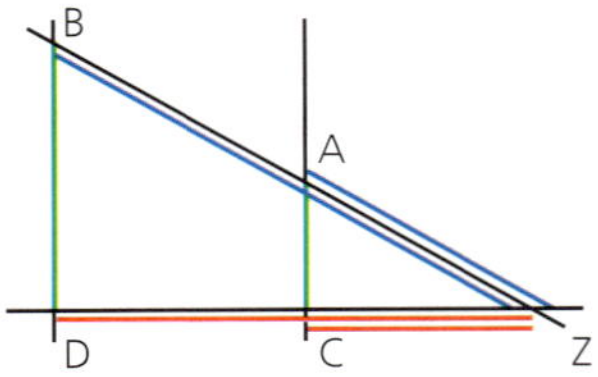

Umkehrung des 2. Strahlensatzes: Wird ein Strahl mit dem Anfangspunkt Z durch zwei parallel Geraden in den Punkten A und B geschnitten und gilt für zwei Punkte C und D auf den parallelen Geraden $\frac{\overline{ZA}}{\overline{ZB}} = \frac{\overline{AC}}{\overline{BD}}$, so liegen die Punkte Z, C und D auf einem Strahl mit dem Anfangspunkt Z.

Aufgaben

1. Ermittle die Größen der gekennzeichneten Winkel!

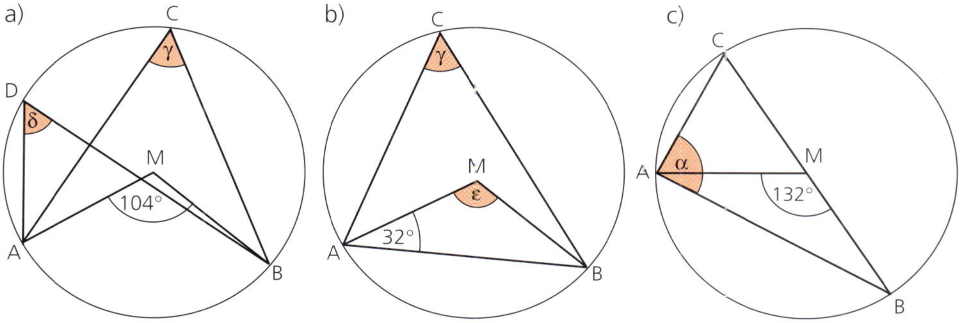

2. Konstruiere jeweils einen Kreis!

a) $\overline{AB} = 4{,}0$ cm ist eine Sehne und $\alpha = 76°$ ist Zentriwinkel über $\overset{\frown}{AB}$.

b) $\overline{AB} = 4{,}0$ cm ist eine Sehne und $\beta = 76°$ ist Peripheriewinkel über $\overset{\frown}{AB}$.

3. Berechne im Kopf (Angaben in Zentimeter)!

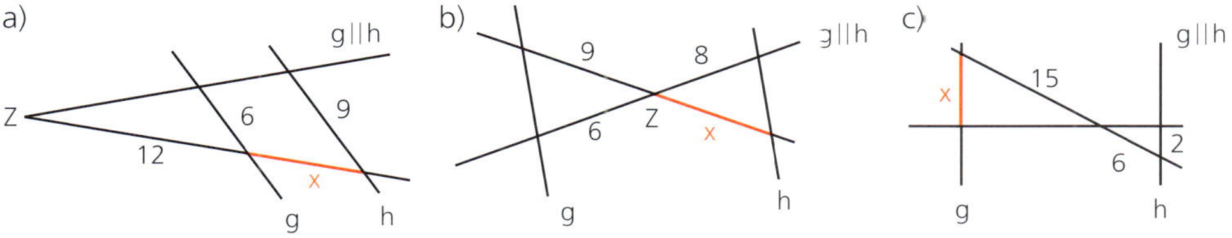

Skizzen nicht maßstäblich

4. Welche der folgenden Verhältnisgleichungen sind wahre Aussagen? Berichtige, wenn nötig!

a) $\frac{\overline{ZA}}{\overline{ZC}} = \frac{\overline{ZB}}{\overline{ZD}}$ b) $\frac{\overline{AB}}{\overline{CD}} = \frac{\overline{ZA}}{\overline{AC}}$

c) $\frac{\overline{AC}}{\overline{ZC}} = \frac{\overline{ZD}}{\overline{BD}}$ d) $\frac{\overline{BD}}{\overline{ZD}} = \frac{\overline{AC}}{\overline{ZC}}$

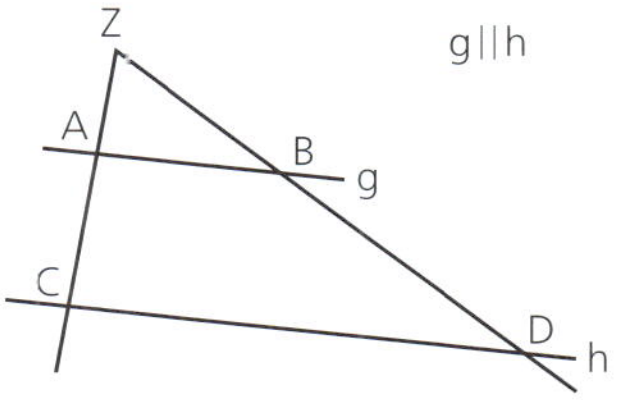

5. Untersuche, ob die Geraden g und h parallel zueinander sind!

a) $\overline{ZA} = 5$ cm; $\overline{ZB} = 7$ cm; $\overline{ZC} = 4$ cm; $\overline{ZD} = 5{,}6$ cm

b) $\overline{ZB} = 9$ cm; $\overline{AB} = 3$ cm; $\overline{ZC} = 4$ cm; $\overline{CD} = 2$ cm

c) $\overline{ZA} = 4$ cm; $\overline{ZC} = 3$ cm; $\overline{AB} = 5$ cm; $\overline{CD} = 4$ cm

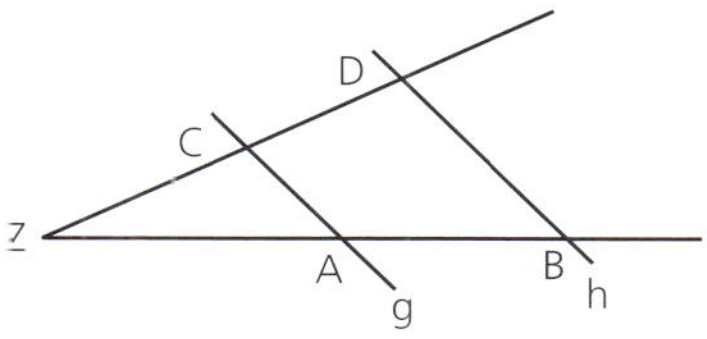

6. Untersuche, ob die Punkte Z; C und D auf einer Geraden liegen!

a) $\overline{ZA} = 6$ cm; $\overline{ZB} = 8$ cm; $\overline{AC} = 3$ cm; $\overline{BD} = 4$ cm

b) $\overline{ZA} = 12$ cm; $\overline{AB} = 3$ cm; $\overline{AC} = 8$ cm; $\overline{BD} = 2$ cm

c) $\overline{ZB} = 15$ cm; $\overline{AB} = 3$ cm; $\overline{AC} = 8$ cm; $\overline{BD} = 10$ cm

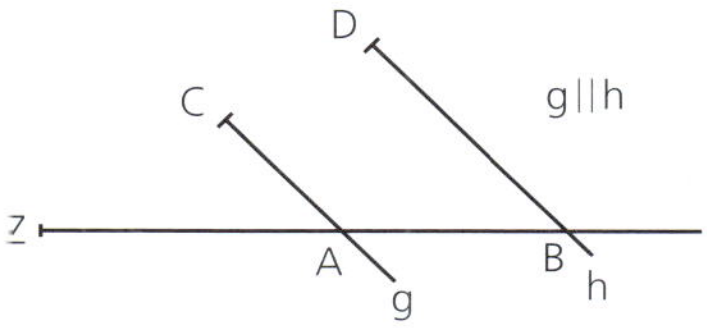

6.1 Konstruieren geometrischer Objekte

Zur Anfertigung einer Zeichnung werden häufig komplexe Probleme in Teilprobleme zerlegt. Jede Konstruktionsaufgabe lässt sich auf das Bestimmen von Punkten zurückführen. Dazu benötigt man zur Festlegung eines Punktes zwei Linien, (Geraden oder Kreise), die sich aus den gegebenen Bedingungen für die Lage des Punktes ergeben. Wird mit meinem Computerprogramm gearbeitet, liegt jeder Zeichnung ein zumeist rechtwinkliges Koordinatensystem zugrunde. Zur Angabe eines Punktes werden dann zwei Koordinaten benötigt.

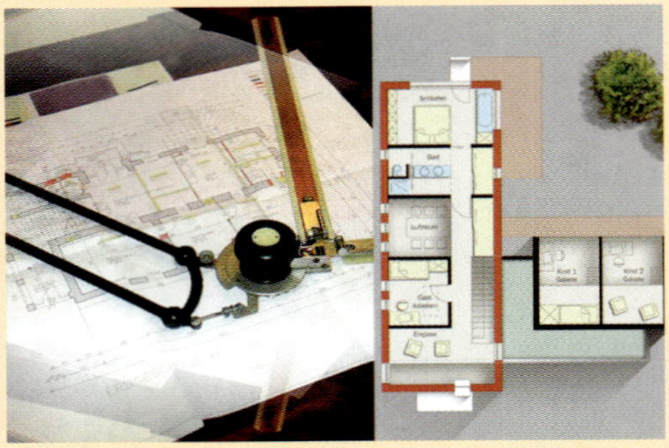

Zur Lösung einer Konstruktionsaufgabe gehe in folgenden Schritten vor:

1. *Analyse:*
   Fertige eine Planfigur an! Markiere die gegebenen Stücke! Suche nach Beziehungen!
2. *Lösungsplan:*
   Suche nach Lösungsideen! Gib für jeden Punkt zwei Linien an, auf denen er liegen muss!
3. *Konstruktion:*
   Führe die Konstruktion nach dem Lösungsplan aus!
4. *Kontrolle:*
   Bestimme die Anzahl der Lösungen! Untersuche die Kongruenz der gefundenen Figuren!

Zum Finden eines Lösungsplanes helfen dir im Allgemeinen folgende heuristische Regeln:

1. Reduziere jede Aufgabe auf das Bestimmen von Punkten!
2. Gib für jeden Punkt zwei Bedingungen an, die er erfüllen muss.
   Diese Bedingungen ergeben sich aus den gegebenen Stücken.
3. Betrachte jede Bedingung für sich und suche eine Linie, auf der alle Punkte liegen, die diese Bedingung erfüllen.

In einigen Fällen helfen auch folgende Regeln (Ähnlichkeitsmethode):

1. Versuche eine Hilfsfigur zu konstruieren, die zur gesuchten Figur ähnlich ist.
   Vernachlässige dazu eine Bedingung!
2. Bestimme eine zentrische Streckung, mit der du die gesuchte Figur erhalten kannst!

Soll eine Figur durch eine **zentrische Streckung** mit dem **Streckungszentrum** Z und dem **Streckungsfaktor** k vergrößert oder verkleinert werden, so bestimmt man das Bild P' eines Punktes P nach folgendem Lösungsplan:

P' liegt auf dem Strahl ZP und auf dem Kreis um Z mit dem Radius $\overline{ZP'} = k \cdot \overline{ZP}$.

Nachdem das Bild eines der Punkte der Originalfigur bestimmt ist, kann für alle weiteren Punkte als zweite Bestimmungslinie eine Parallele verwenden werden, da Original- und Bildgerade bei einer zentrischen Streckung stets parallel zueinander sind.

Aufgabe:

Konstruiere ein Dreieck aus den Seiten $b = 4{,}7$ cm und $c = 5{,}1$ cm und dem Winkel $\beta = 32°$!

Planfigur:

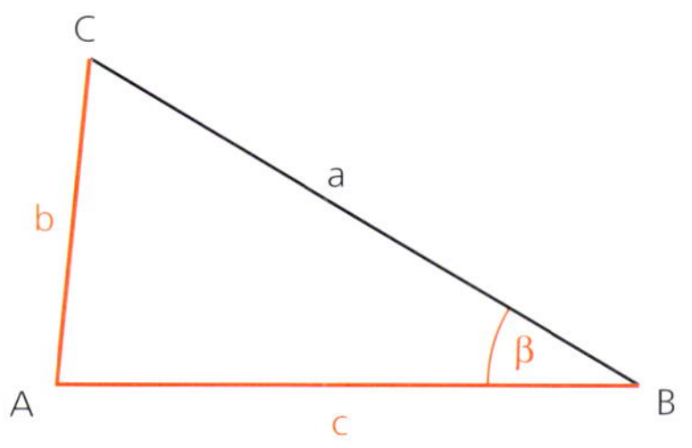

Lösungsplan:

- Die Punkte A und B sind durch die gegebene Strecke $c = 5{,}1$ cm festgelegt.
- Der Punkt C liegt auf dem freien Schenkel des Winkels $\beta = 32°$ und auf dem Kreis um A und mit dem Radius $r = 4{,}7$ cm.

Konstruktion:

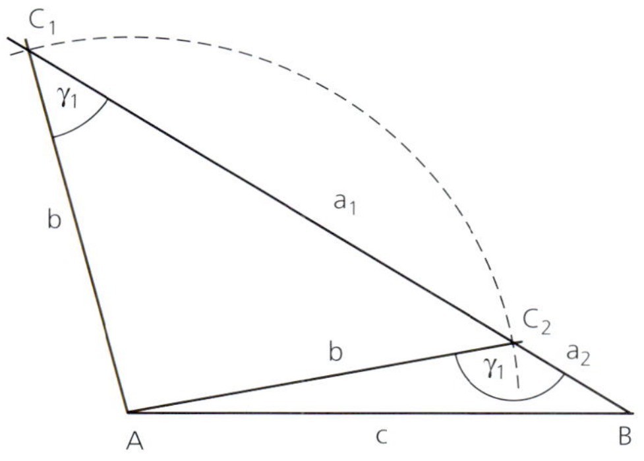

Kontrolle:

Der Kreis um C schneidet den Strahl (Schenkel des Winkels) in zwei Punkten. Die Dreiecke ABC_1 und ABC_2 sind nicht kongruent zueinander.

Die Aufgabe hat somit zwei Lösungen.

Aufgabe:

Konstruiere ein rechtwinkliges Dreieck ABC mit C als Scheitelpunkt des rechten Winkels, $c = 5{,}0$ cm und $\beta = 30°$

Planfigur:

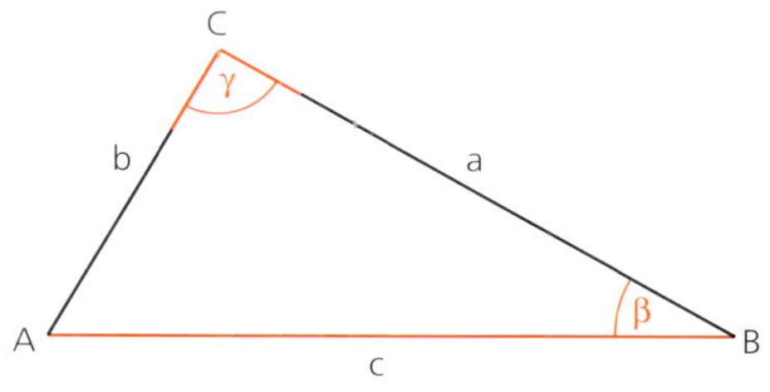

Lösungsplan:

- A und B sind durch $c = 5{,}0$ cm festgelegt.
- Der Punkt C liegt auf dem Thaleskreis über der Strecke $\overline{AB}$. Der Mittelpunkt M der Seite c ist auch Mittelpunkt des Thaleskreises.
- Der Punkt C liegt außerdem auf dem freien Schenkel des Winkels $\beta = 30°$.

Konstruktion:

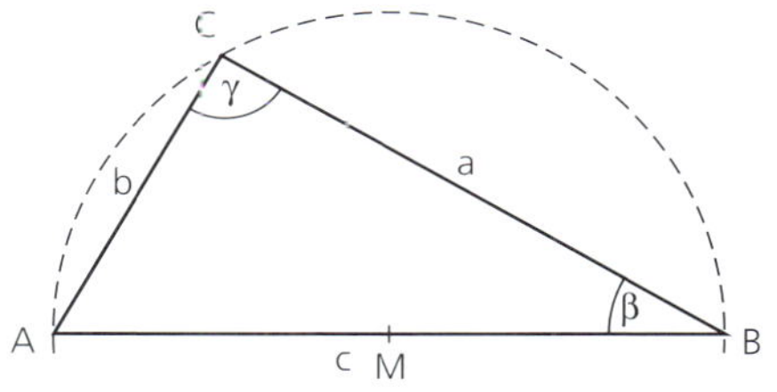

Kontrolle:

Es gibt nur eine Lösung, weil mit $\gamma = 90°$ der größere Winkel der größeren gegebenen Seite, der Hypotenuse c, gegenüber liegt.

Der rechte Winkel kann mit dem Geodreieck kontrolliert werden.

Gegeben ist ein Rechteck ABCD mit $\overline{AB} = 2{,}5$ cm und $\overline{BC} = 2$ cm. Der Punkt Z ist Mittelpunkt der Strecke $\overline{AD}$. Führe eine zentrische Streckung mit dem Zentrum Z und dem Streckungsfaktor $k = 2$ aus!

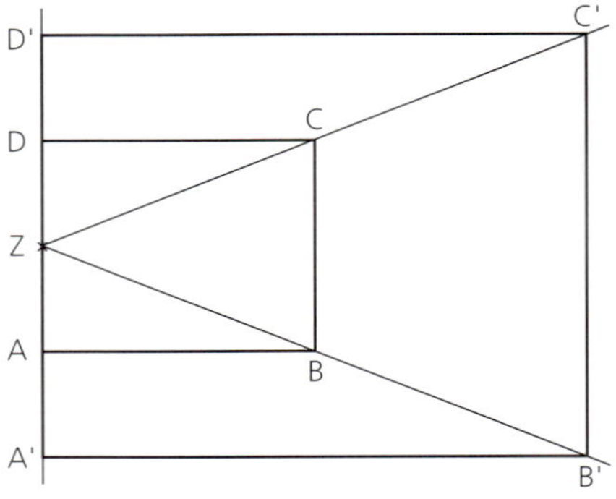

Lösungsplan:

1. A' liegt auf dem Strahl ZA und einem Kreis um Z mit dem Radius $\overline{ZA'} = 2$ cm.
2. B' liegt auf dem Strahl ZB und einer Parallelen zu AB durch A'.
3. C' liegt auf dem Strahl ZC und einer Parallelen zu BC durch B'.
4. D' liegt auf dem Strahl ZD und einer Parallelen zu DC durch C'.

Verschiebungen im Koordinatensystem

Als **Verschiebung** $\overrightarrow{AB}$ wird die eineindeutige Abbildung der Ebene auf sich selbst bezeichnet, bei der für das Bild P' jedes Punktes P gilt:

$\overline{PP'} \parallel \overline{AB}$ und $\overline{AP} \parallel \overline{BP'}$

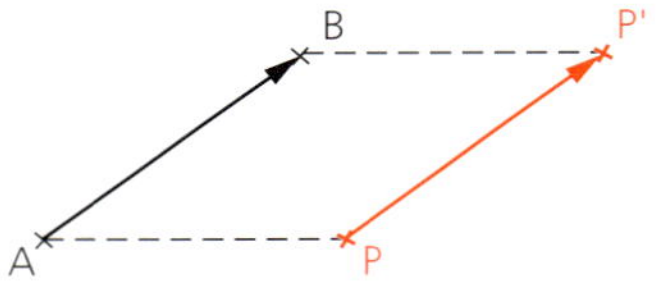

$\overrightarrow{AB}$ nennt man auch **Verschiebungspfeil.**

$\overrightarrow{PP'}$ hat stets die gleiche Länge und Richtung sowie den gleichen Richtungssinn wie $\overrightarrow{AB}$.

Jede Verschiebung $\overrightarrow{AB}$ ist mit der Vorgabe des Verschiebungspfeiles bzw. der Koordinaten des Anfangspunktes $A(x_a; y_a)$ und des Endpunktes $B(x_b; y_b)$ des Verschiebungspfeiles eindeutig gekennzeichnet.

Auf das Dreieck PQR mit P(–1; –1); Q(3; –2) und R(1; 2) soll eine Verschiebung angewendet werden, deren Verschiebungspfeil den Anfangspunkt A (1; 4) und den Endpunkt B(5; 7) hat.
Jeder Punkt der Ebene wird somit um 4 Einheiten in Richtung der positiven x-Achse und um 3 Einheiten in Richtung der positiven y-Achse verschoben. Speziell erhält man als Bilder der Eckpunkte des gegebenen Dreiecks: P'(3; 2); Q'(7; 1) und R'(5; 5). Eine Konstruktion der Bildpunkte bei dieser Verschiebung liefert dasselbe Ergebnis.

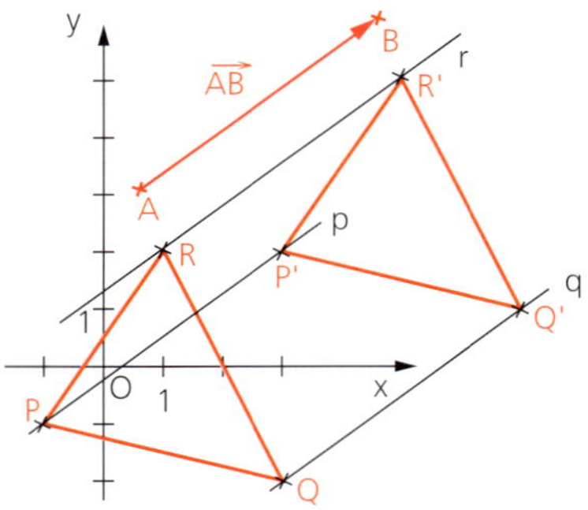

Lösungsplan:

1. P' liegt auf einer Parallelen zu AB durch P und einer Parallelen zu AP durch B.
2. Q' liegt auf einer Parallelen zu AB durch Q und einer Parallelen zu PQ durch P'.
3. R' liegt auf einer Parallelen zu AB durch R und einer Parallelen zu PR durch P'.

Aufgaben

In Weimar stehen auf einem 1,70 m hohen Sockel die 3,40 m hohen Figuren der beiden deutschen Dichter Goethe und Schiller.
Die Figuren soll mit einem Fotoapparat, dessen Objektiv einen Öffnungswinkel von 50° hat, so fotografiert werden, dass sie das Bild ausfüllten.
Bestimme den Standort des Fotografen durch eine maßstäbliche Konstruktion, wenn er die Kamera in einer Höhe von 1,80 m hält.

1. Konstruiere Dreiecke ABC aus folgenden Stücken!

a) $b = 4{,}7$ cm, $c = 8{,}1$ cm, $\alpha = 52°$
b) $a = 5{,}2$ cm, $b = 6{,}5$ cm, $c = 3{,}4$ cm
c) $b = 4{,}5$ cm, $c = 5{,}9$ cm, $\beta = 35°$
d) $a = 6{,}3$ cm, $\beta = 64°$, $\gamma = 40°$
e) $b = 2{,}5$ cm, $c = 5{,}5$ cm, $\gamma = 90°$
f) $b = 5{,}4$ cm, $h_b = 4{,}1$ cm, $\alpha = 45°$
g) $a = 4{,}3$ cm, $h_a = 3{,}8$ cm, $c = 5{,}0$ cm
*h) $\alpha = 30°$, $a = 3{,}2$ cm, $h_a = 4{,}3$ cm

2. Konstruiere gleichschenklige Dreiecke ABC!

a) $a = b = 6{,}0$ cm, $\alpha = 40°$
b) $c = 5{,}3$ cm, Basiswinkel $\beta = 75°$
c) $c = 4{,}5$ cm, Winkel an der Spitze $\gamma = 65°$

3. Gib jeweils ein drittes Stück so an, dass das Dreieck ABC eindeutig konstruierbar ist!

a) $a = 3{,}0$ cm, $b = 4{,}0$ cm
b) $a = 50$ cm, $\alpha = 90°$
c) $\alpha = 60°$, $\beta = 75°$
d) $b = 4{,}3$ cm, $\alpha = 80°$

4. Lässt sich aus den folgenden Angaben eindeutig ein Viereck ABCD konstruieren?
Alle vier Innenwinkel sind rechte Winkel und die Seite b ist 4 cm lang.

5. Konstruiere Vierecke aus folgenden Stücken

a) Trapez: $a = 5{,}0$ cm, $b = 4{,}5$ cm, $d = 5{,}5$ cm, $h = 4{,}0$ cm
b) Parallelogramm: $a = 2{,}8$ cm, $d = 5{,}3$ cm, $\alpha = 115°$
c) Drachenviereck: $a = 6{,}4$ cm, $b = 4{,}0$ cm, $\gamma = 55°$
d) Rhombus: $a = 3{,}5$ cm, $\beta = 130°$

6. Konstruiere von einem Punkt P außerhalb eines Kreises k mit dem Mittelpunkt M und dem Radius $r = 3$ cm Tangenten an den Kreis k! Die Strecke $\overline{PM}$ hat eine Länge von 7 cm.

7. Gegeben sind zwei Kreise k_1 und k_2 mit den Mittelpunkten M_1 und M_2 sowie den Radien $r_1 = 3$ cm und $r_2 = 2$ cm.
Die Mittelpunkte haben den Abstand $\overline{M_1M_2} = 9$ cm.

a) Konstruiere die gemeinsamen äußeren Tangenten!
b) Konstruiere die gemeinsamen inneren Tangenten!

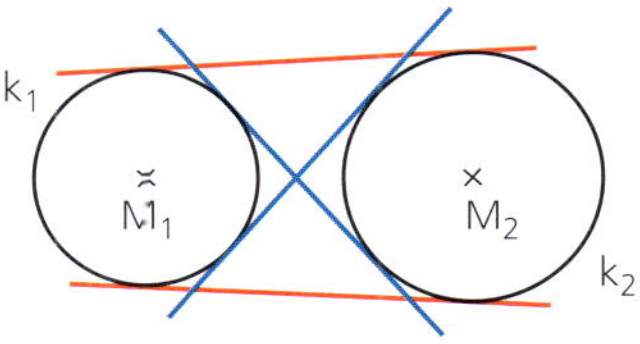

8. Konstruiere rechtwinklige Dreiecke ABC mit dem rechten Winkel $\gamma = 90°$ bei Punkt C aus folgenden Stücken!

a) $\overline{AB} = 6{,}0$ cm, $\overline{BC} = 4{,}5$ cm
b) $\overline{AB} = 5{,}4$ cm, $\overline{AC} = 3{,}2$ cm
c) $\overline{AB} = 8{,}5$ cm, $\alpha = 30°$
d) $c = 7{,}2$ cm, $h_c = 2{,}6$ cm

9. Konstruiere mithilfe des Thaleskreises ein Quadrat, dessen Diagonalen 6,8 cm lang sind!

10. Konstruiere einen Rhombus mit $a = 3$ cm und $\alpha = 50°$! Führe eine zentrische Streckung mit dem Streckungsfaktor $k = 2$ und dem Schnittpunkt der Diagonalen als Streckungszentrum durch!

11. Trage in ein Koordinatensystem die Punkte A(2; 1), B(4; 2), C(3; 3) und Z(2; 2) ein! Konstruiere das Bild des Dreiecks ABC bei einer zentrischen Streckung mit dem Zentrum Z und dem Streckungsfaktor $k = 3$!

12. Konstruiere ein regelmäßiges Sechseck ABCDEF mit der Seitenlänge $a = 4$ cm und führe eine zentrische Streckung mit dem Zentrum A und dem Streckungsfaktor $k = 0{,}5$ durch!

13. In ein gleichschenkliges Dreieck ABC mit $c = 4$ cm und $a = b = 6$ cm ist eine Quadrat einzubeschreiben, dessen eine Seite auf der Basis des Dreiecks liegt!

14. Konstruiere ein Dreieck aus folgenden Stücken!

a) $\alpha = 35°$; $\beta = 70°$; $s_a = 5{,}2$ cm
b) $\alpha = 105°$; $\beta = 40°$; $w_\gamma = 6{,}2$ cm
c) $a : b = 0{,}8$; $\gamma = 60°$; $s_b = 4{,}8$ cm
d) $a : b = 1{,}5$; $\gamma = 50°$; $c = 6{,}3$ cm

15. Zeichne jeweils den Verschiebungspfeil $\overrightarrow{P_1P_2}$ und die Punkte Q_i in ein Koordinatensystem ein! Ermittle zeichnerisch den Punkt Q_i' bei der Verschiebung $\overrightarrow{P_1P_2}$! Gib die Koordinaten dieser Verschiebung an und berechne die Koordinaten des Bildpunktes Q_i'!

a) $P_1(3; 1)$, $P_2(7; 4)$, $Q_1(1; 4)$, $Q_2(0; -3)$
b) $P_1(1; 5)$, $P_2(4; 2)$, $Q_1(-2; -1)$, $Q_2(-4; 0)$
c) $P_1(-3; 1)$, $P_2(1; -2)$, $Q_1(-4; 4)$, $Q_2(2; 0)$
d) $P_1(0; 1)$, $P_2(0; -2)$, $Q_1(-4; 5)$, $Q_2(0; 0)$

16. Die Pfeile $\overrightarrow{A_iB_i}$ und $\overrightarrow{C_iD_i}$ sollen zu derselben Verschiebung gehören. Bestimme jeweils die Koordinaten des nicht angegebenen Punktes!

a) $A_1(4; 2)$, $B_1(5; 7)$, $C_1(3; 5)$
b) $A_2(0; 0)$, $B_2(4; 5)$, $D_2(0; 0)$
c) $A_3(-3; 4)$, $B_3(5; -7)$, $D_3(8; 11)$
d) $A_4(3; 2)$, $C_4(8; -7)$, $D_4(11; 15)$
e) $B_5(3; 8)$, $C_5(3; -2)$, $D_5(8; 5)$
f) $A_6(3; a)$; $B_6(2; b)$; $C_6(4; 3)$; $a, b \in \mathbb{R}$

17. Die Verschiebung $\overrightarrow{PQ}$ mit P(0; 0) und Q(1;3) bildet den Punkt P_i auf den Punkt Q_i ab. Bestimme die Koordinaten von P_i bzw. Q_i!

a) $P_1(2; 3)$
b) $P_2(-1; 4)$
c) $Q_3(7; 6)$
d) $Q_4(0; 0)$

18. Zeichne das Viereck ABCD mit A(−6; −2), B(−3; −2), C(−3; 2) und D(−6; 2) in ein Koordinatensystem ein!

a) Verschiebe das Viereck nacheinander so, dass A'(2; −2) und A''(2; −7) gilt! Gib die Koordinaten der beiden Verschiebungen an!
b) Bestimme eine Abbildung, die direkt zur zweiten Bildfigur führt!

19. Gegeben ist ein Quadrat ABCD mit A(0; 0), B(20; 0), C(20; 20), D(0; 20). Gib die Bildpunkte von A, B, C und D an, wenn das ursprüngliche Koordinatensystem so verschoben wird, dass der Punkt B auf den Schnittpunkt der Diagonalen des Quadrates abgebildet wird!

6.2 Beweisen mathematischer Sätze

Im Mathematikunterricht werden nur sehr wenige Begriffe, Sätze und Verfahren der Mathematik behandelt. Obwohl sich in der über 4000-jährigen Geschichte der Mathematik viele Wissenschaftler mit unzähligen Problemen beschäftigt und sie teilweise auch gelöst haben, entstehen immer neue Fragen. Jährlich erscheinen in den weltweit etwa 2000 mathematischen Fachzeitschriften über 25000 Artikel, die über neue Forschungsergebnisse berichten. Das Finden und Beweisen neuer mathematischer Sätze stehen dabei im Mittelpunkt. Jährlich werden etwa 2000 neue Sätze gefunden.

Zum Beweisen mathematischer Sätze sind neben guten mathematischen Kenntnissen und Fähigkeiten sowie hoher geistiger Kreativität auch Kenntnisse zu bestimmten Methoden und Verfahren des Entdeckens und Erfindens erforderlich. Man nennt diese Vorgehensweisen **heuristische Verfahren** nach dem berühmten Ausruf des griechischen Mathematikers ARCHIMEDES: „Heureka!" (Ich hab's gefunden!). Ein Grundgedanke der heuristischen Vorgehensweisen ist es, sich geeignete Fragen zu stellen.

Gehe beim Lösen einer Beweisaufgabe in folgenden Schritten vor und stelle dir dabei die angegebenen Fragen:

1. *Erfassen und Analysieren der Aufgabe*
   - Worum geht es in der Aufgabe?
   - Ist eine Skizze möglich?
   - Wie sind die vorkommenden Begriffe definiert?
   - Was ist die Behauptung? Was sind die Voraussetzungen?
2. *Suchen nach Beweisideen*
   - Woraus würde die Behauptung folgen?
     Kenne ich Sätze mit gleicher oder ähnlicher Behauptung?
   - Was lässt sich aus den Voraussetzungen ableiten?
     Kenne ich Sätze mit gleichen Voraussetzungen?
   - Kann ich aus Beispielen etwas erkennen?
   - Ist möglich, verschiedene Fälle zu betrachten?
   - Kenne ich eine ähnliche, bereits gelöste Beweisaufgabe?
     Lässt sich das Vorgehen auf diese Aufgabe übertragen?
3. *Darstellen des Beweises*
   - In welche Schritte muss ich den Beweis zerlegen?
   - Wie lautet die Begründung für jeden Beweisschritt?
   - Sind die Voraussetzungen der verwendeten Sätze erfüllt?
4. *Kontrolle des Beweises*

Beim folgenden Beispiel wird nur der 1. und 2. Schritt betrachtet.
Wenn in einem Trapez ABCD mit AB || CD die Diagonalen e und f senkrecht zueinander sind, dann gilt: $e^2 + f^2 = (a + c)^2$

1. Erfassen und Analysieren der Aufgabe	
– Worum geht es in der Aufgabe? – Ist eine Skizze möglich?	– Es geht um die Diagonalen und Seiten eines Trapezes. 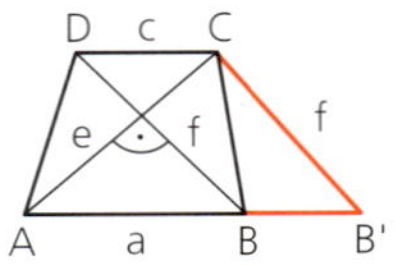
– Was sind die Voraussetzungen? – Was ist die Behauptung?	– *Voraussetzung:* AB || CD und $\overline{AC} \perp \overline{BD}$ – *Behauptung:* $e^2 + f^2 = (a + c)^2$
2. Erfassen und Analysieren der Aufgabe	
– Kenne ich Sätze mit gleicher oder ähnlicher Behauptung? – Woraus würde die Behauptung folgen?	– Der Satz des Pythagoras sagt auch etwas über die Summe der Quadrate von Seiten aus. – Ich müsste ein rechtwinkliges Dreieck haben, in dem e und f die Katheten und a + c die Hypotenuse ist.
– Wie kann ich mir die Voraussetzungen verschaffen?	– Ich verschiebe die Diagonale f um c in Richtung AB. Dabei bleibt der Winkel mit der Diagonalen e erhalten.

Aufgaben

1. Die Frage „Kenne ich Sätze mit gleicher oder ähnlicher Behauptung" führt bei vielen Beweisaufgabe zu brauchbaren Beweisideen. Fertige dir deshalb einen „umgekehrten Wissensspeicher" an, in dem du die bisher im Mathematikunterricht behandelten Sätzen (sortiert nach der Behauptung) zusammenstellst! Nutze dazu Nachschlagewerke! Bilde folgende Gruppen von Sätzen!

a) Sätze über die Kongruenz zweier Strecken
b) Sätze über die Kongruenz zweier Winkel
c) Sätze über die Summe zweier oder dreier Winkel
d) Sätze über Winkel, die 90° betragen
e) Sätze über Strecken, die zueinander senkrecht sind
f) Sätze über die Verhältnisgleichheit von Streckenpaaren
g) Sätze über die Parallelität zweier Geraden bzw. Strecken

2. Zeichnet man in ein spitzwinkliges Dreieck zwei beliebige Höhen ein, dann hat einer der Schnittwinkel zwischen diesen Höhen die gleiche Größe wie der Innenwinkel an der Ecke, von der keine der beiden Höhen ausgeht.
Finde Beweisideen, indem du von Sätzen über die Gleichheit von Winkeln ausgehst!

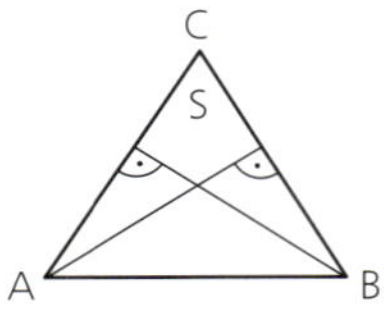

3. In einem Quadrat ABCD seien M und N die Mitten der Seiten $\overline{BC}$ bzw. $\overline{CD}$.

a) Beweise, dass die Strecken $\overline{AM}$ und $\overline{AN}$ gleich lang sind!

b) Suche Beweisideen, indem du von Sätzen über gleich lange Strecken ausgehst!

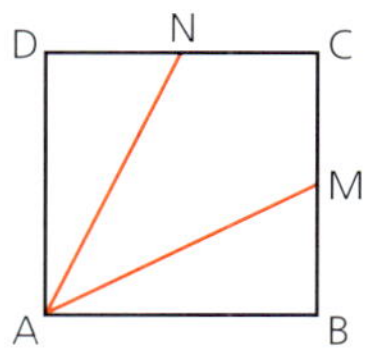

4. Zeichne ein Parallelogramm und eine außerhalb des Parallelogramms liegende Gerade, die zu einer Diagonalen des Parallelogramms parallel ist! Verlängere die Seiten des Parallelogramms so, dass sie die Gerade schneiden!
Beweise, dass die beiden von den Verlängerungen je zweier Parallelseiten auf der Geraden begrenzten Abschnitte gleich groß sind!

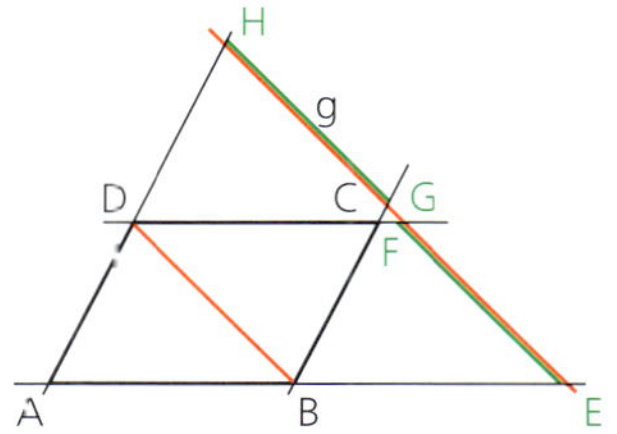

5. In einem gleichschenkligen Dreieck ABC mit der Basis $\overline{AB}$ schneiden sich die Winkelhalbierenden des Innenwinkels bei Punkt A und die Winkelhalbierende des Außenwinkels bei Punkt C im Punkt S.
Beweise, dass dann gilt:
$\overline{AC} = \overline{CS}$

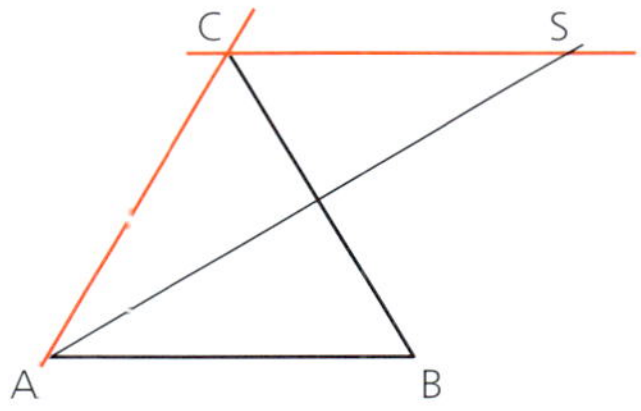

6. Es ist zu beweisen, dass in einem beliebigen Trapez die Dreiecke, die aus den Diagonalenabschnitten und den Schenkeln des Trapezes gebildet werden, flächengleich sind!

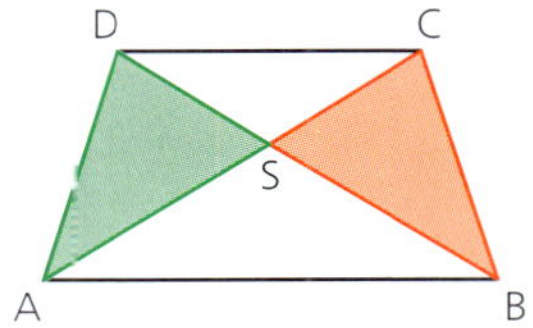

7. Es sei ABCD ein beliebiges Viereck. Die Punkte M, N, P, Q sind die MIttelpunkte der Seiten dieses Viereck.
Beweise, dass das Viereck MNPQ ein Parallelogramm ist!

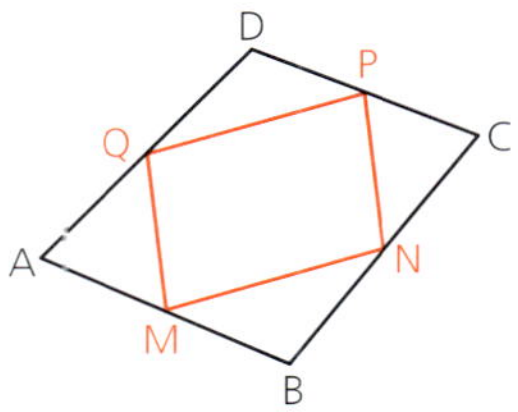

8. Gegeben sei ein beliebiges Dreieck. Die Halbierende des Innenwinkels α schneidet den Umkreis des Dreiecks im Punkt S.
Beweise, dass das Dreieck BSC gleichschenklig ist!

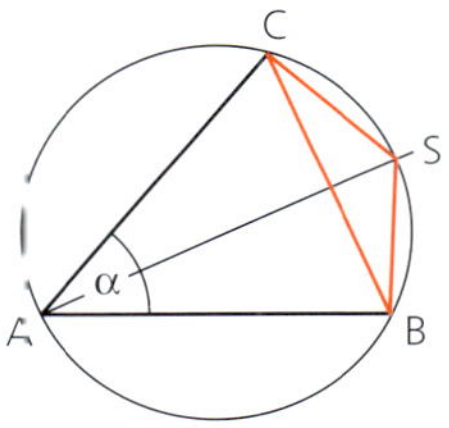

***9.** Es ist zu beweisen, dass in einem beliebigen Dreieck ABC für den Durchmesser d des Umkreises gilt:
$d = \frac{a \cdot b}{h_c}$

Register

G

H

I

K

L

M

N

O

V

W

Z

Bildquellenverzeichnis

Corel Photos: 59/2; 187/1

Hemera Photo Objects: 83/1; 95/1; 95/3; 110/1; 112/1; 125/1

Liesenberg, Günter: 13/1; 21/1; 41/1; 46/1; 55/1; 60/1; 68/1; 68/2; 70/1; 70/2; 70/3; 70/4; 76/1; 76/2; 79/1; 83/2; 88/2; 114/1; 125/2; 127/1; 132/1; 135/1; 146/1; 156/1; 157/1; 170/1; 203/1

paetec Gesellschaft für Bildung und Technik mbH: 7/1; 41/2; 67/2; 82/1; 86/1; 93/1; 95/2; 96/1; 105/1; 106/1; 110/2; 131/1; 132/2; 133/1; 137/1; 143/1; 145/1; 148/1; 155/1; 167/1; 168/1; 169/1; 191/1; 225/1; 225/2; 228/1; 231/1; 234/1

Photo Collection: 181/1

Photo Disc Inc.: 31/1; 67/1; 87/1; 88/1; 93/2; 108/1; 113/1; 164/1; 190/1; 193/1; 197/1

Raum, Bernd: 59/1

Unger, Michael: 130/1

Eigenschaften von Funktionen

Monotonie

Eine Funktion f heißt in einem Intervall I ihres Definitionsbereiches D für beliebige x_1 und x_2 aus I mit $x_1 < x_2$			
monoton fallend, wenn $f(x_1) \geq f(x_2)$	**streng monoton fallend,** wenn $f(x_1) > f(x_2)$	**streng monoton wachsend,** wenn $f(x_1) < f(x_2)$	**monoton wachsend,** wenn $f(x_1) \leq f(x_2)$
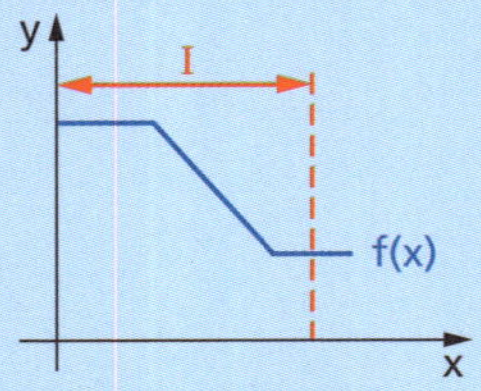	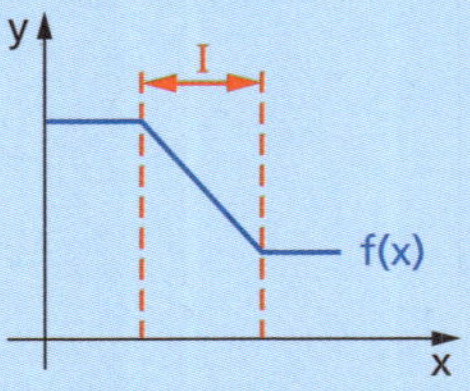	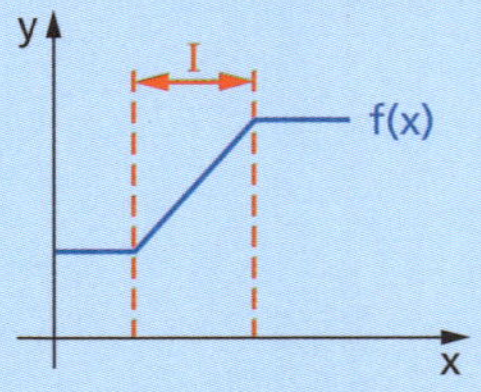	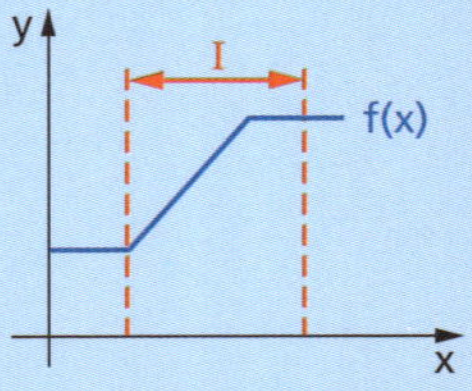

Symmetrie

Eine Funktion f bei der x und – x Elemente des Definitionsbereiches D sind, heißt	
gerade Funktion, wenn $f(-x) = f(x)$	**ungerade Funktion,** wenn $f(-x) = -f(x)$
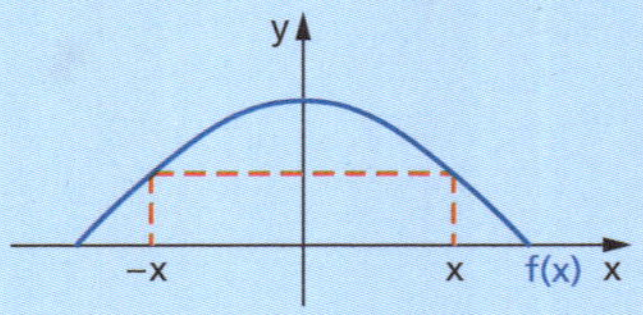	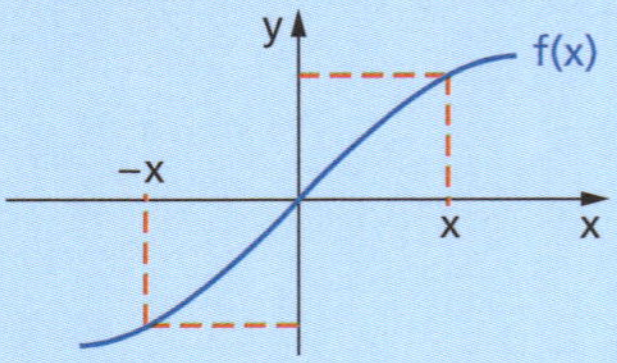
achsensymmetrisch zur y-Achse	punktsymmetrisch zum Koordinatenursprung

Periodizität

Eine Funktion f heißt **periodische Funktion,** wenn es eine positive Zahl b gibt, sodass für jedes x aus dem Definitionsbereiches D gilt: $f(x) = f(x + b)$, sofern $x + b \in D$
Die kleinste Zahl b heißt **Periode** von f. 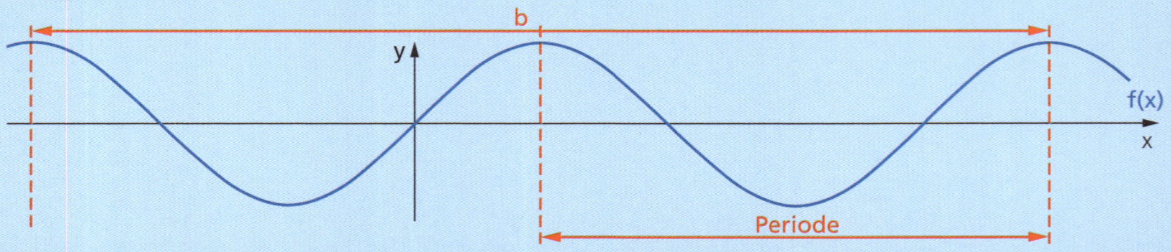